高等学校电子信息类“十三五”规划教材

微型计算机原理及接口技术

主编　张云龙　冯灵霞
编著　张善文　谭彦彬　张会敏　陈　娟
主审　赵全利

西安电子科技大学出版社

内 容 简 介

本书内容分为微型计算机硬件原理、汇编语言程序设计基础、微型计算机接口技术三部分。首先概述了计算机基础知识及微型计算机系统组成；然后，以8086/8088微处理器为主体，详尽地介绍了80x86微处理器的硬件结构、工作原理、指令系统，以及汇编语言及程序设计、存储器系统、输入/输出接口、中断技术及应用；最后，以常用集成可编程芯片为对象，重点介绍了定时器/计数器、中断控制器、DMA控制器、并行接口、串行接口、D/A及A/D转换器等的基本原理、性能及接口应用技术。

本书可作为高等学校计算机、电子工程、自动化、仪器仪表及相关专业本科生的教材或参考书，对于微型计算机硬件工程技术人员和科研人员及自学者也是一本较好的参考书。

图书在版编目(CIP)数据

微型计算机原理及接口技术/张云龙，冯灵霞主编.
—西安：西安电子科技大学出版社，2013.8(2016.3 重印)
高等学校电子信息类“十三五”规划教材

ISBN 978-7-5606-3155-4

Ⅰ. ① 微…　Ⅱ. ① 张…　② 冯…　Ⅲ. ① 微型计算机—理论—高等学校—教材
② 微型计算机—接口技术—高等学校—教材　Ⅳ. ① TP36

中国版本图书馆 CIP 数据核字(2013)第 192653 号

策　　划　戚文艳
责任编辑　杨　柳　戚文艳
出版发行　西安电子科技大学出版社(西安市太白南路2号)
电　　话　(029)88242885　88201467　　邮　　编　710071
网　　址　www.xduph.com　　电子邮箱　xdupfxb001@163.com
经　　销　新华书店
印刷单位　陕西华沭印刷科技有限责任公司
版　　次　2013年8月第1版　2016年3月第2次印刷
开　　本　787毫米×1092毫米　1/16　　印　张　23.5
字　　数　560千字
印　　数　3001～6000册
定　　价　40.00元
ISBN 978－7－5606－3155－4/TP
XDUP 3447001-2

前　言

微机原理、汇编语言程序设计及接口技术是计算机科学与技术、通信工程、电气工程、机电工程及自动化等专业必修的核心课程。对于现代微型计算机应用领域来说，这三部分内容彼此关联的程度密切，互相交融。实践证明，将这三部分的内容融合为一门课程，教学成效明显。

本书以微型计算机基本原理为基础，以实践应用为编写目的，结合高等教育各专业的特点，较为全面地介绍了微型计算机硬件组成及各部分的工作原理，包括80x86微处理器的结构、指令系统和汇编语言、存储器系统、输入/输出接口技术等。全书分三大部分共11章。第一部分微型计算机硬件原理，分为3章：第1章介绍微型计算机基础知识及系统组成；第2章介绍微处理器的结构、功能、工作过程和微处理器时序；第3章介绍存储器的基本知识。第二部分汇编语言程序设计基础，分为2章：第4章介绍指令系统；第5章介绍汇编语言程序设计。第三部分微型计算机接口技术，分为6章：第6章介绍输入/输出接口及总线；第7章介绍中断控制器8259A及DMA控制器8237；第8章介绍可编程定时器/计数器芯片8253；第9、10两章分别介绍并行、串行通信接口技术；第11章介绍数模/模数转换及其接口。为了便于读者理解、掌握本书内容，同时启发学生的应用技能，本书归纳了每一章的要点，并给出了大量例题、思考与练习题。

本书在基本概念、内容结构、选材、应用技术及实例等方面的安排上，考虑到既要便于循序渐进进行教学，又可按序对后续内容进行筛选性讲解；既要便于学生自学，又要极大程度地减少教材内容的冗余。本书内容的组织以培养学生应用能力为主要目标，注重基本知识和应用技术，理论与实践相结合，以Intel 8088/8086微处理器和IBM PC系列机为主体，论述16位微型计算机的基本原理、汇编语言和接口技术，同时融入16位以上微机的最新知识。力求做到概念清楚，注重知识的内在联系与规律；采用归纳、类比的方法，目的是使读者通过本书的学习掌握微型计算机的结构原理、汇编语言程序设计及接口应用系统的组成与设计方法，并能解决微型计算机在自身设置、工业控制、电子技术系统开发等方面的一些实际问题。

本书由张云龙、冯灵霞统稿并主编，张善文、谭彦彬、张会敏、陈娟等编写，由赵全利主审。上述老师多年来在高等学校进行本课程及相关课程的教学与研究，全书融入了他们多年的教学经验，使本书的适应性大为加强。

作者真诚感谢提供相关资料的专家和学者，感谢西安电子科技大学出版社的大力支持。正是由于众多的资料和来自多方面的支持才使本书得以呈献给读者。需要特别指出，虽然作者竭尽所能，精心策划章节结构和内容编排，尽可能简明而准确地表述其意，但限于水平和资料，书中难免存在错误和不足之处，敬请广大读者批评指正。

编　者

2013 年 4 月于郑州

目 录

第一部分 微型计算机硬件原理

第二部分 汇编语言程序设计基础

第三部分　微型计算机接口技术

第一部分

微型计算机硬件原理

第1章 微型计算机概论

本章以计算机的产生和发展为引导，首先介绍计算机的特点、应用和分类以及计算机中表示信息的二进制数和编码，然后介绍二进制基本组成电路和计算机常用术语，最后介绍微型计算机的硬件组成、工作过程和基本原理。

1.1 计算机概述

半个多世纪来，计算机应用已由传统的科学计算发展到信息处理、实时控制、辅助设计、智能模拟及现代通信网络等领域。计算机技术的迅速发展对人类社会的进步产生了巨大的推动作用，尤其是微型计算机的出现及其在国民经济和人民生活各个领域不断深入的广泛应用，正在改变着人们传统的生活和工作方式，人类已进入以计算机为主要工具的信息时代。

☞1.1.1 计算机的结构思想及发展过程

1. 计算机的结构思想

世界上第一台电子数字计算机 ENIAC 是按照美籍匈牙利科学家冯·诺依曼(John Von Neumann)博士于 1945 年提出的以“二进制”来存储信息和数据，以“存储程序”来指挥操作的基本架构思想而设计、制造和工作的。它包含以下三个要点：

- 采用二进制数的形式表示指令和数据；
- 将指令和数据存放在存储器中；
- 计算机硬件由控制器、运算器、存储器、输入设备和输出设备 5 大部分组成。

人们称这类计算机为冯·诺依曼机。由其结构思想可知：计算机对任何问题的处理都是对数据的处理，计算机所做的任何操作都是执行程序的结果。只有认识计算机产生的结构思想，才能理解数据、程序与计算机硬件之间的关系，这对于学习和掌握计算机基本原理是十分重要的。

2. 计算机的发展

自电子计算机问世以来，计算机技术得到了突飞猛进的发展。计算机的发展，从一开始就与电子技术，特别是与微电子技术密切相关。人们通常按照构成计算机所采用的电子器件及其电路的变革，把计算机划分为若干“代”来标志计算机的发展。

1946 年由美国宾夕法尼亚大学研制成功的 ENIAC 被认为是第一代计算机的开始，称其为电子管计算机时代。第二代计算机为晶体管计算机，由贝尔实验室于 1958 年研制成功。

从 1965 年开始进入第三代，称为中小规模集成电路计算机时代。从 1970 年开始计算机发展到第四代，称为大规模集成电路及超大规模集成电路时代。目前，许多国家，包括中国在内都正在加紧研制和开发新生代基于非“冯·诺依曼”结构思想(诸如基于“神经”、“生物”、“光子”、“量子”及“超导”等)的、更加智能化的计算机。

总体上说，计算机有如下几个发展方向：

• 巨型化。巨型化指计算机的运算速度更高、存储容量更大、功能更强。目前正在研制的巨型计算机的运算速度可达两千万亿次每秒。

• 微型化。微型计算机已进入仪器、仪表、家用电器等小型仪器设备中，同时也作为工业控制过程的心脏，使仪器设备实现“智能化”。随着微电子技术的进一步发展，笔记本型、掌上型等微型计算机必将以更优的性能价格比受到人们的欢迎。

• 网络化。随着计算机应用的深入，特别是家用计算机越来越普及，人们一方面希望能共享信息资源，另一方面也希望各计算机之间能互相传递信息进行通信。计算机网络是现代通信技术与计算机技术相结合的产物，它已在现代企业的管理中发挥着越来越重要的作用，如银行系统、商业系统、交通运输系统等。

• 智能化。计算机人工智能的研究是建立在现代科学基础之上的。智能化是计算机发展的一个重要方向，新一代计算机将可以模拟人的感觉行为和思维过程的机理，进行“看”、“听”、“说”、“想”、“做”，具有逻辑推理、学习与证明的能力。

1971 年，美国硅谷诞生了第一台微型计算机，开创了微机发展的新时代。微机的“代”以其核心部件——微处理器的发展为标志，至今已发展到第六代。关于微处理器的发展，安排在第 2 章中介绍。

☞1.1.2　计算机的特点、分类及应用领域

1. 计算机的特点

(1) 运算速度快。计算机的运算速度通常用每秒执行多少兆条指令(MIPS)来衡量。现代计算机的运算速度多在几十 MIPS 以上，巨型计算机的速度可高达千万 MIPS。计算机如此高的运算速度是其他任何计算工具所无法比拟的，它使得过去需要几年甚至几十年才能完成的复杂运算任务，现在只需几天、几小时甚至更短的时间就可完成。这正是计算机被广泛使用的主要原因之一。

(2) 计算精度高。一般来说，现在的计算机可以一次表示几十甚至上百个二进制位的有效数字。而且，在理论上这种数位宽度还可以更高。位数越多，计算机的计算精度就越高。

(3) 记忆力强。计算机的存储器类似于人的大脑，可以“记忆”(存储)大量的数据和计算机程序而不丢失，在计算的同时，还可把中间结果存储起来，供以后使用。

(4) 具有逻辑判断能力。计算机在程序的执行过程中，能根据上一步的执行结果，运用逻辑判断方法自动确定下一步的执行命令。正是因为计算机具有这种逻辑判断能力，所以计算机不仅能解决数值计算问题，而且能解决非数值计算问题，比如信息检索、图像识别等。

(5) 可靠性高、通用性强。由于采用了大规模和超大规模集成电路，现在的计算机具有非常高的可靠性。现代计算机不仅可以用于数值计算，还可以用于数据处理、工业控制、辅助设计、辅助制造和办公自动化等，具有很强的通用性。

2. 计算机的分类

计算机的分类方法很多，从规模上看，可分为微型机、小型机、中型机、大型机和巨型机等；从应用上看，可分为通用计算机和专用计算机；从原理上看，则可分为数字电子计算机和模拟电子计算机两大类。

(1) 数字电子计算机：以数字量(也称为不连续量)作为运算对象并进行运算的计算机，其特点是运算速度快，精确度高，具有存储和逻辑判断能力。计算机的内部操作和运算是在程序控制下自动进行的。一般不特别说明，计算机通常都是指数字电子计算机。

(2) 模拟电子计算机：一种用连续变化的模拟量(如电流、电压、长度、角度等)作为运算对象的计算机，现在已经很少使用。

3. 计算机的应用领域

计算机应用分为数值计算和非数值计算两大领域，可归纳为以下七个方面：

(1) 科学计算和科学研究。计算机最初主要应用于解决科学研究和工程技术中所提出的数学问题，称为数值计算。科学计算仍然是计算机应用的一个重要领域，如高能物理、工程设计、地震预测、气象预报、航天技术等。由于计算机具有高运算速度、高精度和逻辑判断能力，因此出现了计算力学、计算物理、计算化学、生物控制论等新的学科。

(2) 信息处理。计算机主要利用其速度快和精度高的特点来对数字信息进行加工。信息处理是目前计算机应用最广泛的一个领域。利用计算机可以加工、管理与操作任何形式的数据资料，如企业管理、物资管理、报表统计、账目计算、信息情报检索等。

(3) 工业控制。利用计算机对工业生产过程中的某些信号进行自动检测，并把检测到的数据传入计算机，再根据需要对这些数据进行处理，最后由计算机发出控制命令，指挥操作机构完成特定的功能，此类系统称为计算机自动控制系统。特别是仪器、仪表引进计算机技术后所构成的智能化仪器仪表，将工业自动化推向了一个更高的水平。

(4) 计算机辅助系统。计算机辅助系统主要是指计算机辅助教学(CAI)、计算机辅助设计(CAD)、计算机辅助制造(CAM)、计算机辅助测试(CAT)和计算机集成制造系统(CIMS)等。

(5) 人工智能。人工智能是一门研究解释和模拟人类智能行为及规律的学科，包括智能机器人、计算机学习等。其主要任务是建立智能信息处理理论，进而设计可以展现某些近似于人类智能行为的计算机系统。

(6) 网络应用。计算机网络像电话系统连接电话那样把计算机和计算机资源连接到一起，从而实现资源共享和数据传输。目前，已有越来越多的各类院校、科研部门、企事业单位、个人连入 Internet，发布电子新闻、检索信息、收发电子邮件、进行电子商务和网络计算等。

(7) 家用电器。目前，大多数家用电器都嵌入了微处理器，使其具有记忆、存储等智能化功能。

1.2 计算机中数的表示和编码

计算机对任何信息的处理都是对二进制数的处理，因此人们要计算机执行的任何操作都需要转换为计算机所能接受的二进制数形式。为了在计算机中更好地表示各种不同的信

息形式，需要对它们进行编码，不同码制之间需要进行相互转换。

1．无符号数的表示

计算机中采用二进制是由计算机所使用的逻辑电路所决定的。这种只有两种工作状态的电路(触发器)，具有运算简单、实现方便、成本低等特点。计算机可通过进制换算将二进制数转换成人们熟悉的十进制数。此外，为方便表达计算机中的二进制，常常引进八进制和十六进制两种计数方法。

十进制是日常生活中人们普遍采用的进制，它由 10 个数码(0～9)表示数据，采用“逢十进一”的计数规则。二进制只有 0 和 1 两个数码，采用“逢二进一”的计数规则，是计算机内部采用的进制。计算机采用二进制主要有下列原因：① 只有 0 和 1 两个状态，技术上容易实现，运算规则简单；② 二进制的 0 和 1 与逻辑代数的“真”和“假”相吻合，适合于计算机进行逻辑运算；③ 二进制数与十进制数之间的转换不复杂，容易实现。

由于采用二进制数表示的数据往往数位较长，容易出错，所以常用十进制、八进制、十六进制来书写。在计算机程序中，通常用最后一个字母来标识这种数制。例如 36D、10101B、76Q 和 5AH 依次代表的是十进制、二进制、八进制和十六进制数据。多数情况下，十进制数后的“D”是可以省略的。

有关各类数制的概念及相互间的转换方法请参阅相关文献。

2．带符号数的表示

在计算机中表示带符号的数据时，有许多种表示方法，常见的有原码、反码和补码三种表示方法。它们都是将最高数位作为符号位(用 0 表示正，1 表示负)的，称为符号的数值化。一个带符号的数在计算机中通常以补码形式参加运算。

在计算机中参加运算的数有整数，也有小数。通常有两种规定：一种是规定小数点的位置固定不变，这时的机器数称为定点数；另一种是小数点的位置可以浮动，这时的机器数称为浮点数。微型机多使用定点数。

有关原码、反码与补码和定点数与浮点数等的概念及计算法则请参阅相关文献。

3．字符编码

在计算机中不能直接存储英文字母或专用字符。如果想把一个字符存储到计算机内存中，就必须用二进制代码来表示。同时，这些字符编码涉及世界范围内的有关信息表示、交换、存储的基本问题，因此必须有一个标准。大多数计算机采用“ASCII (American Standard Code for Information Interchange，美国信息交换标准码)”作为字符编码，它采用 7 位二进制编码，可以表示 128 个字符：10 个阿拉伯数字 0～9、52 个大小写英文字母、32 个标点符号和运算符以及 34 个控制符。对 8 位二进制数表示的字节来说，ASCII 码仅占用了其低 7 位，最高位置 0 或设置为校验位。

汉字编码是针对汉字的计算机输入及机内表示设计的内码，用连续的两个字节表示，且规定每个字节的最高位为“1”。我国在 1981 年颁布了《信息交换用汉字编码字符集·基本集》，即 GB 2312—80 国标字符集。该标准选出 6763 个常用汉字和 682 个非汉字字符，为每个字符规定了标准代码，以供这 7445 个字符在不同计算机系统之间进行信息交换使用，这个标准所收集的字符及其编码称为国标码。我国目前已有的汉字编码字符集除了 GB 2312—80 以外还有 GB 12345— 90，这是一个繁体字集；另外还有 BIG5 汉字编码，它是

我国台湾地区计算机系统中使用的汉字编码字符集。相关概念及使用细则请参阅相关文献。

1.3　二进制电路及布尔代数

1.3.1　二进制电路

在计算机中，由于所采用的电子逻辑器件仅能存储和识别两种状态，所以计算机内部一切信息存储、处理和传送等操作均采用二进制数的形式。二进制数是计算机硬件能直接识别并进行处理的唯一形式。计算机中的逻辑电路由非门、或门和与门三种基本门电路(或称判定元素)组成。图 1-1 是基本门电路的名称、符号及表达式。

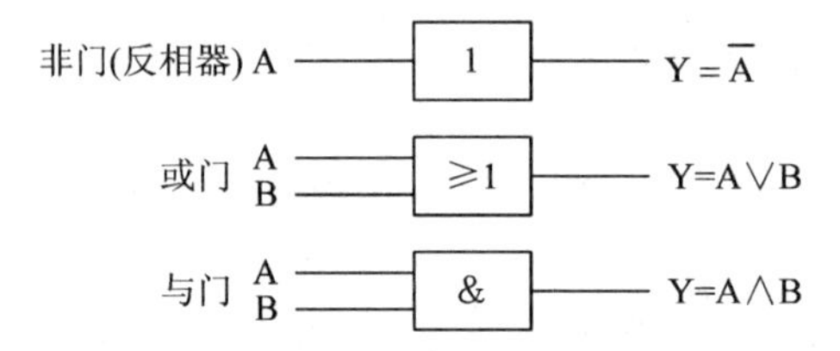

图 1-1　三种基本门电路

在这三种基本门电路的基础上，还可以发展成如图 1-2 所示的更复杂的逻辑电路。其中，最后一个叫做缓冲器(buffer)，为两个非门串联以达到改变输出电阻的目的。如果 A 点左边的输出电阻很高，则经过这个缓冲器后，在 Y 点处的输出电阻就会降低许多，这样就能提高电路带负载的能力。

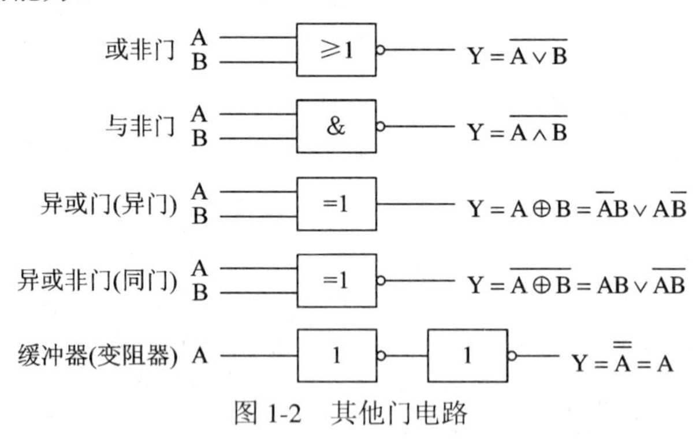

图 1-2　其他门电路

1.3.2　基本布尔运算

布尔代数也称为开关代数或逻辑代数，与一般代数类似，可以写成下面的表达式：

$$Y=f(A, B, \cdots)$$

其中，变量 A、B、…… 均只有 0 或 1 两种可能的数值。布尔代数变量的数值并无大小之意，只代表事物的两个不同状态。如用于开关时，0 可以代表关(断路)或低电位，而 1 则代表开(通路)或高电位；如用于逻辑推理时，0 可以代表错误(伪)，而 1 则代表正确(真)。函数 f 只有三种基本方式：“或”、“与”和“反”运算。下面分别介绍这三种运算律。

1．“或”运算

逻辑“或”运算的符号为“∨”，有的书上也记为“+”或“|”。由于 A、B 只有 0 和 1 两种可能取值，所以“或”运算的可能结果只有四种情况：

$$Y = 0 \vee 0 = 0 \to Y = 0$$

$$\left.\begin{aligned} Y = 0 \vee 1 = 1 \\ Y = 1 \vee 0 = 1 \\ Y = 1 \vee 1 = 1 \end{aligned}\right\} \to Y = 1$$

上面四个式子可以归纳为：两者皆伪者则结果必伪，有一为真者则结果必为真。这个结论可以推广至多变量情况，即各变量全伪者则结果必伪，有一为真者则结果必真。写成表达式如下：

设 $Y=A \vee B \vee C\cdots$，则

$$Y = 0 \vee 0 \vee \cdots \vee 0 = 0 \to Y = 0$$

$$\left.\begin{aligned} Y = 0 \vee 0 \vee \cdots \vee 1 = 1 \\ Y = 0 \vee \cdots \vee 1 \vee 0 = 1 \\ \vdots \qquad \\ Y = 1 \vee 1 \vee \cdots \vee 1 = 1 \end{aligned}\right\} \to Y = 1$$

这意味着，在多输入“或”门电路中，只要其中一个输入为 1，则其输出必为 1；只有全部输入均为 0 时，输出才为 0。

当 A 和 B 为多位二进制数时，如 $A = A_1A_2A_3\cdots A_n$，$B = B_1B_2B_3\cdots B_n$，则进行逻辑“或”运算时，各对应位分别进行“或”运算：

$$Y=A \vee B=(A_1 \vee B_1)(A_2 \vee B_2)(A_3 \vee B_3)\cdots(A_n \vee B_n)$$

【例 1-1】　设 $A = 10101$，$B = 11011$，则

$$Y = A \vee B = (1 \vee 1)(0 \vee 1)(1 \vee 0)(0 \vee 1)(1 \vee 1) = 11111$$

或记为

$$Y = A + B = (1+1)(0+1)(1+0)(0+1)(1+1) = 11111$$

注意：这里的“+”运算是不会产生进位的，写成竖式可表示为

$$\begin{array}{r} 10101 \\ +)\quad 11011 \\ \hline 11111 \end{array}$$

2．“与”运算

逻辑“与”运算的符号为“∧”，有的书上也记为“×”、“·”、“&”或省略不写。由于 A，B 只有 0 和 1 两种可能取值，所以“与”运算的可能结果只有四种情况：

$$\left.\begin{aligned} Y = 0 \wedge 0 = 0 \\ Y = 0 \wedge 1 = 0 \\ Y = 1 \wedge 0 = 0 \end{aligned}\right\} \to Y = 0$$

$$Y = 1 \wedge 1 = 1 \to Y = 1$$

这种运算结果归纳为：二者为真者结果必真，有一为伪者结果必伪。同样，这个结论也可推广至多变量：各变量均为真者结果必真，有一为伪者结果必伪。写成表达式如下：

设 $Y=A\wedge B\wedge C\cdots$，则

$$\left.\begin{array}{l} Y=0\wedge 0\wedge\cdots\wedge 0=0 \\ Y=0\wedge 0\wedge\cdots\wedge 1=0 \\ \quad\vdots \\ Y=1\wedge\cdots\wedge 1\wedge 0=0 \end{array}\right\}\rightarrow Y=0$$

$$Y=1\wedge 1\wedge\cdots\wedge 1=1\rightarrow Y=1$$

这意味着，在多输入“与”门电路中，只要其中一个输入为0，则输出必为0，或者说，只有全部输入均为1时，输出才为1。

当A和B为多位二进制数，进行“逻辑与”运算时，各对应位应分别进行“与”运算。

【例1-2】 设 $A=11001010$, $B=00001111$，则

$$Y=A\wedge B=(1\wedge 0)(1\wedge 0)(0\wedge 0)(0\wedge 0)(1\wedge 1)(0\wedge 1)(1\wedge 1)(0\wedge 1)=00001010$$

或记为

$$Y=A\times B=(1\times 0)(1\times 0)(0\times 0)(0\times 0)(1\times 1)(0\times 1)(1\times 1)(0\times 1)=00001010$$

$$Y=A\bullet B=AB=(1\bullet 0)(1\bullet 0)(0\bullet 0)(0\bullet 0)(1\bullet 1)(0\bullet 1)(1\bullet 1)(0\bullet 1)=00001010$$

写成竖式则为

$$\begin{array}{r} 11001010 \\ \wedge)\ 00001111 \\ \hline 00001010 \end{array}$$

由此可见，用“0”与一个数位相“与”，即将其“抹掉”而成为“0”；用1与一个数位相“与”，即将此数位“保存”下来。这种方法在计算机程序设计中经常会用到，称为“屏蔽”。上面的B数(0000 1111)称为“屏蔽数”，它将A数的高4位屏蔽掉，使它们都变成了0。

3. “反”运算

如果一件事物的性质为A，则经过“反”运算后，其性质必与A相反，用表达式表示为：$Y=\overline{A}$，也记作 $Y=-A$，这实际上也是反相器的性质。所以在电路实现上，反相器是反运算的基本元件。

反运算也称为“逻辑非”或“逻辑反”。当A为多位数求“反”运算时，按位求其反。如：设 $A=A_1A_2A_3\cdots A_n$，则其“逻辑反”为：$Y=\overline{A_1A_2A_3}\cdots\overline{A_n}$。

【例1-3】 设 $A=11010000$，则其逻辑“反”运算的结果为：$Y=00101111$。

☞1.3.3 布尔代数的运算规律

1. 恒等式

$$0\vee A=A,\quad 1\vee A=1,\quad A\vee A=A$$

$$0\wedge A=0,\quad 1\wedge A=A,\quad A\wedge A=A$$

$$A\vee\overline{A}=1,\quad A\wedge\overline{A}=0,\quad \overline{\overline{A}}=A$$

2. 运算规律

与普通代数类似，布尔代数也有交换律、结合律、分配律，而且它们与普通代数的规律完全相同。

- 交换律：

$$A\vee B=B\vee A\text{，}\quad A\wedge B=B\wedge A$$

- 结合律：

$$A\vee B\vee C=(A\vee B)\vee C=A\vee(B\vee C)\text{，}\quad ABC=(AB)C=A(BC)$$

- 分配率：

$$A(B\vee C)=AB\vee AC\text{，}\quad (A\vee B)(C\vee D)=AC\vee AD\vee BC\vee BD$$

注意：逻辑“与”的运算优先级通常规定为比逻辑“或”要高，所以，上面逻辑“与”运算两边的括号“()”往往可以省略。利用这些运算规律及恒等式，可以化简很多逻辑关系式，如：

$$A\vee AB=A(1\vee B)=A\wedge 1=A$$

$$A\vee \overline{A}B=A\vee AB\vee \overline{A}B=A\vee(A\vee \overline{A})B=A\vee B$$

3．摩根定理

在设计电路时，人们手边有时没有“与”门，而只有“或”门和“非”门；或只有“与”门和“非”门，没有“或”门。利用摩根定理，可以解决元件互换问题。

二变量的摩根定理为：$\overline{A\vee B}=\overline{A}\wedge\overline{B}$；$\overline{A\wedge B}=\overline{A}\vee\overline{B}$。

推广到多变量：$\overline{A\vee B\vee C\vee\cdots}=\overline{A}\wedge\overline{B}\wedge\overline{C}\wedge\cdots$；$\overline{A\wedge B\wedge C\wedge\cdots}=\overline{A}\vee\overline{B}\vee\overline{C}\vee\cdots$。

【例 1-4】　$\overline{\overline{A}\wedge\overline{B}}=\overline{\overline{A}}\vee\overline{\overline{B}}=A\vee B$；$\overline{\overline{A}\vee\overline{B}\vee\overline{C}}=\overline{\overline{A}}\wedge\overline{\overline{B}}\wedge\overline{\overline{C}}=A\wedge B\wedge C=ABC$。

☞1.3.4　真值表与布尔代数式的关系

当人们遇到结果不太复杂的因果问题时，常常把各种可能发生的结果都考虑出来后，再研究结果。真值表就是按照这种方法设计的一种表格形式。例如，考虑两个单一数位的二进制数 A 和 B 相加，其本位的和 S 及向高一位的进位 C 有几种结果形式呢？

全面考虑 A 和 B 这两个一位二进制数，可能会出现四种情况：即 A=0，B=0；A=0，B=1；A=1，B=0；A=1，B=1，除此之外再无别的情形。一般来说，对可能有 n 个因素的二进制数的运算，总共会有 2^n 种情况。这实质上是两个一位数(可为 0，也可为 1)的排列。把这些情况全部列入表内，如表 1-1 左边部分所示，然后，对每一种情况进行分析：当 A 和 B 都为 0 时，S 为 0，进位 C 也为 0；当 A 为 0 且 B 为 1 时，S 为 1，进位 C 为 0；当 A 为 1 且 B 为 0 时，S 为 1，进位 C 为 0；当 A 为 1 且 B 也为 1 时，由于 S 是一位数所以为 0，而有进位 C=1，见表 1-1。

表 1-1　两个二进制相加的真值表

A	B	S	C
0	0	0	0
0	1	1	0
1	0	1	0
1	1	0	1

通过真值表，可以方便地得出 S 与 A 和 B 关系的布尔代数式，以及 C 与 A 和 B 关系的布尔代数式。对于 C，只有 A 与 B 都为 1 时，它才为 1，是逻辑“与”运算的结果，即 $C=A\wedge B$。对于 S，在表中第 2 项或第 3 项都可能为 1，而第 2 项要求 A=0 与 B=1，在写布尔代数式时要使 S 为 1，显然只有 $\overline{A}\wedge B=\overline{0}\wedge 1=1$，所以第 2 项的布尔代数式就是 $\overline{A}\wedge B$。对于第 3 项要求 A=1 与 B=0，在写布尔代数式时要使 S 为 1，显然只有 $A\wedge\overline{B}=1\wedge\overline{0}=1$，所以第 3 项的布尔代数式就是 $A\wedge\overline{B}$。从而我们可以写出 S 与 A 和 B 的关系式为

$$S=(\overline{A}\wedge B)\vee(A\wedge\overline{B})=\overline{A}B\vee A\overline{B}$$

根据真值表写出布尔代数式的方法可以概括为：

(1) 写布尔代数式先看真值表中结果为“1”的项，有几项就有几个“或”项。

(2) 每一项各要素之间是“与”的关系。写该项时每个因素都写上，然后加“反”(上横线)。至于哪个因素要加“反”，要看该因素在这项里是否为“0”的状态，是“0”状态则加“反”，否则不加。

写出布尔代数式后，要反过来进行检验看其是否正确。通常，用真值表描述问题，不仅全面，而且通过它来写布尔代数式也很简便。

1.4 二进制数的运算及其相关电路

在微型计算机的微处理器中，加法运算及其电路是其最核心的功能电路，其他电路都是在此基础上的功能“扩充”。本节介绍二进制的加法运算及相关电路。

1. 二进制数的加法

两个二进制数相加时，是从低位到高位逐位相加的，要考虑低位产生的进位。设二进制数可以写成：$A=A_3A_2A_1A_0$；$B=B_3B_2B_1B_0$，则从最右边第1位(即0权位)开始，逐位相加，其结果可以写成：$S=S_3S_2S_1S_0$，其中各位是分别按照如下规则求出的：

$S_0=A_0+B_0$ → 进位 C_1

$S_1=A_1+B_1+C_1$ → 进位 C_2

$S_2=A_2+B_2+C_2$ → 进位 C_3

$S_3=A_3+B_3+C_3$ → 进位 C_4

则 $C_4S_3S_2S_1S_0=A+B$。

右边第1位对应相加的电路要求：输入量为两个，即 A_0 和 B_0；输出量为两个，即 S_0 和 C_1。这样的一个二进制位相加的电路称为半加器电路。

从右边第2位开始，各位可以对应相加时的电路要求：输入量为3个，即 A_i、B_i 和 C_i；输出量为两个，即 S_i 和 C_{i+1}。其中 $i=1, 2, 3$。这样的一种二进制位相加的电路称为全加器电路。

2. 半加器电路

按照上面的分析，半加器要求有两个输入端，用以代表两个数字 A_0 和 B_0 的电位输入；有两个输出端，用以输出总和 S_0 及进位 C_1。其真值表列于图1-3的左边。

真值表

A_0	B_0	C_0	S_0
0	0	0	0
0	1	0	1
1	0	0	1
1	1	1	0
		与门	异或门

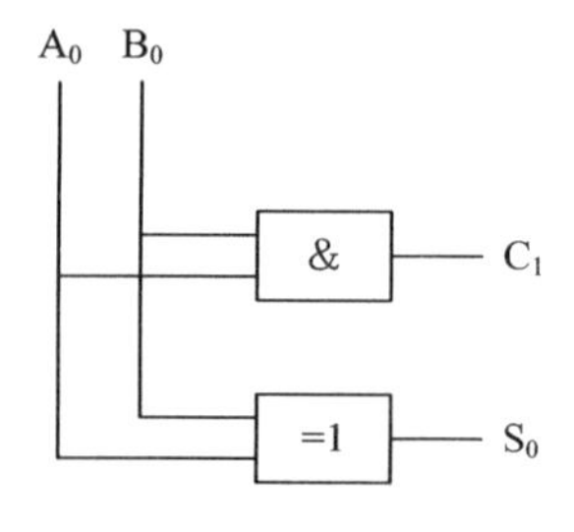

图1-3 半加器的真值表及逻辑电路

由前面的介绍可知，从真值表很容易得出半加器输入与输出之间的逻辑关系，从而绘制出半加器的逻辑电路图，见图 1-3 的右半部分。“和”与运算数之间的关系为

$$S_0 = \overline{A_0}B_0 \vee A_0\overline{B_0} = A_0 \oplus B_0$$

进位与运算数之间的关系则为

$$C_1 = A_0 \wedge B_0$$

3．全加器电路

全加器电路要求有三个输入端，以输入 A_i、B_i 和 C_i；有两个输出端，即 S_i 和 C_{i+1}。其真值表见表 1-2。通过分析表 1-2 可得，运算的“和”S_i 可通过三输入端的“异或门”来实现，而其进位 C_{i+1} 则可以用三个双输入的“与门”和一个三输入的“或门”来实现，其电路图如图 1-4 所示。

表 1-2　全加器真值表

A_i	B_i	C_i	C_{i+1}	S_i
0	0	0	0	0
0	0	1	0	1
0	1	0	0	1
0	1	1	1	0
1	0	0	0	1
1	0	1	1	0
1	1	0	1	0
1	1	1	1	1

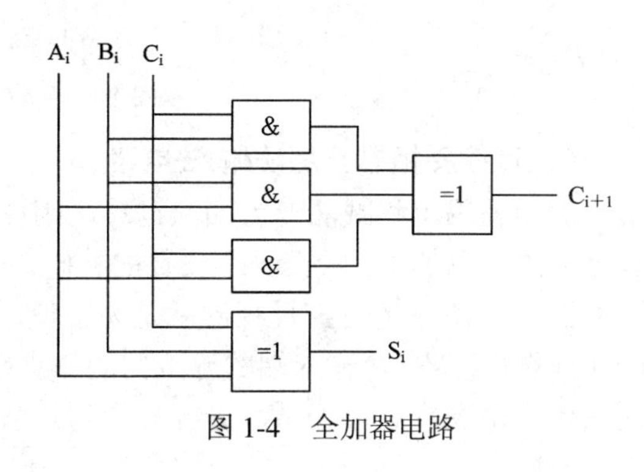

图 1-4　全加器电路

判断多输入的“异或门”的输出与输入关系的一个简便方法是：当多个输入(A,B,C,D,…)中为“1”的个数为零或为偶数时，结果输出为“0”；为奇数时，结果输出为“1”。

4．半加器及全加器符号

半加器和全加器常用图 1-5 所示的符号来表示。HA 意为半加器，是英文 Half Adder 的缩写，而 FA 是全加器(Full Adder)的缩写。

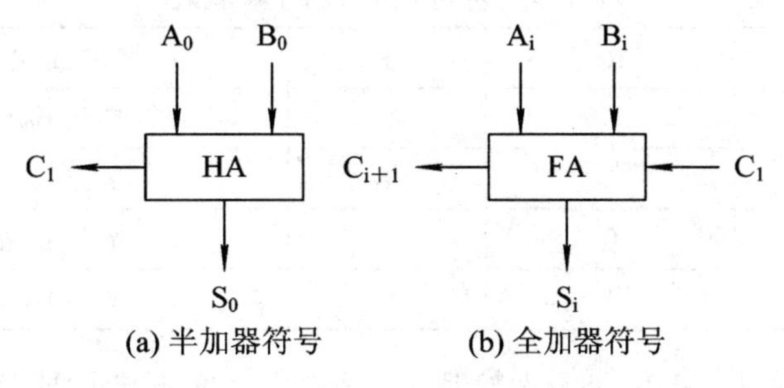

图 1-5　半加器与全加器的符号表示

5．二进制数的加法电路

利用半加器和全加器，便可以组合出简单的加法电路，如图 1-6 所示。设 $A = A_3A_2A_1A_0 = 1010 = 10D$，$B = B_3B_2B_1B_0 = 1011 = 11D$，则按照图 1-6 所示电路完成 A 与 B 相加的过程，

可写成竖式算法如下：

$$\begin{array}{rl} \text{A:} & 1010 \\ +)\ \text{B:} & 1011 \\ \hline \text{S:} & \boxed{1}0101 \end{array}$$

即 A 与 B 相加结果为 S＝10101。其中最高位在进位位 C_4 中，如果不单独处理，往往会被电路舍弃，因为 4 位的 S 最大能表示的数据是 15D，而上例中 A＋B 的实际值为 10＋11＝21，已超出的 S 可表达的范围，舍弃掉了 $2^4=16$，仅剩下了 21－16＝5(二进制：0101B)。

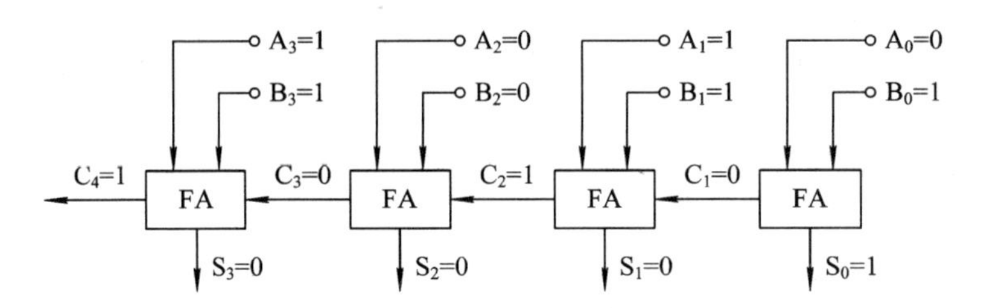

图 1-6　4 位二进制加法电路

6. 可控反相器及加法/减法电路

利用补码可将减法变为加法运算，因此需要有这么一种电路，它能将原码变成反码，并使其最小位加 1，求得一个负数的补码。

图 1-7 所示的可控反相器就是为了使原码变为反码而设计的，它实际上是一个异或门(异门)逻辑电路。两输入端的异或门的特点是：两者相同则输出为 0，两者不同则输出为 1。用真值表来表示这个关系，更容易看到其意义，如表 1-3 所示。

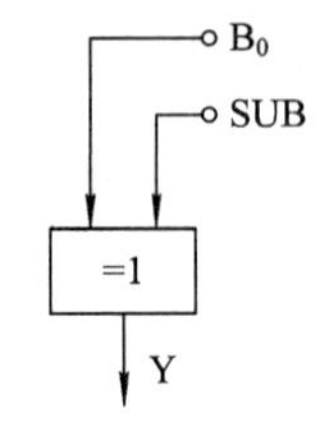

图 1-7　可控反相器

表 1-3　可控反相器的真值表

SUB	B_0	Y	Y 与 B_0 的关系
0	0	0	Y 与 B_0 相同
0	1	1	Y 与 B_0 相同
1	0	1	Y 与 B_0 相反
1	1	0	Y 与 B_0 相反

由表 1-3 可见，如将 SUB 端看做控制端，则当其上加低电平时，Y 端的电平就与 B_0 端的电平相同。而其上加高电平时，则 Y 端的电平与 B_0 端的电平相反。

利用异或门的这一特点，在图 1-6 的 4 位二进制数加法电路上增加 4 个可控反相器并将最低位的半加器改用全加器，就可以得到如图 1-8 所示的 4 位二进制数加法器/减法器电

路。显然，这个电路既可以作为加法器电路(当 SUB＝0 时)，又可以作为减法器电路(当 SUB＝1 时)来使用。

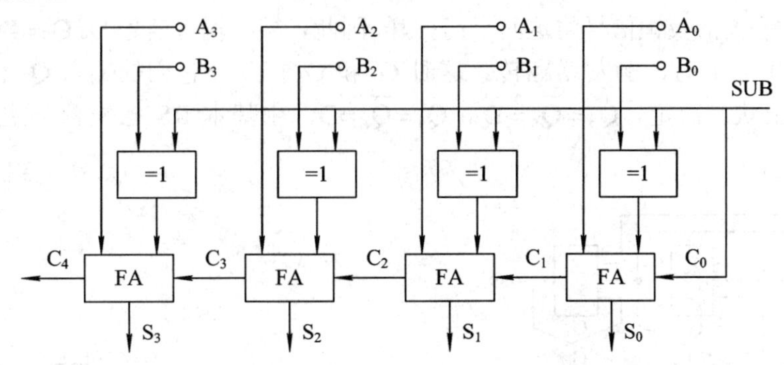

图 1-8　4 位二进制数加法器/减法器

设 $A=A_3A_2A_1A_0=1010B=10D$，$B=B_3B_2B_1B_0=0011B=03D$，将这两个数的各位分别送入该电路的对应端 $A_3A_2A_1A_0$ 和 $B_3B_2B_1B_0$。当 SUB＝0 时，电路作加法运算：SUB＝0 使 $B_3B_2B_1B_0$ 的各位同相地进入相应的全加器，与 $A_3A_2A_1A_0$ 分别相加，而最低位的 $C_0=SUB=0$，使末位的全加器与半加器等价。这种情况下，图 1-8 的电路与图 1-6 的电路完全等价，$S=S_3S_2S_1S_0=A_3A_2A_1A_0+B_3B_2B_1B_0=1101B$，而最高进位位 $C_4=0$，运算结果没有超出范围，与理论结果完全一致；当 SUB=1 时，电路作减法运算：SUB＝1 使 $B_3B_2B_1B_0$ 的各位反相地进入相应的全加器，与 $A_3A_2A_1A_0$ 分别相加；而最低位的 $C_0=SUB=1$，使 B 的反码加上了 1，转化成了其补码，电路实现了如下的功能：$S=S_3S_2S_1S_0=A_3A_2A_1A_0+\overline{B}_3\overline{B}_2\overline{B}_1\overline{B}_0+1=1010+1100+1=0111B$，最高进位位 $C_4=1$。舍弃进位位后，运算结果 0111B＝7 正是 A－B＝10－3 的理论结果。

7．触发器

由与、或、非等基本逻辑电路还可以组成各种各样的触发器，它们是计算机中寄存器或存储器的基本单元电路。在时序控制系统中，最常用的四种触发器分别为：T 型触发器、RS 触发器、JK 触发器及 D 触发器。

一个触发器可用来存储一位数据。通过将若干个触发器连接在一起可存储多位元的数据，它们可用来表示时序器的状态、计数器的值、电脑记忆体中的 ASCII 码或其他资料。

触发器是一种时钟控制的记忆器件，它具有一个控制输入信号(Cl)。Cl 信号使触发器只在特定时刻才按输入信号改变输出状态。若触发器只在时钟 Cl 由低到高(或由高到低)的转换时刻才接收输入，则称这种触发器是上升沿(下降沿)触发的。

D 触发器是最常用的触发器之一。对于上升沿触发 D 触发器来说，其输出 Q 只在 Cl 由低到高的转换时刻才会跟随输入 D 的状态而变化，其他时候 Q 则维持不变。图 1-9 显示了上升沿触发 D 触发器的原理电路、符号及时序图。

D 触发器由 6 个与非门组成，其中 G_1 和 G_2 构成基本 RS 触发器。

$\overline{S}_D$ 和 $\overline{R}_D$ 接至基本 RS 触发器的输入端，它们分别是预置端和清零端，低电平有效。当 $\overline{S}_D=1$ 且 $\overline{R}_D=0$ 时，不论输入端 D 为何种状态，都会使 $Q=0$，$\overline{Q}=1$，即触发器置 0；当 $\overline{S}_D=0$ 且 $\overline{R}_D=1$ 时，$Q=1$，$\overline{Q}=0$，触发器置 1。$\overline{S}_D$ 和 $\overline{R}_D$ 通常又称为直接置 1 和置 0 端。设它

们均已加入了高电平，不影响电路的工作。其工作过程如下：

当 CP=0 时，与非门 G_3 和 G_4 封锁，其输出 $Q_3=Q_4=1$，触发器的状态不变。同时，由于 Q_3 至 Q_5 和 Q_4 至 Q_6 的反馈信号将这两个门打开，因此可接收输入信号 D，$Q_5=D$，$Q_6=\overline{Q}_5=\overline{D}$。

当 CP 由 0 变 1 时，触发器翻转。这时 G_3 和 G_4 打开，它们的输入 Q_3 和 Q_4 的状态由 G_5 和 G_6 的输出状态决定。$Q_3=\overline{Q}_5=\overline{D}$，$Q_4=\overline{Q}_6=D$。由基本 RS 触发器的逻辑功能可知，$Q=\overline{Q}_3=D$。

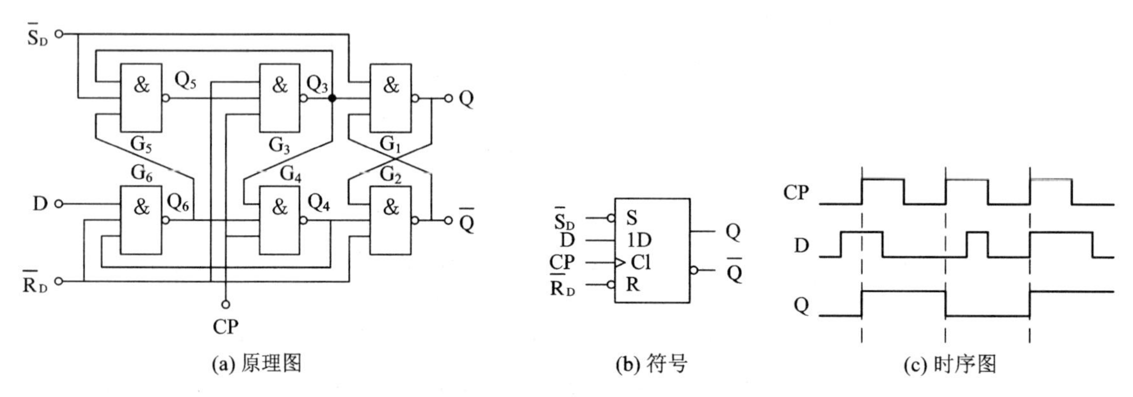

(a) 原理图　　(b) 符号　　(c) 时序图

图 1-9　D 触发器

触发器翻转后，在 CP=1 时输入信号被封锁。这是因为 G_3 和 G_4 打开后，它们的输出 Q_3 和 Q_4 的状态是互补的，即必定有一个是 0：若 Q_3 为 0，则经 G_3 输出至 G_5 输入的反馈线将 G_5 封锁，即封锁了 D 通往基本 RS 触发器的路径，该反馈线起到了使触发器维持在 0 状态和阻止触发器变为 1 状态的作用，故该反馈线称为置 0 维持线，置 1 阻塞线；若 Q_4 为 0，则将 G_3 和 G_6 封锁，D 端通往基本 RS 触发器的路径也被封锁，Q_4 输出端至 G_6 反馈线起到使触发器维持在 1 状态的作用，称做置 1 维持线，Q_4 输出至 G_3 输入的反馈线起到阻止触发器置 0 的作用，称为置 0 阻塞线。因此，该触发器常称为维持-阻塞触发器。总之，该触发器是在 CP 上升沿前接收输入信号，上升沿时触发翻转，上升沿后输入即被封锁，三步都是在上升沿后完成的，所以有边沿触发器之称。与主从触发器相比，同工艺的边沿触发器有更强的抗干扰能力和更高的工作速度，表 1-4 是 D 触发器的真值表。

表 1-4　D 触发器的真值表

$\overline{S}_D$	$\overline{R}_D$	D	Cl	Q	$\overline{Q}$
0	1	—	—	1	0
1	0	—	—	0	1
0	0	—	—	1	1
1	1	1	上升沿	1	0
1	1	0	上升沿	0	1

常见的 D 触发器芯片有 74HC74、74LS90 双 D 触发器和 74LS74、74LS364 八 D 触发器(三态)等。

8．由 JK 触发器组成的二进制计数器

计数器是一种可存储或显示特定事件发生次数的器件，通常与时钟信号有关。在电子

学中，计数器可利用简单的记忆器件来制作，如触发器等。JK 触发器是最常用的组成计数器的触发器之一。图 1-10 给出了下降沿触发的 JK 触发器的原理图和符号图，表 1-5 是 JK 触发器的真值表。

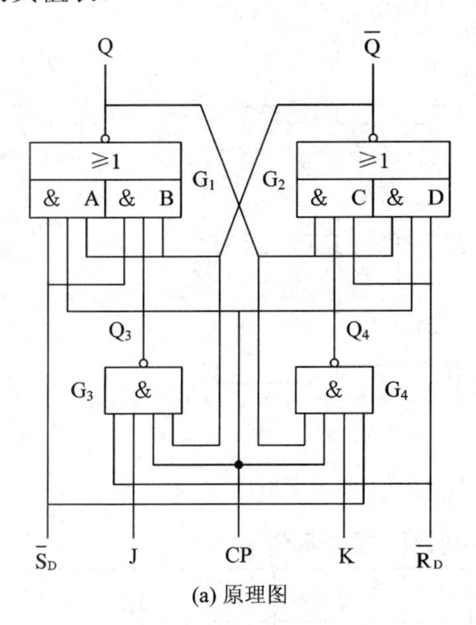

(a) 原理图

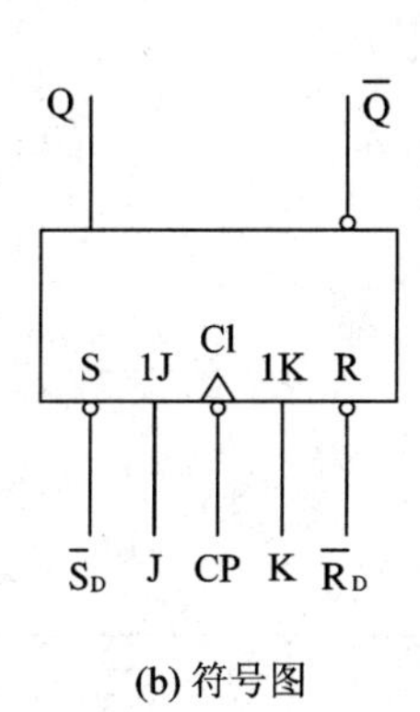

(b) 符号图

图 1-10　下降沿触发的 JK 触发器的原理图与符号图

表 1-5　JK 触发器的真值表

CP	J	K	$\overline{S}_D$	$\overline{R}_D$	Q	$\overline{Q}$
—	—	—	0	1	1	0
—	—	—	1	0	0	1
下降沿	0	0	1	1	Q	$\overline{Q}$
下降沿	1	0	1	1	1	0
下降沿	0	1	1	1	0	1
下降沿	1	1	1	1	$\overline{Q}$	Q

由电路及真值表分析可得：

当 J=1，K=0 时，使 Q=1；当 J=0，K=1 时，使 Q=0；当 J=K=0 时，使 Q 维持不变；当 J=K=1 时，使 Q 翻转。这种主从 JK 触发器没有约束条件。在 J=K=1 时，每输入一个时钟脉冲，触发器翻转一次。触发器的这种工作状态称为计数状态，由触发器翻转的次数可以计算出输入时钟脉冲的个数。

图 1-11 所示为 JK 触发器组成的计数器及其时序。图中，四个下降沿触发 JK 触发器以串接模式连接在一起，构成一个二进制计数器。其中每个触发器的输出 Q 都被连接到下一个触发器的时钟输入 CP，根据真值表，将每个触发器的输入 J 和 K 均设定为 1，因此触发器在时钟 CP 每次由高到低的转换时刻都会改变其状态。

在这个二进制计数器中，四个输出从 A 至 D 表示一个 4 位元二进制数，其中 A 是最低有效位(LSB)，而 D 是最高有效位(MSB)。这个 4 位二进制数随着每个时钟 CLK 周期的到

来而递增 1。计数器由 0 数至 15，又再返回 0，并一直循环下去。其真值表见表 1-6。

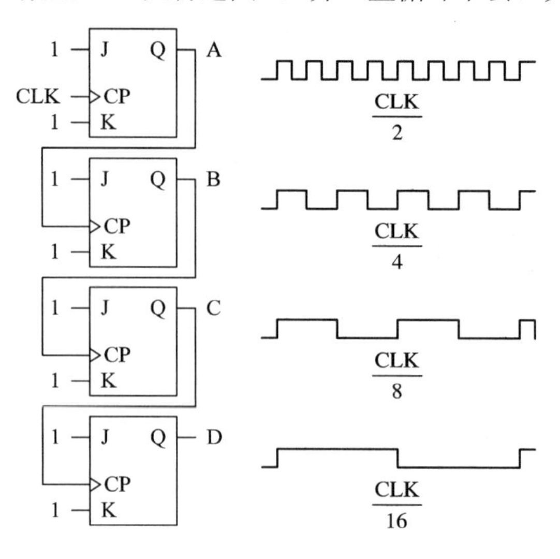

图 1-11　JK 触发器组成的计数器及其时序

表 1-6　4 位二进制计数器的真值表

十进制		0	1	2	3	4	5	6	7	8	9	10	11	12	13	14	15
二进制	D	0	0	0	0	0	0	0	0	1	1	1	1	1	1	1	1
	C	0	0	0	0	1	1	1	1	0	0	0	0	1	1	1	1
	B	0	0	1	1	0	0	1	1	0	0	1	1	0	0	1	1
	A	0	1	0	1	0	1	0	1	0	1	0	1	0	1	0	1

9．移位寄存器

在计算机中需要用到移位计算，这便需要具有移位功能的寄存器。移位寄存器是一种多位元的寄存器，在每个 CLK 的转换时刻，寄存器中的数据进行一位移位。移位寄存器中一组触发器以串接的形式相连，即每个触发器的输出都连接到下一个触发器的输入。因此，每次时钟输入被触发时，数据会逐一移向下一个触发器。

对一个 8 位元移位寄存器来说，在每个 CLK 由低至高的转换时刻，移位寄存器读取输入数据，并把它传送至输出 A_0。A_0 至 A_6 各个位元的原有数值将移至下一位元(即 A_0 移至 A_1，A_1 移至 A_2，…，A_6 移至 A_7)，而 A_7 的数值将被移出寄存器。8 位元移位寄存器的移位过程如表 1-7 所示。

移位寄存器的输入和输出可以是串行或并行模式。串行输入的意思是设备逐位读入数据，而并行输出的意思是所有位元同一时间作为输出。例如，一个串行输入、并行输出的移位寄存器逐一位元读入数据，而所有输出位元同一时间被输出。

大部分电路以多个位元的并行模式工作，而串行接口则具有结构简单的优点，所以需要有一种设备——移位寄存器来完成串行接口和并行接口之间的转换。

移位寄存器还可用作简单的延时电路。在不同的输出端(A_0 至 A_7)可以得到在不同时钟周期延时下的数据信号。

表 1-7　8 位元移位寄存器的移位过程

	A_7	A_6	A_5	A_4	A_3	A_2	A_1	A_0
初始状态	0	0	0	0	0	0	0	0
时钟周期 1	0	0	0	0	0	0	0	1
时钟周期 2	0	0	0	0	0	0	1	0
时钟周期 3	0	0	0	0	0	1	0	0
时钟周期 4	0	0	0	0	1	0	0	0
时钟周期 5	0	0	0	1	0	0	0	0
时钟周期 6	0	0	1	0	0	0	0	0
时钟周期 7	0	1	0	0	0	0	0	0
时钟周期 8	1	0	0	0	0	0	0	0

1.5　计算机系统及其硬件组成

1．计算机系统组成

计算机系统由计算机硬件系统和软件系统两大部分组成。硬件系统是计算机系统的物理装置，是由电子线路、元器件和机械部件等构成的具体装置，是看得见、摸得着的实体；软件是计算机系统中运行的程序、这些程序所使用的数据以及相应的文档的集合。计算机系统的基本组成如图 1-12 所示。

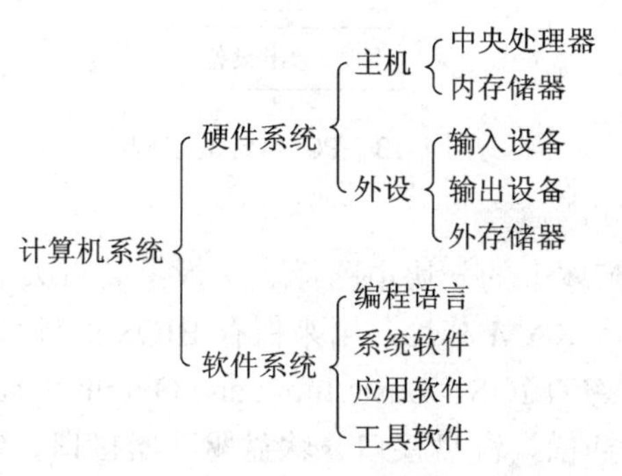

图 1-12　计算机系统的基本组成

通常人们将运算器和控制器称为中央处理器(CPU，Central Processing Unit)，将中央处理器和内存储器合称为主机。将输入设备、输出设备和外存储器称为外部设备(简称外设)。

软件(Software，中国大陆及香港地区用语，台湾称做软体)是一系列按照特定顺序组织的计算机数据和指令的集合。一般来讲，软件系统被划分为编程语言(包括机器语言、汇编语言和高级语言等)、系统软件(操作系统)、应用软件(包括信息管理、辅助设计、实时控制和用户自己开发的各类软件)和介于它们之间的工具软件(如办公软件、数据库管理系统、网络管理系统和其他工具软件等)。软件并不只包括可以在计算机上运行的程序，与这些程

序相关的文档一般也被认为是软件的一部分。简单地说，软件就是程序加文档的集合体，也泛指社会结构中的管理系统、思想意识形态、思想政治觉悟、法律法规等。

2. 微处理器、微型计算机和微型计算机系统

(1) 微处理器(Microprocessor)：作为微型计算机的核心部分，由一片或几片大规模集成电路组成，具有运算器和控制器功能的中央处理器(CPU)。

(2) 微型计算机：以微处理器为核心，配上由大规模集成电路制成的存储器、输入/输出接口电路及系统总线所组成的计算机，简称微型计算机。

(3) 微型计算机系统：以微型计算机为中心，配以相应的外围设备、电源和辅助电路，以及指挥微型计算机工作的系统软件，就构成了微型计算机系统。

3. 主板、CPU、存储器、接口和总线

微型计算机有多种系列、档次和型号，如 IBM PC 等。这些计算机的共同特点是体积小，适合放在办公桌上使用，而且每个时刻只能一人使用，因此又称为个人计算机。图 1-13 是 PC 的典型结构。

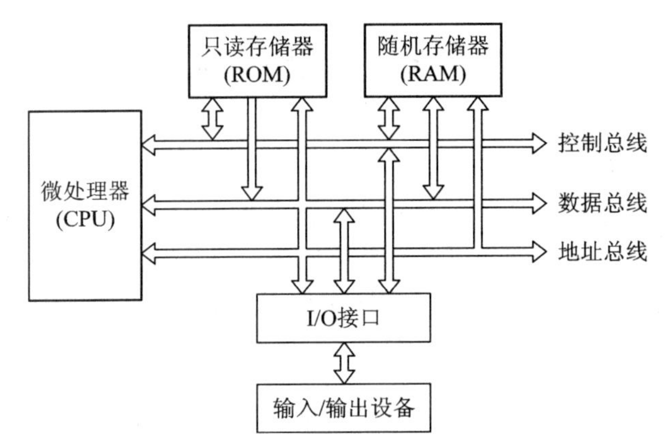

图 1-13　PC 的典型结构

1) 主板

主板是固定在主机箱箱体上的一块电路板。主板上装有大量的有源电子元件。主要组件有：CMOS(一块可读写的 RAM 芯片，用来保存 BIOS 的硬件配置和用户对某些参数的设定等)、基本输入/输出系统(BIOS，Basic Input and Output System)、高速缓冲存储器(Cache)、内存插槽、CPU 插槽、键盘接口、软盘驱动器接口、硬盘驱动器接口、总线扩展插槽(提供 ISA、PCI 等扩展槽)、串行接口(COM1、COM2)、并行接口(打印机接口 LPT1)等。因此，主板是计算机各种部件相互连接的纽带和桥梁。

2) 中央处理器

中央处理器(CPU)又称为微处理器，是计算机的核心。计算机的运转是在它的指挥控制下实现的，所有的算术和逻辑运算都是由它完成的，因此，CPU 是决定计算机速度、处理能力、档次的关键部件。

3) 存储器

存储器分为内存储器和外存储器，通常简称为内存和外存。内存是计算机的主要工作存储器，一般计算机在工作时，所执行的指令及处理的数据，均从内存取出。内存的容量

有限，主要用来存放计算机正在使用的程序和数据。外存存储容量大，用于存放备用的程序和数据等。外存中存放的程序或数据必须调入内存后，才能被计算机执行和处理。常用的外存有软盘、硬盘、光盘等。由于内存是由半导体器件构成的，没有机械装置，所以内存的速度远远高于外存。外存的信息存储量大，但由于存在机械运动问题，所以存取速度要比内存慢得多。由于外存大都由非电子线路来实现(如磁介质、光介质等)，所以外存上的信息从原理上讲可以长期保留。

内存又分为以下两种：

- 只读存储器（ROM，Read Only Memory)：只能读不能写入信息，它一般用来存储固定的系统软件和字库等内容，只能被调用，而不能被重写或修改，存储内容也不会因断电而消失。

- 随机存取存储器(RAM，Random Access Memory)：可以进行任意的读或写操作，主要用来存放操作系统、各种应用软件、输入数据、输出数据、中间计算结果以及与外存交换的信息等。由于 RAM 用半导体器件组成，一旦断电，信息就会丢失，所以不能永久保留。通常所说的内存往往指的是计算机系统中的 RAM。

内存容量是反映计算机性能的一个很重要的指标，常常会看到计算机内存容量的标识为 64 MB、128 MB、256 MB 等，目前可高达 4 GB。

硬盘是最常用的外存，它与内存的区别很大：硬盘用来存放暂时不用的信息；内存由半导体材料制作，硬盘由磁性材料制作；内存中的信息会随掉电而丢失，硬盘中的信息可以长久保存。CPU 与硬盘不发生直接的数据交换，而只是通过控制信号指挥硬盘工作，硬盘上的信息只有在装入内存后才能被处理。

硬盘的存储容量很大，它通常是采用温彻斯特技术将硅钢盘片连同读写头等一起封装在真空密闭的盒子内，故无空气阻力和灰尘影响，其数据存储密度大、速度决。使用时应防止振动，所以计算机通电工作时，不能搬动，也不能摇晃和撞击。新的硬盘工作前需要格式化，但使用中的硬盘不能随便格式化，否则将丢失全部数据。

光盘是另一种常见的外存，它的读写原理与磁介质存储器完全不同，是根据激光原理设计的一套光学读写设备。自 20 世纪 80 年代初从音响领域进入计算机领域后，光盘在技术和应用上日趋成熟。目前，大部分 PC 已配置了 CD-ROM(只读光盘)驱动器。

4) 输入/输出接口(I/O接口)

I/O 接口是 CPU 与外部设备进行信息交换的部件。大多数接口电路已标准化、系列化，一般是可编程的。

5) 总线(Bus)

总线是将 CPU、存储器和 I/O 接口等相对独立的功能部件连接起来，并传送信息的公共通道。总线是一组传输线的集合。根据传递信息的种类，总线可分为地址总线、数据总线和控制总线。

- 地址总线(AB，Address Bus)：一种由 CPU 向外发出的单向通信总线，用于给存储器或输入/输出接口提供地址码，以选择相应的存储单元或寄存器。地址总线的根数决定了 CPU 的寻址范围。

- 数据总线(DB，Data Bus)：用于实现 CPU、存储器及 I/O 接口之间数据信息交换的双向通信通道。数据总线的宽度决定微型计算机的字长。

● 控制总线(CB，Control Bus)：在传输与交换数据时起管理控制作用的一组单向信号线，如读信号、写信号、中断请求信号等。

1.6　微型计算机的常用术语及性能参数

1．微型计算机的常用术语

● 位(bit)：是计算机所能表示的最小数据单位，即一个二进制数值位，其值只能为 0 或 1。对于 8 位二进制数，可计作 8 bit 或 8 b。

● 字节(byte 或 Byte)：由 8 个二进制位组成，字节的单位可用 Byte 或 B 表示，即 1 Byte = 8bit。在计算机中存储器的容量通常是以字节为单位来度量的。

● 字(word)：由若干个字节组成，它也是表示存储容量的一个单位。通常我们把计算机一次所能处理的数据的最大位数称为该机器的字长，显然字长越长，计算精度越高。计算机的字长取决于其内部处理器的通用寄存器的位数和数据总线的宽度。字长是计算机功能的一个重要标志。字长直接影响到计算机的功能、用途和应用范围。如 Pentium 是 64 位字长的微处理器，其数据位数是 64 位，而它的寻址位数是 32 位。微处理器的字长有 8 位、16 位、32 位和 64 位等。

● 存储容量：计算机内、外存储器的容量是用字节(B)来计算和表示的，除 B 外，还常用 KB(千字节)、MB(兆字节)、GB(吉字节)作为存储容量的单位。它们之间的换算关系为：1 B = 8 bit，1 KB = 1024 B，1 MB = 1024 KB，1 GB = 1024 MB。

● 主频：也叫做时钟频率或工作频率，用来表示计算机中处理器的运行速度。一般来说，一个时钟周期完成的操作是固定的，所以主频越高，表明处理器运行越快，主频的单位通常是 MHz。通常说的赛扬 433、PⅢ 550 等都是指 CPU 的主频。

● 运算速度：计算机每秒能执行的指令数。常用的单位有 MIPS(百万条指令每秒)和 MFLOPS(百万条浮点指令每秒)等。由于执行不同类型的指令所需时间长度不同，所以 MIPS 通常是根据不同指令出现的频度乘上不同的系数求得的统计平均值。主频为 25 MHz 的 80486 其性能大约是 20 MIPS，主频为 400 MHz 的 PentiumⅡ的性能为 832 MIPS。

● 存取速度：存储器完成一次读或写操作所需的时间，也称为存储器的存取时间或访问时间。而连续启动两次写操作所需间隔的最短时间，称为存储周期。对于半导体存储器来说，存取周期大约为几十到几百毫秒之间。它的快慢会影响到计算机的速度。

● 外频与倍频系数：外频就是系统总线的工作频率，其单位也是 MHz；倍频系数是处理器的主频与外频之间的相对比例系数。早期微处理器的主频与外部总线的频率相同，从 80486DX2 开始，主频 = 外部总线频率 × 倍频系数。

外频越高，说明处理器与系统内存数据交换的速度越快，因而微型计算机的运行速度也越快。通过提高外频或倍频系数，可以使微处理器工作在比标称主频更高的时钟频率上，这就是所谓的超频。

● 微处理器的生产工艺：在硅材料上生产微处理器时内部各元器件间连接线的宽度，一般以 μm 为单位，数值越小，生产工艺越先进，微处理器的功耗和发热量越小。目前微处理器的生产工艺已经达到 0.18 μm。

● 微处理器的集成度：微处理器芯片上集成的晶体管的密度。最早 Intel 4004 的集成度为 2250 个晶体管，Pentium III的集成度已经达到 750 万个晶体管以上，集成度提高了 3000 多倍。

2. 微型计算机的性能参数

从硬件的角度来说，微型计算机的主要性能参数有：

● CPU 字长：指微处理器中寄存器、运算器等部件同时处理二进制数据的宽度。

● CPU 速度：指计算机每秒钟所能执行的指令(一般指加法指令)条数。

● 主存容量与存取速度：主存容量指计算机主存中能够存储字节数据的多少；存取速度是指存储器执行一次读写操作所需要的时间。

● 高速缓冲存储器(Cache)：用以提高 CPU 的运行效率，由 CPU 内置的一级 Cache 和外加的二级 Cache(Pentium 以后的微处理器中已开始内嵌的二级 Cache)组成，其容量可为几百个千字节以上，存取速度应与 CPU 主频匹配。

● 硬盘存储器：硬盘存储器的主要技术指标为存储容量和平均访问时间。

● 系统总线的传输速率：每秒传输二进制数据的字节数，以 MB/s 为单位。

● 系统的可靠性：系统的平均无故障时间和平均故障修复时间。

综合评测微型计算机系统性能是一项复杂的工作，因为还涉及所运行的软件等方面，这里不再详述。

1.7 微型计算机的工作过程与工作原理

微型计算机的工作过程就是其中央处理器不断从存储器中读取指令和执行指令的过程。了解了“程序存储”的概念，再去理解计算机的工作过程将变得十分容易。如果想让计算机工作，就先得把程序编出来，然后通过输入设备送到存储器中保存起来，即程序存储。接下来就是执行程序，其步骤可简述为：取出指令→分析指令→执行指令。

下面以微型计算机执行第 N 条指令的工作过程来说明其工作原理。

1. 取指令

(1) CPU 将指令指针寄存器中存放的第 N 条指令在存储器中的地址通过地址总线(AB)送到存储器的地址译码器并锁存，选中第 N 条指令所在的存储单元。

(2) CPU 通过控制总线(CB)向存储器发出读取数据的控制信号。

(3) 将存储器中被选中的存储单元的内容(第 N 条指令)送到数据总线(DB)上，CPU 通过 DB 读入该指令代码，送到 CPU 内部的指令寄存器暂存。

(4) CPU 中指令指针寄存器的内容自动加 1，指向下一条(第 N+1 条)指令的存储地址，为执行下一条指令做好准备。

2. 分析、执行指令

(1) CPU 读取指令代码后，在其控制单元中对该指令进行译码，译出该指令对应的微操作。

(2) CPU 根据微操作指令(微指令)发出为完成此指令所对应的控制信号，执行指令所规定的操作。

1.8 本章要点

(1) 计算机内部一切信息的存储、处理和传送均采用二进制数的形式。二进制数是计算机硬件能直接识别并进行处理的唯一形式。

(2) 冯·诺依曼计算机的设计方案：用二进制数的形式表示指令和数据；将指令和数据存放在存储器中；计算机硬件由控制器、运算器、存储器、输入设备和输出设备5大部分组成。

(3) 在计算机中，无符号数可以用二进制、十进制、八进制、十六进制及BCD码等多种形式来书写。有符号数在计算机中的编码有三种：原码、反码和补码，既可用定点数表示，也可以用浮点数来表示。ASCII码是一种国际标准信息交换码，是表示非数值型数据的通用方法。此外，我国也颁布有《信息交换用汉字编码字符集·基本集》等国标字符集，为汉字在计算机中的表示与处理提供了规范。

(4) 中央处理器(CPU，在微型计算机中亦称为微处理器(Microprocessor))是计算机的核心部件，其内部包括运算器、控制器和寄存器组。以微处理器为核心，配上由大规模集成电路制作的存储器、输入/输出接口电路及系统总线等所组成的计算机，称为微型计算机。

(5) 微型计算机系统包括硬件系统和软件系统两部分。计算机软件指在硬件上运行的程序和相关的数据文档。计算机的工作过程也就是执行程序的过程。软件系统就是计算机上运行的各种程序、管理的数据和有关的各种文档的集合。

(6) 总线是连接计算机各部件的一组公共的信号线。系统总线应包括：地址总线、控制总线和数据总线。CPU通过接口电路与外部输入/输出设备交换信息。

(7) 存储器分为内存和外存。内存是计算机的主要工作存储器，又分为只读存储器和随机存取存储器两种，通常归为主机的组成部分。外存存储容量大，用于存放备用的程序和数据等。外存中存放的程序或数据必须调入内存后，才能被计算机执行和处理。常用的外存有软盘、硬盘、光盘等。外存通常划归为计算机的外部设备范畴。

思考与练习

1. 解释题

(1) 补码、BCD码、ASCII码；

(2) 字节、字长、主频、MIPS；

(3) 单片机、PC机、I/O接口；

(4) 机器语言、编译程序、高级语言。

2. 已知A = 1011 1110B，B = 1100 1100B，求下列运算结果：

(1) 算术运算A + B和A – B；

(2) 逻辑运算A AND B、A OR B、A XOR B。

3．已知$[x]_{补}$ = 11000000B，$[y]_{补}$ = 01000000B。

(1) 求 x 和 y 真值的十进制形式。

(2) 求$[x-y]_{补}$，并给出结果的十进制形式。

(3) 求$[x+y]_{补}$，并给出结果的十进制形式。

4．问答题

(1) 冯·诺依曼计算机的设计思想和方案是什么？

(2) 简述微处理器、微型计算机、微型计算机系统的含义及它们之间的联系。

(3) 什么是总线？简述系统总线的构成。

(4) 为什么说计算机所执行的任何操作都是执行程序的结果？

(5) 为什么运算器中只有加法器？是不是计算机只能完成四则运算的加法运算？

第2章 微处理器

CPU 是 Central Processing Unit 的缩写，即中央处理器，常称做微处理器(Microprocessor)，是微型计算机的运算及控制部件，是微型计算机系统中的大脑中枢，其功能决定了微型计算机的主要性能指标。本章重点介绍 8086/8088 CPU，并在此基础上介绍 80x86 及 Pentium(奔腾)以上系列 CPU。

2.1 8086/8088 CPU 的结构及功能

☞2.1.1 8086/8088 CPU 简介

8086/8088 CPU 是 Intel 公司推出的第三代微处理器，内部总线为 16 位，最大时钟频率为 10 MHz，40 个引脚双列直插式封装。8086 CPU 对外有 16 位数据引线，而 8088 CPU 对外只有 8 位数据引线，两者的内部结构与功能基本相同。8086/8088 CPU 有 20 位地址引线，最大可寻址空间为 1 MB(即 2^{20})存储单元，但最多支持 64 K 个 I/O 端口。8086/8088 CPU 采用 NMOS 工艺，集成度高达 29000 个晶体管/片。

Intel 公司的第一代微处理器是 1971 年推出的 4040 及 8008 微处理器，它采用 PMOS 工艺制造，数据宽度分别是 4 位和 8 位。它们只能进行串行的十进制运算，集成度仅为 2000 个晶体管/片。在各种类型的计算器中，第一代微处理器已经完全能够满足要求。

第二代微处理器是 1974 年推出的 8080 微处理器，它采用 NMOS 工艺，仍为 8 位微处理器，集成度达到了 9000 个晶体管/片。在许多要求不高的工业生产和科研开发领域应用已见成效。同代的微处理器包括 Motorola 公司推出的 M6800 和 Zilog 公司推出的 Z80 等。

8086/8088 CPU 在结构设计上不同于传统设计，它包含功能独立的两个逻辑部件：总线接口部件(BIU，Bus Interface Unit)和执行部件(EU，Execution Unit)。BIU 和 EU 并行操作，使其工作效率和速度显著提高，同时也降低了对存储器存取速度的要求。

与 8086/8088 同代的微处理器则包括 Motorola 公司推出的 M68000 及 Zilog 公司推出的 Z8000 等，它们比 8 位微处理器的速度快 2～5 倍。

继 8086/8088 微处理器之后，Intel 公司于 20 世纪 80 年代又推出了更高性能的 80186 及 80286 微处理器，它们与 8086/8088 向上兼容。80286 基本能满足多用户和多任务系统的设计要求，处理器本身包含存储器管理与保护部件，支持虚拟存储体系，速度比 8086 快 5～6 倍。

从 1985 年开始，微处理器进入第四代，至今已发展到第六代。

☞2.1.2　8086/8088 CPU 的内部结构

8086/8088 CPU 的内部结构如图 2-1 所示。从功能上看，它主要包括总线接口部件和执行部件两大部分。各部件都包含一定数量的寄存器，是对微处理器进行编程控制的重要组件，本书将其归纳为寄存器组，以对其进行详细介绍。

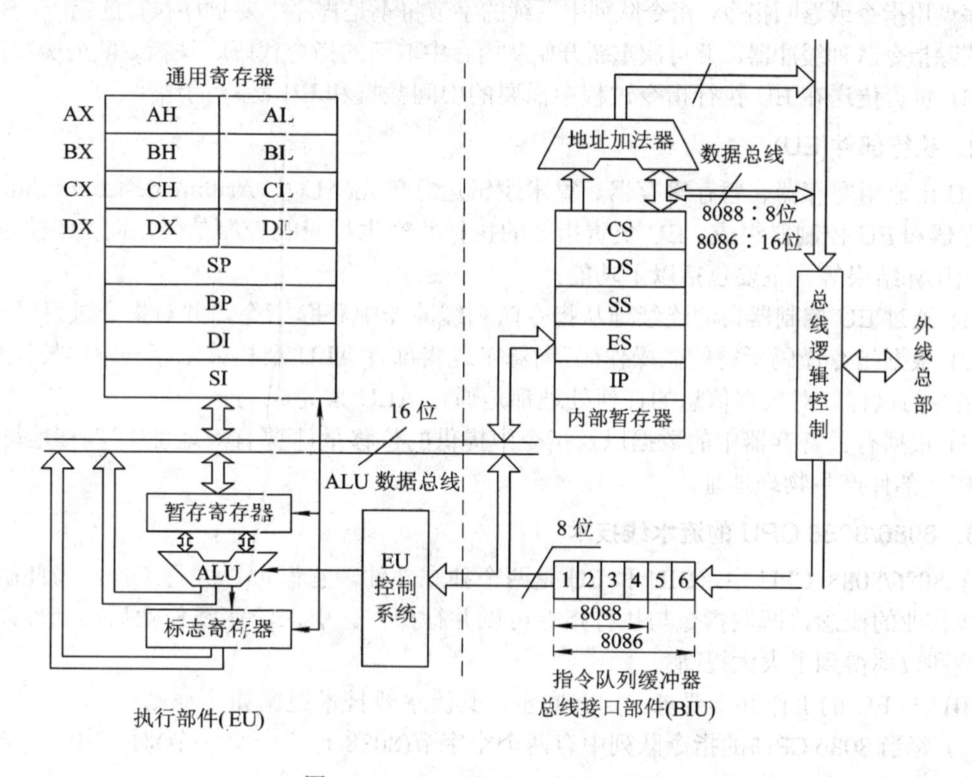

图 2-1　8086/8088 CPU 的内部结构

1．总线接口部件(BIU)

CPU 要处理的信息通常存放于存储器中或来自输入/输出设备(简称 I/O 设备)中。BIU 负责数据的传递，为 EU 提供数据信息及对应的控制命令。

BIU 由地址加法器、寄存器、地址总线和总线控制电路组成。其中的寄存器又可分为段寄存器(包括 CS、DS、ES 和 SS 共 4 个)、指令指针寄存器(IP)和指令队列缓冲器。各部件的功能为：地址加法器负责接收段寄存器与 IP 寄存器或从内部总线传来的偏移地址数据，合成为 20 位物理地址；寄存器用来存放地址信息；地址总线用来传送地址信息；总线控制器是 CPU 同外部引脚的接口，它负责执行总线周期，并在每个周期内把相应的信号线与相应芯片的引脚接通，完成 CPU 与存储器或 I/O 设备之间信息传递。

BIU 主要实现以下功能：

(1) 根据段寄存器和指令指针 IP 或内部总线传递过来的 16 位段内偏移地址，在地址加法器中合成 20 位物理地址。

地址加法器的运算规则为：20 位物理地址 = 16 位段基址 × 16 + 16 位段内偏移地址。

例如，设某指令的段基址存放在代码段寄存器 CS 中，其值为 0FE00H，其段内偏移地址存放在指令指针寄存器 IP 中，其值为 0400H，则地址加法器合成的 20 位物理地址为

$$0FE400H = 0FE00H \times 16 + 0400H$$

(2) 根据物理地址所确定的存储单元，取出指令或数据送指令队列缓冲器(8086 的队列最多可以保存 6 个字节，8088 可保存 4 个字节)，并顺序送至 EU 执行。若遇到转移类指令、子程序调用指令或返回指令，指令队列中后续的字节将不是程序中要顺序执行的指令，BIU 将自动清除指令队列缓冲器，并再次重新开始从内存中取新的指令代码送往指令队列缓冲器。

(3) 负责传送在 EU 执行指令过程中需要的中间数据和 EU 运行的结果。

2．执行部件(EU)

EU 由通用寄存器、暂存寄存器、算术逻辑运算单元(ALU，Arithmetic-Logic Unit)、标志寄存器和 EU 控制器组成。EU 负责指令的执行并产生相应的控制信号，向 EU 输送偏移地址和运算结果等，主要包括以下功能：

(1) 通过 EU 控制器自动连续地从指令队列缓冲器中获取指令，并对指令进行译码。

(2) 根据指令译码所得的微操作码，向算术逻辑部件 ALU 及相关寄存器发出控制信号，完成指令的执行。对数据信息的任何处理都是通过 ALU 来完成的。

(3) 根据有关寄存器中的数据以及指令中提供的位移量计算有效地址(即偏移地址)，然后送 BIU 部件产生物理地址。

3．8086/8088 CPU 的流水线技术

在 8086/8088 CPU 中，BIU 和 EU 是两个独立部件，它们可以并行工作，为此引入了流水线作业的概念，即取指令与执行指令可以并行操作。引入流水线作业后，处理器的工作速度和效率得到了大大提高。

BIU 与 EU 的工作并不要求一定要同步，其流水线技术遵循如下原则：

(1) 每当 8086 CPU 的指令队列中有两个空字节(8088 有一个空字节)时，BIU 就会自动把指令取到指令队列中。

(2) 每当 EU 准备执行一条指令时，它总是从指令队列的前部取出指令代码，然后用几个时钟周期去执行指令。在执行指令的过程中，如果必须访问存储器或 I/O 设备，EU 就会请求 BIU 进入总线周期，完成相应的操作。如果此时 BIU 正好处于空闲状态，BIU 会立即执行请求的总线周期。但如果此时 BIU 正在完成某个总线周期，处于忙碌状态，则 BIU 在完成此总线周期后，响应 EU 的请求。

(3) 当指令队列缓冲器满，且 EU 对 BIU 没有总线请求时，BIU 进入空闲状态。

(4) 在 EU 遇到转移指令、调用指令或返回指令时，BIU 在清空指令队列后，立即着手从存储器中去取目标地址处的指令序列到指令队列缓冲器中。

4．寄存器组

8086/8088 CPU 内部含有 14 个 16 位寄存器，主要用于暂存运算数据、确定指令和操作数的寻址方式以及控制指令的执行等，称为 8086/8088 CPU 寄存器组。寄存器组对 CPU 的编程是可见的，用汇编指令所编写的程序可直接对其操作。8086/8088 CPU 内部寄存器的结构如图 2-2 所示。

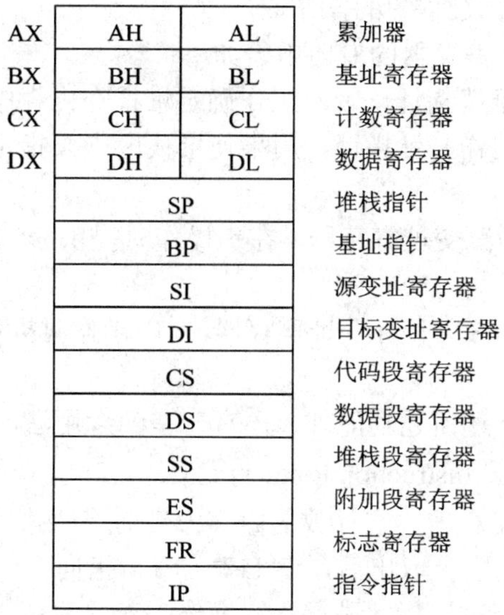

AX	AH	AL	累加器
BX	BH	BL	基址寄存器
CX	CH	CL	计数寄存器
DX	DH	DL	数据寄存器
	SP		堆栈指针
	BP		基址指针
	SI		源变址寄存器
	DI		目标变址寄存器
	CS		代码段寄存器
	DS		数据段寄存器
	SS		堆栈段寄存器
	ES		附加段寄存器
	FR		标志寄存器
	IP		指令指针

图 2-2　8086/8088 CPU 内部寄存器结构

寄存器组是 8086/8088 CPU 的重要组成部分，按用途不同可分为四类：通用寄存器、指令指针寄存器、标志寄存器和段寄存器。它们通过不同的操作方式实现暂存 CPU 运行时所需的各种临时数据和信息。

1) 通用寄存器

通用寄存器一共有八个，通常又可将其分为三类：数据寄存器(AX、BX、CX 和 DX)、指针寄存器(SP 和 BP)和变址寄存器(SI 和 DI)。

(1) 数据寄存器。数据寄存器(AX、BX、CX 和 DX)是四个 16 位通用数据寄存器，通常用于暂存计算过程中的操作数、计算结果或其他信息，具有良好的通用性。每个寄存器也可以拆成两个 8 位寄存器使用，按字访问时，用作 AX、BX、CX 或 DX，是 16 位的；按字节访问时，用作 AH、AL、BH、BL、CH、CL、DH 或 DL，是 8 位的。作为字寄存器使用时，既可以用来存放数据，又可以用来存放地址；作为字节寄存器使用时，只能用来存放数据。大多数算术和逻辑运算指令都可以使用这些数据寄存器。

在某些编程情况下，这些寄存器有一定的专门用途：

- AX 和 AL 被视为 16 位和 8 位累加器(Accumulator)，是运算器中最活跃的寄存器，也是程序设计中最常用的数据寄存器，常被指定作为十进制调整、乘除法运算以及 I/O 等操作的专用寄存器。
- BX 常被视为基址寄存器(Base Register)，用于存放数据段内存空间的基地址。
- CX 和 CL 常被视为 16 位和 8 位计数寄存器(Count Register)，用于存放循环操作、字符串处理或移位指令等的计数控制数值。
- DX 常被视为数据寄存器(Data Register)，用于乘除法运算时扩展累加器及 I/O 操作时提供间接端口地址。该类寄存器既可以用来存放操作数，又可以用来存放操作结果。

(2) 指针寄存器和变址寄存器。指针寄存器(SP、BP)和变址寄存器(SI、DI)是一组 16 位寄存器，只能按 16 位使用，它们主要用于在访问内存时提供 16 位偏移地址。其中 SI、

DI、BP 也可以用来暂存运算过程中的操作数。

一般情况下，编程时各寄存器的专门用途如下：

- SP(Stack Pointer)是堆栈指针，唯一用作确定堆栈在内存中的栈顶的偏移地址。
- BP(Base Pointer)常用作基址指针，用来使堆栈段中某指定单元的偏移地址作为基地址来使用。
- SI(Source Index)称为源变址寄存器，在串操作时提供 DS 段中指定单元的偏移地址，也可用来存放变址地址。
- DI(Destination Index)称为目标变址寄存器，在串操作时提供 ES 段中指定单元的偏移地址，也可存放变址地址。

通用寄存器除了具有上述所述功能外，还有一些隐含用法，详见第 4 章的讨论。

2) 指令指针寄存器(IP，Instruction Pointer)

IP 是一个 16 位专用寄存器，它存放的内容为当前将要执行指令的第一字节在存储器代码段内的偏移地址。当该字节取出后，IP 自动加 1，指向下一指令字节。IP 的内容又称指令偏移地址，程序员不能对该指针进行存取操作。若要改变该指针的值，可以通过程序中的转移指令、调用指令、返回指令或中断处理来完成。

3) 标志寄存器(FR，Flag Register)

FR 是一个 16 位的专用寄存器，各种标志的分布如图 2-3 所示。其中有意义的有 9 位，包括 CF、AF、SF、PF、OF 和 ZF 6 个状态标志，DF、IF 和 TF 3 个控制标志。状态标志表示执行某种(指令)操作后 ALU 所处的状态，这些状态将会影响后面指令的操作；而控制标志则是通过程序设置的，每个控制标志对某种特定的功能起控制作用。

15	14	13	12	11	10	9	8	7	6	5	4	3	2	1	0
×	×	×	×	OF	DF	IF	TF	SF	ZF	×	AF	×	PF	×	CF

图 2-3　标志寄存器

(1) 状态标志。

① 进位标志(CF，Carry Flag)。反映加法或减法指令执行后是否在最高位产生进位或借位，若产生进位或借位，则 CF=1；否则 CF=0。该标志主要用于多字节的加法或减法运算，或作为判断数据大小的依据，各种移位指令和逻辑指令也影响 CF 的状态。

② 奇偶校验标志(PF，Parity Flag)。反映运算结果低 8 位中“1”的个数的奇偶性。若低 8 位所含“1”的个数为偶数，则 PF=1；否则 PF=0。该标志通常用于校验数据传送过程中是否发生错误。

③ 辅助进位标志(AF，Auxiliary Carry Flag)。在 8 位加、减法操作中，该标志用于反映指令执行后低 4 位是否向高 4 位产生进位或借位，若产生进位或借位，则 AF=1；否则，AF=0。该标志通常用于 BCD 码调整。

④ 零标志(ZF，Zero Flag)。反映运算结果是否为 0。若运算结果为 0，则 ZF=1；否则 ZF=0。该标志通常用于判断两个数是否相等。

⑤ 符号标志(SF，Sign Flag)。该标志的取值与运算结果的最高位(符号位)取值一致，用于带符号数的运算。若运算结果为负，则 SF=1；否则 SF=0。

⑥ 溢出标志(OF，Overflow Flag)。该标志用于带符号数的算术运算，当运算结果超出机器所能表示的范围，即字节运算结果超出 −128～+127 或字运算结果超出 −32768～+32767 时，就产生溢出，置 OF=1，否则 OF=0。在实际使用中，为了便于判断 OF 的状态，可以根据运算结果的最高位进位状态与次高位进位状态的异或值来判断是否产生溢出，若异或值为 1(两者不同时产生进位或借位)，产生溢出，否则无溢出。

例如：将 837AH 与 0D018H 两个 16 位二进制数相加，用竖式加法表示如下：

(二进制)	(无符号十进制)	(有符号十进制)
1000 0011 0111 1010	33658	−31878
+) 1101 0000 0001 1000	+) 53272	+) −12264
1 0101 0011 1001 0010	+21394	+21394

本例的运算结果为 5392H，上述六个标志位的状态依次为

$$OF=1，SF=0，ZF=0，AF=1，PF=0，CF=1$$

其中，虽然最高位 D_{15} 向上产生了进位(见上述二进制竖式结果中最高位的斜体“1”，在 CPU 运算过程中，这个“1”会被系统自动舍弃)，使得 CF 标志置为 1，但它并不是使 OF=1 的全部依据。系统设置 OF 时，还有一个依据就是看次高位 D_{14} 是否也向最高位 D_{15} 产生了进位。本例中，由于 $1\otimes0=1$，所以 OF=1，因此 D_{14} 位向 D_{15} 位的进位为 0。

溢出标志仅适用于带符号数的情况。本例中，若视操作数为有符号数，则被加数、加数与和的值依次可理解为如下十进制形式：−31878、−12264 和 21394。两个负数相加却变成了正数，显然产生了错误。这是因为两个数的真实结果 −44142 超出了 16 位二进制所能表示的有符号数范围。

在本例中，若视操作数为无符号数，则被加数、加数与和的值依次可理解为如下十进制形式：33658、53272 和 21394。两个正数相加虽然和还是正数，但也产生了错误。这是因为两个数的真实结果 86930 超出了 16 位二进制所能表示的无符号数范围。在判断无符号数是否产生溢出时，仅用 CF 标志就可以了。

本例中，其他标志 SF=0 表示运算结果为正数；ZF=0 表示运算结果为非零；AF=1 表示 D_3 向 D_4 产生了进位；PF=0 表示低 8 位结果中“1”的个数为奇数。

(2) 控制标志。

① 方向标志(DF，Direction Flag)。用来决定数据串操作时，变址寄存器中的内容是自动增量还是自动减量。若 DF=0，则变址寄存器自动增量；若 DF=1，则变址寄存器自动减量。该标志位可用 STD 指令置 DF=1，用 CLD 指令置 DF=0。

② 中断允许标志(IF，Interrupt Enable Flag)。用来指示 CPU 是否允许响应外部的可屏蔽中断请求。IF=1，表示允许响应可屏蔽中断请求；IF=0，表示禁止响应。该标志位可用 STI 和 CLI 指令分别置 1 和清 0。该标志对非屏蔽中断请求以及内部中断不起作用。

③ 陷阱标志(TF，Trap Flag)。用来控制单步操作。若 TF=1，则 CPU 工作于单步执行指令的工作方式。CPU 每执行一条指令就会自动产生一个内部中断，转去执行中断服务程序，借以检查每条指令执行的情况。该标志没有对应的指令操作，只能通过堆栈操作改变它的状态。

4) 段寄存器

在 8086/8088 CPU 存储系统中，信息可归类为三类：指令代码信息、数据信息和堆栈信息。指令代码信息表示 CPU 可以识别并执行的操作；数据信息包括字符和数值，是程序处理的对象；堆栈信息保存着返回地址和中间结果等。8086/8088 系统对这些信息进行分段管理，这三类信息通常被分别存放在不同的信息段中。

前已述及，8086/8088 CPU 对外具有 20 根地址线，最大可以寻址 1 MB 的地址空间。但内部信息通道及寄存器却最多只有 16 位，程序员编程直接使用的 16 位(最大寻址空间为 $2^{16}=64$ KB)地址信息，显然不能直接寻址 1 MB 的地址空间。为了能够实现这一功能，8086 将这 1 MB 的地址空间分成段地址(16 位)和偏移地址(16 位)两部分表示，在 BIU 中自动形成 20 位物理地址。每个存储段的最大存储空间为 64 KB，而段的起始地址由 4 个 16 位的段寄存器决定。这 4 个段寄存器分别如下：

(1) 代码段寄存器(CS，Code Segment)。用来存放当前执行程序所在段的起始地址的高 16 位(亦称代码段地址或代码段基址)。

(2) 堆栈段寄存器(SS，Stack Segment)。用来存放当前堆栈段起始地址的高 16 位(亦称堆栈段地址或堆栈段基址)，堆栈操作的对象就是该段中存储单元的内容。

(3) 数据段寄存器(DS，Data Segment)。用来存放当前数据段起始地址的高 16 位(亦称数据段地址或数据段基址)，数据段通常用来存放数据和作为变量使用。

(4) 附加段寄存器(ES，Extra Segment)。用来存放当前附加段起始地址的高 16 位(亦称附加段地址或附加段基址)，附加段通常也用来存放数据。

☞2.1.3 8086/8088 CPU 的引脚分布与工作模式

1. 工作模式

根据 8086/8088 CPU 的引脚 $MN/\overline{MX}$ 连接高低电平的不同，可将其设置为两种模式，即最小工作模式和最大工作模式。

当 $MN/\overline{MX}$ 引脚接 +5 V 电源时，8086/8088 CPU 工作在最小模式。在最小模式下整个系统只有一个能执行指令的 CPU 芯片，所有总线控制信号都直接由 CPU 产生，系统总线始终被该 CPU 控制，但允许系统中的 DMA 控制器临时占用总线。图 2-4 为最小工作模式下的 8086/8088 CPU 典型系统配置图。在该模式下，系统中的总线控制逻辑电路被减到最少，只需要连接三片 8282 或 8283 地址锁存器和两片 8286 或 8287 收发器芯片，就可保障 CPU 芯片的地址数据公用线分时复用。

当 $MN/\overline{MX}$ 引脚接地时，8086/8088 CPU 工作在最大模式。最大模式是相对于最小模式而言的，中间再无其他模式。

在最大模式下，系统允许有多个能够执行指令功能的 CPU 芯片，系统总线属于多个 CPU 共有，通常需要 8087 数值运算协处理器或 8089 输入/输出协处理器的协调。在该模式下，存在总线竞争问题，但 8086/8088 是主处理器。为了提高总线的负载能力，总线控制信号需由 8288 总线控制器发出。

图 2-5 为最大工作模式下的 8086/8088 CPU 典型系统配置图。

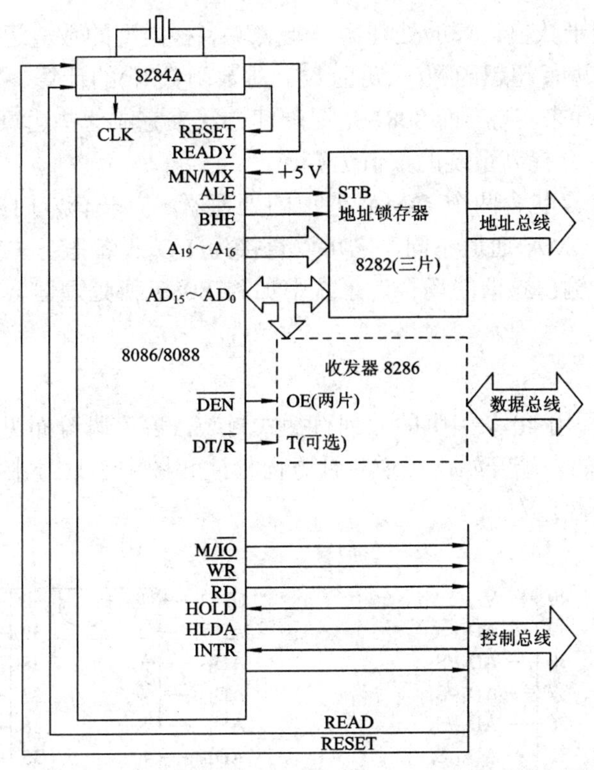

图 2-4 最小工作模式下的 8086/8088 CPU 典型系统配置图

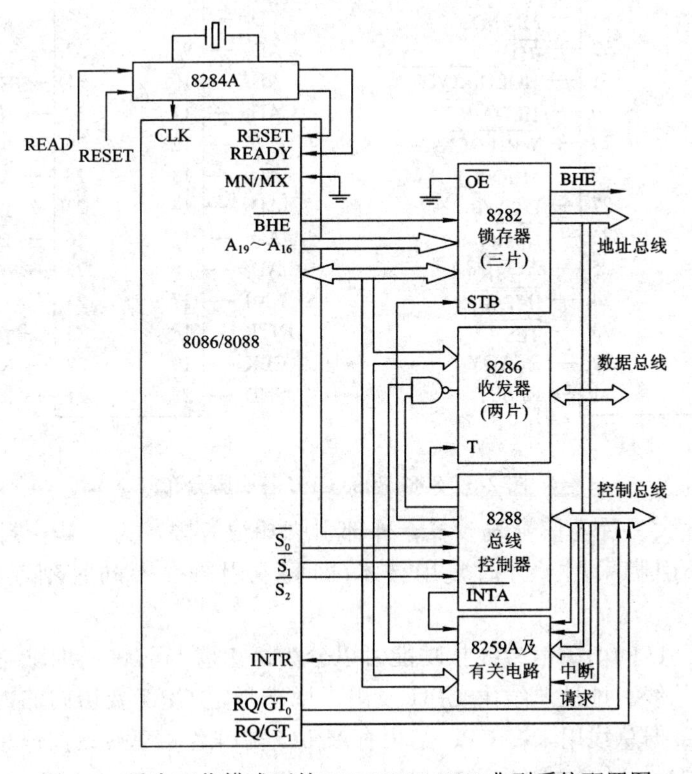

图 2-5 最大工作模式下的 8086/8088 CPU 典型系统配置图

8087 是一种专用于数值计算的处理器，能实现多种类型的数值运算，如高精度的整数和浮点运算，也可以进行超越函数(三角函数、对数函数等)的计算。由于在通常情况下，这些运算往往通过软件来实现，而 8087 是用硬件方法来完成这些运算的，所以在系统中加入 8087 协处理器后，会提高系统的数值运算速度。

8089 在原理上像是包含两个 DMA 通道的处理器，有一套专门用于 I/O 操作的指令系统。但 8089 又与 DMA 通道不同，它可以直接为 I/O 设备服务，使 8086/8088 不再承担这类工作，在输入/输出频繁的场合，系统中加入 8089 协处理器会大大提高主处理器的效率。

2．引脚分布

8086/8088 CPU 采用 40 条引脚的双列直插式封装，各引脚分布见图 2-6 所示。各引脚标号从开有半圆标志的左端开始，按逆时针方向标注。图中小括号中标注的是在最大工作模式下相应引脚的功能定义。

8086

信号	引脚	引脚	信号
GND	1	40	V_{CC}(5 V)
AD_{14}	2	39	AD_{15}
AD_{13}	3	38	AD_{16}/S_3
AD_{12}	4	37	AD_{17}/S_4
AD_{11}	5	36	AD_{18}/S_5
AD_{10}	6	35	AD_{19}/S_6
AD_9	7	34	$\overline{BHE}(S_7)$
AD_8	8	33	$MN/\overline{MX}$
AD_7	9	32	$\overline{RD}$
AD_6	10	31	$HOLD(\overline{RQ}/\overline{GT_0})$
AD_5	11	30	$HLDA(\overline{RQ}/\overline{GT_1})$
AD_4	12	29	$\overline{WR}(\overline{LOCK})$
AD_3	13	28	$M/\overline{IO}(\overline{S_2})$
AD_2	14	27	$DT/\overline{R}(\overline{S_1})$
AD_1	15	26	$\overline{DEN}(\overline{S_0})$
AD_0	16	25	$ALE(QS_0)$
NMI	17	24	$\overline{INTA}(QS_1)$
INTR	18	23	$\overline{TEST}$
CLK	19	22	READY
GND	20	21	RESET

8088

信号	引脚	引脚	信号
GND	1	40	V_{CC}(5 V)
AD_{14}	2	39	AD_{15}
AD_{13}	3	38	AD_{16}/S_3
AD_{12}	4	37	AD_{17}/S_4
AD_{11}	5	36	AD_{18}/S_5
AD_{10}	6	35	AD_{19}/S_6
AD_9	7	34	$\overline{SS_0}$(HIGH)
AD_8	8	33	$MN/\overline{MX}$
AD_7	9	32	$\overline{RD}$
AD_6	10	31	$HOLD(\overline{RQ}/\overline{GT_0})$
AD_5	11	30	$HLDA(\overline{RQ}/\overline{GT_1})$
AD_4	12	29	$\overline{WR}(\overline{LOCK})$
AD_3	13	28	$\overline{M}/IO(\overline{S_2})$
AD_2	14	27	$DT/\overline{R}(\overline{S_1})$
AD_1	15	26	$\overline{DEN}(\overline{S_0})$
AD_0	16	25	$ALE(QS_0)$
NMI	17	24	$\overline{INTA}(QS_1)$
INTR	18	23	$\overline{TEST}$
CLK	19	22	READY
GND	20	21	RESET

图 2-6　8086/8088 CPU 各引脚分布

CPU 功能强大，片内信号线较多、外部引脚却很有限，为了解决封装要求，提高引脚利用率，部分引脚采用了分时复用技术(即同一引脚在不同时刻连接不同的内部信号线)。

8086/8088 CPU 的引脚信号线按功能可以分为：电源与时钟、地址总线、数据总线、控制总线和状态总线。地址总线由 CPU 发出，用来确定 CPU 要访问的内存单元或 I/O 端口的地址信号；数据总线用来在 CPU 与内存或 I/O 端口之间交换数据信息；控制总线用来在 CPU 与内存或 I/O 端口之间传送控制信息。

下面分三部分来介绍各引脚的具体定义。

1) 电源与时钟引脚

(1) Vcc(引脚 40)。电源输入端，要求为正电源+5 V±10%。

(2) GND(引脚 1，引脚 20)。接地端，双线接地。

(3) CLK(引脚 19)。时钟信号输入端，接由 8284 提供所需的时钟频率，占空比要求为 33%(高电平占 2/3 周期，低电平占 1/3 周期)。不同型号的 CPU 使用的时钟频率不同，如 8086 CPU 为 5 MHz，8086-1 为 10 MHz，8086-2 为 8 MHz。

由于 8086/8088 CPU 内部没有时钟发生器，所以 INTEL 公司专门为 8086/8088 系统设计了配套的单片时钟发生器 8284。它不仅能为 CPU 提供标准时钟，而且还可以为提供准备就绪(READY)和复位(RESET)信号，向外部芯片提供晶体振荡信号(OSC)、时钟 PCLK 等信号，以确保 CPU 与外部设备在工作时序上同步。

8284 发出的时钟有固定的频率，如 4.77 MHz，8 MHz 或 10 MHz 等。时钟频率的倒数称为时钟周期。为了取指令和传输数据的协调工作，就需要 CPU 的总线接口部件 BIU 执行一系列的总线周期。在 8086/8088 中，一个最基本的总线周期由 4 个时钟周期组成，时钟周期是 CPU 的基本时间计量单位，由计算机的主频决定。例如，设 CPU 的主频为 10 MHz，则一个时钟周期就是 100 ns。在一个基本的总线周期中，常将 4 个时钟周期分别称为 4 个状态，即 T_1 状态、T_2 状态、T_3 状态和 T_4 状态。当存储器或 I/O 设备没有准备好时，在 T_3 和 T_4 之间插入的 T 状态被称为等待状态 T_W。如果在一个总线周期之后，不立即执行下一个总线周期，那么系统总线就处于空闲状态 T_i，此时执行空闲周期。

2) 地址/数据线引脚和某些状态线引脚

8086/8088 CPU 需要 20 根地址引脚线，数据线和某些 CPU 输出的状态信号被设计成与这些地址线分时复用。

(1) 对 8086 CPU 而言，为 AD_{15}～AD_0(引脚 39，2～16)，对 8088 CPU 而言，为 AD_7～AD_0(引脚 9～16)。

地址(Address)和数据(Data)共用线，分时复用，作地址线时，只做输出，三态；作数据线时，双向，三态。在总线周期的 T_1 状态作为地址总线使用，在其他时刻作为双向数据总线使用。

在 8088 中，AD_{15}～AD_8(引脚 39，2～8)仅作为地址线来使用，在总线周期的 T_1 状态向外发送地址信息，其他时刻处于高阻态。

(2) AD_{19}/S_6、AD_{18}/S_5、AD_{17}/S_4 和 AD_{16}/S_3(引脚 35～38)。

分时复用地址/状态信号线，在对存储器读/写操作总线周期的 T_1 状态输出高 4 位地址 AD_{19}～AD_{16}；对 I/O 操作总线周期的 T_1 状态输出全为低电平。

在其他总线周期的 T 状态，这些引脚用来输出 CPU 的某些状态信息，S_6 始终为低电平，表示 8086/8088 当前连在总线上；S_5 为中断允许标志位 IF 的当前状态，若为 1，表示 CPU 当前允许响应可屏蔽中断请求，否则不允许；S_4、S_3 表示当前使用的段寄存器，其状态组合所对应的含义如表 2-1 所示。

表 2-1　S_4、S_3 状态组合所对应的含义

S_4	S_3	含　义
0	0	当前正在使用 ES
0	1	当前正在使用 SS
1	0	当前正在使用 CS，或者没有使用任何段寄存器
1	1	当前正在使用 DS

3) 控制线引脚及其余状态线引脚

控制线引脚有 16 根，其中 7 个引脚有固定意义，另外 9 个引脚随工作模式、8086 CPU 或 8088 CPU 的不同而有不同的意义。

有固定意义的引脚功能说明如下：

(1) MN/$\overline{\text{MX}}$(引脚 33)。工作模式控制线，输入。接 +5 V 电源时，CPU 被设置为最小工作模式；接地时为最大工作模式。

(2) $\overline{\text{RD}}$(引脚 32)。读控制信号，输出，三态，低电平有效。有效时表示 CPU 正在执行从存储器或 I/O 设备读取信息的操作。

(3) INTR(引脚 18)。可屏蔽中断请求信号，输入，高电平有效。当该引脚为高电平，并且中断标志位 IF 为“1”时，CPU 在执行完现行指令后，将控制转移到相应的中断服务程序。若中断标志位 IF 为“0”时，CPU 不响应可屏蔽中断请求，则继续执行下一条指令。

(4) NMI(引脚 17)。非屏蔽中断请求信号，输入，接受上升沿触发信号。当一个上升沿到来时，CPU 在执行完现行指令后，立即进行中断类型号为 2 的中断处理，不受中断允许标志位 IF 影响，即不能用软件对此中断进行屏蔽。

(5) RESET(引脚 21)。复位信号，输入，高电平有效。当从此引脚引入高电平，且至少维持 4 个时钟周期时，CPU 停止正在运行的程序，转而清除指令指针 IP、数据段寄存器 DS、附加段寄存器 ES、堆栈段寄存器 SS、标志寄存器 FR 和指令队列缓冲器的值，使其值均置为“0”，并置代码段寄存器 CS 为 FFFFH。该信号结束后，CPU 从地址为 CS:IP＝FFFFH:0000H 开始的存储单元执行指令。

(6) READY(引脚 22)。“准备好”信号，输入，高电平有效。CPU 在每个总线周期的 T_3 状态检测该信号，当为高电平时，表示存储器或 I/O 设备准备就绪，在下一个时钟周期(即 T_4 状态)将数据放置到数据总线上或从总线上读走。若检测为低电平时，CPU 在 T_3 状态后自动插入一个等待状态 T_W，CPU 在此 T_W 状态会继续检测此引脚信号，直到该引脚送来的信号为高电平时，才使总线周期进入 T_4 状态，完成数据传输。

(7) $\overline{\text{TEST}}$(引脚 23)。测试信号，输入，低电平有效。当 CPU 执行 WAIT 指令时，每隔 5 个时钟周期对该引脚采样，若为高电平，CPU 继续处于等待状态，直到此引脚出现低电平时，CPU 才开始执行下一条指令。

其余无固定功能的引脚说明如表 2-2 所示。

表 2-2　其余无固定功能的引脚说明

<table>
<tr><th>引脚号</th><th>最小工作模式</th><th colspan="2">最大工作模式</th></tr>
<tr><td>24</td><td>$\overline{INTA}$ (输出)，CPU发往中断控制器的可屏蔽中断响应信号</td><td>QS_1</td><td rowspan="2">指令队列状态输出线，用来提供8086/8088 CPU 内部指令队列的状态：
$QS_1=0$，$QS_0=0$：无操作
$QS_1=0$，$QS_0=1$：从队列的第 1 个字节中取走代码
$QS_1=1$，$QS_0=0$：队列空
$QS_1=1$，$QS_0=1$：从队列的前 n 个字节中取走代码</td></tr>
<tr><td>25</td><td>ALE(输出)，地址锁存允许信号，高电平有效。在T_1状态，CPU将输出的地址信息锁存至8282/8283地址锁存器中。ALE端不能被浮空</td><td>QS_0</td></tr>
<tr><td>26</td><td>$\overline{DEN}$ (输出，三态)，数据允许信号，低电平有效。有效时，表示CPU当前准备发送或接受一个数据。在DMA方式时，此引脚被置为高阻态</td><td>$\overline{S_0}$</td><td rowspan="3">状态信号输出线，它们的组合表示 CPU 当前总线周期的操作类型。
$\overline{S_2}=0$，$\overline{S_1}=0$，$\overline{S_0}=0$：发中断响应信号
$\overline{S_2}=0$，$\overline{S_1}=0$，$\overline{S_0}=1$：读 I/O 端口
$\overline{S_2}=0$，$\overline{S_1}=1$，$\overline{S_0}=0$：写 I/O 端口
$\overline{S_2}=0$，$\overline{S_1}=1$，$\overline{S_0}=1$：暂停
$\overline{S_2}=1$，$\overline{S_1}=0$，$\overline{S_0}=0$：取指令
$\overline{S_2}=1$，$\overline{S_1}=0$，$\overline{S_0}=1$：读指令
$\overline{S_2}=1$，$\overline{S_1}=1$，$\overline{S_0}=0$：写内存
$\overline{S_2}=1$，$\overline{S_1}=1$，$\overline{S_0}=1$：无源状态</td></tr>
<tr><td>27</td><td>DT/$\overline{R}$ (输出，三态)，数据收/发信号。用来控制数据收发器8286/8287的数据传送方向。在DMA方式时，此引脚被置为高阻态</td><td>$\overline{S_1}$</td></tr>
<tr><td>28</td><td>对 8086，此引脚叫 M/$\overline{IO}$ (输出，三态)，用于区分是访问存储器还是访问 I/O 端口，在 DMA 方式时，此引脚被置为高阻态；对 8088，此引脚叫 $\overline{M}$/IO，电平定义与 8086 相反，此举是为了与 8085 总线结构兼容</td><td>$\overline{S_2}$</td></tr>
<tr><td>29</td><td>$\overline{WR}$ (输出，三态)，低电平有效，表示 CPU 向存储器或向 I/O 端口写数据。在 DMA 方式时，此引脚被置为高阻态</td><td colspan="2">$\overline{LOCK}$ (输出，三态)，总线封锁信号，低电平有效。输出此信号时不允许其他设备占用总线。在 DMA 方式时，此引脚被置为高阻态。此信号由指令前缀 LOCK 产生</td></tr>
<tr><td>30</td><td>HOLD(输入)，总线保持申请信号，高电平有效。DMA 控制器发此信号使 CPU 让出总线控制权，直到该信号撤销为止。CPU 在每个总线周期的 T_4 状态检测此信号，在总线保持阶段，此信号始终保持为高</td><td colspan="2">$\overline{RQ}/\overline{GT_0}$，总线请求信号(输入)/总线请求允许信号(输出)，用于连接某个协处理器，作为总线控制权的交接。请求时和应答时，均为低电平有效。</td></tr>
<tr><td>31</td><td>HLDA(输出)，总线保持应答信号，高电平有效，当 CPU 让出总线使用权的时候发出该信号。在总线保持阶段，此信号始终保持为高</td><td colspan="2">$\overline{RQ}/\overline{GT_1}$ 功能同 $\overline{RQ}/\overline{GT_0}$，但优先级较低</td></tr>
</table>

续表

引脚号	最小工作模式	最大工作模式
34	1) 对 8086，此引脚叫 $\overline{BHE}$ /S_7，输出，三态，功能分时复用。在总线周期的 T_1 状态输出 $\overline{BHE}$ 信号，$\overline{BHE}$ 低电平有效，有效时使用高 8 位数据线 D_{15}～D_8；无效时，仅使用低 8 位数据线 D_7～D_0。在总线周期的其他 T 状态，此引脚输出 S_7(在当前的 8086，8086-1，8086-2 中，此状态尚未定义)。$\overline{BHE}$ 与地址线 A_0 组合起来，CPU 可完成如下操作： $\overline{BHE}=0$，$A_0=0$：8086 CPU 从偶地址单元开始使用 D_{15}～D_0 读/写一个 16 位的字 $\overline{BHE}=0$，$A_0=1$：8086 CPU 从奇地址存储器单元或 I/O 端口使用 D_{15}～D_8 读/写一个 8 位的字节 $\overline{BHE}=1$，$A_0=0$：8086 CPU 从偶地址单元或 I/O 端口使用 D_7～D_0 读/写一个 8 位的字节 $\overline{BHE}=1$，$A_0=1$：无效 (注：8086 CPU 若欲从奇地址单元开始使用 D_{15}～D_0 读/写一个 16 位的字时，需要分两个总线周期来完成，在第 1 个总线周期，使 $\overline{BHE}=0$、$A_0=1$，8086 CPU 从奇地址单元使用 D_{15}～D_8 读/写第一个 8 位字节，在第 2 个总线周期，使 $\overline{BHE}=1$、$A_0=0$，8086 CPU 从后续的偶地址存储器单元使用 D_7～D_0 读/写第二个 8 位字节，并在 CPU 内部完成这两个字节的位置交换) 2) 对 8088，因只有 8 条数据线，无需 $\overline{BHE}$ 引脚，此引脚改作 $\overline{SS_0}$ (HIGH)，在最大模式时，此引脚恒为高电平(HIGH)。在最小模式时，$\overline{SS_0}$ 与 $\overline{M}/IO$ 和 DT/$\overline{R}$ 一起决定总线的周期操作，具体关系如下： $\overline{M}/IO=0$，DT/$\overline{R}=0$，$\overline{SS_0}=0$：取指令　　$\overline{M}/IO=0$，DT/$\overline{R}=0$，$\overline{SS_0}=1$：读存储器 $\overline{M}/IO=0$，DT/$\overline{R}=1$，$\overline{SS_0}=0$：写存储器　　$\overline{M}/IO=0$，DT/$\overline{R}=1$，$\overline{SS_0}=1$：无源状态 $\overline{M}/IO=1$，DT/$\overline{R}=0$，$\overline{SS_0}=0$：发中断响应信号　　$\overline{M}/IO=1$，DT/$\overline{R}=0$，$\overline{SS_0}=1$：读 I/O 端口 $\overline{M}/IO=1$，DT/$\overline{R}=1$，$\overline{SS_0}=0$：写 I/O 端口　　$\overline{M}/IO=1$，DT/$\overline{R}=1$，$\overline{SS_0}=1$：暂停	

☞2.1.4　8086/8088 CPU 对数据所在地址的管理

1．对存储器的组织

存储器是由许多连续的存储单元组成的，每个存储单元根据硬件电路被分配一个唯一的单元编码，称之为存储单元的地址，由软件通过指令对存储单元进行读/写操作。

一般情况下，每个存储单元的长度为一个字节(Byte，8 个二进制位)，亦称为字节单元。8086/8088 CPU 有 20 位地址引线，因此，最多可以为 $2^{20}=1$ MB 个存储单元进行地址编号，即 8086/8088 CPU 的最大的寻址空间为 1 MB，其地址范围用十六进制形式表述为：00000H～FFFFFH。

8086 CPU 的外部数据线为 16 位，每次可以最多访问两个存储单元。由于其内部的 16 位通用寄存器 AX、BX、CX 和 DX 可以分拆为两个 8 位寄存器使用，所以既可以进行 8 位数据(字节单元)的操作，也可以进行 16 位数据(字单元)的操作。在进行 16 位数据操作时，使用存储器的两个字节单元组成字单元，字单元的低 8 位数据存放在低地址字节单元中，而高 8 位数据存放在高地址字节单元中，字单元的地址由低字节单元的地址表示。

例如：设字节地址 21234H 和 21235H 单元的数据分别为 43H 和 12H，则字地址 21234H 单元的内容为 1243H。图 2-7 为存储单元地址与存储数据示意图。

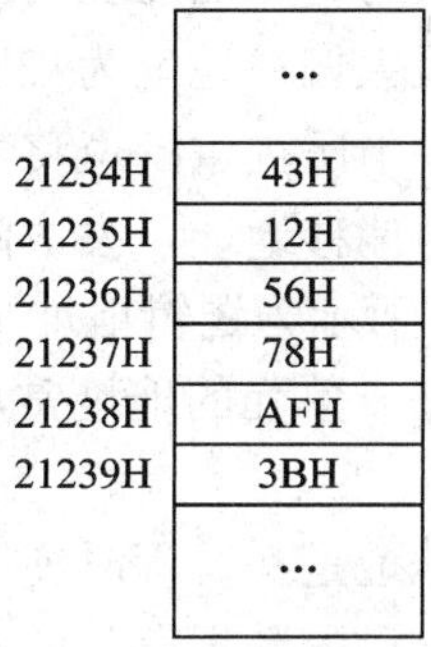

地址	数据
	…
21234H	43H
21235H	12H
21236H	56H
21237H	78H
21238H	AFH
21239H	3BH
	…

图 2-7 存储单元地址与存储数据

在 8086 CPU 进行字单元操作时，为了提高读写速度，字单元地址最好设置为偶地址开始的单元，这是由于 8086 CPU 数据线的高 8 位接的是奇地址单元，而低 8 位接的是偶地址单元。详见本节后面的介绍(8086 存储器的分体结构)。

8088 CPU 的外部数据线为 8 位，每次可以最多访问一个存储单元。8088 CPU 如果要在自身与存储器之间读写一个 16 位的字数据，则必须分两个总线周期来完成。

理论上讲，在存储空间内，8086/8088 CPU 可以从任何一个地址开始的存储单元存取指令代码或数据。但是，前已述及，8086/8088 CPU 内部用以有效地址的寄存器，CPU 内部总线的宽度最多只有 16 位(注：16 位二进制最多可以寻址 2^{14} = 65 536 = 64 KB)，为了实现 16 位地址对 1 MB 内存空间的寻址(超出了 16 位二进制所能表示的范围)，8086/8088 CPU 引入了存储器分段管理技术。

所谓分段管理技术，就是把 1 MB 的存储空间分成若干个逻辑段，每个逻辑段的起始地址由 16 位段寄存器的数据决定。每一个逻辑段存储容量不大于 2^{16}=64 KB，段内每个存储单元的地址是连续的，这样 16 位地址线可以表示段内的每一个存储单元。

8086/8088 CPU 指定的逻辑段为代码段、数据段、堆栈段和附加段。每个段在存储器中的分布地址既可以完全独立，也可以和其他段相互重叠。这样，每个存储单元的地址不仅取决于所在段的 16 位段地址，还取决于段内 16 位的段内地址(段内偏移地址或偏移地址)。如图 2-8 所示为 8086/8088 系统中存储器分段结构。

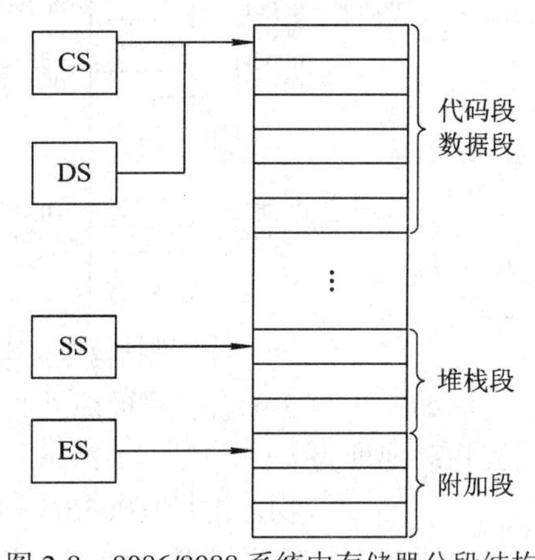

图 2-8 8086/8088 系统中存储器分段结构

2. 物理地址和逻辑地址

在 8086/8088 系统中，每个存储单元被分配的唯一的地址编码(20 位二进制代码)称为物理地址。物理地址就是存储单元的实际地址，CPU 与存储器交换数据时所使用的地址就是物理地址。

在编写程序时使用的 16 位地址编码被称为逻辑地址。8086/8088 系统中，逻辑地址由段地址和段内偏移地址组成。16 位的段地址必须存放在段寄存器中，决定了一个逻辑段的起始地址，亦称为段基址，它实际上是 20 位物理地址的高 16 位。为了便于管理，每个段的起始地址应能被 16 整除，也就是说，它的 20 位地址中低 4 位应该为 0，各个段的“段基址”可分别被存放在 16 位段寄存器 CS、DS、SS 或 ES 中。而偏移地址则为段内存储单

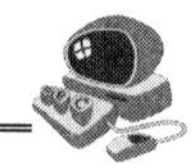

元与所在段的起始地址之间的距离。若某存储单元是该段的起始单元，则其偏移地址为 0，而段内的最大偏移地址为 $2^{16}-1=$ FFFFH。段内偏移地址可分别由寄存器、存储单元的数据以及指令中所提供的位移量或其组合来确定。这样，就可以通过编写程序指出段寄存器内容及段内偏移地址，去访问某个段中的任一存储单元。

图 2-9 所示为逻辑地址与物理地址之间的关系。

段内任一单元的地址常用逻辑表达式“段基址：偏移地址”来描述。例如：0035H：0000H。

逻辑地址是在编程时使用的一种虚拟地址，使用逻辑地址可以让程序员在编制程序时，不必关心自己的数据存放的具体位置，而只需要按照日常习惯编写就可以了。程序编写完成后，在 CPU 运行该程序时，其内部的 BIU 单元将自动完成 16 位段地址和 16 位偏移地址向 20 位物理地址的转换。

图 2-10 为物理地址的形成过程。由图可以看出，存储单元的 20 位物理地址是通过将 16 位的“段基址”左移 4 位后再加上 16 位的“偏移地址”形成的。逻辑地址和物理地址的转换关系为

$$物理地址=段基址\times16+偏移地址$$

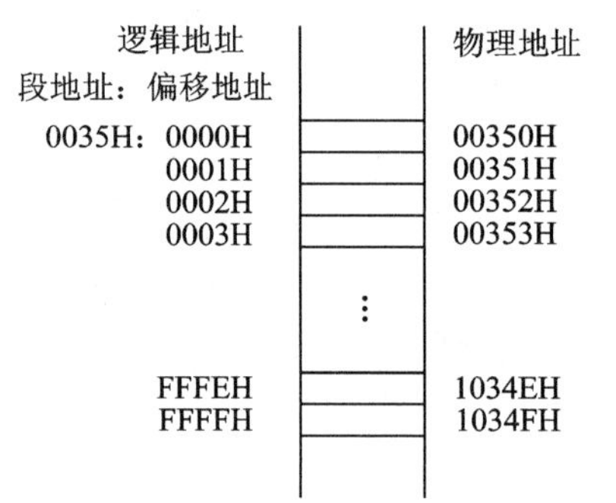

图 2-9　逻辑地址与物理地址

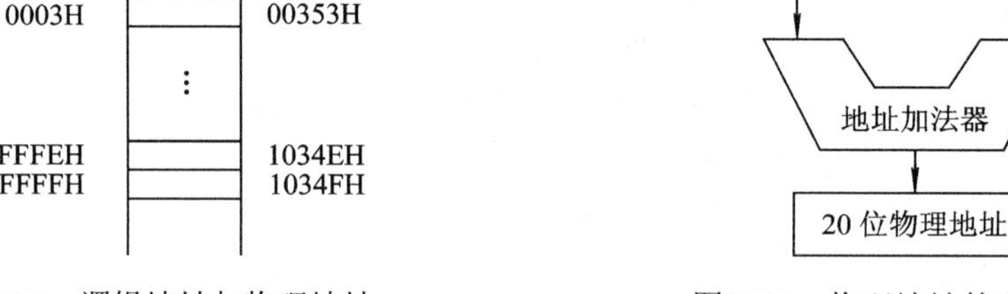

图 2-10　物理地址的形成过程

例如：在图 2-9 中，逻辑地址为 0035：0001，即段基址为 0035，偏移地址为 0001H，则其物理地址为

$$物理地址=0035H\times16+0001H=00350H+0001H=00351H$$

分段技术给编程寻址存储单元及存储器管理提供了方便，在实际使用时必须注意段基址与偏移地址的配合关系，见表 2-3。

表 2-3　段基址与偏移地址的配合关系

存储器存取方式	段基址	可替换段基址	偏移地址
取指令	CS	无	IP
堆栈操作	SS	无	SP
访问一般数据	DS	CS、ES、SS	有效地址 EA
源字符串	DS	CS、ES、SS	SI
目的字符串	ES	无	DI
BP 作基址寄存器	SS	CS、ES、DS	有效地址 EA

由表 2-3 可以看出：

(1) 当进行取指令操作时，8086/8088 CPU 会自动选择代码段寄存器 CS 的值作为段基址，将其左移 4 位后，再加上由 IP 提供的偏移地址形成当前要执行的指令在存储器中的物理地址。

(2) 当进行堆栈操作或 BP 作基址寄存器时，8086/8088 CPU 会自动选择堆栈段寄存器 SS 的值作为段基址，将其左移 4 位后，再加上由 SP 或 BP 提供的偏移地址形成物理地址。

(3) 当进行操作数存取操作时，8086/8088 CPU 会自动选择数据段寄存器 DS 的值作为段基址，将其左移 4 位后，再加上 16 位偏移地址形成物理地址。16 位的偏移地址可以由指令直接提供，也可以由寄存器提供或者由指令中的偏移量加上寄存器内容提供。根据寻址方式的不同，构成偏移地址的形式也不同，习惯上常将不同形式构成的有效段内偏移地址简称为有效地址 EA(Effective Address)。

3．8086 存储器的分体结构

在 8086 CPU 系统中，1 MB 的存储空间被分成两个存储体：偶地址存储体和奇地址存储体，各为 512 KB。

当 $A_0=0$ 时，选择访问偶地址存储体，偶地址存储体与数据总线的低 8 位相连，从低 8 位的数据总线读/写一个字节。

当 $\overline{BHE}=0$ 时，选择访问奇地址存储体，奇地址存储体与数据总线的高 8 位相连，由高 8 位的数据总线读/写一个字节。

有关 8086 CPU 通过 A_0 及 $\overline{BHE}$ 的组合值来访问存储器中的一个字节或字的讨论，见表 2-2 中对引脚 34 的叙述。从中我们可以看出，为了加快程序的运行速度，编程时应注意从存储器的偶地址开始存放字数据，这种存放方式也称做“对准存放”。

在 8088 CPU 系统中，外部数据总线为 8 位，CPU 每次访问存储器只读/写一个字节，而读/写一个字要访问两次存储器，整个存储器 1 MB 被看成一个存储体。这一点与 8086 CPU 系统不同。

4．堆栈的概念

所谓堆栈是指在存储器中开辟的一个特殊区域，用来存放需要暂时保存的数据。同其他段(数据段、代码段等)相同，堆栈段也要由段定义语句在存储器中定义，且可以在 1 MB 空间的存储器中任意浮动，其容量小于 64 KB。堆栈段的段基址由堆栈段寄存器 SS 指定，栈顶由堆栈指针 SP 指定。用堆栈暂存数据的原则是“先进后出，后进先出”。8086/8088 系统规定栈顶在相对堆栈段段基址较高数值的位置，SP 指向当前栈顶单元。当有数据被压入堆栈时，栈顶指针在数值上朝着减少的方向变化，当 SP 变化到 0 时，表示定义的堆栈区被用尽，很可能将产生程序结果的运行错误。

例如，设当前寄存器 SS＝0C000H，SP＝1000H，表示堆栈段从 0C0000H 开始，当前栈顶在相对 0C0000H 单元的距离为 1000H 处，即当前栈顶的物理地址为 0C1000H。此时最多可以向堆栈区连续压入 1000H 个字节的数据。

8086/8088 系统规定压栈和出栈的操作以字为单位。

5．对 I/O 端口的管理

8086/8088 系统在管理 I/O 设备中的数据端口时，采用与存储器分别单独编址的方式，

也就是说，对同一个地址号来说(如 02000H)，它既可能指向存储器中的某个单元，又可能指向 I/O 外设中的某个数据端口。8086 CPU 采用 $M/\overline{IO}$ 信号，8088 CPU 则用 $\overline{M}/IO$ 对其进行区分。

当 8086/8088 CPU 访问 I/O 设备时，仅使用 20 位地址线中的低 16 位(高 4 位可取任意值)，因此，8086/8088 CPU 最多可连接 $2^{16}=65536=64$ K 个外设端口。8086/8088 CPU 访问 I/O 设备时不使用段寄存器。

☞2.1.5　8086/8088 CPU 的工作过程

在计算机执行程序(指令)前，必须将程序连续地存储在存储单元中。CPU 的工作过程就是在硬件基础上不断执行指令的过程，虽然计算机的程序千变万化，功能不尽相同，但它们在计算机中的执行过程具有相同的规律。

为了方便地描述 CPU 的工作过程，下面通过一个简单例子说明指令的执行过程。设有以下汇编语言程序段：

```
MOV AL,09H
ADD AL,12H
HLT
```

该程序段由三条指令组成，各条指令的意思分别为

第一条指令的功能是把立即数 09H 送入累加器 AL；第二条指令是把 AL 中的内容与立即数 12H 相加，并将结果 1BH(=09H+12H)存入累加器 AL；第三条指令 HLT 为暂停指令。

CPU 不能直接识别汇编语言指令，必须把汇编指令编译(汇编)成 CPU 能识别的二进制机器码，机器码是 CPU 能唯一识别的代码，三条指令在内存中的存放形式见表 2-4。

设三条指令被汇编程序安排在内存中 2000H：1000H 开始的区域，存放形式如表 2-4 所示。

表 2-4　三条指令在内存中存放形式

段地址：段内偏移地址	物理地址	机器码	汇编助记符代码	功能简介
2000H:1000H	21000H	10110000B	MOV AL,09H	AL←09H
2000H:1001H	21001H	00001001B		
2000H:1010H	21010H	00000100B	ADD AL,12H	AL←AL+12H
2000H:1011H	21011H	00010010B		
2000H:1100H	21100H	11110100B	HLT	

则该段程序(指令)执行过程如下：

(1) 首先，总线接口部件自动地为代码段寄存器 CS 取出 16 位段地址 2000H，然后为指令指针寄存器 IP 取出 16 位偏移地址 1000H。BIU 中的地址加法器将其合成为 20 位物理地址信息 21000H，通过外部 20 位地址总线输出 21000H，经地址译码器选定相应的存储单元。

(2) CPU 给出读命令，从选定的 21000H 存储单元中，取出指令代码“10110000B”，通过外部数据总线传送到 BIU 的指令队列缓冲器中。当此地址发出后，BIU 自动使 IP 指针的内容加 1，变为 1001H，以指向下一个要访问的存储单元。这时，指令队列缓冲器中已

存放有可以执行的指令代码。此时，一方面，EU 可以从指令队列缓冲器中取出指令代码来分析和执行指令；另一方面，BIU 可以同时并行地继续从存储器中读取下一条指令代码，IP 的内容也将自动指向下一单元。

(3) EU 从 BIU 的指令代码队列中按先进先出方式取出指令代码，经 EU 控制器分析产生一系列相应的控制命令。由于第一字节指令的功能是把该指令第二字节地址 1001H 单元的内容 09H 传送给累加器 AL，在控制器所发出的控制命令作用下，执行部件从指令队列缓冲器取出数据 09H 经内部数据总线送入累加器 AL。至此，第一条指令执行完毕。

(4) EU 继续从指令队列中取第二条指令，经 EU 控制器分析产生一系列相应的控制命令，类似第一条指令的执行过程，完成将累加器 AL 的内容 09H 加上 12H 的和 1BH 送还给 AL。

(5) 最后，执行第三条指令，其功能为使程序暂停执行。

在 EU 执行指令的过程中，指令队列缓冲器中的指令字节在不断出队的同时，BIU 可以并行地从存储单元不断取出指令字节加入指令队列缓冲器中，直至队列满为至，这就是所谓的取指令和执行指令的并行操作(流水线技术)，从而大大提高 CPU 的工作速度和效率。

8086/8088 CPU 的工作过程就是在 CPU 的控制和操作下，不断地取指令、分析指令和执行指令的过程。

2.2 8086/8088 CPU 时序

☞2.2.1 基本概念

CPU 在运行时，必须有严格的时序控制各种微操作，只有在时序的控制下，才能保障 CPU 的操作有序进行。常用的时序概念有时钟周期、总线周期和指令周期。理解这些概念有助于了解 CPU 内部的各种基本操作。

1. 时钟周期

时钟周期是 CPU 运行时的最小时间单位。CPU 在统一的时钟信号控制下，按节拍有序地工作。时钟周期是 CPU 的时间基准，由计算机的主频决定。

2. 总线周期

CPU 对存储器或 I/O 接口的访问，是通过总线来完成的。通常将一次访问总线所需的时间称为一个总线周期(或称为机器周期)。每当 CPU 要从存储器或 I/O 端口存取一个字节或字时就至少需要执行一个总线周期。一个总线周期由若干时钟周期组成。

在 8086/8088 系统中，一个总线周期通常由 4 个时钟周期(T_1、T_2、T_3和 T_4)组成，处于各时钟周期中的总线状态称为 T 状态。

一个总线周期完成一次数据传送，至少要有传送地址和传送数据两个过程。传送地址在时钟周期 T_1 内完成。数据传送必须在 T_2、T_3、T_4 时钟周期内完成。T_4 周期后，将开始下一个总线周期。

如果慢速设备在一个总线周期内无法完成读写操作，则允许其发出一个总线周期延时

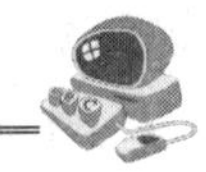

请求，获准后，在 T_3 与 T_4 之间插入一个或若干个等待周期 T_w，加入 T_w 的个数与外部请求信号的持续时间长短有关。处于等待周期时总线状态一直保持不变。

如果在一个总线周期后不立即执行下一个总线周期，系统总线将处于空闲状态，此时执行空闲周期 T_i。T_i 也以时钟周期 T 为单位，在两个总线周期之间插入 T_i 的个数与 CPU 正在执行的指令有关。

3. 指令周期

由于每条指令都包括取指令、译码和执行等操作，完成一条指令执行过程所需的时间称为指令周期。指令不同，其执行周期也不尽相同。一个指令周期由若干个总线周期组成。

指令周期、总线周期、时钟周期的关系如图 2-11 所示。

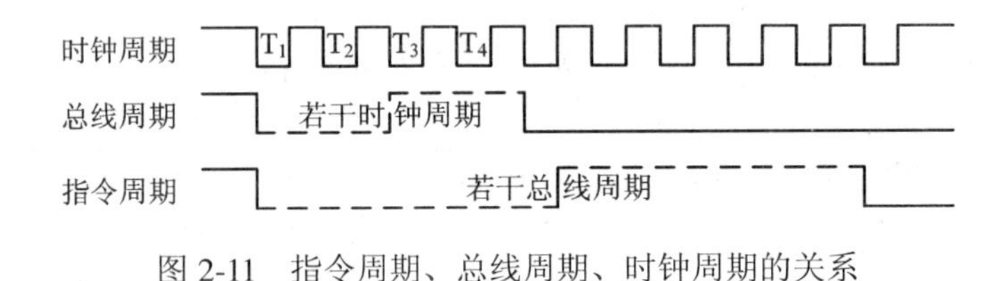

图 2-11　指令周期、总线周期、时钟周期的关系

2.2.2　8284 时钟逻辑

8086/8088 CPU 的时钟周期信号 CLK 通常来自 8284 时钟逻辑芯片。8284 时钟逻辑芯片是 Intel 公司为 8086/8088 微型计算机系统设计的标准器件。

图 2-12 是 8284 器件的内部逻辑图。8284 采用双极工艺制造，18 引脚双列直插封装，全部信号与 TTL 电平兼容。8284 各引脚的名称及说明见表 2-5。

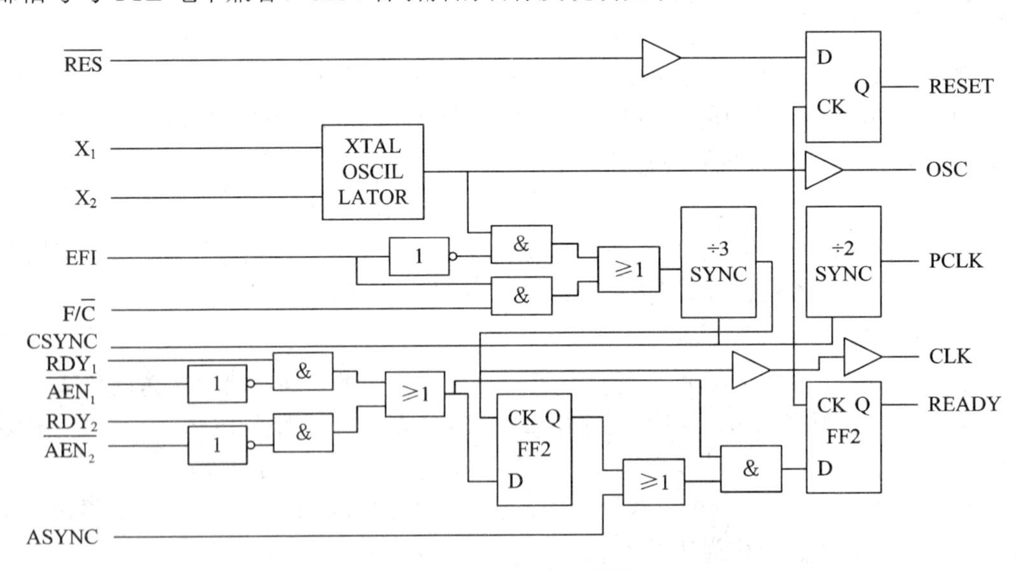

图 2-12　8284 内部逻辑

8284 可以选择将晶振跨接在 X_1 和 X_2 引脚上，以产生基频，或者通过 EFI 引脚输入基频。$F/\overline{C}$ 的电平决定了是由外部晶振还是信号输入提供基频。若 $F/\overline{C}$ 是高电平，则基频来自 EFI 输入；若 $F/\overline{C}$ 是低电平，则由跨接在 X_1 和 X_2 的晶振提供基频。

当由跨接在引脚 X_1 和 X_2 上的晶体谐振器控制时，振荡频率应正好等于所需时钟周期的 3 倍。由于标准 8086 时钟周期是 200 ns，所需晶体振荡器频率为 15 MHz。由 EFI 引脚引入的谐波晶振，必须辅以与 TANK 引脚连接的外部 LC 网络，以维持谐波频率振荡。

表 2-5　8284 各引脚名称及说明

引脚号	引脚名	类型	说　明
10	RESET	输出	至 CPU 的复位控制信号输出
11	$\overline{\text{RES}}$	输入	复位逻辑输入
4,6	RDY_1，RDY_2	输入	总线准备好状态输入
3,7	$\overline{AEN_1}$，$\overline{AEN_2}$	输入	控制 RDY_1 和 RDY_2 的地址允许信号
5	READY	输出	向 CPU 发出的准备好控制信号输出
17,16	X_1，X_2	输入	外部晶振连接线
15	TANK	输入	谐波晶振回路连接
14	EFI	输入	代用外加时钟频率输入
13	$F/\overline{C}$	输入	频率/晶体时钟源选择
8	CLK	输出	至 CPU 的 MOS 电平时钟信号
2	PCLK	输出	供外设用的 TTL 时钟，频率是 CLK 的一半
12	OSC	输出	晶振输出
1	CSYNC	输入	时钟同步信号
18,9	Vcc，GND	输入	电源 +5 V，接地

8284 所产生的时钟输出有三个：

- CLK：一个 MOS 电平信号，是针对 8086/8088 的需要而设计的。
- PCLK：一个 TTL 电平信号，输出供辅助电路用，其频率为 CLK 的一半。
- OSC：一个振荡器输出，频率等于晶振或 EFI 输入频率。

在多 CPU 结构中，需要使所有的 8086/8088 时钟信号同步，可用 CSYNC 信号来协调。在 CSYNC 输入高电平时，8284 的内部逻辑停止输出，之后，在 CSYNC 变为低电平时，又重新输出时钟信号。如果向多个接收同一 EFI 输入的 8284 器件输入同一 CSYNC 信号，则多 CPU 结构中的所有 CPU 都会严格同步。

8086/8088 要求其 RESET(复位)输入与时钟逻辑同步。8284 从 $\overline{\text{RES}}$ 引线接收异步 RESET 输入，产生 8086/8088 所需的同步 RESET 输出。8284 的 $\overline{\text{RES}}$ 输入不需要陡峭的跳变。$\overline{\text{RES}}$ 输入 8284 里的施密特触发器而产生 RESET 输出。$\overline{\text{RES}}$ 可以接受和缓冲由低到高的电平变化。

前面已介绍过必要时在总线周期的 T_3 和 T_4 状态之间插入 T_w 来扩充总线周期。8086/8088 在 T_3 时要检测的 READY 输入必须与时钟信号同步。8284 向 8086/8088 输出一个相应同步的 READY 信号。8284 是从它的两个输入 RDY_1 和 RDY_2 中的一个产生 READY 输出的。8284 有两个 READY 输入来支持多总线结构。为此，单个的 8086/8088 可连接两组独立的系统总线。连接每组总线的存储器或 I/O 装置可能会在一个总线周期内产生等待

状态，所以每组系统总线可能有它自己的 READY 线。为了仲裁总线的优先级，RDY_1 和 RDY_2 各有附带的开启信号 $\overline{ANE_1}$ 和 $\overline{ANE_2}$。当 $\overline{ANE_1}$ 是低电平时，8284 只响应 RDY_1。同样，当 $\overline{ANE_2}$ 是低电平时，8284 只响应 RDY_2。$\overline{ANE_1}$ 和 $\overline{ANE_2}$ 是一般的总线优先级信号，必须由系统设计的总线优先级仲裁逻辑来产生。

☞2.2.3 8086/8088 基本总线时序

所谓总线时序，就是 CPU 通过总线进行操作时，总线上各信号之间在时间上的配合关系。CPU 在总线上进行的操作，是在指令译码器输出的操作命令和外时钟信号联合作用下，所生成的各个命令控制下进行的微操作。根据操作位置的不同可将其分为两种：内操作与外操作。内操作主要用来控制 ALU 进行算术逻辑运算、寄存器的选择、寄存器的读写以及寄存器数据送往总线的方向等；外操作是系统对 CPU 操作的控制申请或是 CPU 对系统的控制操作。

常见的基本操作时序有：总线读操作时序、总线写操作时序、中断响应操作时序、总线保持/响应时序和系统复位时序等。

1. 总线读操作时序

8086 CPU 进行存储器或 I/O 端口读操作时，进入总线读周期，如图 2-13 所示。

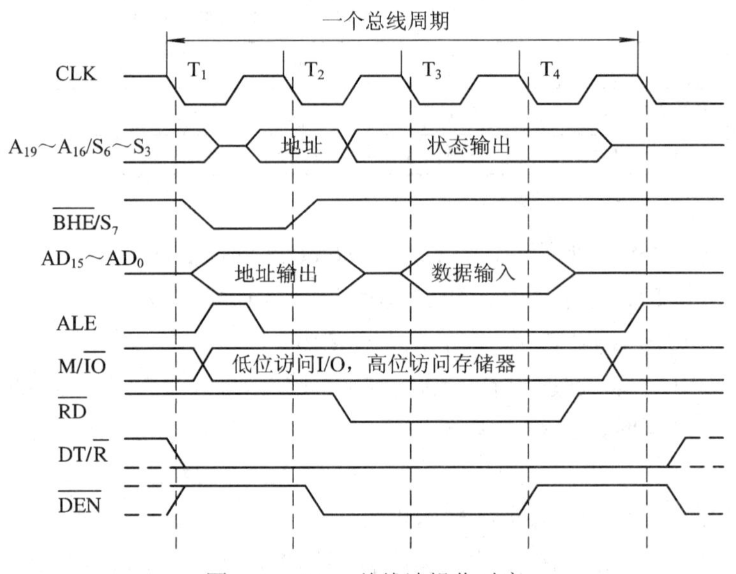

图 2-13 8086 总线读操作时序

基本的读周期由 4 个周期状态组成，当存储器和外设的存取速度较慢时，将在 T_3 和 T_4 之间插入一个或几个等待周期 T_w。

在 CPU 的读周期内，有关总线信号的变化如下：

(1) $M/\overline{IO}$：在 T_1 状态开始有效直到总线周期结束，读存储器时 $M/\overline{IO}$ 为高电平；读 I/O 端口时 $M/\overline{IO}$ 为低电平。

(2) A_{19}～A_{16}/S_6～S_3：T_1 期间，输出存储器单元或 I/O 端口的地址高 4 位，T_2～T_4 期间输出状态信息 S_6～S_3。

(3) $\overline{BHE}/S_7$：在 T_1 期间，$\overline{BHE}$ 为低电平，表示高 8 位数据线上的信息可以使用。T_2～T_4 期间输出高电平。

(4) AD_{15}～AD_0：在 T_1 期间，用来作为地址总线的低 16 位。T_2 期间为高阻态，这是因为输出地址与读入数据的方向是相反的，总线需要一个 T 状态的缓冲，以便为读取数据做准备。T_3～T_4 期间，用来作为 16 位数据总线使用，可以从总线接收数据。若在 T_3 状态不能将数据送入数据总线，则在 T_3～T_4 之间插入等待状态 T_w，直到数据送入数据总线，进入 T_4 周期，在 T_4 周期的开始产生下降沿，CPU 采样数据总线。

(5) ALE：系统中的地址锁存器利用该脉冲的下降沿来锁存 20 位地址信息以及 $\overline{BHE}$。

(6) $\overline{RD}$：读取选中的存储单元或 I/O 端口中的数据。

(7) $DT/\overline{R}$：在 T_1 状态输出低电平，表示本总线周期为读周期，在接有数据总线收发器的系统中，用来控制数据传输方向。

(8) $\overline{DEN}$：低电平有效，在 T_2～T_3 期间表示数据有效，在接有数据总线收发器的系统中，用来实现数据的选通。

8088 CPU 的总线读操作时序与 8086 类似，主要区别在于外部数据总线的位数和存储器与 I/O 设备选择等方面。

2．总线写操作时序

8086 CPU 进行存储器或 I/O 端口写操作时，总线进入写周期，8086 CPU 写操作时序如图 2-14 所示。

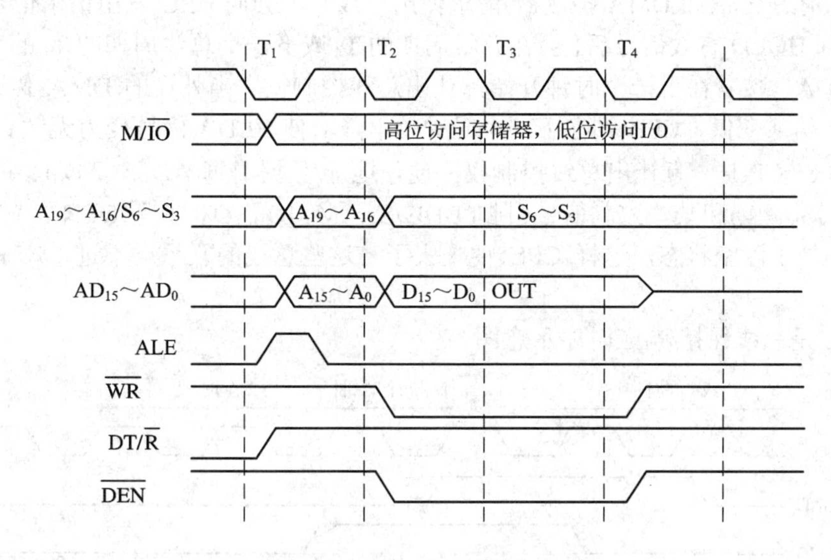

图 2-14　8086 CPU 写操作时序

总线写操作时序与读操作时序很相似，大部分信号与读操作的信号相同，不同之处在于：

(1) AD_{15}～AD_0：在 T_2～T_4 之间没有高阻态。

(2) $\overline{WR}$：低电平有效，向选中的存储器或 I/O 端口写入数据。

(3) $DT/\overline{R}$：高电平有效，在总线周期内保持高电平，表示写周期，在接有数据总线收发器的系统中，用来控制数据传输方向。

8088 CPU 的总线写操作时序与 8086 类似，主要区别在于外部数据总线的位数和存储器与 I/O 设备选择等方面。

3. 中断响应操作时序

执行中断响应操作时，需要经过两个总线操作周期，由硬件完成响应操作，然后才能转入中断服务程序执行。在第一个总线周期，CPU 通知中断控制逻辑(8259A)中断申请，得到响应后要求其准备中断类型号，在第二个总线周期，CPU 则通过 AD_7～AD_0 从中断逻辑中读取中断类型号。中断响应时序如图 2-15 所示。

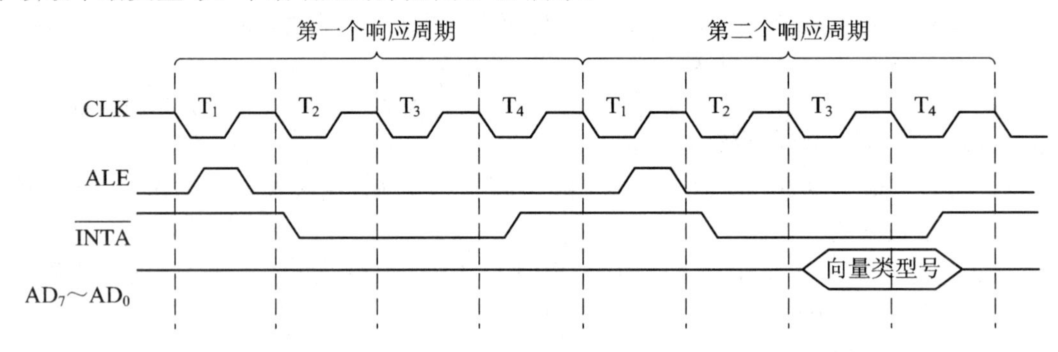

图 2-15　中断响应时序

4. 总线保持/响应时序

系统中别的设备(如 DMA 控制器)请求使用总线时，会向 CPU 发出请求信号 HOLD，当 CPU 收到 HOLD 有效信号后，会在总线周期的 T_4 或下一个总线周期的 T_1 的后沿输出保持信号 HLDA，接着在下一个时钟开始，让出总线控制权。当外设的 DMA 传送结束时，会使 HOLD 信号变低，CPU 则在下一个时钟的下降沿使 HLDA 信号变为无效。

8086/8088 CPU 一旦让出总线控制权，便使地址/数据引脚(AD_{15}～AD_0)、地址/状态引脚(A_{19}～A_{16}/S_6～S_3)和某些控制信号引脚($\overline{BHE}/S_7$，$M/\overline{IO}$，$DT/\overline{R}$，$\overline{DEN}$，$\overline{WR}$，$\overline{RD}$ 和 $\overline{INTA}$ 等)都处于浮空状态，这样 CPU 便失去了与这些总线的联系。不过，ALE 引脚不能浮空。

图 2-16 是总线保持/响应时序示意图。

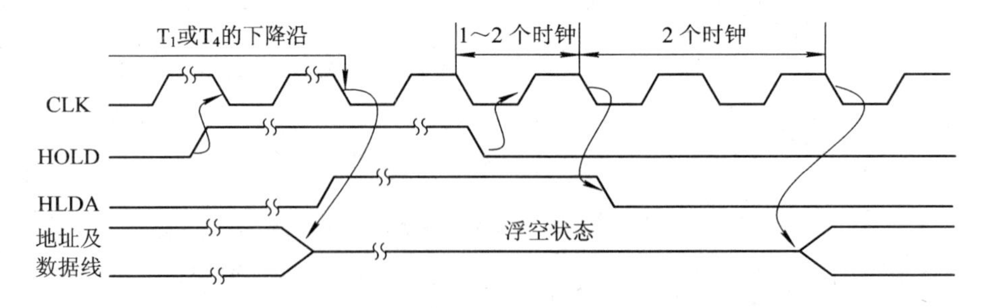

图 2-16　总线保持/响应时序

5. 系统复位时序

8086/8088 CPU 的 RESET 引脚可以用来启动或复位系统，当 CPU 在 RESET 引脚检测到一个脉冲的上升时，它将停止正在进行的操作，维持在复位状态，系统复位时序如图 2-17 所示。

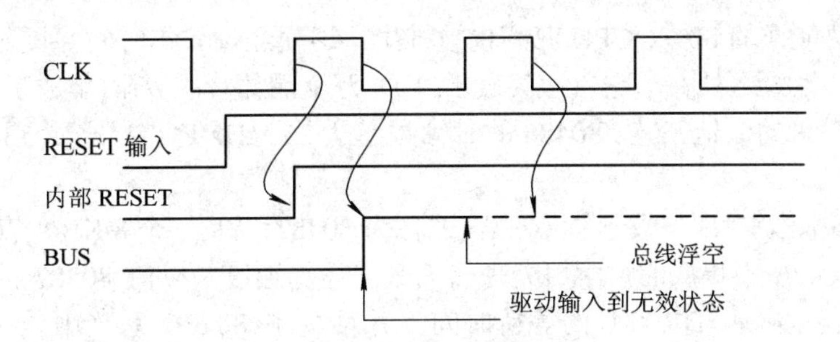

图 2-17 系统复位时序

在复位状态，除了段寄存器 CS 被置为 FFFFH 外，CPU 内部寄存器(包括 IP)连同指令队列均被清 0。

当 RESET 信号变为高电平时，即处于一个时钟周期后的上升沿，8086/8088 进入内部 RESET 阶段。再过一个时钟周期，所有三态输出线(包括 AD_{15}～AD_0，A_{19}～A_{16}/S_6～S_3，$\overline{BHE}/S_7$，$M/\overline{IO}$，$DT/\overline{R}$，$\overline{DEN}$，$\overline{WR}$，$\overline{RD}$ 和 $\overline{INTA}$)都被置为高阻态，一直维持到 RESET 信号回到低电平。但在进入高阻态的前半个时钟周期，也就是在前一个时钟周期的低电平期间，这些三态输出线被设置成无作用状态。等到时钟信号又成为高电平时，三态输出线才进入高阻状态。

8086/8088 要求外部复位信号至少保持 4 时钟周期的高电平，如果是初次加电启动，则要求有大于 50 μs 的高电平。当 8086/8088 进入内部 RESET 时，CPU 就结束当前操作，维持在复位状态。

复位时，由于标志寄存器被清 0，即所有标志位都被清除了。所以，系统程序在启动时，总是要通过指令来设置有关标志。RESET 信号由高电平变到低电平时的跳变会触发 CPU 内部的一个复位逻辑电路，经过 7 个 CLK 时钟信号之后，CPU 自动恢复正常，开始执行物理地址为 0FFFF0H 所存储的第一条指令。

2.3 8086/8088 后续 CPU 简介

☞2.3.1 CPU 从 8086 到 Core 的进化

本书 2.1.1 节已经对以 8086/8088 CPU 为代表的第三代微处理器前的发展情况进行了简单的概括，本节再对 CPU 在第三代之后微处理器的发展情况予以介绍。

继 80186 和 80286 之后，Intel 公司于 1985 年推出了第四代微处理器 80386，其数据宽度达到 32 位，时钟频率为 40 MHz，集成度高达 45 万个晶体管/片，其速度之快、性能之高，足以同高档小型计算机相匹敌。同代的微处理器还包括 Motorola 的 M68020 等。

1989 年 Intel 公司又推出准 32 位微处理器芯片 80386SX。这是 Intel 公司为了扩大市场份额而推出的一种较便宜的普及型 CPU，它的内部数据总线为 32 位，外部数据总线为 16 位，可以接受为 80286 开发的 16 位输入/输出接口芯片，从而降低整机成本。80386SX 推出后，受到市场的广泛的欢迎，因为 80386SX 的性能大大优于 80286，而价格只是 80386 的三分之一。

同年，耳熟能详的 80486 CPU 芯片也被推出。这款经过 4 年时间并投入 3 亿美元资金开发的芯片，其惊人之处在于它首次突破了 100 万个晶体管的界限(集成了 120 万个晶体管)，使用了 1 微米的制造工艺。80486 的时钟频率从 25 MHz 逐步提高到 33 MHz、40 MHz 以及 50 MHz。

80486 将其基本 CPU 与数学协处理器(或称为 80487)以及一个 8 KB 的高速缓存集成在一个芯片内。80486 中集成的数学协处理器的数字运算速度是以前 80387 的两倍，内部缓存缩短了 CPU 与慢速 DRAM 的等待时间。并且，在 80x86 系列中首次采用了 RISC (精简指令集)技术，它平均可以在一个时钟周期内执行一条指令。80486 还采用了突发总线方式，大大提高了与内存的数据交换速度。由于这些改进，80486 的性能比带有 80387 数学协处理器的 80386 DX 微型计算机系统的性能提高了四倍。

1993 年，Intel Pentium(奔腾)系列 CPU 的推出，标志着微处理器进入第五代。同代的微处理器包括与之兼容的 AMD 公司推出的 K6 系列 CPU 芯片。内部采用了超标量指令流水线结构，并具有相互独立的指令和数据高速缓存。随着 MMX(Multi-Media eXtended，多媒体扩展指令集，是 Intel 于 1996 年发明的一项多媒体指令增强技术，包括 57 条多媒体指令)微处理器的出现，使微型计算机的发展在网络化、多媒体化和智能化等方面跨上了更高的台阶。

早期工作在 75 MHz～120 MHz 频率的 Pentium 使用 0.5 微米的制造工艺，后期工作在 120 MHz 频率以上的 Pentium 则改用 0.35 微米工艺。为了提高电脑在多媒体、3D 图形方面的应用能力，许多新指令集应运而生。MMX 的这些新指令可以一次处理多个数据，MMX 技术在软件的配合下，可以得到更好的性能。

多能奔腾(Pentium MMX)的正式名称是“带有 MMX 技术的 Pentium”，是继 Pentium 后 Intel 公司又一个成功的产品，其生命力也相当顽强。多能奔腾在原 Pentium 的基础上进行了重大的改进，增加了片内 16 KB 数据缓存和 16 KB 指令缓存，4 路写缓存以及分支预测单元和返回堆栈技术。特别是新增加的 MMX 多媒体指令，使得多能奔腾即使在运行非 MMX 优化的程序时，也比同主频的 Pentium CPU 要快得多。

1997 年推出的 Pentium Ⅱ 处理器进一步整合了 Intel MMX 技术，能以极高的效率处理影片、音效以及绘图资料，它首次采用 S.E.C(Single Edge Contact)匣型封装，内建了高速快取记忆体，让使用者在撷取或编辑，透过网际网络和亲友分享数码相片、编辑与新增文字、音乐或制作家庭电影的转场效果、使用视讯电话以及透过标准电话线与网际网络传送影片等方面更加得心应手，Pentium Ⅱ 处理器的集成度高达 750 万个晶体管/片。

Pentium Ⅲ 处理器则加入了 70 条新指令，能大幅提升先进影像、3D、串流音乐、影片、语音辨识等应用的性能，让使用者能浏览逼真的网上博物馆与商店，并可以下载高品质影片。此 CPU 中，Intel 首次导入 0.25 微米技术，其集成度高达 950 万个晶体管/片。

2000 年推出的 Pentium Ⅳ 处理器则内建了 4200 万个晶体管，采用 0.18 微米的电路，初期推出的速度就高达 1.5 GHz。2001 年 8 月推出的 Pentium Ⅳ 处理频率达到 2 GHz，是一个频率里程碑。2002 年推出的新款 Pentium Ⅳ 处理器则内含创新的 HT(Hyper-Threading)超线程技术，打造出新等级的高性能桌上型电脑，能同时快速执行多项运算应用，或针对支持多重线程的软件带来更高的性能。超线程技术让电脑性能增加 25%。此款 CPU 的频率高达 3.06 GHz，采用了 0.13 微米集成技术，2003 年款的 Pentium Ⅳ 处理器频率则达到了 3.2 GHz。

人们通常将 Intel 公司于 2005 年推出的 Core(酷睿)系列微处理器划为第六代。Core 是一款引领节能的新型微架构，其设计的出发点是提供卓然出众的性能和能效，提高每瓦特性能，也就是所谓的能效比。早期的 Core 是基于笔记本电脑处理器的。Core 2(英文名称为 Core 2 Duo)于 2006 年推出，是基于 Core 微架构的新一代产品体系的统称。Core 2 是一个跨平台的构架体系，包括服务器版(开发代号为 Woodcrest)、桌面版(开发代号为 Conroe)、移动版(开发代号为 Merom)等。

2008 年，Intel 官方正式确认，基于全新 Nehalem 架构的新一代桌面处理器将沿用 Core 名称，命名为“Intel Core i7”系列，至尊版的名称为“Intel Core i7 Extreme”系列。

Core i7 是一款 45 nm 四核处理器，拥有 8 MB 三级缓存，支持三通道 DDR3 内存，采用 LGA 1366 针脚设计，支持第二代超线程技术，能以八线程运行。测试结果表明，同频 Core i7 比 Core 2 Quad 性能要高出很多。

2011 年初，Intel 公司采用更加先进的 32 纳米制造工艺，发布了新一代处理器微架构 SNB(Sandy Bridge)，它重新定义了“整合平台”的概念，与处理器“无缝融合”的“核芯显卡”终结了“集成显卡”的时代。SNB 构架下的处理器实现了 CPU 功耗的进一步降低，还加入了全新的高清视频处理单元。视频转解码速度比老款处理器至少提升了 30%。

2012 年 4 月 24 日，Intel 公司正式发布了 IVB(IVy Bridge)处理器，采用 22 纳米制造工艺，将执行单元的数量翻了一番，达到最多 24 个，CPU 的制作采用 3D 晶体管技术，耗电量得到了进一步的减少。

下面以 80486 CPU 和 Pentium CPU 为代表，介绍几种典型 8086 后续微处理器的结构及功能特点。

☞2.3.2　80486 CPU 简介

1．80486 CPU 概述

80486 CPU 内部的通用寄存器、标志寄存器、指令寄存器、地址总线和外部数据总线都是 32 位的，与以前的 CPU 相比，80486 CPU 在性能上的优异表现主要有以下几点：

(1) 把浮点数学协处理器和一个 8 KB 的高速缓存首次集成进了一个芯片内，减小了外部数据传输环节，大大提高了运行速度。

(2) 指令系统首次采用 RISC(精简指令集计算机)设计思想，使得其既具有 CISC(复杂指令集计算机)类微处理器的特点，又具有 RISC 类微处理器的特点。采用该技术，使得某些核心指令在 1 个时钟周期内就可执行完成。

(3) 在总线接口部件中设有突发式总线控制和 Cache 控制电路，可以从内存或外部 Cache 高速读取指令或数据。

这些改进使得 80486 成为一款高性能的 32 位微处理器，对多任务处理以及先进存储管理方式的支持更加完善、可靠，性能得到了改进。

2．80486 CPU 的功能结构

80486 CPU 内部结构如图 2-18 所示，由总线接口部件(BIU)、指令预取部件(IPU)、指令译码部件(IDU)、控制保护测试部件(C&PU)、整数执行部件(IU)、浮点运算部件(FPU)、分段部件(SU)、分页部件(PU)和 8 KB 的 Cache 部件(CU)等部分组成。这些部件可以独立工

作，也可以并行工作。在取指令和执行指令时，每个部件完成一项任务或某一个操作步骤，这样既可以同时对不同的指令进行操作，又可以对同一指令的不同部分并行处理。

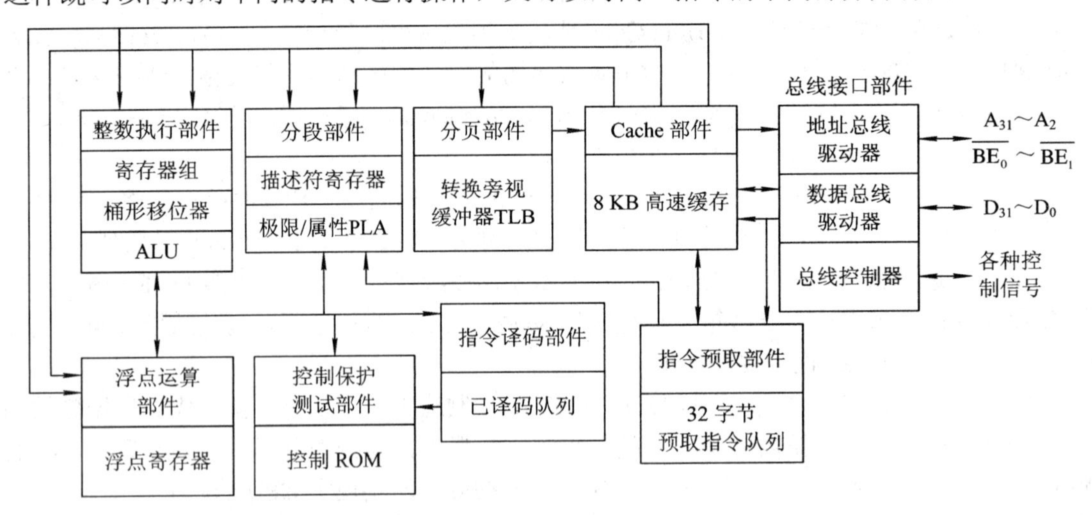

图 2-18　80486 CPU 内部结构

部分部件的功能如下：

1) 总线接口部件(BIU)

总线接口部件(BIU)是 CPU 与外部的通路，负责完成 CPU 与主存、外围设备等进行数据传送的任务。它与外部总线连接，用于管理访问存储器和 I/O 端口的地址、数据和控制总线。在处理器内部，总线接口部件(BIU)主要与指令预取部件和 Cache 部件交换信息，将预取指令存入指令代码队列。

BIU 与 Cache 部件交换数据主要分三种情况：一是向 Cache 填充数据，一次从片外总线读取 16 个字节到 Cache；二是如果 Cache 的内容被处理器内部操作修改了，则将修改的内容写回到存储器中去；三是如果一个读操作请求所要访问的存储器操作数不在高速缓冲存储器中，则这个读操作便由 BIU 控制总线直接对存储器进行操作。

在预取指令代码时，BIU 把从存储器取出的指令代码同时传送给代码预取部件和内部 Cache，以便在下一次预取相同的指令时，可直接访问 Cache。

2) 指令预取部件(IPU)

80486 CPU 内部有一个 32 字节的指令预取队列，在总线空闲周期，指令预取部件形成存储器地址，并向总线接口部件 BIU 发出预取指令请求。IPU 一次读取 16 个字节的指令代码存入预取队列中。指令队列遵循先进先出(FIFO，First In First Out)的规则，自动地向输出端移动。如果 Cache 在指令预取时命中，则不产生总线周期。当遇到跳转、中断、子程序调用等操作时，预取队列被清空。

3) 指令译码部件(IDU)

IDU 从指令队列获取指令代码，并对其译码，而后由微程序控制 ROM 中输出代码序列，控制该指令的执行，同时由控制和保护部件进行保护检查。

译码过程分两步：第一步确定指令执行时是否需要访问存储器，若需要则立即产生总线访问周期，使存储器操作数在指令译码后能准备好；第二步产生对其他部件的控制信号。

4) 控制保护测试部件(CPTU)

CPTU(Control and Protection Test Unit)对整数执行部件、浮点运算部件和分段管理部件进行控制，使它们执行已译码的指令。

5) 整数执行部件(IU)

整数执行部件(IU)包括四个32位通用寄存器、两个32位间址寄存器、两个32位指针寄存器、一个32位标志寄存器、一个64位桶形移位寄存器和算术逻辑运算单元ALU等。在ALU中设有高速加法器，可实现高速算术/逻辑运算、数据传输等功能。80486 CPU采用了RISC技术，并将微程序逻辑控制改为硬件布线逻辑控制，缩短了指令的译码和执行时间，一些基本指令(如整数的传送、加减运算、逻辑操作等)可在一个时钟周期内完成。

两组32位双向总线将IU和浮点运算部件FPU联系起来，这些总线合起来可以传送64位操作数。这组总线还将处理器单元与Cache联系起来，通用寄存器的内容通过这组总线传向分段单元，用于产生存储器单元的有效地址。

6) 浮点运算部件(FPU)

80486 CPU内部集成了一个增强型80487数学协处理器，称为浮点运算部件(FPU)，用于完成浮点数值运算、跨越/非跨越函数运算等功能。由于FPU与CPU集成封装在一个芯片内，而且它与CPU之间的数据通道是64位的，所以当它在内部寄存器和片内Cache中取数时，运行速度会极大提高。

7) 分段部件(SU)

分段部件(SU)设有6个16位段寄存器，用来实现对主存分段管理。在实地址方式下，用来存放段基址，其内容左移4位与偏移地址形成20位物理地址；在保护方式下，段寄存器作为选择器使用，用来存放选择符以指示相应的段描述符在其段描述表中的地址。SU通过段描述符把逻辑地址转换成32位线性地址。

SU将逻辑地址转换成线性地址，采用分段Cache可以提高转换速度。

8) 分页部件(PU)

分页是另一种存储器管理方式。它与分段不同，分页是把程序分为许多大小相同的页，而分段是将程序和数据模块化，划分成可变长度的段。页与程序的逻辑结构没有直接的关系，在任何时刻，每个任务所需激活的“页”是很少的。分页只有在保护模式下才起作用。分页提供了一个管理32位微处理器非常大的段的方法，分页的作用是在分段的基础上进行的。

PU是分段部件SU之后的下一级存储管理部件。若分页禁止，则线性地址就是物理地址；若分页允许，则由PU再将线性地址转换成32位物理地址。通过分页管理，80486可寻址4 GB的物理地址内存地址空间。通过分段分页管理，可实现64 TB虚拟存储器的映像管理。

PU由页目录、页表和页面等三部分组成，每一页面的长度都是4 KB。每一个页目录条目为4字节(32位，记录页表地址等信息)，页目录总共可容纳1024个页目录条目。页表长度也是4 KB，页表条目长度也是32位(记录页面地址等信息)的，页表总共可容纳1024个页表条目。CPU为分页系统提供了一组页面级保护特性，分用户级保护和管理级保护两种。

9) Cache部件(CU)

80486 CPU内部集成了一个数据/指令混合型Cache，称为高速缓冲存储器管理部件CU(Cache Unit)，片内8 KB的Cache采用4路相连映像方式，用来存储待执行的程序数据，

是外部主存的副本。在绝大多数的情况下，CPU 都能在片内 Cache 中存取数据和指令，减少了 CPU 访问存储器的时间。Cache 通过 16 位的总线与指令预取部件 IPU 连接，通过 64 位数据线与整数执行部件 IU、浮点运算器 FPU 和分段部件 SU 相连接，并与外部采用突发式传输方式，来提高数据传输速率。

在与 80486 DX 配套的主板设计中，采用 128 KB～256 KB 的大容量二级 Cache 来提高其命中率，片内 Cache(L1 cache)与片外 Cache(L2 cache)合起来的命中率可达 98%。片内总线宽度高达 128 位，总线接口部件 BIU 将以一次 16 个字节的方式在 Cache 和内存之间传输数据，大大提高了数据处理速度。Cache 部件与指令预取部件紧密配合，一旦预取代码未在 Cache 中命中，总线接口部件 BIU 就对 Cache 进行填充，从内存中取出指令代码，同时送给 Cache 部件和指令预取部件 IPU。

3．80486 CPU 中的寄存器简介

80486 CPU 中的寄存器，从总体上可分为编程可见寄存器和编程不可见寄存器两类。在程序设计期间要使用的，并可由指令来修改其内容的寄存器，称为编程可见寄存器；在程序设计期间，不能直接寻址的寄存器，称为编程不可见寄存器。但是编程不可见寄存器在程序设计期间可以被间接引用，用于保护模式下控制和操作存储器系统。

按功能来划分，可将这些寄存器分为四类：基本寄存器、系统寄存器、调试和测试寄存器以及浮点寄存器。下面仅对基本寄存器(Base Architecture Registers)予以介绍。

基本寄存器包括 8 个通用寄存器(EAX、EBX、ECX、EDX、EBP、ESP、EDI 和 ESI)、1 个指令指针寄存器(EIP)、6 个段寄存器(CS、DS、ES、SS、FS 和 GS)和 1 个标志寄存器(EFLAGS)，如图 2-19 所示，它们都是编程可见的寄存器。

D_{31} … D_{16}		D_{15} … D_8D_7	
EAX	AH	AX	累加器
EBX	BH	BX	基址寄存器
ECX	CH	CX	计数寄存器
EDX	DH	DX	数据寄存器
ESP		SP	堆栈指针
EBP		BP	基址指针
ESI		SI	源变址寄存器
EDI		DI	目的变址寄存器
EIP		IP	指令指针
EFR		FR	标志寄存器
		CS	代码段寄存器
		DS	数据段寄存器
		ES	附加段寄存器
		SS	堆栈段寄存器
		FS	附加段寄存器
		GS	附加段寄存器

图 2-19　80486 CPU 中的基本寄存器

(1) 通用寄存器。通用寄存器(General Purpose Registers)包括 EAX、EBX、ECX、EDX、EBP、ESP、EDI 和 ESI。

EAX、EBX、ECX、EDX 既可以作为 32 位寄存器使用，也可以作为 16 位寄存器(AX、BX、CX 和 DX)或 8 位寄存器(AH、AL、BH、BL、CH、CL、DH 和 DL)使用。EAX 作为累加器用于乘除法及一些调整指令，且常表现为隐含形式，也可以保存被访问存储器单元的偏移地址。EBX 常用于地址指针，保存被访问存储器单元的偏移地址。ECX 经常用作计

数器，用于保存指令的计数值，也可以保存访问数据所在存储器单元的偏移地址。用于计数的指令包括重复的串指令、移位指令和循环指令。移位指令用 CL 计数，重复的串指令用 CX 计数，循环指令用 CX 或 ECX 计数。EDX 常与 EAX 配合，用于保存乘法形成的部分结果，或者除法操作前的被除数，它还可以保存寻址存储器数据。

EBP 和 ESP 是 32 位寄存器，也可作为 16 位寄存器 BP, SP 使用，常用于堆栈操作。EDI 和 ESI 常用于数据串操作，EDI 用于寻址目标数据串，ESI 用于寻址源数据串，也可作为 16 位寄存器 SI, DI 使用。

(2) 指令指针寄存器。指令指针 EIP(Extra Instruction Pointer)用于存放指令的偏移地址。CPU 工作于实模式下，EIP 是 IP(16 位)寄存器；工作于保护模式时，EIP 为 32 位寄存器。EIP 总是指向程序的下一个指令字节单元(取完一个存储单元后，EIP 的内容自动加 1)。EIP 用于 CPU 在程序中顺序地寻址代码段内的下一条指令单元。当遇到跳转指令或调用指令时，指令指针寄存器的内容需要修改。

(3) 段寄存器。80486 CPU 包括 6 个段寄存器，分别存放段基址(实地址模式下)或选择符(保护模式下)，用于与 CPU 中的其他寄存器联合生成存储器单元的物理地址。

① 代码段寄存器 CS：是一个用于保存 CPU 程序代码(程序和过程)的存储区域。CS 存放代码段的起始地址。在实模式下，它定义一个 64 KB 存储器段的起点。在保护模式下工作时，CS 选择一个描述符，这个描述符描述程序代码所在存储器单元的起始地址和长度，保护模式下，代码段的长度为 4 GB。

② 数据段寄存器(DS)：是一个存储数据的存储区域，程序中使用的大部分数据都在数据段中。DS 用于存放数据段的起始地址，可以通过偏移地址或者其他含有偏移地址的寄存器，寻址数据段内的数据。在实模式下工作时，它定义一个 64 KB 数据存储器段的起点。在保护模式下，数据段的长度为 4 GB。

③ 堆栈段寄存器(SS)：用于存放堆栈段的起始地址，堆栈指针寄存器 ESP 确定堆栈段内当前的栈顶地址。EBP 寄存器也可以寻址堆栈段内的数据。

④ 附加段寄存器(ES)：存放附加数据段的起始地址。常用于存放数据段的段基址或者在串操作中作为目标数据段的段基址。

⑤ 附加段寄存器(FS 和 GS)：FS 和 GS 也是附加的数据段寄存器，作用与 ES 相同，允许程序访问两个附加的数据段。

在保护模式下，每个段寄存器都含有一个程序不可见区域。这些寄存器的程序不可见区域通常称为描述符的高速缓冲存储器(Descriptor Cache)，因此它也是存储信息的小存储器。这些描述符高速缓冲存储器与 CPU 中的一级或二级高速缓冲存储器不能混淆。每当段寄存器中的内容改变时，基地址、段限和访问权限就装入段寄存器的程序不可见区域。例如当一个新的段基址存入段寄存器时，CPU 就访问一个描述符表，并把描述符表装入段寄存器的程序不可见的描述符高速缓冲存储器区域中。这个描述符一直保存在此处，并在访问存储器时使用，直到段号再次改变。这就允许 CPU 在重复访问一个内存段时，不必每次都去查询描述符表，因此称为描述符高速缓冲存储器。

(4) 标志寄存器(EFR)：EFR 包括状态位、控制位和系统标志位，用于指示 CPU 的状态，以控制 CPU 的操作。80486 CPU 的标志寄存器包括如下标志：

① 状态标志位：包括进位标志 CF、奇偶标志 PF、辅助进位标志 AF、零标志 ZF、

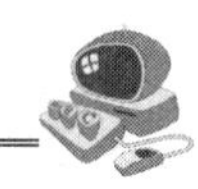

符号标志 SF 和溢出标志 OF。

② 控制标志位：包括陷阱标志(单步操作标志)TF、中断标志 IF 和方向标志 DF。

80486 CPU 的标志寄存器中的状态标志位和控制标志位与 8086 CPU 标志寄存器中的状态标志位和控制标志位的功能完全一样，这里就不再赘述。

③ 系统标志位和输入/输出特权级别字段：用于控制操作系统或执行某种操作。它们不能被应用程序修改。

④ 任务嵌套标志 NT(Nested Task Flag)：在保护模式下，指示当前执行的任务嵌套于另一任务中。当任务被嵌套时，NT = 1，否则 NT = 0。

⑤ 恢复标志 RF(Resume Flag)：与调试寄存器一起使用，用于保证不重复处理断点。当 RF = 1 时，即使遇到断点或故障，也不产生异常中断。

⑥ 虚拟 8086 模式标志 VM(Virtual 8086 Mode Flag)：用于在保护模式系统中选择虚拟操作模式。VM = 1，启用虚拟 8086 模式；VM = 0，返回保护模式。

⑦ 队列检查标志 AC(Alignment Check Flag)：如果在不是字或双字的边界上寻址一个字或双字，队列检查标志将被激活。

⑧ 输入/输出特权级别字段 IOPL(I/O Privilege Level Field)：规定了能使用 I/O 敏感指令的特权级。在保护模式下，利用这两位编码可以分别表示 0，1，2，3 这四种特权级，0 级特权最高，3 级特权最低。在 80286 以上的处理器中有一些 I/O 敏感指令，如 CLI(关中断指令)、STI(开中断指令)、IN(输入)、OUT(输出)。IOPL 的值规定了能执行这些指令的特权级。只有特权高于 IOPL 的程序才能执行 I/O 敏感指令，而特权低于 IOPL 的程序，若企图执行敏感指令，则会引起异常中断。

4．80486 CPU 引脚

80486 CPU 外部引脚分布如图 2-20 所示。

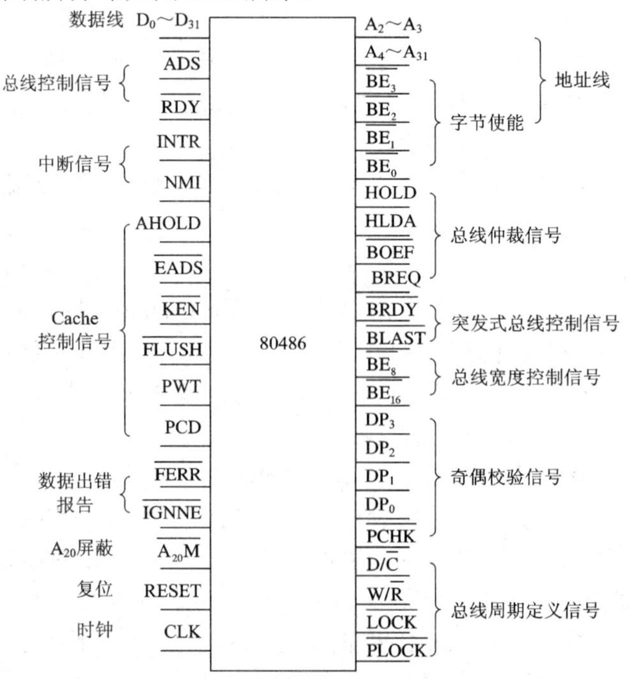

图 2-20　80486 外部引脚分布示意图

80486 CPU 主要包括如下信号线：

(1) 32 位数据总线。单一功能的 32 位数据总线(D_{31}～D_0)，双向、三态。借助$\overline{BE_{16}}$、$\overline{BE_8}$两根输入信号能够完成总线宽度控制，使数据总线可以用来传输 32 位、16 位、8 位 3 种宽度的数据。

(2) 32 位地址总线。32 位地址总线(A_{31}～A_2，$\overline{BE_3}$～$\overline{BE_0}$)，输出、三态。提供物理存储器地址或 I/O 端口地址。为了实现 32 位、16 位、8 位数据访问，设有 4 位允许输出信号$\overline{BE_3}$～$\overline{BE_0}$)，用来控制不同存储体的数据宽度。高 30 位地址线(A_{31}～A_2)与 4 位允许输出信号$\overline{BE_3}$～$\overline{BE_0}$(4 位输出相对于 2 位地址线)形成 32 位地址总线。该信号由 80486 根据指令类型产生。低 2 位地址(A_1，A_0)没有相应的输出线。

(3) 总线控制信号。

① $\overline{ADS}$：地址状态信号，输出、低电平有效，表示总线周期中地址信号有效。

② $\overline{RDY}$：非突发式传送准备好信号，输入、低电平有效，当该信号有效时，表示存储器或 I/O 设备已经准备好数据输出。

(4) 总线周期定义信号。用来定义正在执行的总线周期类型。

① $W/\overline{R}$：表示写/读周期；

② $D/\overline{C}$：表示数据/控制周期；

③ $M/\overline{IO}$：表示访问存储器或是 I/O 接口；

④ $\overline{LOCK}$：总线锁定信号，低电平有效，用来表示是锁定总线周期还是开启总线周期。

⑤ $\overline{PLOCK}$：伪总线锁定信号，低电平有效，表示现行总线的处理需要多个总线传送周期。

(5) 总线宽度控制信号。

① $\overline{BE_{16}}$：16 位总线宽度控制信号，输入、低电平有效。

② $\overline{BE_8}$：8 位总线宽度控制信号，输入、低电平有效。

(6) 总线仲裁信号。

① HOLD：总线保持请求信号，输入、高电平有效。该信号有效时表示 CPU 以外的某些设备申请控制总线。

② HLDA：总线保持响应信号，输出、高电平有效。该信号有效时表示 CPU 已经响应 HOLD 信号，并且让出总线控制权，进入总线保持状态。

③ $\overline{BOFF}$：总线占用信号，输入、低电平有效。该信号有效时，强制总线为高阻悬空状态。

④ BREQ：总线请求信号，输出、高电平有效。该信号有效时，表示 CPU 需要一个总线周期。

(7) 突发式总线控制信号。

① $\overline{BRDY}$：突发式传送准备好信号，输入、高电平有效。有效时可以进行突发式数据传送。

② $\overline{BLAST}$：最后数据传送信号，输出、低电平有效，有效时表示正在进行本批数据的最后数据传送。

(8) 中断信号。

① INTR：可屏蔽中断请求信号，输入、高电平有效。

② NMI：非屏蔽中断请求信号，输入、高电平有效。

③ RESET：复位信号，输入、高电平有效。

(9) Cache 控制信号。

① $\overline{KEN}$：Cache 允许信号，输入、低电平有效。有效时表示可以将存储器中的数据拷贝到片内 Cache 中。

② $\overline{FLUSH}$：Cache 刷新信号，输入、低电平有效。用来通知 80486 将 Cache 内容全部清空。

③ AHOLD 及 $\overline{EADS}$：AHOLD 地址保持信号，输入、低电平有效，修改主存内容后，发出该信号，使地址总线悬空至高阻态；$\overline{EADS}$外部地址有效信号，输入、低电平有效，有效时表明地址线上已经有有效地址。

④ PWT 和 PCD：PWT 为页贯穿信号，输出、高电平有效，有效时，表示在修改 Cache 的同时将修改写回主存中的相应单元；PCD 为页式 Cache 禁止信号，输出、高电平有效。

(10) 浮点处理信号。

① $\overline{FERR}$：浮点数据出错处理信号，输出、低电平有效。

② $\overline{IGNNE}$：忽略数值处理器出错信号，输入、低电平有效。

(11) 奇偶校验信号。

① DP_3～DP_0：奇偶校验信号，双向。写入数据时，系统会随之加入 4 个偶校验位 DP_3～DP_0，每个校验位对应数据总线的一个字节；读数据时，系统也会对每个数据字节进行奇偶校验。

② $\overline{PCHK}$：奇偶校验状态信号，输出、低电平有效。有效时，表明发生了奇偶校验错。

(12) 地址 A_{20} 屏蔽信号 $\overline{A_{20}M}$。

地址 A_{20} 屏蔽信号，输入、低电平有效。该信号只适用于实地址工作方式，有效时，CPU 在总线上查找内部 Cache 或发生某存储周期之前屏蔽 A_{20}。

5．80486 CPU 的功能模式

(1) 实地址模式。80486 CPU 在加电开机或复位时，自动被初始化为实地址模式。在此模式下，它和 8086 具有相同的存储空间和管理方式。最大寻址空间为 1 MB，物理地址等于段地址左移 4 位与偏移地址相加所得的值。

(2) 保护模式。80486 CPU 在保护模式下能支持 4 GB 的物理内存空间及 64 TB 的虚拟存储空间，使得程序可在 64 TB 的虚拟存储器中运行。保护模式下，80486 CPU 先进的存储器管理部件及相应的辅助保护机构，为现代多任务操作系统的顺利运行提供了强大的硬件基础。

在保护模式下，80486 CPU 的基本结构保持不变，实地址方式下的寄存器结构、指令和寻址方式仍然有效。48 位的逻辑地址由 16 位的段选择子和 32 位的段内偏移量组成。与实地址模式不同的是，在保护方式下，某个段寄存器中的内容不是段的基址。从程序员的观点来看，保护模式和实地址模式的主要区别是地址空间和寻址结构的不同。

为了加快由线性地址向物理地址的转换过程，80486 CPU 芯片内置了 1 个页描述符高速缓冲存储器，称之为转换旁视缓冲器(TLB，Translation Look-Aside Buffer)。TLB 中存放

着最近经常用到的线性地址的高 20 位及其对应的页表项。

(3) 虚拟 8086 模式。80486 CPU 的虚拟 8086 模式是实地址模式和保护模式的结合。在虚拟 8086 模式下，80486 CPU 的段寄存器的用途与实地址模式相同，允许执行以前的 8086 程序。在虚拟 8086 模式下执行 8086 应用程序时，可以充分利用 80486 CPU 的存储保护机制。

☞2.3.3 Pentium CPU 简介

Pentium CPU 最早由 Intel 公司于 1993 年 3 月份推出，根据生产时间不同，分为普通奔腾 Pentium、高能奔腾 Pentium Pro、多能奔腾 Pentium MMX 以及 Pentium Ⅱ、Pentium Ⅲ和 Pentium Ⅳ 等系列产品。

Pentium CPU 在结构上比 80486 有较大的改进，仍采用 32 位结构，寄存器仍然是 32 位，不过其 64 位的外部数据总线及 64 位、128 位、256 位宽度可变的内部数据通道使得 Pentium 的内外数据传输能力增强很多。它的地址总线也仍为 32 位，所以物理寻址范围仍为 4 GB。其内部采用了先进的超标量流水线结构，拥有双 ALU，能同时执行两条流水线，从而使其在一个时钟周期内能完成两条指令。Pentium 兼容了 80486 的全部指令且有所扩充。

1．Pentium CPU 组成

Pentium CPU 的基本组成包括总线接口部件(BIU)、分页部件(PU)、片内 Cache 部件、控制部件(CU)、执行部件(EU)、浮点运算部件(FPU)以及(BTB)转移目标缓冲器等。其内部结构框图如图 2-21 所示。

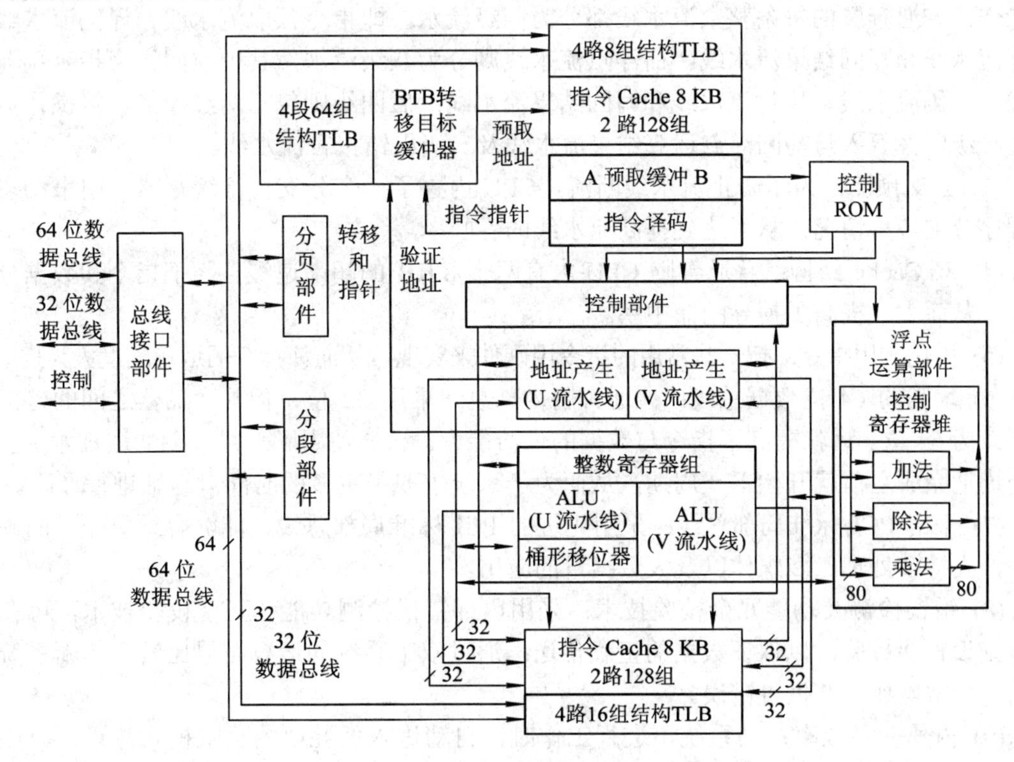

图 2-21　Pentium CPU 内部结构框图

(1) 总线接口部件(BIU)。用于与外部系统总线的连接，以实现数据的高速传输。其中数据总线 64 位，地址总线 32 位。

(2) 分页部件(PU)。用于实现主存分页管理等功能。

(3) 片内 Cache 部件。16 KB 的片内 Cache 分为两个 8 KB 的相互独立的代码 Cache 和数据 Cache。代码和数据 Cache 分开，减少了二者之间的冲突，提高了命中率，从而提高了系统的整体性能。

(4) 控制部件(CU)。其组成包括预取缓冲器、指令译码器、控制 ROM 及控制逻辑电路等，功能是控制指令代码的预取、译码和执行。

(5) 执行部件(EU)。主要由整数寄存器组、ALU 流水线、地址流水线和桶型移位器等组成，功能是在控制部件的控制下执行指令序列。

(6) 浮点运算部件 FPU。在 80487 的基础上改进了很多，速度增大很多。

(7) BTB 转移目标缓冲器。也称分支预知部件，用来判断程序各分支的走向，以确定下一条指令能否并行执行。

2. Pentium CPU 的特点

Pentium CPU 相比以往的微处理器，采用了如下新技术：

(1) 超标量技术：通过内置多条流水线同时执行多个处理。在普通奔腾中，设有 U 指令、V 指令和一条浮点流水线机构。两条整数指令流水线结构独立，功能不尽相同，流水线 U 既可以执行精简指令又可以执行复杂指令，而流水线 V 只能执行精简指令。

(2) 超流水线技术：通过细化流水、提高主频，使得在一个机器周期内能同时完成多个操作。普通奔腾的每条整数流水线都分为四级流水，即指令预取流水线、译码流水线、执行流水线和写回结果流水线。而浮点流水线则分为八级流水，其中前四级为指令预取流水线、译码流水线、执行流水线和写回结果流水线；后四级则包括两级浮点运算操作流水线、一级四舍五入与写回浮点运算结果流水线及一级出错报告流水线。

(3) 分支预测：为了防止流水线断流，CPU 内置了一个分支目标缓存器，用来动态预测程序分支转移情况，从而达到提高流水线的吞吐率。

(4) 双 Cache 结构：普通奔腾 CPU 内有两个 8 KB 的超高速缓存，把指令和数据分开缓存，从而大大提高了搜寻的命中率。

(5) 固化常用指令：把一些常用的指令用硬件来实现，从而使指令的运行速度大为提高。

(6) 增强的 64 位数据总线：普通奔腾内部总线采用 32 位，但与存储器之间的外部总线却改为 64 位。这就提高了指令与数据的供给能力。它还使用了总线周期通道技术，能在一个周期完成之前就开始下一周期，从而为子系统争取了更多的时间对地址进行译码。

(7) 采用 PCI 标准局部总线：采用先进的 PCI 标准局部总线，能够容纳更先进的硬件设计，支持多处理、多媒体以及大数据量的应用。

(8) 错误检测及功能冗余校验技术：采用内部错误检测功能和冗余校验技术，可在内部多处设置偶校验，以保证数据的正确传送；通过双工系统的运算结果比较，判断系统是否出现异常操作，并报告错误。

(9) 内建能源效率：当系统不进行工作时，自动进入低耗电的睡眠模式。只需毫秒级的时间系统就能恢复到全速状态。

(10) 支持多重处理：多重处理指多 CPU 系统，它是高速并行处理技术中常用的体系结构之一。

3．工作模式

一般来说，Pentium CPU 有三种工作模式，即实地址模式、保护虚地址模式和虚拟 8086 模式。

(1) 实地址模式。处理器加电或复位时自动置为此种模式。在此模式下，CPU 的存储管理，中断控制以及应用程序的运行环境等都与 8086 相同，它只相当于一个快速的 8086，只能处理 16 位数据。

(2) 保护虚地址模式。保护虚地址模式也简称为保护模式。所谓“保护”就是指处理器处理多任务操作时，对不同任务使用的虚拟存储器空间进行完全地隔离，以保护每个任务顺利执行。

保护模式是 80286 以上的高档 CPU 最常用的工作模式，在保护模式下，存储器空间采用逻辑地址，线性地址和物理地址来进行描述。逻辑地址就是通常所说的虚拟地址，它是应用程序所使用的地址，不能直接映射到存储器空间。为此，必须把逻辑地址变为线性地址，才由可能对存储空间进行访问。

(3) 虚拟 8086 模式。虚拟 8086 模式是保护模式下的一种工作方式，也简称为虚拟 86 模式。在此模式下，处理器类似于 8086。寻址的地址空间是 1 M 字节；段寄存器的内容作为段值解释；20 位存储单元地址由段值乘以 16 加偏移量构成。在此模式下，代码段总是可写的，这与实模式相同。同理，数据段也是可执行的，只不过可能会发生异常。所以，在虚拟 8086 模式下，可以运行 DOS 及以其为平台的软件。但此模式毕竟是虚拟 8086 的一种方式，并不完全等同于 8086。

8086 程序可以直接在虚拟 8086 模式下运行，但受到虚拟 8086 监控程序的控制。虚拟 8086 监控程序和在虚拟 8086 模式下的 8086 程序构成的任务称为虚拟 8086 任务。此种任务形成一个由处理器硬件和属于系统软件的监控程序组成的“虚拟 8086 机”。虚拟 8086 监控程序控制虚拟 8086 的外部界面、中断和 I/O。硬件提供该任务最低端 1M 字节线性地址空间的虚拟存储空间，包含虚拟寄存器的任务状态段(TSS，Task State Segment)，并执行处理这些寄存器和地址空间的指令。

CPU 把虚拟 8086 任务作为与其他任务具有同等地位的一个任务。它可以支持多个虚拟 8086 任务，每个虚拟 8086 任务是相对独立的。所以，通过虚拟 8086 模式这种形式，运行 8086 程序可充分发挥处理器的能力和充分利用系统资源。

2.4 本 章 要 点

(1) 8086/8088 CPU 内部分为功能独立的两个逻辑部件模块：总线接口部件(BIU)和执行部件(EU)。BIU 负责 CPU 内部与存储器或 I/O 接口之间的信息传递；EU 负责指令的执行并产生相应的控制信号。BIU 模块和 EU 模块可以并行操作。8086 外部数据总线为 16 位，8088 外部数据总线为 8 位，但两者内部总线和寄存器都是 16 位的，外部地址引线为 20 位，可以寻址 1 MB。

(2) 8086/8088 CPU 内部含有 14 个 16 位寄存器，主要用于暂存运算数据、确定指令和操作数的寻址方式以及控制指令的执行等。

(3) 8086/8088 CPU 的引脚信号线按其功能分主要有地址总线、数据总线和控制总线。地址总线由 CPU 发出，用来确定 CPU 要访问的内存单元的地址信号；数据总线用来在 CPU 与内存或外设之间交换信息；控制总线是传送控制信号的一组信号线。

(4) 8086/8088 系统中每个存储单元被分配唯一的地址编码(20 位二进制代码)称为物理地址，在编写程序时使用的 16 位地址编码被称为逻辑地址。存储单元的 20 位物理地址是通过将 16 位的“段地址”左移 4 位后再加上 16 位的“偏移地址”形成的。

(5) 标志寄存器 FR 是一个 16 位的专用寄存器，其中有意义的有 9 位，包括 6 个状态标志和 3 个控制标志。状态标志表示执行某种(指令)操作后 ALU 所处的状态，这些状态将会影响后面指令的操作；而控制标志则是通过程序设置的，每个控制标志对某种特定的功能起控制作用。

(6) 时钟周期是 CPU 运行时的时间基准，它由计算机的主频决定。一次访问总线所需的时间称为一个总线周期；一个指令周期由若干个总线周期组成；一个总线周期由若干个时钟周期组成。

(7) 总线时序是 CPU 总线进行操作时各信号之间在时间上的配合关系。常见的基本操作时序有：总线读操作时序、总线写操作时序、中断响应操作时序、总线保持/响应时序和系统复位时序。

思考与练习

1．8086 CPU 由哪两部分组成？它们的主要功能是什么？

2．什么是时钟周期、总线周期、指令周期？论述它们之间的关系。

3．什么是最大模式？什么是最小模式？用什么方法可将 8086/8088 置为最大模式和最小模式？

4．8086 系统中的物理地址是如何得到的？假如 CS＝2500H，IP＝2100H，则其物理地址是多少？

5．8086 CPU 中有哪些寄存器？分组说明用途。哪些寄存器用来指示存储器单元的偏移地址？

6．8086 CPU 与 8088 CPU 的主要区别是什么？

7．要完成下述运算或控制，用什么标志位判别？其值是什么？

(1) 比较两数是否相等。

(2) 操作结果是正数还是负数？

(3) 两数相加后是否溢出？

(4) 两数相减后比较大小。

(5) 中断信号能否允许？

(6) 单步运行程序。

8．举例简述 CPU 执行程序(指令)的工作过程。

9．状态标志位和控制标志位有何不同？8086/8088 的状态标志位和控制标志位有哪些？

10．在 8086/8088 系统中，何为分时复用总线？其优点何在？试举例说明。

11．某程序数据段中存放了两个字，1EE5H 和 2A8CH，已知(DS)＝7850H，数据存放的偏移地址为 3121H 及 285AH。试画图说明它们在存储器中的存放情况。若要读取这两个字，各需要对存储器进行几次操作？

12. 在 8086/8088 系统中，有一个由 10 个字组成的数据区，其起始地址为 1200H:0120H。试写出该数据区首末存储单元的实际地址。

13．若当前已知(DS)＝7F06H，在偏移地址为 0075H 开始的存储器中连续存放 6 个字节的数据，分别为 11H，22H，33H，44H，55H 和 66H。试指出这些数据在存储器中的物理地址。如果要从存储器中读出这些数据，至少需要访问几次存储器？各读出哪些数据？

14．8086 微处理器的读/写总线周期至少包含多少个时钟周期？什么情况下需要插入 T_w 等待周期？插入 T_w 的个数取决于什么因素？什么情况下会出现空闲状态 T_i？

第3章 存 储 器

本章介绍微型计算机的存储器的一般知识、RAM/ROM 的基本构成、存储芯片及其与 CPU 的连接、简单存储器子系统的设计、80x86 系统的存储器组织、高速缓冲存储器 Cache 以及常用存储器芯片等。

3.1 存储器概述

存储器(Memory)是计算机系统中的记忆部件，用来存放程序和数据。计算机中的全部信息，包括输入的原始数据、计算机程序、中间运行结果和最终运行结果都保存在存储器中，可以通过控制器发出命令，对存储器进行读写操作。目前高性能的计算机系统中，存储器是一个层次式的存储体系。

3.1.1 存储器的结构

图 3-1 显示了主存储器的基本结构以及 CPU 的连接和信息流通通道，图中虚线框内是主存储器。

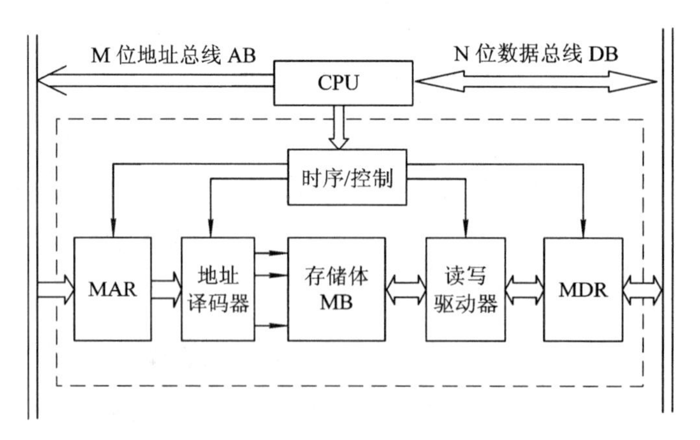

图 3-1 主存储器的基本结构以及 CPU 的连接和信息流通通道

存储体(MB)，是存储单元的集合体，它可以通过 M 位地址总线、N 位数据总线和一些有关的控制线与 CPU 交换信息。M 位地址总线用来指出所需访问的存储单元地址；N 位数据总线用来在 CPU 与主存之间传送数据信息；控制信号用来协调和控制主存与 CPU 之间的读写操作。其内部结构如图 3-2 所示。由于 CPU 速度的不断提高，相应地也要求存储器的工作速度要尽可能快。随着软件规模的扩大和数据处理量的增加，要求存储器的容量也尽可能大，此外用户总是希望存储器的价位尽可能低。然而，采用单一的存储模式很难满足上述要求。为了能够达到存储器速度快、容量大、价格低的目的，较好的方法是设计一个快慢搭配、具有层次结构的存储系统。图3-3表明了现代微机系统中存储器的典型结构。该图呈塔形，越向上存储器件的速度越快，访问的频率越高；同时，存储器的价格也越高，系统的拥有量越小。反之，CPU访问频率低、存取速度慢，但容量较大。

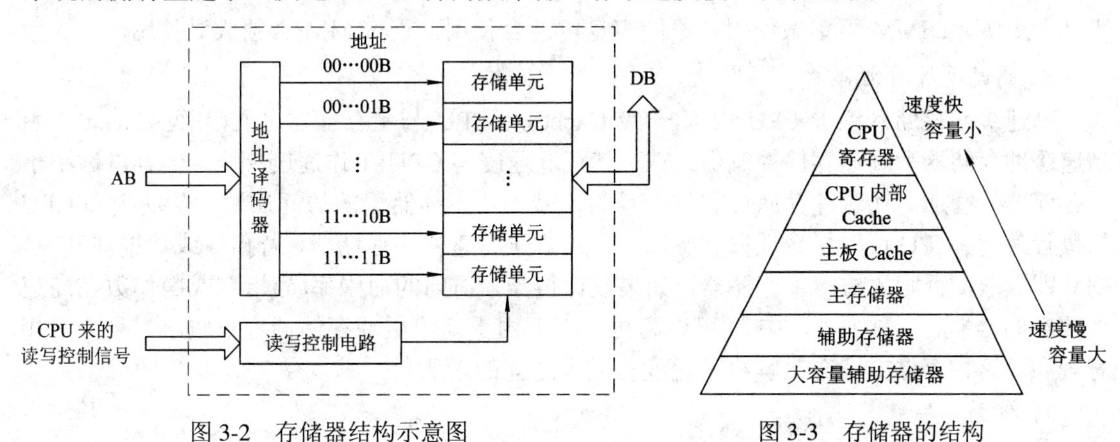

图3-2　存储器结构示意图　　　　图3-3　存储器的结构

从图3-3中可以看出，微机系统大都采用内部寄存器组、Cache高速缓冲存储器、主存储器和辅助存储器等4级存储结构来组织整个存储器系统，以满足各种软件对时间和空间的需求。CPU中的寄存器位于顶端，它具有最快的存取速度，但数量极为有限。向下依次是CPU内部的Cache高速缓冲存储器、主板Cache、主存储器、辅助存储器和大容量辅助存储器；位于底部的存储设备，其容量最大，存储容量的价格最低，但速度最慢。目前，一般微机用户使用到辅助存储器层即可满足存储容量要求，只是在一些存储容量需求特别大时，才需要用到大容量辅助存储器或称海量存储器。海量存储器一般指硬盘组、光盘组和磁带机等。

☞3.1.2　存储器分类

根据存储器元件在计算机中所处的地位、存储介质和信息存取方式等，存储器有多种分类方法。

1．按所处地位分类

根据存储器在计算机中的位置不同，可以把存储器分为内部寄存器组、主存储器、高速缓冲存储器(Cache)和辅助存储器等。

1) 内部寄存器组

内部寄存器组位于CPU内部，存取速度和CPU中的其他部件相当，其数量有限，常用来存放最近要用到的程序和数据或者存放运算产生的中间结果。

2) 主存储器

主存储器简称主存，其读取速度比CPU稍慢，由半导体器件构成，容量较小，但价格相对较高。计算机运行时，CPU需要执行的任何程序及操作的数据必须调入内存。

市场上常见的存储器多为插槽用模块条形式，这种模块条常称为内存条。它们是在一个条状的小印制电路板上，用一定数量的存储器芯片(如 8 个 RAM 芯片)，组成一个存储容量固定的存储模块。然后，通过它下部的插脚插到系统板的专用插槽中，从而使存储器的总容量得到扩充。按内存条的接口形式看，常见内存条有两种：单列直插内存条(SIMM，Single Inline Memory Modules)和双列直插内存条(DIMM，Dual Inline Memory Modules)。SIMM 内存条分为 30 线、72 线等多种。DIMM 内存条与 SIMM 内存条相比引脚增加到 168 线甚至更多。DIMM 可单条使用，不同容量可混合使用，而 SIMM 必须成对使用。

3) 高速缓冲存储器

高速缓冲存储器位于 CPU 内部(一级 Cache)及 CPU 与主存储器之间(二级 Cache)，由高速缓冲存储器和高速存储控制器组成。其存取速度与 CPU 工作速度相当，但容量远小于主存储器。增加高速缓冲存储器的目的是为了减少对主存储器的访问次数，从而提高 CPU 的执行速度。CPU 读取指令或操作数时，首先访问高速缓冲存储器，若指令或数据在其内，则立即读取，否则才访问主存储器。如果设计得当，访问的命中率(当指令或操作数在高速缓冲存储器中时，称为“命中”)可以高达 99%。由于高速缓冲存储器容量较小，且价格相对较高，这种存储方案有效解决了速度与成本之间的矛盾。

4) 辅助存储器

辅助存储器简称外存，属于输入/输出外围设备，不能被 CPU 直接访问。通常采用表面存储方式存放信息，常见的磁盘、光盘、磁带都采用该方式。外存具有容量大、价格低等优点，但存取速度较慢，常用来存放一些暂时不使用的程序、数据和文件，一般可以永久保存。

CPU 要访问外存中的信息，需要将其事先调入内存才能被访问，这使得主存与外存要进行频繁的数据交换，早期的这种交换过程由程序员来处理，而现在的计算机则是通过辅助的硬件及存储管理软件来完成。在交换过程中，主存与外存被看成一个虚拟的存储器，编程时使用一种虚拟地址，访问时需要把虚拟地址转换成对应的物理地址。如果访问的数据不在内存中，则由这些辅助硬件及存储管理软件把数据调入内存再进行访问。

2．按存储器的性质分类

按性质可将半导体存储器分为 RAM 存储器和 ROM 存储器两类。

(1) RAM(Random Access Memory)。PAM随机存取存储器，又称为读/写存储器，信息可以根据需要随时写入或读出。

根据 RAM 的结构和功能的不同，可将其分为两种类型：动态(Dynamic)RAM 和静态(Static)RAM。

① 动态 RAM：即 DRAM。一般由 MOS 型半导体存储器件构成，最简单的存储形式以单个 MOS 管为基本单元，以极间的分布电容是否持有电荷作为信息的存储手段，其结构简单，集成度高。但是，如果不及时进行刷新，极间电容中的电荷会在很短时间内自然泄漏，致使信息丢失。所以，必须要为它配备专门的刷新电路。

由于动态 RAM 芯片的集成度高、价格低廉，所以多用在存储容量较大的系统中。目前，微型计算机中的主存几乎都由 DRAM 构成。

② 静态 RAM：即 SRAM。它以触发器为基本存储单元，所以只要不掉电，它所存的信息就不会丢失。该类芯片的集成度不如动态 RAM，功耗也比动态 RAM 高，但它的速度

比动态 RAM 快，也不需要刷新电路。在构成小容量的存储系统时一般选用 SRAM。在微型计算机中普遍用 SRAM 构成高速缓冲存储器。

(2) ROM(Read Only Memory)。ROM 即只读存储器。ROM 中的内容是固定不变的，即只能读出而不能随机写入。信息的写入要通过工厂的制造环节或采用特殊的编程方法进行。信息一旦写入，能长期保存，掉电亦不丢失，所以 ROM 属于非易失性存储器件。一般用它来存放固定的程序或数据。

根据结构组成不同，ROM 可分为以下五种类型：

① 掩膜式(Masked)ROM：简称 ROM。该类芯片通过工厂的掩膜制作，将信息固化在芯片当中，出厂后不可更改。

② 可编程(Programmable)ROM：简称 PROM。该类芯片允许用户进行一次性编程，此后不能进行更改。

③ 可擦除(Erasable)PROM：简称 EPROM。一般指可用紫外光擦除的 PROM。允许用户多次编程和擦除。擦除时，可以通过向芯片窗口照射紫外光的办法来进行。

④ 电可擦除(Electrically Erasable)PROM：简称 EEPROM，或 E^2PROM。允许用户多次编程和擦除。擦除时，可采用加电方法在线进行。

⑤ 闪存(Flash Memory)：是一种新型的大容量、高速度、电可擦除的可编程只读存储器。

3．按制造工艺分类

按制造工艺可将半导体存储器分为双极(Bipolar)型存储器和 MOS 型存储器两类。

1) 双极型

双极型存储器由 TTL(Transistor-Transistor Logic)晶体管逻辑电路构成。该类存储器件工作速度快，但集成度低、功耗大，价格偏高。

2) MOS型

MOS 是金属氧化物半导体(Metal-Oxide-Semiconductor)的简称。该类型存储器有多种制作工艺，如 NMOS(N 沟道 MOS)、HMOS(高密度 MOS)、CMOS(互补型 MOS)、CHMOS(高速 CMOS)等。该类存储器的特点是集成度高、功耗低、价格便宜，但速度比双极型存储器要慢。

此外，按存储介质分，存储器又可分为半导体存储器和磁表面存储器；按存储方式分，存储器又可分为随机存储器和顺序存储器；按信息的可保存性分为非永久记忆的存储器和永久记忆性存储器等。

☞3.1.3　存储器的主要性能参数

1) 存储容量

存储容量是指存储器可容纳的二进制信息的数量。微机中存储器以字节为基本存储单元，容量常用存储的字节数多少来表示。常用单位有 B、KB、MB、GB、TB 等。

注意：内存最大容量和内存实际装机容量是两个不同的概念。内存最大容量由系统地址总线决定；内存实际装机容量是指计算机中实际内存的大小。例如，一个 32 位微机，其地址总线为 36 位，这决定了内存允许的最大容量为 2^{36} = 64 GB，而计算机内存的实际装机容量则可能只有 512 MB 或 4 GB 等。内存允许的最大容量是为其扩展提供条件。

2) 存取速度

存取速度可以用存取时间或存取周期来描述。存取时间是启动一次存储器操作到完成该操作所需的时间；存取周期为两次存储器访问所需的最小时间间隔。存取速度取决于内存的具体结构及工作机制。总体上说，SRAM 速度最快，DRAM 其次，ROM 的速度最慢。

3) 可靠性

可靠性是指存储器对电磁场及温度变换的抗干扰能力，通常用 MTBF(平均故障间隔时间)来衡量。MTBF 越长，可靠性越高。

4) 性能/价格比

性能主要包括存储容量、存取速度和可靠性三项指标。性价比是一项综合性指标，对不同用途的存储器要求不同。例如对外存，要求存储容量大，价格低；对高速缓存 Cache，则因为其速度快但其价格高，所以不要求太大的容量。在满足性能要求的条件下，应选取性价比高的存储器。

3.2　RAM

RAM 在 PC 运行时用来存储临时性信息，在任何时候都可以对其进行读写。RAM 通常被作为操作系统或其他正在运行程序的临时存储介质。RAM 在断电以后，保存在其上的数据会自动丢失。RAM 分为静态 RAM(SRAM)和动态 RAM(DRAM)两大类。

☞3.2.1　SRAM

1. SRAM 的工作原理

SRAM 主要用于二级高速缓存(Level2 Cache)。SRAM 一般可分为五大部分：存储单元阵列(Core Cells Array)、行/列地址译码器(Decode)、灵敏放大器(Sense Amplifier)、控制电路(Control Circuit)和缓冲/驱动电路(FFIO)。

存储阵列中的每个存储单元都与其他单元在行和列上共享连接，其中水平方向的连线称为“字线”，而垂直方向的数据流入和流出存储单元的连线称为“位线”。通过输入的地址可选择特定的字线和位线，字线和位线的交叉处就是被选中的存储单元，每一个存储单元都按这种方法被唯一选中，然后再对其进行读/写操作。有的存储器设计成多位数据如 4 位或 8 位等同时输入和输出。这样的话，就会同时有 4 个或 8 个存储单元按上述方法被选中进行读/写操作。

在 SRAM 中，排成矩阵形式的存储单元阵列的周围是译码器和与外部信号的接口电路。存储单元阵列通常采用正方形或矩阵的形式，以减少整个芯片面积，并有利于数据的存取。以一个存储容量为 4K 位的 SRAM 为例，共需 12 条地址线来保证每一个存储单元都能被选中。如果存储单元阵列被排列成只包含一列的长条形，则需要一个 12/4K 位的译码器，但如果排列成包含 64 行和 64 列的正方形，则只需一个 6/64 位的行译码器和一个 6/64 位的列译码器。行、列译码器可分别排列在存储单元阵列的两边，64 行和 64 列共有 4096 个交叉点，每一个点就对应一个存储位。因此，将存储单元排列成正方形比排列成一列长条形节省许多芯片面积。存储单元排列成长条形除了形状奇异和面积大以外，还有一个缺点，那就是单排在列的上部的存储单元与数据输入/输出端的连线就会变得很长，特别是对于容量比较大的存储器来说，情况就更为严重，而连线的延迟至少与它的长度成线性关系，连线越长，线上的延迟就越大，这将导致读写速度的降低和不同存储元连线延迟的不一致性，这些都是在设计中需要避免的。

2．存储单元结构

图 3-4 所示为由六个管构成的静态 1 位存储单元电路。电路中，MOS 管 Q_1、Q_2 为工作管；Q_3，Q_4 为负载管。Q_1、Q_2、Q_3、Q_4 组成一个双稳态触发器。它有两个稳定状态，可用来存储一位二进制信息。如 Q_1 饱和导通、Q_2 截止，是一种稳定状态，用来表示“0”状态；Q_1 截止、Q_2 饱和导通，是另一种稳定状态，用来表示“1”状态；Q_5、Q_6 为门控管，相当于两个开关，由 X 线控制。

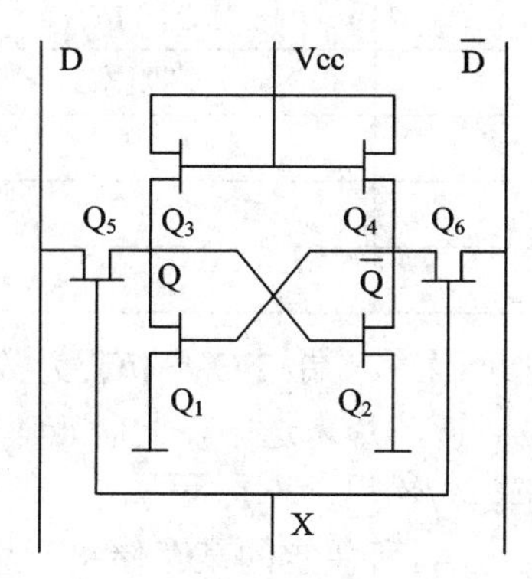

图 3-4　SRAM 存储单元

3．SRAM 工作过程

SRAM 的工作过程分为以下几个操作：

(1) 保持。X 线平时处于低电平，使门控管 Q_5、Q_6 截止，切断触发器与位数据线 D、$\overline{D}$ 的联系，触发器保持原来状态不变。

(2) 写操作。被选中的存储单元的 X 线为高电平，使门控管 Q_5、Q_6 导通。写“1”时，位数据线 D = 1、$\overline{D}$ = 0，迫使 Q_2 导通，$\overline{Q}$ 为低电平，经交叉反馈使 Q_1 管截止，Q 点为高电平(“1”)，并维持这个状态，触发器处于“1”状态；写“0”则反之。

(3) 读操作。被选中的存储单元的 X 线为高电平，使门控管 Q_5、Q_6 导通。假定两边位线的负载是平衡的，则 Q_1、$\overline{Q}$ 点电位就可分别通过 Q_5、Q_6 传送到位数据线 D、$\overline{D}$ 上，即被读出。

由此可见，SRAM 在计算机通电工作时，信息就能被保存。在进行读操作时，不破坏触发器的状态，也无需刷新。因此外部电路比较简单，这是静态存储器的优点。但静态存储器基本存储电路中包含的管子数目比较多，电路中的两个交叉耦合的管子中总有一个管子处于导通状态，因此会持续地消耗能量，使得静态存储器的功耗相对较大。

4．SRAM 2114

SRAM 2114 是一片 1K × 4 位的静态随机存储器，其引脚图和逻辑符号如图 3-5 所示，

功能如表 3-1 所示。

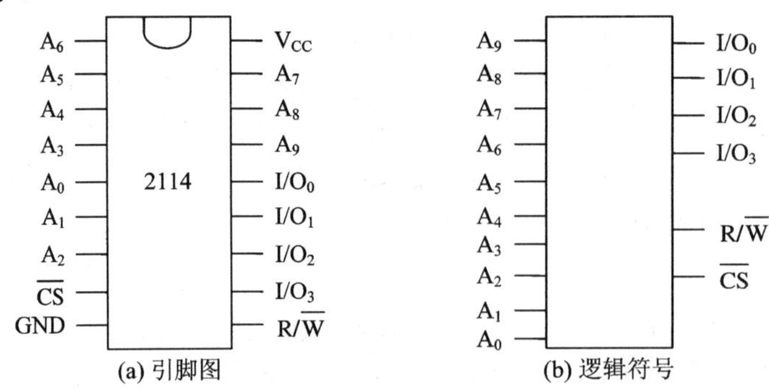

图 3-5　SRAM2114 的外引脚和逻辑符号

表 3-1　SRAM 2114 功能表

$\overline{CS}$	$R/\overline{W}$	$I/O_0 \sim I/O_3$	工作模式
1	X	高阻态	未选中
0	0	0	写 0
0	0	1	写 1
0	1	输出	读出

由图 3-5 可知，$A_0 \sim A_9$ 为地址码输入端，$I/O_0 \sim I/O_3$ 为数据输入/输出端，$\overline{CS}$ 为片选端，$R/\overline{W}$ 为读/写控制端。当 $\overline{CS}=1$ 时，芯片未选中，此时 I/O 为高阻态；当 $\overline{CS}=0$ 时，2114 被选中，这时数据可以从 I/O 端输入/输出。若 $R/\overline{W}=0$，则为数据输入(由 CPU 写入数据)，即把 I/O 数据端的数据存入由 $A_0 \sim A_9$ 所决定的某存储单元里。若 $R/\overline{W}=1$，则为数据输出，即把由 $A_0 \sim A_9$ 所决定的某一存储单元的内容送到数据 I/O 端，供 CPU 读取。

SRAM 2114 的电源电压为 5 V，输入、输出电平与 TTL 兼容。必须注意，在地址改变期间，$R/\overline{W}$ 和 $\overline{CS}$ 中要有一个处于高电平(或两者全高)，否则会引起误写，冲掉原来的内容。

☞3.2.2　DRAM

SRAM 存储器的存储位元是一个触发器，它具有两个稳定的状态，而 DRAM 存储器的存储元是由一个 MOS 晶体管和电容器组成的记忆电路。

1. 存储单元结构

DRAM 电路结构简单，图 3-6 是由单管构成的基本动态位存储电路，它也是目前高集成度存储芯片所采用的存储单元电路。该存储单元由一只 MOS 管和一个与源极相连的电容 C 构成。在该电路中，存放的信息是“1”还是“0”，决定于电容 C 中的电荷。C 中有电荷时，信息为“1”，无电荷时为“0”。图 3-7(a)示出 1 M×4 位 DRAM 芯片的引脚图，其中有两个电源脚、两个地线脚，为了对称，还有一个空脚(NC)。图 3-7(b)是该芯片的逻辑结构图。

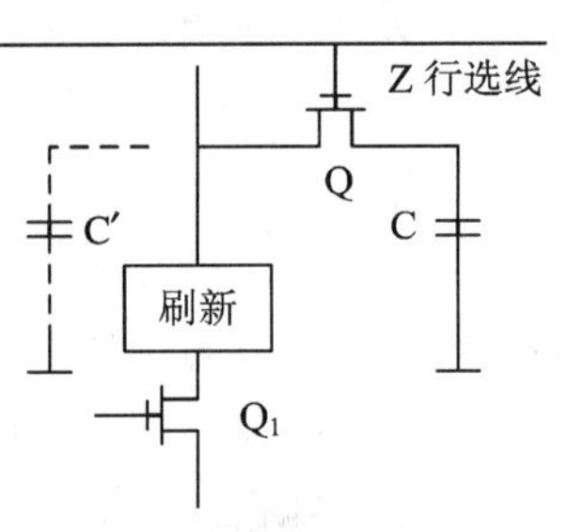

图 3-6　单管动态存储元件

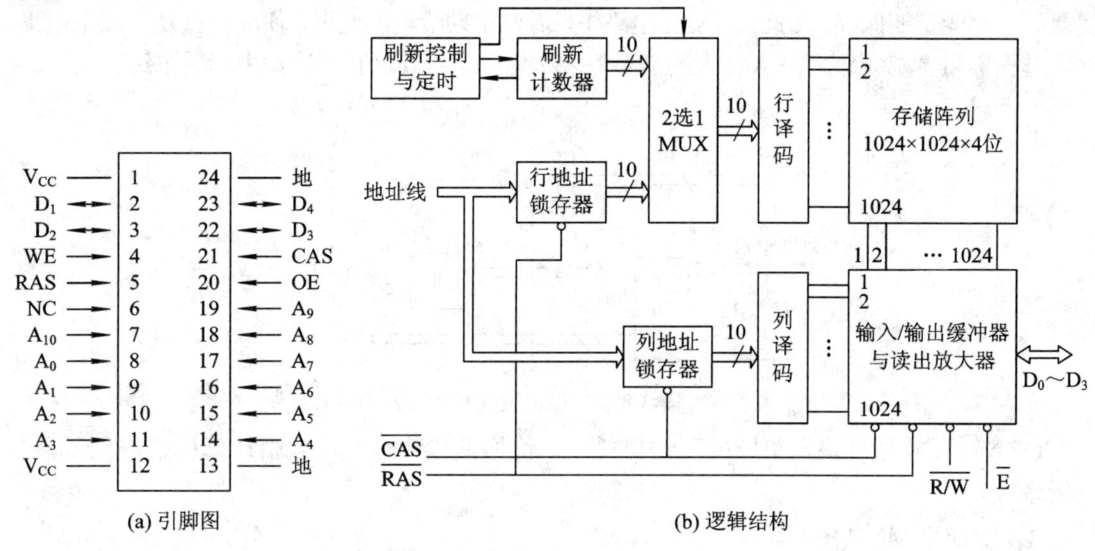

图 3-7 1 M × 4 位 DRAM 芯片的引脚图和逻辑结构

DRAM 与 SRAM 不同的是：① 增加了行地址锁存器和列地址锁存器。由于 DRAM 存储器容量很大，地址线宽度就相应要增加，这势必会增加芯片地址线的管脚数目，为了避免这种情况，采取的办法是分时传送地址码。若地址总线宽度为 10 位，则先传送地址码 A_0～A_9，由行选通信号 RAS 打入到行地址锁存器，然后传送地址码 A_{10}～A_{19}，由列选通信号 CRS 打入到列地址锁存器。芯片内部两部分合起来，地址线宽度达 20 位，存储容量为 1 M × 4 位；② 增加了刷新计数器和相应的控制电路。DRAM 读出后必须刷新，而未读写的存储元也要定期刷新，并且要按行刷新，所以刷新计数器的长度等于行地址锁存器的长度。刷新操作与读/写操作是交替进行的，所以，应通过二选一多路开关来提供刷新行地址或正常读/写的行地址。

2．DRAM 的工作过程

(1) 写操作。写操作时行选线为高电平，Q 管导通。若列选线也为高电平，则此存储元件被选中，I/O 数据线(位线)送来的信息通过刷新放大器和 Q 送到电容 C。写入“1”时，位线为高电平，经 Q 对 C 充电，C 上便有电荷；写入“0”时，位线为低电平，电容 C 可经 Q 放电，C 上没有电荷。

(2) 读操作。读操作时行选线变为高电平，使晶体管 Q 导通，若原存数据为“1”，则 C 上的电荷经位线向读出放大器放电，输出信号为“1”，当列选线也为高电平时，Q_1 导通，该存储元件读出的信息可以送到输出数据线上。若原存数据为“0”，C 上无电荷，则不产生读出电流，在 Q_1 导通时送到数据线上的信号为“0”。

(3) DRAM 主存读/写的正确性校验。DRAM 通常用做主存储器，其读写操作的正确性与可靠性至关重要。为此除了正常的数据位宽度，还增加了附加位，用于读/写操作正确性校验。增加的附加位也要同数据位一起写入 DRAM 中保存。其原理如图 3-8 所示。

(4) 刷新。在读出信息后，原来 C 中存储的电荷会发生变化，为了仍能保持原来的信息不变，需要对电容上的电压值读取后立即重写，使每次读出后电容 C 上的电荷恢复到原来的值。同时，由于晶体管 Q 存在漏电流，电容 C 上的电荷随着时间的推移会逐渐流失，

使得信息不能长期保存。为此，在实际电路中，需要定期给电容充电，使电压恢复至规定电平，这一过程称为“刷新”。DRAM 大约需要每隔 1～3 ms 对其刷新一次，由刷新电路自动完成。

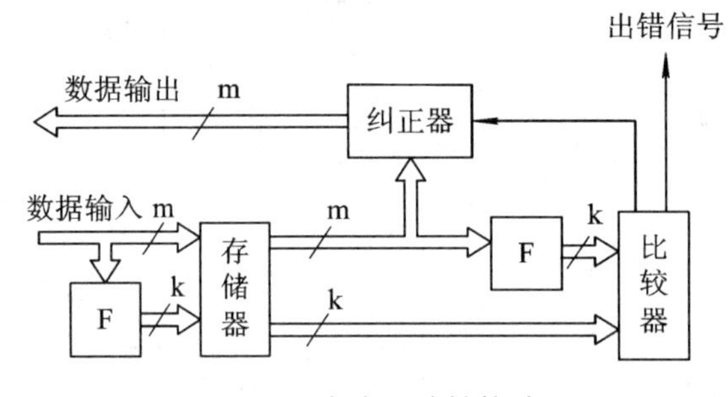

图 3-8　主存正确性校验

DRAM 以其速度快、集成度高、功耗小、价格低等特点，在微型计算机中得到了极其广泛地使用。

3．DRAM MN 4164

图 3-9 所示为 MN 4164 芯片的引脚图和功能表，该芯片是一个 64 K × 1 bit 的 DRAM 芯片。A_0～A_7 为地址输入线；$\overline{RAS}$ 为行地址选通信号线，兼起片选信号作用(整个读写周期，RAS 一直处于有效状态)；$\overline{CAS}$ 为列地址选通信号线；$\overline{WE}$ 为读写控制信号，$\overline{WE}=0$ 为写控制有效、$\overline{WE}=1$ 为读控制有效；D_i 为 1 位数据输入线；D_o 为 1 位数据输出线。

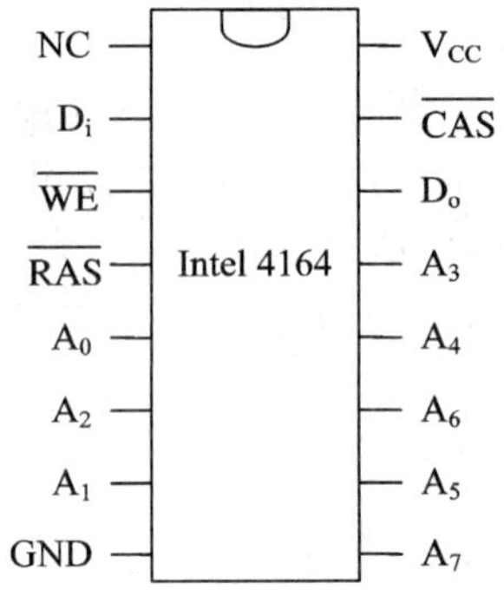

Intel 4164

左侧引脚	右侧引脚
NC	V_{CC}
D_i	$\overline{CAS}$
$\overline{WE}$	D_o
$\overline{RAS}$	A_3
A_0	A_4
A_2	A_6
A_1	A_5
GND	A_7

(a) 引脚图

引脚	功能
A_0～A_7	地址输入
$\overline{WE}$	读/写控制
$\overline{RAS}$	行选通信号
$\overline{CAS}$	列选通信号
D_i	数据输入
D_o	数据输出
V_{CC}	电源
GND	地

(b)功能表

图 3-9　MN4164 芯片的引脚图及功能表

将 8 片 MN4164 并接起来，可以构成 64 KB 的动态存储器，其结构如图 3-10 所示。

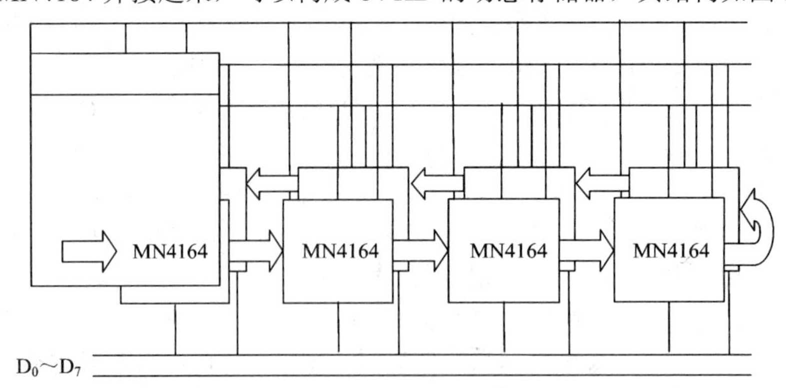

图 3-10　由 8 片 MN4164 组成的存储器

该存储器每片只有一条输入数据线，而地址引脚只有8条。为了实现寻址64 KB存储单元，必须在系统地址总线和芯片地址引线之间专门设计一个地址形成电路，使系统地址总线信号能分时地加到8个地址的引脚上，在芯片内部设置的行锁存器、列锁存器和译码电路可以选定芯片内的任一存储单元，锁存信号由外部地址电路产生。其工作原理如下：

当要从DRAM芯片中读出数据时，CPU首先将行地址加在A_0～A_7上，而后送出$\overline{RAS}$锁存信号，该信号的下降沿将地址锁存在芯片内部。接着将列地址加到芯片的A_0～A_7上，再送$\overline{CAS}$锁存信号，即在信号的下降沿将列地址锁存在芯片内部。然后保持$\overline{WE}=1$，则在$\overline{CAS}$有效期间数据输出并保持。

当需要把数据写入芯片时，行列地址先后被$\overline{RAS}$和$\overline{CAS}$信号锁存在芯片内部，然后，令$\overline{WE}=0$有效，将要写入的数据送给数据线，则该数据即可写入选中的存储单元。

☞3.2.3 RAM的工作时序

为保证存储器能可靠地工作，存储器的地址信号、数据信号和控制信号之间存在一种严格的时间制约关系。下面介绍一般RAM工作时序。

1. RAM读操作时序

图3-11给出了RAM读操作的定时关系。从时序图中可以看出，存储单元地址AB有效后，至少需要经过t_{AA}时间，输出线上的数据才能稳定、可靠，t_{AA}称为地址存取时间。片选信号CS有效后，至少需要经过t_{ACS}时间，输出数据才能稳定。图中T_{RC}称为读周期，它是存储芯片两次读操作之间的最小时间间隔。

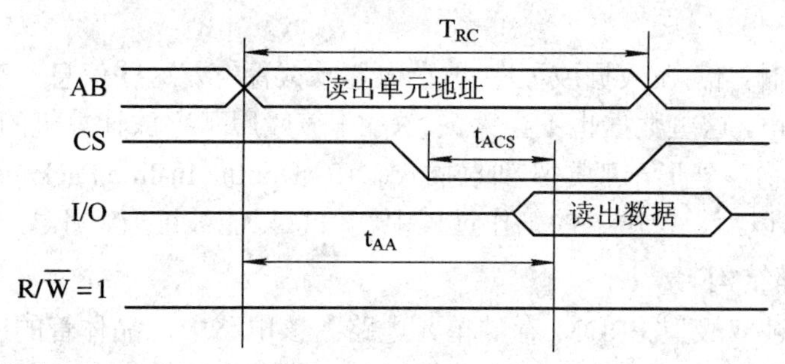

图3-11 读操作时序图

RAM读出操作过程如下：

(1) 将欲读出单元的地址加到存储器的地址输入端；

(2) 加入有效的选片信号CS；

(3) 读命令有效后，经过延时，所选择单元的内容出现在I/O端；

(4) 其后选片信号CS无效，I/O端呈高阻态，本次读出过程结束。

2. RAM写操作时序

图3-12给出了RAM写操作的定时关系。写操作时，为防止数据被写入错误的单元，新地址有效到写控制信号有效至少应保持t_{AS}时间间隔，t_{AS}称为地址建立时间。同时，写信号失效后，AB至少要保持一段写恢复时间t_{WP}，写信号有效时间不能小于写脉冲宽度t_{WR}，T_{WC}是写周期。为保证存储器准确无误地工作，加到存储器上的地址、数据和控制信号必

须遵守几个时间边界条件。

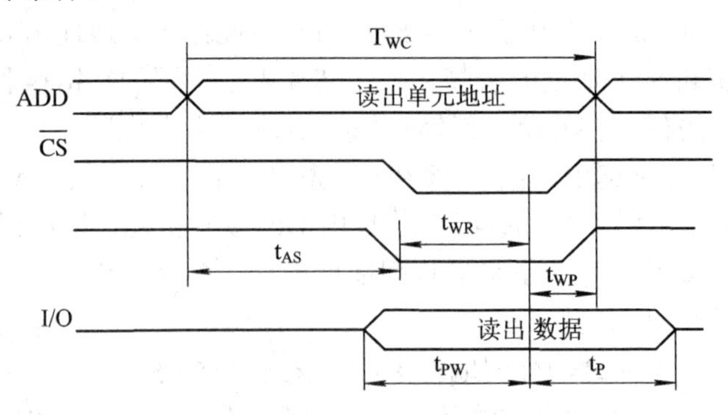

图 3-12　写操作时序图

RAM 写操作过程如下：

(1) 将欲写入单元的地址加到存储器的地址输入端；

(2) 在选片信号 CS 端加上有效电平，使 RAM 选通；

(3) 将待写入的数据加到数据输入端；

(4) 写命令有效后，数据写入所选存储单元；

(5) 其后片选信号 CS 无效，数据输入线回到高阻状态。

3.3　只读存储器(ROM)

在制造 ROM 时，信息(数据或程序)被存入并永久保存。这些信息一般只能读出而不能写入，即使机器掉电，这些数据也不会丢失。ROM 一般用于存放计算机的基本程序和数据，如 BIOS ROM。其物理外形一般是双列直插式(DIP，Double In-line Package)的集成块。ROM 的特点是信息存入以后，在电路的工作过程中，信息只能被读取，不能被随意改写。

1. ROM 存储结构

图 3-13 是一种双极型 PROM 存储单元电路。该电路中，晶体管的射极串接可熔性金属丝，若金属丝导通，位信息为“0”；若金属丝熔断，位信息为“1”。出厂时所有位的金属丝均为完整状态，用户只能一次编程写入信息。

ROM 的电路结构如图 3-14 所示。ROM 主要包括四部分：地址译码器、存储矩阵、输出电路和控制逻辑。

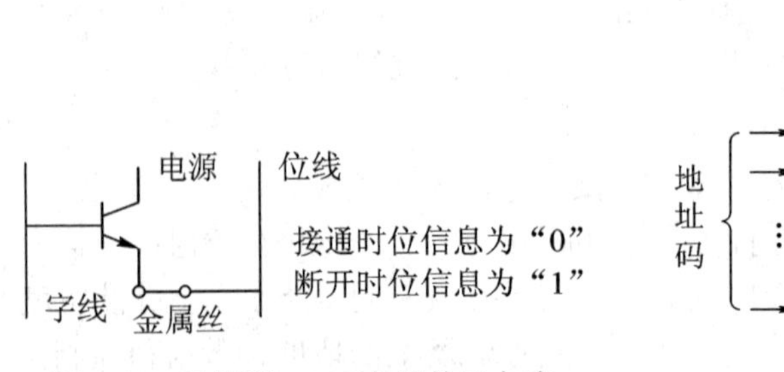

图 3-13　双极型 ROM 存储单元电路

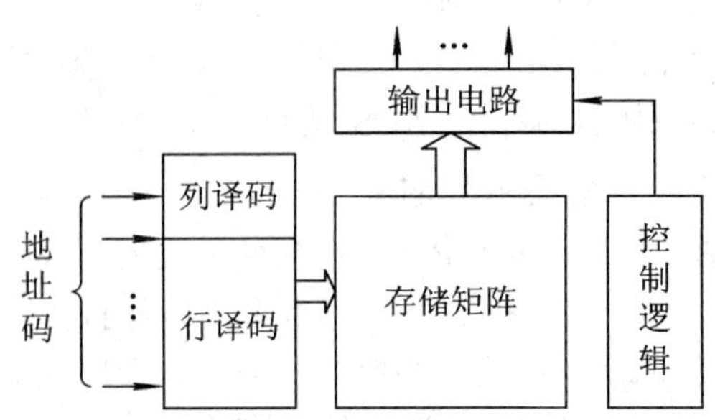

图 3-14　ROM 结构示意图

地址译码器有 n 个输入，它的输出 W_0、W_1、…、W_{n-1} 共有 $N=2^n$ 个，分为行译码线和列译码线，称为字线。字线是 ROM 矩阵的输入，ROM 矩阵有 M 条数据输出线，称为位线。字线与位线的交点，即是 ROM 矩阵的一个存储单元，存储单元的个数代表了 ROM 矩阵的容量。输出电路的作用有两个，一是能提高存储器的带负载能力，二是可实现对输出状态的三态控制，以便与系统的总线联接。控制逻辑的作用是选中存储芯片，控制读写操作。

2. EPROM

EPROM(Erasable Programmable Read-Only Memory)内容的改写不像 RAM 那么容易，在使用过程中，EPROM 的内容不容易被擦除重写，因此仍属于只读型存储器。要想改写 EPROM 中的内容，必须将芯片从电路板上拔下，放到紫外灯光下照射数分钟，存储的数据便可消失。数据的写入可用软件编程，生成电脉冲对 EPROM 芯片进行烧录来实现。EPROM 存储单元结构如图 3-15 所示。

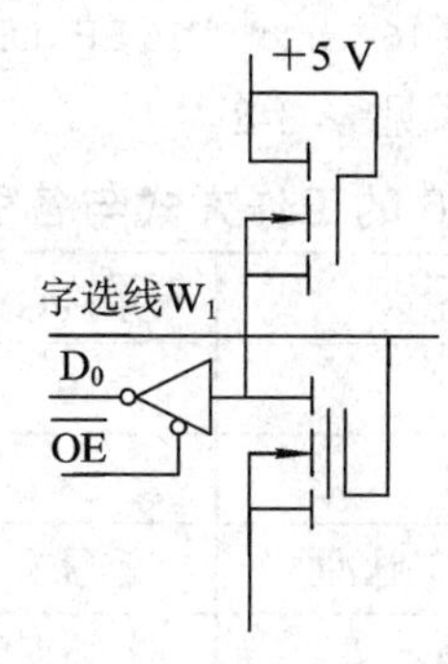

图 3-15 EPROM 存储单元结构

EPROM 存储器中的信息之所以能多次被写入和擦除，是因为采用了一种浮栅雪崩注入 MOS 管 FAMOS(Floating gate Avalanche injection MOS)。FAMOS 的浮动栅本来是不带电的，所以在 S(源极)、D(漏极)之间没有导电沟道，FAMOS 管处于截止状态。如果在 S、D 间加入 10～30 V 左右的电压使 PN 结击穿，这时将产生高能量的电子，这些电子有能力穿越 SiO_2 层注入由多晶硅构成的浮动栅，于是浮栅被充上负电荷，在靠近浮栅表面的 N 型半导体上形成导电沟道，使 MOS 管处于长久导通状态。FAMOS 管作为存储单元来存储信息，就是利用 MOS 管的截止和导通两个状态来表示“1”和“0”的。

要擦除写入的信息时，用紫外线照射氧化膜，可使浮栅上的电子能量增加从而逃逸浮栅，于是 FAMOS 管又处于截止状态。擦除时间大约为 10～30 分钟，视型号不同而异。为便于擦除操作，在器件外壳上装有透明的石英盖板，便于紫外线通过。在写好数据以后应使用不透明的纸将石英盖板遮蔽，以防止数据丢失。

Intel 2716 是 2 K × 8 bit 的只读存储器，其引脚及内部组成框图如图 3-16 所示，它有 24 条引脚，其中 11 根地址线 A_0～A_{10} 可寻址 2 KB 存储单元，D_0～D_7 为 8 根数据线，$\overline{CE}$ 为片选允许信号，$\overline{OE}$/PGM 为输出允许/程序控制信号，V_{cc} 为芯片工作电源(+5 V)，编程电源 V_{pp} = +5 V 时，读出信息；当 V_{pp} = +25 V 时，写入数据或程序代码。16K 基本存储电路排成 128 × 128 矩阵。7 位地址用于行译码选线 128 行中的一行。128 列分为 16 组，每组 8 位。4 位地址用于列译码，以选择 16 组中的一组。被选中的一组 8 位同时读出，经缓存器至数据输出端。

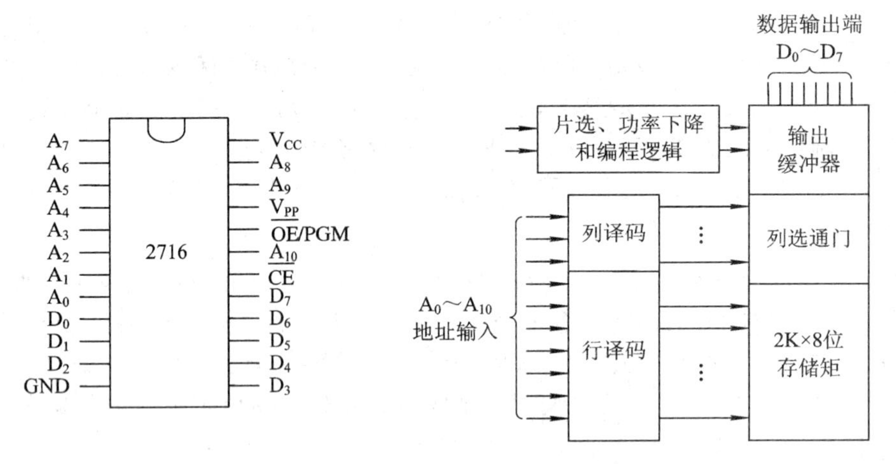

图 3-16 Intel 2716 EPROM

2716 的工作方式与各引脚的关系见表 3-2。

表 3-2 2716 的工作方式与各引脚的关系

工作方式	$\overline{CE}$	$\overline{OE}$/PGM	V_{pp}/V	D_0～D_7
读出	0	0	+5	输出
未选中	1	x	+5	高阻
编程输入	50 ms 正脉冲	1	+25	输入
禁止编程	0	1	+25	高阻
检验编程代码	0	0	+25	输出

当片选信号$\overline{CE}$和$\overline{OE}$/PGM为低电平，V_{pp} = +5 V 时，可读出由地址选中的芯片存储单元中的数据。需要写入信息时，V_{pp} = +25 V，$\overline{OE}$/PGM为高电平，将要写入的存储单元的地址送地址线，要写入的 8 位数据送数据线，然后在$\overline{CE}$端加一宽度为 50 ms 的正脉冲，就可以实现数据的写入；需要检验编程代码时，$\overline{CE}$和$\overline{OE}$/PGM为低电平，V_{pp} = +25 V。

3. EEPROM

EEPROM(Electrically Erasable Programmable Read-Only Memory)是一种电写入、电擦除的只读型存储器。该类型存储器擦除时不需要使用紫外线照射，只需加入 10 ms、20 V 左右的电脉冲即可完成擦除操作。擦除操作实际上是对 EEPROM 进行写“1”操作。对 EEPROM 存储器写入信息时，先将全部存储单元均写为“1”状态，编程时在对相关部分写为“0”即可，EEPROM 结构如图 3-17 所示。

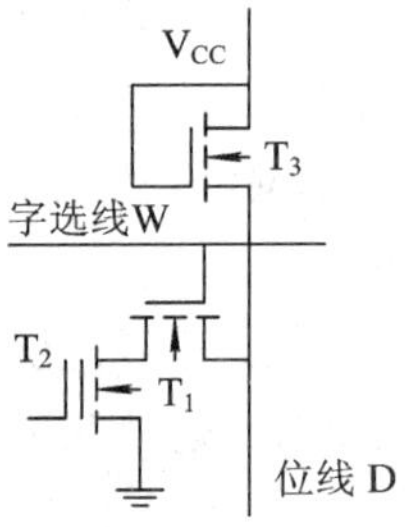

图 3-17 EEPROM 存储单元结构

EEPROM 之所以具有这样的功能，是因为它采用了一种浮栅隧道氧化层 MOS 管 Flotox(Floating gate Tunnel Oxide)。在 Flotox 管的浮栅与漏区之间有一个十分薄的氧化层区域，其厚度大约为 20 nm，被称为隧道区。当这个区域的电场足够大时，EEPROM 可以在浮栅与漏区出现隧道效应，形成电流。可对浮栅进行充电或放电，放电相当写“1”，充电相当写“0”。所以 EEPROM

使用起来比 EPROM 方便得多，改写重新编程也节省时间。

4．快闪存储器

快闪存储器(Flash Memory)是新一代 EEPROM，它具有 EEPROM 擦除的快速性，但其结构有所简化，进一步提高了集成度和可靠性，且体积小、成本低。快闪存储器的应用领域不断拓展，已经广泛应用于计算机上的可移动磁盘，其容量大的已达到 16 GB。快闪存储器采用 USB 接口，可以带电插拔，工作速度快，使用十分方便。

3.4　存储器系统设计

利用存储芯片进行存储器系统设计时，主要完成以下工作：确定存储器结构、存储器地址分配及译码、存储器与微处理器的接口连接等。

☞3.4.1　确定存储器结构

1．存储器结构的选择

根据应用系统的要求，确定主存 ROM 和 RAM 的存储容量。对于系统软件或经常使用的控制程序，一般应固化在 ROM 中；对于程序运行中需要处理的临时数据，应暂存在 RAM 中；对于容量较大的文档及数据库信息，应存放在外部存储器(如 U 盘、硬盘、光盘)中。由于目前的计算机系统中，存储器一般都按字节编址，以字节为单位对数据进行访问。所以，对于 RAM 和 ROM 的选择要注意：如果 CPU 的外部数据总线为 8 位，存储器只要用 1 片 8 位的存储体即可；若 CPU 的外部数据总线为 16 位，则存储器就要用 2 片 8 位的存储体；若 CPU 外部数据线为 32 位，一般应使用 4 片 8 位的存储体，以支持 8 位、16 位及 32 位操作；若 CPU 外部数据线为 64 位，一般应使用 8 片 8 位的存储体，以支持 8 位、16 位、32 位及 64 位操作。

2．存储芯片组合方式

根据 PC 系统的要求，主存具有不同容量与位数的要求，为了满足这种要求，通常采用以下 3 种方式进行扩展。

(1) 位扩展。当存储系统要求的容量与芯片容量相同而位数(字长)不同时，可以对存储器进行位扩展。如已有 2114 芯片(1 K × 4 bit)，现组成 1 K × 8 bit 的存储器，可以选用 2 片 2114 芯片，如图 3-18 所示。两片 2114 芯片的数据线串联组成 8 位数据线，由芯片原理可知，为了保证选择同一个单元，两片地址应连在一起，片选线与读写控制线都对应相连。

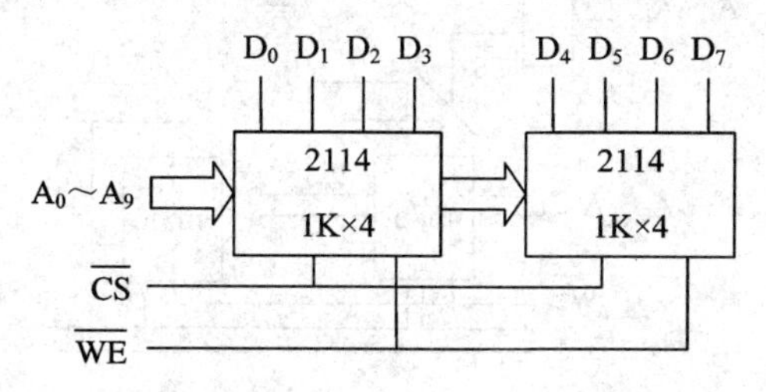

图 3-18　存储器位扩展

(2) 容量扩展。当存储系统要求的字长与芯片的字长相同，而容量不同时，可以对存储芯片进行容量扩展。如已有 2114 芯片，现要求组成 4 K × 4 bit 的存储器，其连接图如图 3-19 所示。

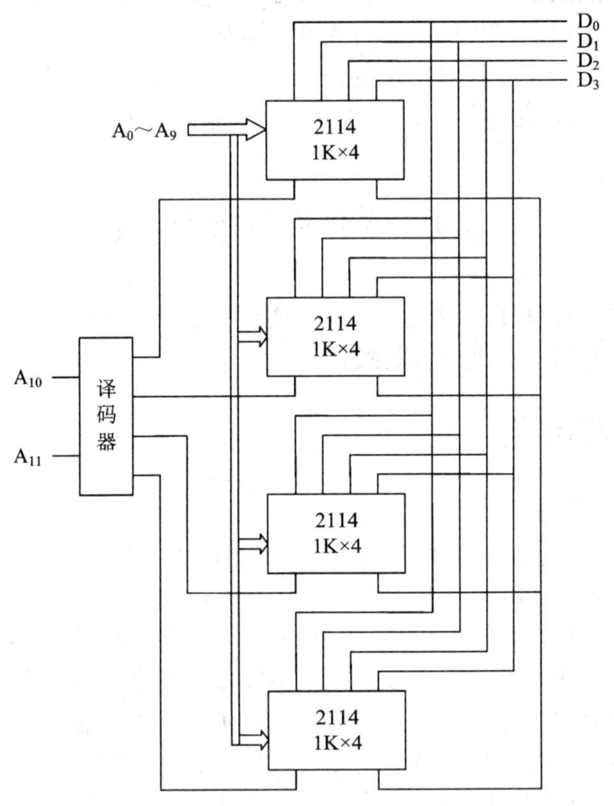

图 3-19 存储器容量扩展

容量扩展时，不同芯片的同一数据位应连在一起，所以图 3-19 中芯片的数据线应相连。由于容量的增加，地址码应分为两部分，其中 10 位(A_0～A_9)为片内地址，它必须同时连到各个芯片的地址线上，以选择片内的某单元；而 2 位(A_{10}～A_{11})为片地址，译码后输出 4 个片选信号，以确定哪一块芯片被选中。

(3) 位与容量同时扩展。其方法与上述相同。一般情况下，如果已有芯片 m × n (如 1 K × 4 bit)，而要组成容量为 M(地址长度为 L)、字长为 N 的存储体，那么所需要的芯片数 C 可以求得为(M/m) × (N/n)。其连接图如图 3-20 所示。

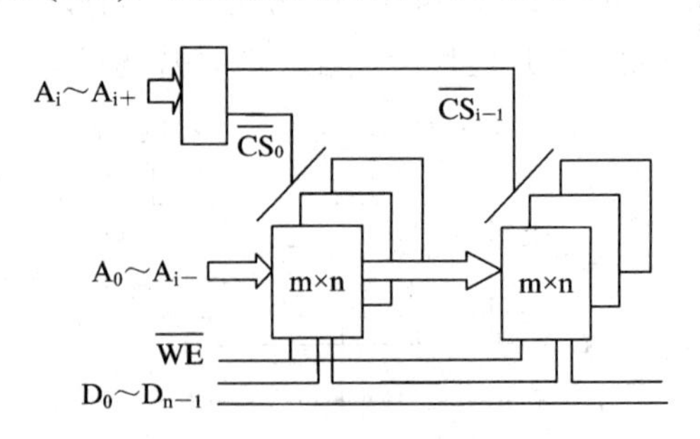

图 3-20 存储器扩展

【例 3-1】 利用 1 M×4 位的 SRAM 芯片，设计一个存储容量为 1M×8 位的 SRAM 存储器。

所需芯片数为

$$d=(1\,M\times8)/(1\,M\times4)=2(片)$$

设计的存储器字长为 8 位，存储器容量不变。连接的三组信号线与图 3-18 相似，即地址线、控制线公用，数据线分高 4 位和低 4 位，且是双向的，与 SRAM 芯片的 I/O 端相连接。

【例 3-2】 利用 1 M×8 位的 DRAM 芯片设计 2 M×8 位的 DRAM 存储器。

所需芯片数为

$$d=(2\,M\times8)/(1\,M\times8)=2(片)$$

设计的存储器与图 3-19 相似。字长位数不变，地址总线 A_0～A_{19} 同时连接到两片 DRAM 的地址输入端，通过地址总线的最高位 A_{20} 来选中某一存储器芯片。$A_{20}=1$ 时，选中 DRAM1 芯片；$A_{20}=0$ 时，则选中 DRAM2 芯片。这两个芯片不会同时工作。

☞3.4.2 存储器地址分配及译码

1. 存储地址分配

存储器与 CPU 连接前，首先要确定 CPU 内存容量的大小和所选择存储器芯片的容量大小。建立一个实际存储器，往往比系统的最大存储空间要小，即使这样，它一般也需要由多个芯片组成，而这些芯片的容量和结构往往也不尽相同。在给定存储芯片后，需要对每个芯片或每组芯片进行地址分配，为它们划分地址范围，进而才能进行与 CPU 连接的接口电路设计。在进行存储器地址分配时，通常可按下列步骤进行：

(1) 定义系统地址空间：根据需求和所建存储器系统的容量，明确其地址范围；

(2) 芯片分组：按照芯片的型号，对它们进行分组；

(3) 芯片地址分配：根据芯片的编址单元数目及其在存储系统中的位置，为每个芯片或每组芯片分配地址范围；

(4) 划分地址线：地址线可以分为片内地址线和片选地址线两种。

- 片内地址线：根据芯片的编址单元数目，把低位地址线(A_0～A_i)分配给该芯片，以作为片内寻址线。
- 片选地址线：根据芯片在系统中的地址范围，确定剩余的高位地址线(A_{i+1}～A_n)的有效片选地址。

在将同一类型芯片分组时需要注意：微型计算机存储器容量是以一个字节(8 位)作为一个基本存储单元来度量的。但有些存储芯片内的存储单元只有 1 位或 4 位数据线，它只能作为一个字节数中的 1 位或 4 位，为此需要将几片芯片组合起来，才能构成 8 位字节单元，这种仅进行位扩展的芯片组，每一片的地址分配、片内寻址、片选地址都完全相同；若需要进行容量扩展，芯片组的每一片的片内地址是相同的，但片选地址则因不同的芯片而不同。

如用 EPROM 2732(4 K×8 bit)和 RAM 6116(2 K×8 bit)构成一个拥有 4 KB ROM 和 4 KB RAM 的存储系统，可按照上述存储器地址分配方法，建立如表 3-3 所示的地址分配表(设整个存储空间从首地址为 00000H 开始设置)。

表 3-3　地 址 分 配 表

芯片型号	容量	地址范围	片内地址线	片选地址线
2732	4 K×8	00000H～00FFFH	A_{11}～A_0	A_{19}～A_{12}
6116	2 K×8	01000H～017FFH	A_{10}～A_0	A_{19}～A_{11}
6116	2 K×8	01800H～01FFFH	A_{10}～A_0	A_{19}～A_{11}

2. 地址译码

CPU 要对存储单元进行访问，首先要通过译码器选择存储芯片，即进行片选，然后在被选中的芯片中选择所需要访问的存储单元。中规模集成电路中译码器有多种型号，使用最广是 74LS138 译码器，又称三八译码器。图 3-21 是 74LS138 译码器原理逻辑符号及管脚排布，表 3-4 中列出了 74LS138 译码器器件的逻辑功能。从表中可看出 74LS138 译码器工作时必须置使能端 G1 为高电平，$\overline{G2A}$、$\overline{G2B}$ 为低电平。

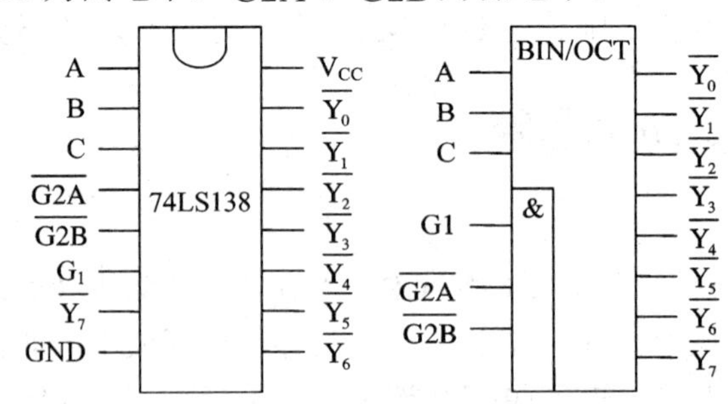

图 3-21　74LS138 译码器原理逻辑符号及管脚排布

表 3-4　74LS138 的功能表

输　入						输　出							
使能			代码										
G1	$\overline{G2A}$	$\overline{G2B}$	C	B	A	$\overline{Y_0}$	$\overline{Y_1}$	$\overline{Y_2}$	$\overline{Y_3}$	$\overline{Y_4}$	$\overline{Y_5}$	$\overline{Y_6}$	$\overline{Y_7}$
1	0	0	0	0	0	0	1	1	1	1	1	1	1
1	0	0	0	0	1	1	0	1	1	1	1	1	1
1	0	0	0	1	0	1	1	0	1	1	1	1	1
1	0	0	0	1	1	1	1	1	0	1	1	1	1
1	0	0	1	0	0	1	1	1	1	0	1	1	1
1	0	0	1	0	1	1	1	1	1	1	0	1	1
1	0	0	1	1	0	1	1	1	1	1	1	0	1
1	0	0	1	1	1	1	1	1	1	1	1	1	0
0	×	×	×	×	×	1	1	1	1	1	1	1	1

片选控制方法有全译码法、部分译码法和线选法三种：

1) 全译码法

除去与存储芯片直接相连的低位地址总线之外，将剩余的地址总线全部送入“片选地址译码器”中进行译码的方法就称为全译码法。全译码法的特点是物理地址与实际存储单元一一对应，但译码电路较为复杂。

2) 部分译码法

除去与存储芯片直接相连的低位地址总线之外，剩余的部分不全部参与译码的方法就称为部分译码法。部分译码法的特点是译码电路结构比较简单，但会出现“地址重叠区”，即一个存储单元可以对应多个地址。

3) 线选法

在剩余的高位地址总线中，任选一位作为片选信号直接与存储芯片的$\overline{CS}$引脚相连，这种方式就称为线选法。线选法的优点是无需译码器，缺点是有较多的“地址重叠区”。

【例 3-3】 由 RAM 2114(1 K×4 bit)组成的存储器如图 3-22 所示，确定图示电路存储器的容量及地址范围。

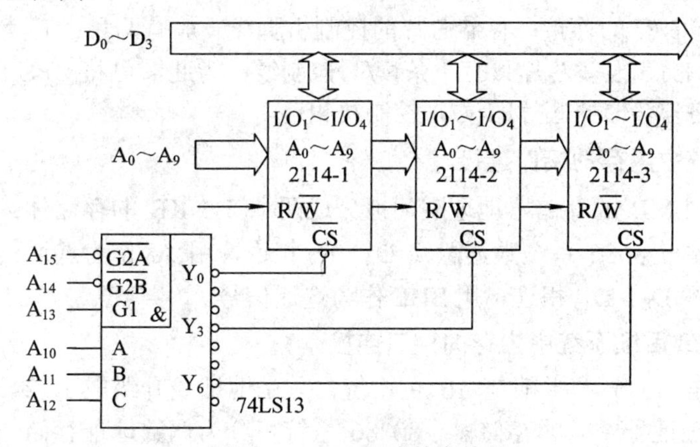

图 3-22 2114 组成的存储器

RAM 2114 的数据输入/输出是 4 位，由图可知存储器有 3 片组成，数据位为 4 位，不需要位扩展，电路内存单元的容量是 3 K×4 bit。

图 3-22 中各芯片的起始地址和最大地址为

地址线：	A_{15}	A_{14}	A_{13}	A_{12}	A_{11}	A_{10}	A_9	A_8	A_7	A_6	A_5	A_4	A_3	A_2	A_1	A_0
2114-1：	0	0	1	0	0	0	0	0	0	0	0	0	0	0	0	0
	0	0	1	0	0	0	1	1	1	1	1	1	1	1	1	1
2114-2：	0	0	1	0	1	1	0	0	0	0	0	0	0	0	0	0
	0	0	1	0	1	1	1	1	1	1	1	1	1	1	1	1
2114-3：	0	0	1	1	1	0	0	0	0	0	0	0	0	0	0	0
	0	0	1	1	1	0	1	1	1	1	1	1	1	1	1	1

2114-1 的地址范围为 2000H～23FFH、2114-2 的地址范围为 2C00H～2FFFH、2114-3 的地址范围为 3800H～3BFFH。

☞3.4.3 存储器与微处理器的接口连接

1．存储器连接时注意的问题

在实际应用中，存储器与 CPU 的连接需要考虑以下几个问题：

(1) CPU 的总线负载能力；

(2) CPU 与存储器之间的速度匹配；

(3) 存储器地址分配和片选；

(4) 控制信号的连接。

2．地址线、数据线、控制线与 CPU 的连接

在已确定每片或每组芯片的片内地址线和片选地址线的基础上，才能进行地址线、数据线和控制线的连接。

(1) 地址线与 CPU 的连接：将低位地址总线直接与存储芯片的地址引脚相连，高位地址总线送入译码器，与存储器的“片选”信号线引脚相连。

(2) 数据线与 CPU 的连接：若一个芯片内的存储单元是 8 位，则它自身就作为一组，其引脚 D_0～D_7 可以和系统数据总线 D_0～D_7 或 D_8～D_{15} 直接相连。若需要一组芯片才能组成 8 位存储单元的结构，则组内不同芯片应与不同的数据总线相连。

(3) 控制线与 CPU 的连接：存储芯片的控制引脚线一般有两种：芯片选择线($\overline{CS}$)和读/写控制线($\overline{OE}$ / $\overline{WE}$)。很多芯片只有一条读/写控制线，为此，可将 CPU 的 $\overline{WR}$、$\overline{RD}$控制线经组合逻辑电路与存储器芯片的读/写控制线相连。

3．8086 系统中内存的接口连接

8086 系统中 1 MB 的存储器地址空间被分成两个 512 KB 的存储体：即偶存储体和奇存储体。偶存储体与 8086 系统数据总线 D_0～D_7 相连，用 A_0 作为选通信号；奇存储体与 8086 系统数据总线 D_8～D_{15} 相连，用 $\overline{BHE}$ 作为选通信号。

4．8086/8088 后续系统中内存的接口连接

80286 系统与 8086 一样都是 16 位系统，只是地址线升级成了 24 位，可最多连接 $2^{24}=16$ MB 的物理地址空间的存储器。80286 系统可分为偶数地址存储体和奇数地址存储体，图 3-23 所示为 8086 存储器结构。

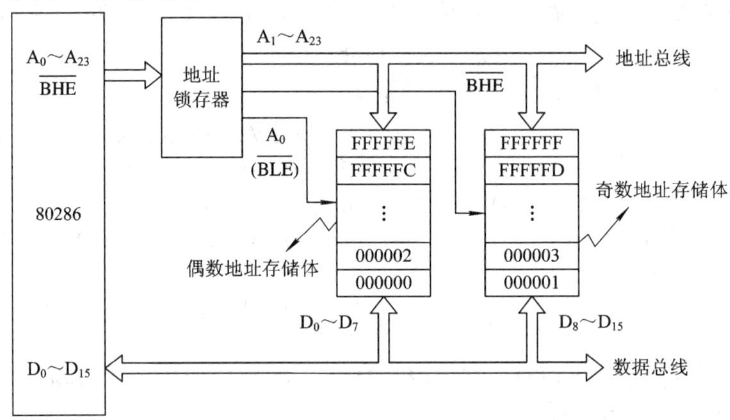

图 3-23　80286 存储器结构

偶数地址存储体的数据线与数据总线 D_0～D_7 连接，而奇数地址存储体的数据线与数据总线 D_8～D_{15} 连接。地址总线中 A_1～A_{23} 同时连接到两个存储体，A_0(又标识为$\overline{BHE}$，叫低字节允许信号)作为偶数地址存储体的体选控制信号。奇数地址存储体则利用高字节允许信号 $\overline{BHE}$ 作为体选控制信号。用这种连接方法，当 $A_0=0$，$\overline{BHE}=1$ 时，只是偶数地址存储体工作；当 $A_0=1$，$\overline{BHE}=0$ 时，只是奇数地址存储体工作；当 $A_0=0$，$\overline{BHE}=0$ 时，则偶数地址存储体和奇数地址存储体同时工作。在进行 16 位数据传送时，如果低 8 位字节在偶数地址存储体中，高 8 位字节在奇数地址存储体中(称为字对准)，则一个总线周期即可完成数据传送；反之，如果低 8 位字节在奇数地址存储体中，高 8 位字节在偶数地址存储体中(称为字未对准)，则需两个总线周期才可完成一次传送。

对于以 80386、80486 等 32 位 CPU 为核心的微机系统，一般使用 4 个 8 位存储体，以支持 8 位字节操作、16 位字操作和 32 位双字操作。例如，图 3-24 给出的是 80386/80486 系统的存储器结构，它将整个存储器分成 4 个存储体，分别由 $\overline{BE_0}\sim\overline{BE_3}$ 来选通，这样可以构成 32 位数据。当 $\overline{BE_0}\sim\overline{BE_3}$ 同时有效且双字对准时，在一个总线周期里就可完成 32 位数据的存储器读/写操作。同理，可设计出外部数据总线为 64 位的 Pentium 系列微机的存储器结构。

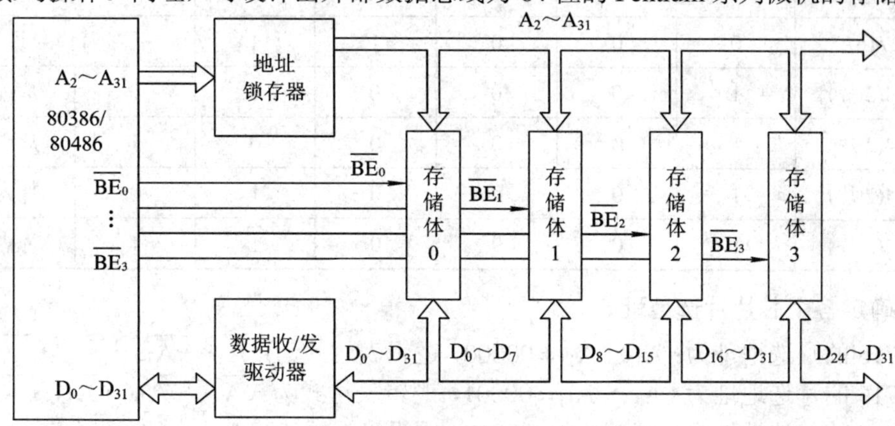

图 3-24　80386/80486 系统的存储器结构

☞3.4.4　简单存储器子系统的设计

下面以 Intel 2716 和 2114 存储芯片为例，说明一般存储器系统的设计方法和步骤。对于目前市场上使用的大容量、高速度的大规模集成存储芯片组成的存储系统，可根据存储芯片的性能、引脚参数及所使用 CPU 的引脚功能等，参照下列方法进行设计。

使用 Intel 2716(2 K×8 bit)和 2114(1 K×4 bit)为 8 位微型计算机设计一个 8 KB ROM、4 KB RAM 的存储器。要求 ROM 安排在从 0000H 开始连续的地址空间，RAM 安排在从 8000H 开始的地址空间。设计步骤如下：

(1) 确定需要使用的芯片数量，并进行地址空间分配。根据题意，需用 4 片 Intel 2716(8 KB/2 KB = 4)和 8 片 2114 (2×4 KB/1 KB = 8)。根据题意并注意到芯片存储容量中的 1 Kbyte = 1024 Byte = 400H Byte，2 Kbyte = 2048 Byte = 800H Byte，芯片存储地址空间分配如图 3-25 所示。

地址	内容
FFFFH	⋮
8FFFH～8C00H	4#2114(两片)
8BFFH～8800H	3#2114(两片)
87FFH～8400H	2#2114(两片)
83FFH～8000H	1#2114(两片)
	⋮
1FFFH～1800H	4#2716
17FFH～1000H	3#2716
0FFFH～0800H	2#2716
07FFH～0000H	1#2716

图 3-25　存储地址空间分配

(2) 确定片内地址及片选地址。Intel 2716 为 2 K×8 bit 位，片内寻址应使用 11 位，即 $A_{10}\sim A_0$；2114 为 1 K×4 bit 位，片内寻址应使用 10 位，即 $A_9\sim A_0$。

1．高位地址的共同特征

各芯片的所有存储单元高位地址的共同特征见表 3-5。

表 3-5 存储单元高位地址的共同特征

	A_{15}	A_{14}	A_{13}	A_{12}	A_{11}	A_{10}	A_9～A_0
1#2716	0	0	0	0	0	片内寻址	
2#2716	0	0	0	0	1	片内寻址	
3#2716	0	0	0	1	0	片内寻址	
4#2716	0	0	0	1	1	片内寻址	
1#2114(2 片)	1	0	0	0	0	0	片内寻址
2#2114(2 片)	1	0	0	0	0	1	片内寻址
3#2114(2 片)	1	0	0	0	1	0	片内寻址
4#2114(2 片)	1	0	0	0	1	1	片内寻址

2．确定各个芯片片选地址

1#2716 的片选地址为：A_{15}～A_{11}=00000，逻辑表达式为：$\overline{A_{15}}\cdot\overline{A_{14}}\cdot\overline{A_{13}}\cdot\overline{A_{12}}\cdot\overline{A_{11}}$；

2#2716 的片选地址为：A_{15}～A_{11}=00001，逻辑表达式为：$\overline{A_{15}}\cdot\overline{A_{14}}\cdot\overline{A_{13}}\cdot\overline{A_{12}}\cdot A_{11}$；

3#2716 的片选地址为：A_{15}～A_{11}=00010，逻辑表达式为：$\overline{A_{15}}\cdot\overline{A_{14}}\cdot\overline{A_{13}}\cdot\overline{A_{12}}\cdot\overline{A_{11}}$；

4#2716 的片选地址为：A_{15}～A_{11}=00011，逻辑表达式为：$\overline{A_{15}}\cdot\overline{A_{14}}\cdot\overline{A_{13}}\cdot A_{12}\cdot A_{11}$；

1 #2114(2 片)的片选地址：A_{15}～A_{10}= 100000，逻辑表达式为：$A_{15}\cdot\overline{A_{14}}\cdot\overline{A_{13}}\cdot\overline{A_{12}}\cdot\overline{A_{11}}\cdot\overline{A_{10}}$；

2 #2114(2 片)的片选地址：A_{15}～A_{10}= 100001，逻辑表达式为：$A_{15}\cdot\overline{A_{14}}\cdot\overline{A_{13}}\cdot\overline{A_{12}}\cdot\overline{A_{11}}\cdot A_{10}$；

3 #2114(2 片)的片选地址：A_{15}～A_{10}=100010，逻辑表达式为：$A_{15}\cdot\overline{A_{14}}\cdot\overline{A_{13}}\cdot\overline{A_{12}}\cdot A_{11}\cdot\overline{A_{10}}$；

4 #2114(2 片)的片选地址：A_{15}～A_{10}=100011，逻辑表达式为：$A_{15}\cdot\overline{A_{14}}\cdot\overline{A_{13}}\cdot\overline{A_{12}}\cdot A_{11}\cdot A_{10}$。

3．确定片选信号表达式的电路实现

用电路实现上述逻辑表达式有多种方案。注意到上面 8 个表达式中都含有 A_{14}、A_{13}，在采用小规模集成译码器方案时可将 A_{14}、A_{13} 作为译码器的使能控制，从而减少直接参加译码的信号数目，从而降低对译码器的要求。

【例 3-4】 使用 256 K × 8 bit 的 ROM 和 256 K × 8 bit 的 RAM 存储芯片组成 1 M × 8 bit(ROM、RAM 各为 512 K × 8 bit)的存储器。要求安排在从 00000H 开始的地址空间。设计接口电路，指出各芯片的地址空间。

根据要求，本例不需要位扩展，只需要容量扩展，确定芯片使用数量各为 2 片，可构成 1 M × 8 bit 的存储器。采用全译码法，片内地址线使用 A_{17}～A_0(2^{18} = 256 KB)，片选线使用 A_{18}、A_{19}，如图 3-26 所示。

每片片内地址选为

A_{17}～A_0：00 0000 0000 0000 0000～11 1111 1111 1111 1111，

各片选地址为

$A_{19}A_{18}$ = 00(选中 ROM1)、$A_{19}A_{18}$ = 01(选中 ROM2)

$A_{19}A_{18}$ = 10(选中 RAM1)、$A_{19}A_{18}$ = 11(选中 RAM2)

ROM1 的地址空间为

00000H～3FFFFH

ROM2 的地址空间为

40000H～7FFFFH

RAM1 的地址空间为

80000H～BFFFFH

RAM2 的地址空间为

C0000H～FFFFFH

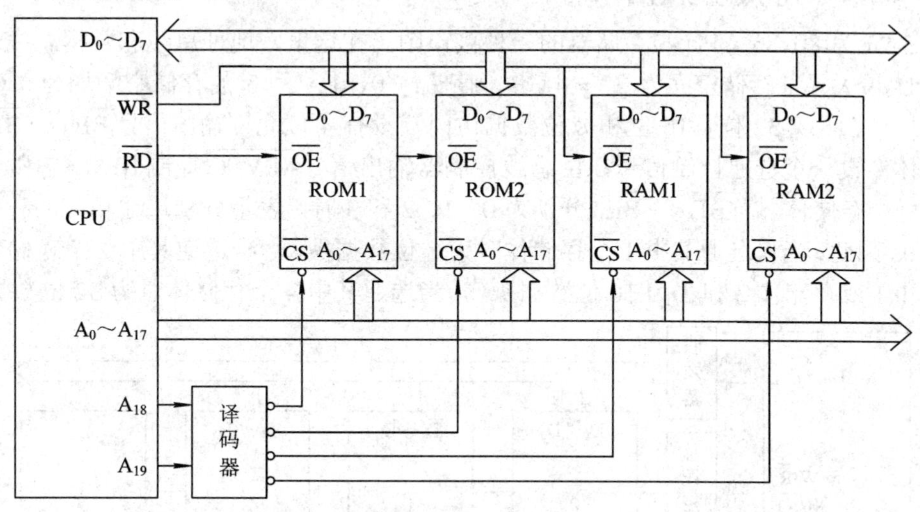

图 3-26 用 256 K × 8 bit 的 ROM、RAM 组成 1 M × 8 bit 存储器

若将本例中的数据线扩展为 16 位，其存储容量不变，采用同样的芯片应作怎样的扩展？地址空间范围如何变化？接口电路中应如何修改？留给读者自行思考。

3.5 80x86 存储系统简介

随着 CPU 技术的飞速发展，CPU 的速度越来越快，而存储器速度相对于 CPU 速度的提高相对缓慢。为了克服二者速度不匹配的问题，计算机硬件设计人员在主存的存取结构和工作方式上进行了改进，从而不断提高主存存取数据的整体速度。并行存储器、高速缓冲存储器及虚拟存储器都是提高主存整体速度的重要技术。本节重点介绍并行存储器及高速缓冲存储器。

☞3.5.1 并行存储器编址方式及工作原理

并行存储器是在一个周期内可以并行读出多个字的存储器。在现代计算机中，采用的多体交叉并行存储器便是并行存储器的一种，其设计思想是在物理上将主存分成多个模块，每个模块都彼此独立，并且在任意时刻都允许对多个模块独立进行读或写。通过模块的并行工作，达到提高主存的整体速度。

1. 编址方式

并行存储器编址的方式很多，实际应用中使用最多的是“多体交叉”方法。这是因为CPU对存储器操作的绝大部分时间是对连续地址单元进行读/写，为了有效利用这一特性，使多个模块最大限度地并行工作，采用“多体交叉”方法是很有效的手段。“多体交叉”方法的具体做法是：主存的低位确定模块，高位确定该模块的内地址。这样，连续的几个地址依次分布在连续的几个模块内，而不是在同一个模块内，当CPU需要对连续地址单元读/写时，即可使多个模块并行提供数据，使得存储器的整体速度得以提高。

2. 存储器与80x86 CPU的连接

图3-27为80x86 CPU与存储器的一种接口图。在这里，地址总线和数据总线均为32位，CPU最大寻址存储空间为$2^{32}=4$ GB。存储体0、1、2、3的存储空间均为1 GB。在80486中为了实现32位、16位和8位数据访问，设有4位允许输出信号$\overline{BE_3}\sim\overline{BE_0}$，每个存储体专设一个选通控制信号，由总线控制器输出信号$\overline{MWTC}$控制$\overline{BE_3}\sim\overline{BE_0}$来决定选通哪一个存储体。当$\overline{BE_3}\sim\overline{BE_0}$分别为0、1、2和3时，表示分别选通相应的存储体3、2、1和0。因此，当仅选通其中1个存储体时为8位数据操作；当选通其中2个存储体时(存储体0和1或存储体2和3)为16位数据操作；当选通其中4个存储体时为32位数据操作。

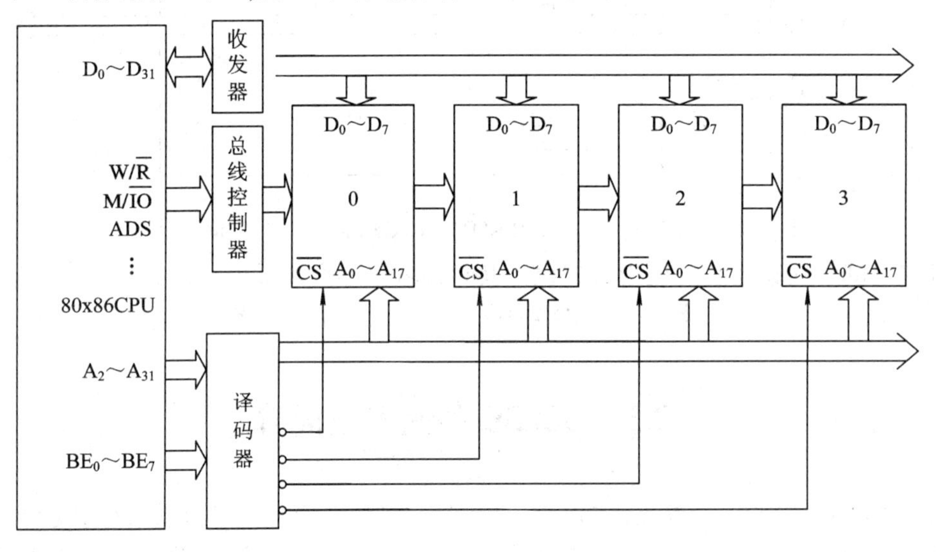

图3-27　80x86 CPU与存储器的一种接口图

对于具有64位数据总线的Pentium微处理器，需要8个允许输出信号$\overline{BE_7}\sim\overline{BE_0}$，其操作与上面类同。

3. 工作原理

主存与CPU交换信息的数据通道只有一个字的宽度，为了在一个存储周期内能访问多个信息字，在多体交叉存储器中常采用“时间片轮转”方式。

假设主存由m个模块构成，各模块可按一定的顺序分时轮流启动，一个模块在一个周期内只允许启动一次，模块间启动的最小时间间隔等于单个模块存储周期的1/m，每个模块一次读/写一个字。模块启动时，每隔1/m存储周期启动一个模块。m个模块以1/m的时间进入并行工作状态。这样相对于普通存储器来说，在一个存储周期就可以读到m个字。

尽管每个模块的读/写周期和总的存储周期一样，但对整个存储器来说，就像一串地址流以1/m存储周期的速度流入一样。使得主存在一个总线周期内可以读/写多个字。

多体交叉存储器的有效存储周期时间与在任何给定时间内保持工作的模块数成反比，即有效存储时间减小到1/m，这使得整个主存的有效访问速度在对连续地址进行读/写时，整体速度有很大的提高。但CPU除了对主存的连续地址进行读/写操作外，还要对非连续地址进行读写，尽管对连续地址读写占据了绝大部分时间，但对非连续地址读/写总还是存在的。因此在对非连续地址读/写时，必须将事先取出的数据作废，这反而使得并行存储器对非连续地址的访问比非并行存储器的操作速度更慢。这就要求在控制各模块访问操作上，采用一些具体的算法。

☞3.5.2 高速缓冲存储器

高速缓冲存储器(Cache)是指位于CPU和主存储器DRAM之间规模或容量较小但速度很快的一种存储器。Cache通常由高速的SRAM组成。

1．程序访问的局部性原理与Cache的作用

CPU在执行任何程序或操作任何数据时，必须把它们调入内存中。在CPU运行程序时，经常需要频繁访问内存中的某些信息。如果把一段时间内在一定地址范围中被频繁访问的信息集合在一起，从主存中读入到一个能高速存取的小容量存储器中存放起来，供CPU在这段时间内随时使用，从而减少或不再去访问速度相对较慢的主存，就可以加快程序的运行速度。

随着CPU运行速度的加快，CPU与动态存储器DRAM配合工作时往往需要插入等待状态，这显然难以发挥出CPU的高速特性，也难以提高整机的性能。如果采用高速的静态存储器SRAM作为主存，虽可以解决该问题，但SRAM价格高(在同样容量下，SRAM的价格是DRAM的4倍以上)，并且SRAM体积大，集成度低。

为解决这个问题，在80386DX以上的主板中采用了高速缓冲存储器，即Cache技术。其基本思想是用少量的SRAM作为CPU与DRAM存储系统之间的缓冲区(即Cache)。一个系统的内存由Cache和主存(即常说的内存)组成，Cache位于CPU和主存之间，由主板芯片组中的Cache控制器和内存控制器协调它们的工作。Cache的引入能显著提高计算机系统的速度。

Cache的一个重要指标是命中率，即CPU需要访问的数据在Cache中能直接找到的概率，它与Cache的大小、替换算法、程序特性等因素有关。命中率越高，Cache的效率就越高，对提高系统速度的贡献也就越大。

2．Cache的种类

目前，PC系统中一般设有一级缓存(L1 Cache)和二级缓存(L2 Cache)。

一级缓存是由CPU制造商直接做在CPU内部的，故又称为内部Cache，其速度最快，但容量较小，一般在几千字节至几十千字节之间。例如，80486以上微处理器的一个显著特点是微处理器芯片内集成了8 KB指令和数据共用的SRAM作为L1 Cache，而Pentium微处理器的L1 Cache为16 KB(8 KB缓存指令，8 KB缓存数据)，Pentium Pro和Pentium Ⅱ/Ⅲ/Celeron微处理器的L1 Cache为32 KB(16 KB缓存指令，16 KB缓存数据)，AMD K6-2

和 AMD K6-3 微处理器的 L1 Cache 为 64 KB(32 KB 缓存指令，32 KB 缓存数据)。Pentium 以上的微处理器进一步改进片内 Cache，采用数据和指令双通道 Cache 技术。相对而言，片内 Cache 的容量不大，但是非常灵活、方便，极大地提高了 PC 的性能。

由于 Pentium 以上微处理器的时钟频率很高，因此，一旦出现 L1 Cache 未命中的情况，其性能将明显恶化，可采用在微处理器芯片之外再加 Cache，称为二级缓存(又称为 L2 Cache、外部 Cache 或片外 Cache)的办法来改善这一状况。以前的 PC 一般都将 L2 Cache 做在主板上，其容量从 256 KB 到 2 MB 不等，速度等于 CPU 的外频。而 Pentium Ⅱ/Ⅲ/Celeron 及 AMD K6-3 等 CPU 则采用了全新的封装方式，把 CPU 芯片与 L2 Cache 封装在一起，并且其容量一般不能改变。其速度为 CPU 主频的一半或与 CPU 主频相等。L2 Cache 的容量一般比 L1 Cache 大一个数量级以上，一般为 128 KB、256 KB、512 KB 或 1 MB 等。

实际上，L2 Cache 是 CPU 和主存之间的真正缓冲。由于主板的响应时间远低于 CPU 的速度，如果没有 L2 Cache，就不可能达到高主频 CPU 的理想速度。

3. Cache 的工作原理

在具有 Cache 的计算机中，保存着主存储器中的使用频度较高的信息。当 CPU 进行主存储器存取时，应首先访问 Cache，检查所需内容是否在其中，若在，则直接存取其中的数据，由于 Cache 的速度与 CPU 的速度相当，因此 CPU 就能在零等待状态下迅速地完成数据的读/写，而不必插入等待状态。这种能够直接找到数据，无需插入等待状态的情况称为“命中”。当 CPU 所需信息不在 Cache 中时，则需访问主存储器，这时 CPU 要插入等待状态，这种情况称“未命中”。若未命中，在 CPU 存取主存数据的同时，数据也要写入到 Cache 中以使下次访问 Cache 时能命中。

上述工作过程是在主板芯片组的管理下自动完成的。由于 Cache 的速度较高，不用插入等待状态，故可大大提高系统速度。因此，存取 Cache 的命中率是提高系统效率的关键，提高命中率的最好方法是尽量使 Cache 存放 CPU 最近一直在使用的指令与数据，而这取决于 Cache 存储器的映射方式和 Cache 内容替换的算法等一系列因素。

当 CPU 提出数据请求时，所需的数据可能会在以下四处之一找到：L1 Cache、L2 Cache、主存或外存系统(例如硬盘)。数据搜索首先从 L1 Cache 开始，然后依次为 L2 Cache、内存和外存。

4. Cache 的主要特点

综上所述，Cache 具有以下特点：

(1) Cache 虽然也是一类存储器，但是不能由用户直接访问。

(2) Cache 的容量不大，目前的 PC 系统中一般为 256 KB～2 MB。其中存放的只是主存储器中某一部分内容的拷贝，称为存储器映射。Cache 中的内容应该与主存中对应的部分保持一致。

(3) 为了保证 CPU 访问时有较高的命中率，Cache 中的内容应该按一定的算法更换。

由于 Cache 中的内容只是主存中相应单元的“拷贝”，因此必须保持 Cache 和主存中对应位置的数据绝对一致，否则就会产生错误。也就是说，如果主存中的内容在调入 Cache 之后发生了改变，那么它在 Cache 中的拷贝也应该随之改变。反过来，如果 CPU 修改了 Cache 中的内容，也应该同时修改主存中的相应内容。

3.6 外存储器

外储存器又称辅助存储器，是指除内存及 CPU 缓存以外的储存器，此类储存器一般断电后仍然能保存数据。由于外存储器是由机械部件带动的，所以其速度与 CPU 相比就显得要慢很多。常见的外储存器有磁盘、光盘和闪存等。

☞3.6.1　磁盘存储器

磁盘存储器(Magnetic Disk Storage)是以磁盘为存储介质的存储器。它利用磁记录技术在涂有磁介质的旋转圆盘上进行数据存储，具有存储容量大、数据传输率高、存储数据可长期保存等特点。在计算机系统中，常用于存放操作系统、程序和数据，是主存储器的扩充。磁盘存储器的发展趋势是提高存储容量，提高数据传输率，减少存取时间，并力求轻、薄、短、小。

1．磁盘存储器的发展简史

世界上第一台硬盘存储器是由 IBM 公司于 1956 年发明的，其型号为 IBM 350 RAMA(Random Access Method of Accounting and Control)。这套系统的总容量只有 5 MB，共使用了 50 个直径为 24 英寸(1 英寸＝2.54 厘米)的磁盘。1968 年，IBM 公司提出的“温彻斯特(Winchester)”技术，是现代绝大多数硬盘的原型。1979 年，IBM 发明了薄膜磁头，进一步减轻了磁头重量，使更快的存取速度、更高的存储密度成为可能。

20 世纪 80 年代末期，IBM 公司又对磁盘技术作出了一项重大贡献，发明了 MR(Magneto Resistive)磁阻磁头，这种磁头在读取数据时对信号变化相当敏感，使得盘片的存储密度比以往提高了数十倍。1991 年，IBM 公司生产的 3.5 英寸硬盘使用了 MR 磁头，使硬盘的容量首次达到了 1 GB，从此，硬盘容量开始进入了吉字节数量级。IBM 还发明了 PRML(Partial Response Maximum Likelihood)的信号读取技术，使信号检测的灵敏度大幅度提高，从而可以大幅度提高硬盘的记录密度。

21 世纪初，硬盘的面密度已经达到每平方英寸 100 GB 以上，是容量、性价比最大的一种存储设备。因而，在计算机的外存储设备中，还没有一种其他的存储设备能够对其统治地位产生挑战。硬盘不仅用于各种计算机和服务器中，在磁盘阵列和各种网络存储系统中，它也是基本的存储设备。

值得注意的是，微硬盘的出现和快速发展为移动存储提供了一种较为理想的存储介质。在闪存芯片难以承担的大容量移动存储领域，微硬盘可大显身手。尺寸为 1 英寸的硬盘，其存储容量已达 8 GB，20 GB 容量的 1 英寸硬盘不久也会面世。

2．磁盘存储器结构及原理

磁盘存储器通常由磁盘(盘片组)、磁盘驱动器(或称磁盘机)和磁盘控制器等构成。典型的磁盘驱动器包括盘片主轴旋转机构与驱动电机、磁头臂与磁头臂支架(小车)、磁头臂驱动电机、净化盘腔与空气净化机构、写入读出电路、伺服定位电路和控制逻辑电路等。磁盘存储器原理图如图 3-28 所示。

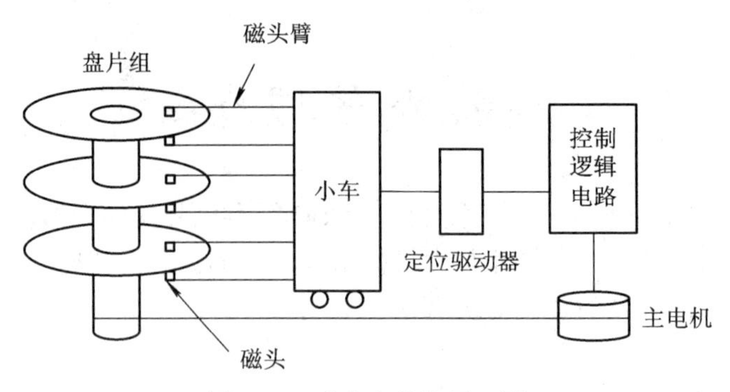

图 3-28 磁盘存储器原理图

磁盘以恒定转速旋转。悬挂在头臂上具有浮动面的头块(浮动磁头)，靠加载弹簧的力量压向盘面，盘片表面带动的气流将头块浮起。头块与盘片间保持稳定的微小间隙。经滤尘器过滤的空气不断送入盘腔，保持盘片和头块处于高度净化的环境内，以防头块与盘面划伤。根据控制器送来的磁道地址(即圆柱面地址)和寻道命令，定位电路驱动直线电机将头臂移至目标磁道上。伺服磁头读出伺服磁道信号并反馈到定位电路，使头臂跟随伺服磁道稳定在目标磁道上。读写与选头电路根据控制器送来的磁头地址接通应选的磁头，将控制器送来的数据以串行方式逐位记录在目标磁道上；或反之，从选定的磁道读出数据并送往控制器。头臂装在梳形架小车上，在寻道时所有头臂一同移动。所有数据面上相同直径的同心圆磁道总称圆柱面，即头臂定位一次所能存取的全部磁道。每个磁道都按固定的格式记录。在标志磁道起始位置的索引之后，记录该道的地址(圆柱面号和头号)、磁道的状况和其他参考信息。在每一记录段的尾部附记有该段的纠错码，对连续少数几位的永久缺陷所造成的错误靠纠错码纠正，对有多位永久缺陷的磁道须用备分磁道代替。写读操作是以记录段为单位进行的。记录段的长度有固定段长和可变段长两种。

3. 磁盘存储器分类

因盘基不同，磁盘可分为硬盘和软盘两类。硬盘盘基用非磁性轻金属材料制成；软盘盘基用挠性塑料制成。按照盘片的安装方式，磁盘有固定和可互换(可装卸)两类。下面给出几种常见磁盘存储器的简介。

- 温彻斯特磁盘存储器：简称温盘，因采用温彻斯特技术而得名。温彻斯特技术主要包括：① 密封的头盘组件，即将磁头、盘组和定位机构等密封在一个盘腔内，后来发展到连主轴电机等全部都装入盘腔，可进行整体更换。② 采用小尺寸和小浮力的接触起停式浮动磁头，借以得到超小的头盘间隙(亚微米级)，以提高记录密度。③ 采用具有润滑性能的薄膜磁记录介质。④ 采用磁性流体密封技术，可防止尘埃、油、气侵入盘腔，从而保持盘腔的高度净化。⑤ 采用集成度高的前置放大器等。硬盘驱动器均采用了温彻斯特技术。它与可换式磁盘相比，大幅度提高了记录密度及磁盘机的可靠性，使其进一步小型化。
- 软磁盘存储器：简称软盘，是一种封装在方形保护套内的、在软质基片上涂有氧化铁磁层的记录介质。软盘驱动器的磁头与盘面在接触状态下工作，因而转速很低，其他工作原理与硬盘相类似。早期软盘盘径为 8 英寸，后来发展成 5.25 英寸，后广泛采用 3.5 英寸软盘。驱动器厚度也逐年减小，特别是薄型 3.5 英寸和 5.25 英寸软盘机发展很快，在微机和终端设备中得到了广泛应用。

● 固定头臂磁盘存储器：或称每道一头型磁盘存储器，它不需要头臂定位机构，而是对应每个盘面安装尽可能多的头臂。为了减少平均等待时间，盘片的转速一般较高，例如每分钟6000转。固定头臂磁盘与磁鼓的性能特点相同，由于磁头的造价昂贵，应用范围很小。

4．磁盘驱动器及控制器

1) *磁盘驱动器*

磁盘驱动器是驱动磁盘转动并在盘面上通过磁头进行写入读出动作的装置。磁盘驱动器示意图如图3-29所示。

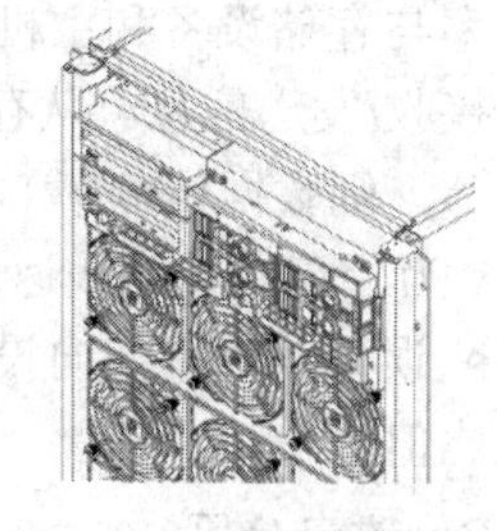

图3-29　磁盘驱动器示意图

磁盘装在驱动器上，以恒速旋转。磁头浮动在盘片表面。在磁盘控制器的控制下，经磁头的电磁转换在盘面磁层上进行读/写数据操作。磁盘机每秒向计算机传输的最多数据位数称为数据传输率，用KB/s或MB/s表示。

2) *磁盘控制器*

磁盘控制器即磁盘驱动器适配器，是计算机与磁盘驱动器的接口设备。磁盘控制器接收并解释计算机发来的命令，向磁盘驱动器发出各种控制信号，检测磁盘驱动器状态，按照规定的磁盘数据格式，把数据写入磁盘和从磁盘读出数据。磁盘控制器类型很多，但它的基本组成和工作原理大体上是相同的，主要由与计算机系统总线相连的控制逻辑电路，微处理器，完成读出数据分离和写入数据补偿的读/写数据解码和编码电路，数据检错和纠错电路，根据计算机发来的命令对数据传递、串并转换以及格式化等进行控制的逻辑电路，存放磁盘基本输入/输出程序的只读存储器和用以数据交换的缓冲区等部分组成。

5．磁盘的物理特性及主要技术参数

磁盘是两面涂有可磁化介质的平面圆片，数据按闭合同心圆轨道记录在磁性介质上，这种同心圆轨道称为磁道。磁盘的主要技术参数包括：

● 记录密度：包括位密度、道密度和面密度。位密度指盘片同心圆轨道上单位长度记录单元的位数，单位是位/英寸；道密度是指记录面径向单位长度上所能容纳的磁道数，单位是道/英寸；面密度是指记录面上单位面积所记录的位单元，单位是位/英寸^2。

● 存储容量：是磁盘上所能记录二进制数码的总量，常用KB、MB及TB等来表示。存储容量有格式化容量和非格式化容量之分，格式化容量是指按照某种特定的记录格式所能存储信息的总量，也就是用户可以真正使用的容量；非格式化容量是磁记录表面可以利用的磁化单元总数。将磁盘存储器用于某计算机系统中，必须首先进行格式化操作，然后才能供用户记录信息。格式化容量一般是非格式化容量的60%～70%。如3.5英寸的硬盘存储容量可达4.29 GB。

● 平均存取时间：存取时间包括磁头从一个磁道移到另一个磁道所需的时间、磁头移动后的稳时间、盘片旋转等待时间、磁头加载时间等，常用毫秒(ms)表示。它是指从发出读写命令后，磁头从某一起始位置移动至新的记录位置，到开始从盘片表面读出或写入信息所需要的时间。这段时间由两个数值决定：一个是将磁头定位至所要求的磁道上所需的时间，称为定位时间或找道时间；另一个是找道时间完成后至磁道上需要访问的信息到达磁头下的时间，称为等待时间。这两个时间都是随机变化的，因此往往使用平均值来表示。平均存取时间等于平均找道时间与平均等待时间之和。平均找道时间是最大找道时间与最

小找道时间的平均值。大概为 10～20 ms，平均等待时间与磁盘转速有关，它用磁盘旋转一周所需时间的一半来表示，固定头盘转速高达 6000 转/分，故平均等待时间为 5 ms。

● 数据传输率：磁盘存储器在单位时间内向主机传送数据的字节数称为数据传输率。传输率与存储设备和主机接口逻辑有关。从主机接口逻辑考虑，应有足够快的传送速度向设备接收/发送信息。从存储设备考虑，假设磁盘旋转速度为每秒 n 转，每条磁道容量为 N 个字节，则数据传输率 Dr = nN(字节/秒)，也可以写成 Dr = D · v(字节/秒)，其中 D 为位密度，v 为磁盘旋转的线速度，磁盘存储器的数据传输率可达几十兆字节/秒。

● 误码率：指在向设备写入一批数据并回读后，所检出的错误位数与这一批数据总位数的比值。

6. 磁盘分区

磁盘生产出来后，并不能直接使用，必须将其分割成一块一块的区域。在传统的磁盘管理中，将一个硬盘分为两大类分区：主分区和扩展分区。主分区是能够安装操作系统，进行计算机启动的分区，这样的分区可以直接格式化，安装系统后就可直接存放文件。一个硬盘中最多只能存在 4 个主分区，如果一个硬盘需要超过 4 个以上的磁盘分块，就需要使用扩展分区了。若使用扩展分区，则一个物理硬盘上最多只能有 3 个主分区和 1 个扩展分区。扩展分区不能直接使用，必须经过第二次分割成为一个一个的逻辑分区才可以使用。一个扩展分区中的逻辑分区可以有任意多个。

磁盘分区后，必须经过格式化才能正式使用，格式化后常见的磁盘格式有：FAT(FAT16)、FAT32、NTFS、EXT2 和 EXT3 等。

1) FAT16

FAT16 是 MS-DOS 和最早期的 Windows 95 操作系统中最常见的磁盘分区格式。它采用 16 位的文件分配表，能支持最大 2 GB 的硬盘，是应用最为广泛和获得操作系统支持最多的一种磁盘分区格式，几乎所有的操作系统都支持这种格式，从 DOS、Windows 95、Windows 97 到 Windows 98、Windows NT、Windows 2000，甚至火爆一时的 Linux 系统都支持这种分区格式。但是 FAT16 分区格式有一个最大的缺点，即磁盘利用效率较低。

2) FAT32

FAT32 采用 32 位的文件分配表，使其对磁盘的管理能力大大增强，突破了 FAT16 对每一个分区的容量只有 2 GB 的限制。由于硬盘容量越来越大，运用 FAT32 的分区格式后，我们可以将一个大硬盘定义成一个分区而不必分为几个分区使用，大大方便了对磁盘的管理。在一个不超过 8 GB 的分区中，FAT32 分区格式的每个簇容量都固定为 4 KB，与 FAT16 相比，可以大大地减少对磁盘的浪费，从而提高磁盘利用率。支持这一磁盘分区格式的操作系统有 Windows 97、Windows 98 和 Windows 2000 等。

这种分区格式的缺点有两点：一是随着文件分配表的扩大，运行速度比采用 FAT16 格式分区的磁盘要慢；二是由于 DOS 不支持这种分区格式，所以采用这种分区格式后，就无法再使用 DOS 系统。

3) NTFS

NTFS 的优点是安全性和稳定性极其出色，使用时不易产生文件碎片。它能对用户的操作进行记录，通过对用户权限进行非常严格的限制，使每个用户只能按照系统赋予的权限进行操作，充分保护了系统与数据的安全。NTFS 是 Windows NT 以及之后的 Windows 2000、Windows XP、Windows Server 2003、Windows Server 2008、Windows Vista 和 Windows 7 的标准文件系统。

4) EXT2 和 EXT3

EXT2 和 EXT3 是 Linux 操作系统适用的磁盘格式，它使用索引节点来记录文件信息，其作用像 Windows 的文件分配表。索引节点是一个结构，它包含了一个文件的长度、创建时间及修改时间、权限、所属关系、磁盘中的位置等信息。

Linux 文件系统将文件索引节点号和文件名同时保存在目录中。所以，目录只是将文件的名称和它的索引节点号结合在一起的一张表，目录中每一对文件名称和索引节点称为一个链接。对于一个文件来说，有唯一的索引节点号与之对应，对于一个索引节点号，却可以有多个文件名与之对应。因此，在磁盘上的同一个文件可以通过不同的路径去访问它。

Linux 缺省情况下使用的文件系统为 EXT2，该文件系统高效稳定。但 EXT2 文件系统是非日志文件系统，对关键行业的应用是一个致命的弱点。

EXT3 文件系统是直接从 EXT2 发展而来的，目前已经非常稳定可靠，且完全兼容 EXT2。

☞3.6.2 光盘及光盘驱动器

光盘驱动器就是我们平常所说的光驱，是一种读取光盘信息的设备。由于光盘存储容量大，价格便宜，保存时间长，适宜保存大量的数据，如声音、图像、动画、视频信息、电影等多媒体信息，因此光驱是计算机(尤其是多媒体计算机)不可缺少的硬件配置。

1. 光驱结构及工作原理

从外表上看，光驱的正面一般包含防尘门与 CD-ROM 托盘、耳机插孔、音量控制按钮、播放键、弹出键、读盘指示灯和手动退盘孔等。背面一般包含电源线插座、主从跳线、数据线插座和音频线插座等。

激光头是光驱的中心部件，光驱都是通过它来读取数据的。光驱在读取信息时，激光头会向光盘发出激光束，当激光束照射到光盘的凹面或非凹面时，反射光束的强弱会发生变化，光驱就根据反射光束的强弱，把光盘上的信息还原成数字信息，即“0”或“1”，再通过相应的控制系统，把数据传给计算机。光盘驱动器内部结构及工作原理如图 3-30 所示。

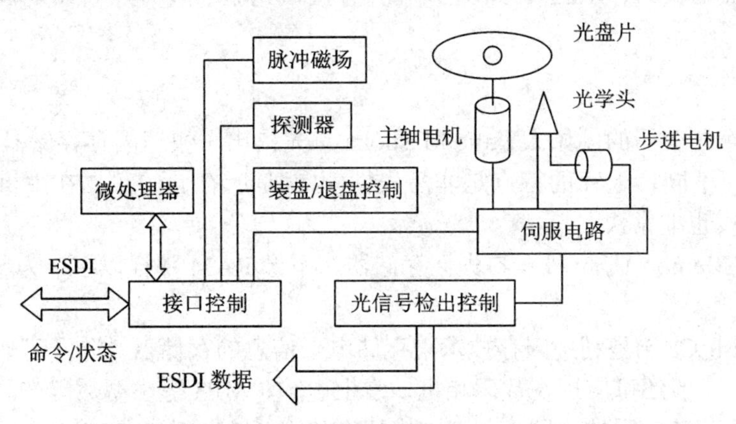

图 3-30 光盘驱动器内部结构及工作原理

2. 技术指标

光盘驱动器的性能技术指标主要包括：

(1) 数据传输率(Data Transfer Rate)：即常说的倍速，是衡量光驱性能的最基本指标。单倍速光驱就是指每秒可从光驱存取 150 KB 数据的光驱。新一代的 24 倍速或 32 倍速光驱每秒钟能读取 3600 KB 和 4800 KB 的数据。目前，市面上出售的光驱大多在 50 倍速以上。

(2) 平均寻道时间(Average Access Time)：指激光头从原来位置移到新位置并开始读取数据所花费的平均时间。平均寻道时间越短，光驱的性能就越好。

(3) CPU 占用时间(CPU Loading)：指光驱在维持一定的转速和数据传输率时所占用 CPU 的时间，也是衡量光驱性能好坏的一个重要指标。CPU 占用时间越少，其整体性能就越好。

(4) 数据缓冲区(Buffer)：是光驱内部的存储区。数据缓冲区能减少读盘次数，提高数据传输率。现在大多数光驱的缓冲区为 128 KB 或 256 KB。

3. 光驱类型

1) 读取分类

光驱按所能读取的光盘类型分为 CD/VCD 光驱和 DVD 光驱两大类。一般 DVD 光驱既可以读取 DVD 光盘，也可以读取 CD/VCD 光盘，反之不可。

2) 读写分类

光驱按读写方式又可分为只读光驱和可读写光驱。可读写光驱又称为刻录机，它既可以读取光盘上的数据，也可以将数据写入光盘，当然，这张光盘应该是一张可写入光盘。只读光驱只有读取光盘上数据的功能，而没有将数据写入光盘的功能。

3) 传输分类

光驱按其数据传输率分为单倍速、4 倍速、8 倍速、16 倍速、24 倍速、40 倍速、48 倍速、52 倍速及 56 倍速光驱等。只读光驱只有读取速度，而可读写光驱有读取速度和刻录速度，并且读取速度和刻录速度往往不同，一般刻录速度小于读取速度。

4) 接口分类

光驱按其接口方式不同分为 ATA/ATAPI 接口、SCSI 接口、USB 接口、IEEE 1394 接口、并行接口光驱等。ATA/ATAPI 接口也称为 IDE 接口，它和 SCSI 接口常作为内置式光驱所采用的接口。USB 接口、IEEE 1394 接口和并行接口光驱一般为外置式光驱。

☞3.6.3 闪存

1984 年，东芝公司的创始人 Fujio Masuoka 首先提出了快速闪存存储器(闪存)的概念。与传统电脑内存不同，闪存的特点是非易失性(也就是所存储的数据在主机掉电后不会丢失)，其记录速度也非常快。

闪存(Flash Memory)是一种非易失性存储器，不像 RAM 那样以字节为单位改写数据，不能取代 RAM。

闪存卡(Flash Card)是利用闪存技术来存储电子信息的存储器，除了可作为计算机的辅助存储器以外，一般还可应用在数码相机、掌上电脑、MP3 等小型数码产品中作为存储介质。根据生产厂商和应用的不同，闪存卡大概有 Smart Media(SM 卡)、Compact Flash(CF

卡)、Multi Media Card(MMC 卡)、Secure Digital(SD 卡)、Memory Stick(记忆棒)、XD-Picture Card(XD 卡)和微硬盘(MICRODRIVE)等。这些闪存卡虽然其外观、规格不同，但是技术原理都是相同的。

Intel 是世界上第一个生产闪存并将其投放市场的公司。1988 年，该公司推出了一款 256 KB 闪存芯片，它如同鞋盒一样大小，并被内嵌于一个录音机里。Intel 发明的这类闪存被统称为 NOR 闪存。NOR 闪存结合了 EPROM 和 EEPROM 两项技术，并拥有一个 SRAM 接口。

另一种闪存称为 NAND，由日立公司于 1989 年研制，被认为是 NOR 闪存的理想替代者。NAND 闪存的写周期比 NOR 短 90%，其保存与删除的处理速度也相对较快。

闪存的基本单元电路与 EEPROM 类似，也是由双层浮空栅 MOS 管组成的。第一层栅介质很薄，作为隧道氧化层，其写入方法与 EEPROM 相同，在第二级浮空栅上加以正电压，使电子进入第一级浮空栅。读出方法与 EPROM 相同。擦除方法是在源极加正电压利用第一级浮空栅与源极之间的隧道效应，把注入至浮空栅的负电荷吸引到源极。由于利用源极加正电压擦除，因此各单元的源极联在一起，这样，快擦存储器不能按字节擦除，而是全片或分块擦除。随着半导体技术的改进，闪存也实现了单晶体管(1T)的设计，主要就是在原有的晶体管上加入了浮动栅和选择栅，在源极和漏极之间电流单向传导的半导体上形成储存电子的浮动栅。浮动栅包裹着一层硅氧化膜绝缘体，它的上面是在源极和漏极之间控制传导电流的选择/控制栅。数据是 0 或 1 取决于在硅底板上形成的浮动栅中是否有电子，有电子为 0，无电子为 1。

闪存就如同其名字一样，写入前，删除数据进行初始化。具体说就是从所有浮动栅中导出电子，即将有所数据归“1”。

只有数据为 0 时才进行写入，数据为 1 时则什么也不做。写入 0 时，向栅电极和漏极施加高电压，增加在源极和漏极之间传导的电子能量。这样一来，电子就会突破氧化膜绝缘体，进入浮动栅。

读取数据时，向栅电极施加一定的电压，电流大时电压定为 1，电流小则定为 0。浮动栅没有电子的状态(数据为 1)下，在栅电极施加电压的状态时向漏极施加电压，源极和漏极之间由于大量电子的移动，就会产生电流。而在浮动栅有电子的状态(数据为 0)下，沟道中传导的电子就会减少。因为施加在栅电极的电压被浮动栅电子吸收后，很难对沟道产生影响。

3.7 本 章 要 点

(1) 存储器(Memory)是计算机系统中的记忆设备，用来存放程序和数据。微机系统存储器结构一般采用内部寄存器组、高速缓存、主存储器和辅助寄存器 4 级存储组织。

(2) 随机存取存储器可以分为 SRAM 和 DRAM 两类，信息可以根据需要随时写入或读出。只读存储器信息一旦写入，能长期保存；ROM 只能读出所存信息，不能重新写入；EEPROM 是可以电写入、电擦除的只读型存储器。高速缓冲存储器 Cache 是指位于 CPU 和主存 DRAM 之间容量较小但速度较快的一种存储器。

(3) 存储容量是指存储器可容纳的二进制信息数。微机中存储器以字节为基本存储单元，存储容量常用存储的字节数多少来表示。常用单位有 B、KB、MB、GB、TB 等；存

取速度从总体上讲，SRAM 速度较快，DRAM 较慢。

(4) 当存储系统要求的容量与芯片容量相同而位数(字长)不同时，可以对存储器进行位扩展。当存储系统要求的字长与芯片相同，而容量不同时，可以对存储芯片进行容量扩展。

(5) 简单存储器系统及接口的设计需要确定使用的芯片数量、进行地址空间分配、片内地址及片选地址、控制信号的连接、CPU 的总线负载能力及 CPU 与存储器之间的速度匹配。

(6) PC 系统中一般设有一级缓存 L1 Cache 和二级缓存 L2 Cache。当 CPU 提出数据请求时，数据搜索首先从 L1 Cache 开始，然后依次为 L2 Cache、DRAM 和外存。

(7) 外储存器又称辅助存储器，断电后信息仍然能保存，但速度较慢。常见的外储存器有磁盘、光盘、闪存等。

思考与练习

1．问答题

(1) 什么叫“地址重叠区”？为什么会产生重叠区？

(2) 用 74LS138 作译码器，其片选地址信号和片选控制信号有什么不同？

(3) 为什么要对 DRAM 进行刷新？

(4) 在什么情况下需要进行存储器扩展？应注意哪些问题？

(5) 存储器与 CPU 连接时，应考虑哪些问题？

(6) Cache 的主要作用是什么？

2．对于下列容量的存储器芯片

(1) Intel 2114(1 K × 4 bit)；

(2) Intel 2167(16 K × 1 bit)；

(3) Zilog 6132(4 K × 8 bit)。

各需要多少条地址线寻址？需要多少条数据线？若要组成 64 K × 8 bit 的存储器，选同一芯片各需要几片？

3．用 16 K × 4 bit 的 SRAM 芯片组成 64 K × 8 bit 的存储器，要求画出该存储器组成的逻辑框图。

4．已知某微机系统 RAM 的容量为 4 K × 8 bit，首地址为 4800H，求其最后一个存储单元的地址。

5．现有一存储器芯片容量为 512 × 4 bit，若要用它组成 4 KB 的存储器，需要多少这样的芯片？每块芯片需要多少寻址线？整个存储系统最少需要多少寻址线？

6．某数据总线 8 位、地址总线为 16 位微机，为其设计一个 16 KB 容量的存储器。

要求 EPROM 区为 8 KB，存储地址从 0000H 开始，采用 2716 芯片；RAM 区为 8 KB，存储地址从 2000H 开始，采用 6132(4 KB)芯片。

试求：

(1) 各芯片分配的地址范围；

(2) 指出各芯片的片内选择地址线和芯片选择地址线；

(3) 采用 74LS138 画出片选地址译码电路。

第二部分

汇编语言程序设计基础

第4章　指 令 系 统

指令是计算机完成某一特定操作的命令，一台处理器能够执行的所有指令的集合称为指令系统。掌握指令系统是完成计算机程序设计的基础，对于计算机来说，必须有程序(软件)的支持才能工作。本章重点介绍8086/8088微处理器指令系统。在此基础上，介绍其后续微处理器指令系统的扩展部分。

4.1　指令系统概述

☞4.1.1　指令及指令系统概念

计算机处理任何问题时都必须转换为计算机能够识别和执行的操作命令，称其为计算机操作指令，简称为指令。由于CPU主要由数字逻辑功能电路组成，因此，指令实际上是数字逻辑电平“0”(低电平)或“1”(高电平)的集合。在微型计算机系统中，指令的表示形式一般有以下两种：

(1) 机器指令，也称目标指令或目标代码，以二进制代码的形式表示。这些指令在设计CPU时，由其硬件电路根据输入逻辑电平的高低所实现的功能定义。所以，CPU能够直接执行机器指令，且执行速度最快。某些机器指令仅需要一个字节就可以表示，这类指令功能通常较为简单。大部分机器指令则需要两个、三个甚至更多的字节来表示。机器指令使用时非常繁琐费时，不易阅读和记忆，编写和调试时极易出错，用户一般不直接使用这种指令表示方式。

(2) 汇编指令，是用英文单词或英文单词缩写及数字等符号所组成的助记符来表示机器指令的一种指令形式，是符号化的机器指令。一条汇编指令通常仅对应一条机器指令。汇编指令既有易读、易忆、编程方便等优点，又具有机器指令的功能，故而，通常采用汇编指令来学习指令系统和编写程序。但是，用汇编指令编写的程序，CPU是不能直接识别和执行的，必须将其转换为机器指令程序后CPU才能执行。

指令系统是某型微处理器(CPU)能够识别和执行的全部命令的集合，CPU的主要功能是通过其指令系统来实现的。一条指令的功能与微处理器的某种基本操作相对应，计算机所做的全部工作，都必须转换为与之对应的指令序列，进而由CPU执行。计算机的任何一种操作都是硬件的一次动作或执行，指令系统是CPU直接控制硬件的命令的集合，对硬件操作直观、方便。

指令系统中的指令是距离CPU最近的命令，又称为底层命令或底层软件。任何用计算机语言编写的程序，都必须转换为指令系统中相应指令代码的有序集合。不同系列的微处

理器有不同的指令系统，但是指令的基本格式、操作数的寻址方式及指令功能却具有共同的特征。

☞4.1.2 汇编指令格式

单条汇编指令一般由操作码和操作数两部分组成，其二进制机器码的基本格式如图 4-1 所示。

操作码	操作数

图 4-1 二进制机器码的基本格式

操作码用来指示指令所要完成的操作，操作数指示指令执行过程中所需要的数据或地址。

大部分指令的机器码是由一个操作码和一个操作数组成的，有相当一部分指令的机器码中的操作数隐含在操作码之中，有些指令的机器码有两个操作数，个别则没有操作数。8086/8088 指令系统采用变长指令，长度从 1 到 6 个字节不等。最简单的指令只有一个字节(如清除进位指令 CLC 的机器码为 11111000B)。对于大部分指令来说，除了有操作码(不定长，可能是单字节，也可能是双字节)外，还有 1～4 个字节的操作数。

汇编指令用机器码的助记符表示，更便于记忆与理解。在表示形式上，大部分汇编指令有两个操作数(如完成 BX←BX+35H 功能的指令“ADD BX, 35H”)，其中，后一个操作数称为源操作数，前一个操作数称为目的操作数。有些指令只有一个操作数(如完成 BX←BX+1 功能的指令“INC BX”)，称为单操作数指令，这个操作数通常既是源操作数，又是目的操作数。有些指令则没有操作数(如完成暂停功能的指令“HLT”)。

在微处理器中，由于任何信息都是以数据形式存储的，所以，实现指令功能的主要方式就是对数据的处理。

在编写汇编语言程序时，总免不了要改变程序的执行顺序，这便需要在某些指令前标记一个“标号”，以指示程序跳转的目的地。当程序较长时，为了便于阅读和理解，通常需在某些指令后面加入一些注释。为此，在书写指令时，汇编指令的完整格式通常由以下几个部分组成：

[标号：] 操作码 [目的操作数] [,源操作数] [；注释]

在汇编指令中，操作码是指令的核心，不可缺少。其他几项(方括号[]内的)根据不同的指令、程序要求为可选项。

例如：

```
AGAIN: MOV   AL , 20H              ; AL←20H
```

其中，“AGAIN:”是标号，又称为指令地址标号，一般由 1～31 个字符或数字组成，标号必须是以字母或某些特殊字符(如_、@、? 等)开头的字母和数字串，其后必须紧跟一个西文冒号(:)。不是所有的汇编指令都必须要加一个标号。在下一章将会讲到，汇编伪指令前面的“标号”通常被称做“变量”或“名字”，命名规则同标号，但无需紧跟一个冒号。

“MOV”是操作码，表示本条指令的操作功能(寄存器数据赋值)。任何一条指令都必须具有操作码。

“AL”是目的操作数，指示数据赋值的受体；“20H”是源操作数，指示数据赋值的供体。操作数是指参加操作的数据或数据的地址。第一个操作数与操作码之间必须用空格分隔，操作数与操作数之间必须用西文逗号“,”分隔。

以西文分号“;”引导的“AL←20H”是本条指令的注释(意思是本条指令完成的功能是将立即数 20H 赋值给 8 位累加器 AL)，为本条指令提供一个说明，以便于阅读。以“;”引导的注释也可以独占一行，一般用来说明下面一段程序的功能。在翻译成机器指令程序后，注释部分将被剔除。

编写程序时，一条汇编指令必须在一行内完成，一般不能分行。而且，一行之内也只允许安排一条有意义的汇编指令，不能安排两条或两条以上。若一个语句需分多行书写，则须用续行符“&”。

为了增加程序的可读性，建议适当的排版，即在指令前加若干西文空格，使指令与指令左对齐，在指令左边留有足够的标号位置。如果标号较长时，它可以独占一行。

4.2 8086/8088 指令的寻址方式

☞4.2.1 操作数及其分类

前已述及，处理器对任何问题的处理最终都归结为对数据的处理，指令在执行过程中所需要操作的数据称为操作数。在 8086/8088 指令系统中，操作数分为两大类。

1. 数据操作数

数据操作数指处理器直接要处理的数据。根据其存放位置，可分为以下几类。

1) 立即操作数

立即操作数简称为立即数，此种数据是指令的一部分，紧随指令的操作码存放。可以是 8 位或 16 位数据(8086/8088 最多 2 字节，后续微处理器则可能达到 4 字节甚至 8 字节)。

2) 寄存器操作数

寄存器操作数是指指令中要处理的数据直接存放在处理器内部的寄存器中。这类指令机器代码较短，不需要向 BIU 申请总线周期，处理速度极快。

3) 存储单元操作数

存储单元操作数是指指令中要处理的数据存放在指定的存储器的某些存储单元中，不与操作码相连。对于多字节数据而言，也要求低位字节在前，高位字节在后。这类指令种类很多，使用灵活多变，需要重点关注。

4) I/O端口操作数

I/O 端口操作数是指指令中要处理的数据是由指定 I/O 设备端口提供的数据。

2. 转移地址操作数

转移地址操作数是程序转移类指令(包括程序跳转、子程序调用及返回、中断服务程序的调用与返回等)要操作的数据，它通常表示的是某条指令所在的存储单元的地址。这类操作数的表示方法灵活多变，也需要重点关注。

☞4.2.2　8086/8088 数据操作数寻址方式

寻址方式是指某条指令寻找或获得操作数的方式。总结寻址方式的目的在于帮助用户方便地理解及使用汇编语言程序。寻址方式是指令系统中最重要的内容之一，寻址方式越多样，则处理器处理问题的功能越强，灵活性越大。寻址方式的一个重要问题是：如何在整个存储范围内，灵活、方便地找到所需要的数据。

8086/8088 微处理器的数据操作数寻址方式包括如下几种类型。

1．立即数寻址

立即数寻址是指操作数直接存放在指令中，该操作数就存放在操作码之后的存储单元中。立即数可以是 8 位或 16 位，对于 16 位立即数，低字节存放在前面的低地址单元，高字节存放在后面高地址单元。

立即寻址方式常用于给某个寄存器(也可以是给某些存储单元)赋初值。立即数只能用作源操作数，不能用作目的操作数。

注意：8 位立即数只能传送给 8 位寄存器或字节存储单元中；16 位立即数只能传送给 16 位寄存器或字存储单元中；若立即数以十六进制字符 A～F 开头，为避免与标号或变量混淆，应在该字母前加个 0。例如：

① MOV AL, 23H　　；立即数 23H 作为源操作数赋给累加器 AL，即 AL←23H
② MOV BH, 0FFH　　；立即数 FFH 作为源操作数赋给寄存器 BH，即 BH←FFH
③ MOV AX, 1234H　　；立即数 1234H 作为源操作数赋给累加器 AX，即 AH←12H,
　　　　　　　　　　；AL←34H

其中指令③的执行过程如图 4-2 所示。图中代码段存储器中存放的“B8H 34H 12H”是本指令对应的机器代码，通常由一种称之为“汇编程序”的软件自动“翻译”而来。至于机器代码的编码规则，本书不予讨论，可参阅相关手册。

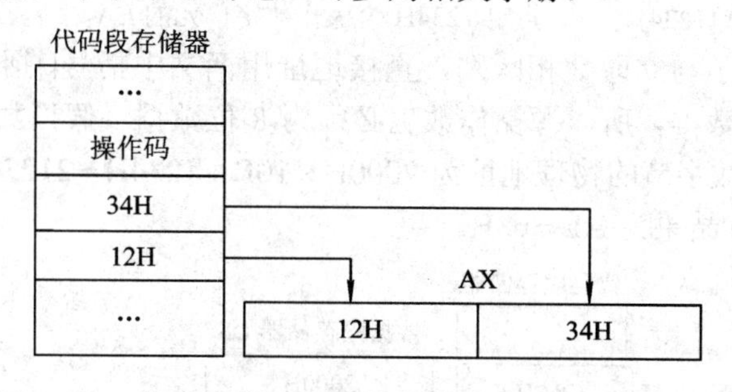

图 4-2　16 位立即数寻址方式(MOV AX, 1234H)执行过程

2．寄存器寻址

寄存器寻址是指要操作的数据存放在或将要存放在 8 位或 16 位通用寄存器中。例如：

① MOV AL, CL；8 位寄存器 CL 的内容为源操作数传送给目的累加器 AL，即 AL←CL
② MOV AX, BX；16 位寄存器 BX 的内容为源操作数传送给目的累加器 AX，即 AX←BX

CPU 执行指令时，立即寻址方式和寄存器寻址方式寻找操作数的操作均在 CPU 内进行，因此，执行速度较快。

3. 存储器寻址

存储器寻址是指操作数存放在或将要存放在数据区的存储器单元中。

程序设计过程中，当要确定CPU访问的某一存储单元时，应在程序的前部分首先用某个指定的段寄存器存储好该存储单元的段基址，然后在程序的后部分，在需要访问该存储单元的指令中，给出该存储单元在该指定“段”中的偏移地址就可以了。这样，CPU在执行指令时，会在BIU中自动将指定段寄存器与该偏移地址合成为该存储单元的物理地址，进而完成对它的读/写操作。

在指令中给出的“偏移地址”的形式是灵活多变的，有的直接在指令中给出，有的在需要间接通过其他方式经汇编程序对其汇编(计算)给出。通常将这些经过计算得到的段内偏移地址称之为有效地址(EA，Effective Address)，有时指令中任何形式的偏移地址都会被称做EA。

8086/8088汇编指令中数据的存储器寻址方式主要有以下几种。

1) 直接寻址方式

直接寻址是指存储器操作数的偏移地址在指令中以直接数据的形式给出，存储单元的偏移地址是指令的一部分，通常直接跟在操作码之后，CPU通过指令中提供的地址直接寻找存储器操作数。

操作数的EA通常是16位的。直接寻址时，操作数的段基地址默认为DS(即数据段)。该操作数在存储器中的物理地址为操作数所在段的段寄存器 DS 的内容左移四位再加上EA。即：物理地址 = DS × 10H + EA

直接寻址所确定的物理地址可以是字节数据单元，也可以是字数据单元，通常可根据另一个操作数(通常是寄存器)的位数来确定，若指令为单操作数指令，则必须特别指明。例如：

```
① MOV AL, [1234H]          ; 1234H为源操作数字节单元的EA
② MOV [1234H], BX          ; 1234H为目标操作数字单元的EA
③ INC WORD PTR [1234]      ; 指定1234H为操作数字单元的EA
```

这类指令中，为了与立即数相区别，直接地址用西文中括号[]括起来。指令①中，由于目标寄存器为8位数据，所以源操作数也必须为8位数据。假设数据段寄存器DS内容为2000H，则源操作数字节的物理地址为2000H × 10H + 1234H = 21234H，其执行过程如图4-3所示。指令的执行结果为AL = 68H。

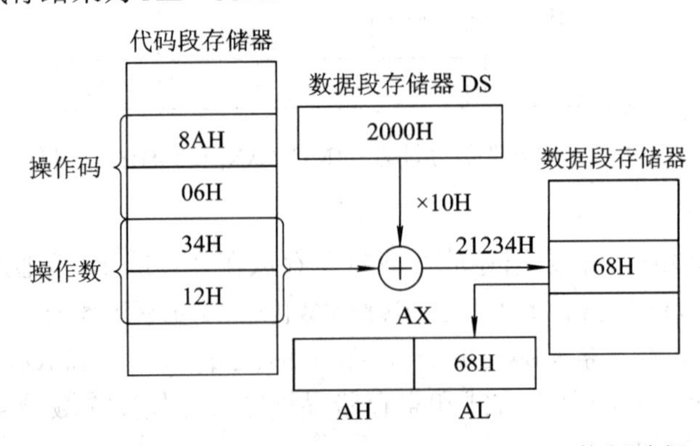

图4-3　直接寻址字节单元(MOV AL, [1234H])执行过程

指令②中，由于源寄存器 BX 为 16 位数据，所以，目标操作数也必须为 16 位数据。假设数据段寄存器 DS 内容为 2000H，则目标操作数字的物理地址为 2000H×10H+1234H=21234H，目标操作数字将存放在 21234H 和 21235H 连续两个存储单元中(低位在前，高位在后)。设源BX寄存器中的值为9F68H，在该指令的执行结果为(21234H)=68H，(21235H)=9FH。其执行过程如图 4-4 所示。

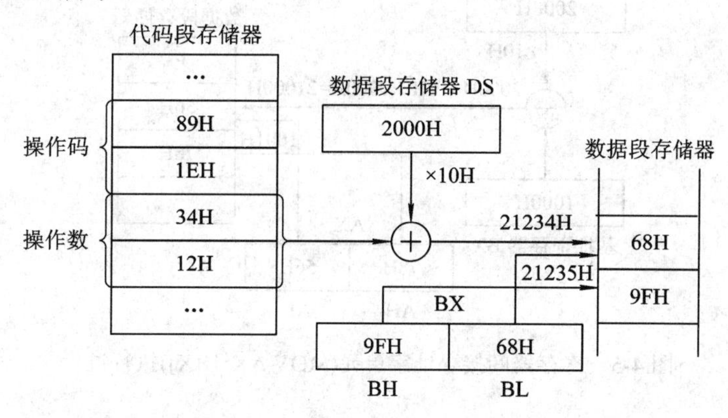

图 4-4 直接寻址字单元(MOV [1234H], BX)执行过程

若要对代码段、堆栈段和附加段中的数据进行直接寻址，应在指令中增加段跨越前缀。例如：

```
MOV AX, ES:[2000H]          ；把附加段段内地址为2000H单元的内容传送给AX
```

该操作数在存储器中的物理地址为附加段寄存器的内容左移四位再加上有效地址 EA。即：物理地址 = ES × 10H + EA。假设附加段寄存器 ES 的内容为 3000H，则源操作数的物理地址为 3000H × 10H + 2000H = 32000H。

在汇编语言指令中，直接寻址的操作数还可以用变量形式给出，该变量名称为符号地址。例如：

```
DATA DB 36H                          ；伪指令DB定义存储器字节变量DATA单元内容为36H
MOV AL, DATA(或MOV AL, [DATA])      ；把DATA字节单元数据36H送寄存器AL
```

2) 寄存器间接寻址方式

寄存器间接寻址也简称为寄存器间址，是指存储器操作数的有效地址 EA 被事先存放在了某个寄存器中。可以用作此种寻址方式的寄存器只有 4 个，即 BX、BP、SI 和 DI。当使用基址寄存器 BX 或 BP 间址时，亦称做基址寻址，当使用变址寄存器 SI 或 DI 间址时，亦称做变址寻址。当使用一个基址寄存器和一个变址寄存器的组合间址时，亦称做基址变址寻址。

在这种寻址方式中，当使用寄存器 BP 间址时，存储器操作数的段基址默认为 SS 中的内容，否则一律默认为 DS 中的内容。

(1) 基址寻址。

例如：

```
MOV AX, [BX]          ；AX←[BX]，即将BX的内容为EA的字单元数据送入AX
```

该指令中，由于目标寄存器 AX 为 16 位数据，所以，源操作数也必须为 16 位数据。假设数据段寄存器 DS 内容为 2000H，BX 的内容为 1000H，则源操作数字的首个单元的物

理地址为 2000H × 10H + 1000H = 21000H，源操作数字存放在 21000H 和 21001H 连续两个存储单元中，设其内容分别为 56H 和 78H，则指令的执行结果为 AX = 7856H。其执行过程如图 4-5 所示。

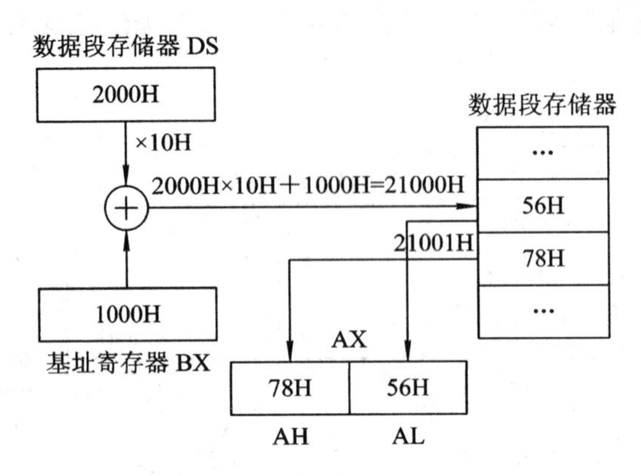

图 4-5　寄存器间接寻址字单元(MOV AX, [BX])执行过程

再例如：

MOV AX, [BP]　　　　; AX←[BP]，将BP的内容为EA的字单元数据送入AX

该指令中，由于目标寄存器 AX 为 16 位数据，所以，源操作数也必须为 16 位数据。寄存器 BP 间接寻址时操作数所在的段指定为堆栈段 SS，假设堆栈段寄存器 SS 的内容为 3000H，BP 的内容为 2000H，则源操作数字首个单元的物理地址为 3000H × 10H + 2000H = 32000H，源操作数字存放在 32000H 和 32001H 连续两个存储单元中，设其内容分别为 2A 和 7FH，则指令的执行结果为 AX = 7F2AH。其执行过程如图 4-6 所示。

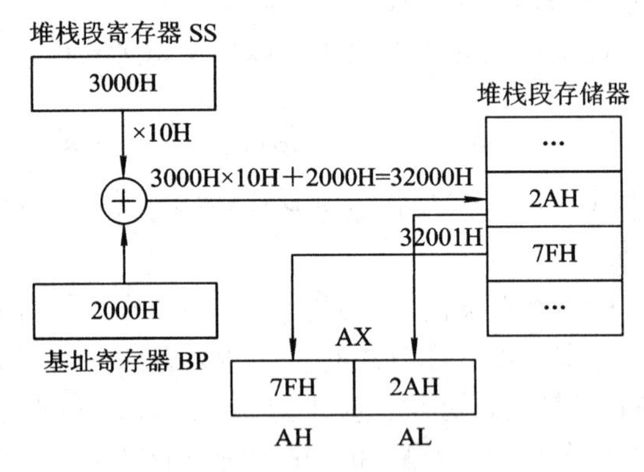

图 4-6　SS 段寄存器间接寻址字单元(MOV AX, [BP])执行过程

(2) 变址寻址。

例如：

① MOV AX, [SI]　　　　; AX←[SI]，将SI的内容为EA的字单元数据送入AX

② MOV AX, [DI]　　　　; AX←[DI]，将DI的内容为EA的字单元数据送入AX

设数据段寄存器 DS 的内容为 2000H，DI 的内容为 2000H，则指令②中源操作数中首个单元的物理地址为 2000H × 16 + 2000H = 22000H，源操作数字存放在 22000H 和 22001H 连续两个存储单元中。

(3) 基址变址寻址。

例如：

MOV AL, [BX][SI](或MOV AL,[BX+SI]) ; AL←[BX+SI]，将BX和SI的内容之和
; 为EA的字节单元数据送入AL

[BX][SI]与[BX+SI]的表示法在汇编程序中被视为等价。假设数据段寄存器 DS 的内容为 2000H，BX 的内容为 1000H，SI 的内容为 200H，则源操作数字的物理地址为 2000H × 10H + (1000H + 200H) = 21200H，源操作数字节存放在 21200H 存储单元中。

在基址变址寻址方式中，只能是一个基址寄存器和一个变址寄存器相配对，而不能是两个基址寄存器或两个变址寄存器。例如：指令“MOV AX, [SI][DI]”是错误的。另外，在 80386 以上微处理器中，基址寄存器和变址寄存器已经不再局限于 BX 和 BP，故指令“MOV DX, [EBX + EBP]”是合法的。

在此类寻址方式中，也可以采用加段跨越前缀的方法对其他段进行寻址。表 4-1 给出了对存储器操作数寻址时所在段与偏移量的关系。

表 4-1 存储器存取约定段及段超越

存储器存取方式	约定段	可超越使用段	偏移地址
取指令	代码段 CS	无	IP
堆栈操作	堆栈段 SS	无	SP
串操作中源字符串	数据段 DS	CS/ES/SS	SI
串操作中目的字符串	附件段 ES	无	DI
使用 BP 作基址	堆栈段 SS	CS/ES/DS	有效地址 EA
BX/SI/DI 寄存器间址/直接寻址	数据段 DS	CS/ES/SS	有效地址 EA

由表 4-1 可以看出，取指令操作时所在段必须为代码段(CS)，段内偏移量必须为指令指针寄存器 IP；通用数据读/写操作时，约定段为数据段(DS)，但允许使用段跨越前缀选择代码段(CS)、堆栈段(SS)或附件段(ES)。

【例 4-1】 设 DS = 2000H，BX = 1000H，[21000H] = 12H，[21001H] = 34H，则执行 MOV CX, [BX] 后，AX 的内容是什么？

指令使用 BX 寄存器间址，即基址寻址方式，系统默认的段为数据段 DS，则源操作数的物理地址为

$$DS \times 10H + BX = 2000H \times 10H + 1000H = 20000H + 1000H = 21000H$$

由于目的操作数为 16 位寄存器 CX，则上述物理地址指的是 16 位的字单元，即指 21000H 和 21001H 两个连续存储单元，因此指令执行后，CX = 3412H。

3) 寄存器相对寻址方式

寄存器相对寻址是指存储器操作数的 EA 为寄存器的内容与某个位移量之和，它是寄存器间接寻址方式的扩展。

在这种寻址方式中，存储器操作数的 EA 可以是基址或变址寄存器的内容与指令中指定的位移量之和，分别称为相对基址寻址或相对变址寻址。EA 也可以是一个基址寄存器的值加一个变址寄存器的值再加一个位移量之和，称为相对的基址变址寻址。

例如：

MOV AX, [BX + 64H] (或 MOV AX, 64H[BX]); AX←[BX + 64H]

64H[SI]与[BX+64H]的表示法在汇编程序中被视为等价。该指令中，假设数据段寄存器DS 内容为 2000H，BX 的内容为 1000H，指令指定的位移量是 64H，则源操作数首个单元的物理地址为 2000H×10H＋1000H＋64H＝21064H，操作数存放在 21064H 和 21065H 连续两个存储单元中，设其值分别为 56H 和 78H，则指令的执行结果为 AX＝7856H。其执行过程如图 4-7 所示。

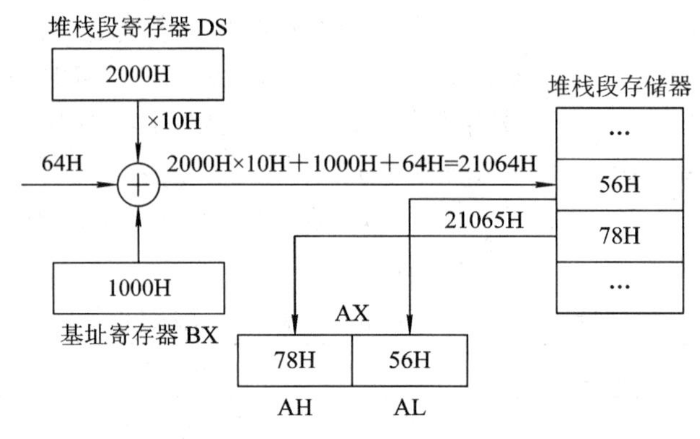

图 4-7 寄存器相对基址寻址字单元(MOV AX, [BX+64H])执行过程

再例如：

① MOV AX, [SI+16H](或 MOV AX, 16H[SI])   ; AX←[SI+16H]

② MOV AX, [BX+SI+16H]   ; AX←[BX+SI+16H]

指令②亦可以写作 MOV AX, 16H[BX][SI]，或 MOV AX, 16H[BX+SI]。

【例 4-2】 设 BP＝2040H，SS＝2000H，[220C0H]＝56H，在执行 MOV AL, 80H[BP]后，AL 的内容是什么？

指令使用相对的 BP 寄存器间址方式，系统默认的段为堆栈段 SS，源操作数的物理地址为

SS×10H＋BP＋80H＝2000H×10H＋2040H＋80H＝20000H＋20C0H＝220C0H

指令的目的操作数是 8 位的累加器 AL，源操作数亦应该是 220C0H 所指的字节单元，故指令执行后，AL=56H。

4. I/O 端口寻址方式

在 8086/8088 系统中，CPU 在与外部设备交换信息时，需要通过输入/输出(I/O)指令访问外部设备。CPU 对外部设备的 I/O 端口进行了独立编址，在 I/O 指令中，每个端口的地址可以是 8 位的字节数据，也可以是 16 位的字数据。CPU 可以最多访问 2^{16}=64 KB 个外设端口。

在寻址外设 I/O 端口时，8086/8088 CPU 提供了两种寻址方式：

1) 直接端口寻址方式

直接端口寻址方式指在 I/O 指令中以 8 位字节数据的形式直接给出端口地址，另一个操作数则必须使用 8 位的累加器 AL 或 16 位的累加器 AX。这种寻址方式简单、方便，可访问的端口地址为 00～0FFH，最多为 2^8＝256 个。

例如：

```
IN AL, 20H          ; 读取端口地址 20H 单元的字节数据到累加器 AL 中
OUT 24H, AX         ; 将寄存器 AL 的内容输出到端口地址为 24H 字节单元中，
                    ; 同时将 AH 中的内容输出到端口地址为 25H 字节单元中
```

注意，上述指令中的 20H、24H 指的是 I/O 端口的地址，不是立即数。

2) DX 寄存器间接端口寻址

DX 寄存器间接端口寻址指通过寄存器 DX(注：只能使用这个 16 位的寄存器)间接访问外设 I/O 端口。此种方式适用于端口地址大于 255 时。

例如：

```
MOV DX, 200H        ; DX←200H，立即数 200H 在下条指令中指端口地址
IN AL, DX           ; 读取端口地址为 200H 单元的字节数据到累加器 AL 中
```

再例如：

```
MOV DX, 300H        ; DX←300H
OUT DX, AX          ; 将寄存器 AL 的内容输出到端口地址为 300H 字节单元中
                    ; 同时将 AH 中的内容输出到端口地址为 301H 字节单元中
```

5．隐含寻址

在 8086/8088 系统中，有些指令形式没有给出操作数的任何说明，但 CPU 可以根据操作码确定要操作的数据，这些指令采用的寻址方式称为隐含寻址方式。

例如：

```
AAA                 ; 十进制调整指令，隐含了对 AL 的操作
XLAT                ; 换码指令，隐含了对 AL、BX 的操作
MOVSB               ; 字节串操作指令，隐含了对 SI、DI、CX 的操作
LOOP LB             ; 循环指令，隐含了对 CX 的操作
```

☞4.2.3 8086/8088 转移地址操作数寻址方式

8086/8088 指令系统中，改变程序执行顺序的指令有控制转移类指令和调用指令两类。这两类指令的操作数所表示的是转移地址或者调用地址的提供方式，一般也称为指令地址的寻址方式。8086/8088 转移地址寻址方式主要有以下四种：

1．段内直接寻址

段内直接寻址是由转移指令直接给出的一个补码表示的 8 位或 16 位偏移量，要转移的地址(即下一条要执行的指令地址)是当前指令指针 IP 的内容加上偏移量(即相对于 IP 的地址变化)，它是一种“相对转移”。目的地指令所在段仍为当前指令所在的代码段，即 CS 内容不变。

当偏移量为 8 位数据时，其相对于当前指令的跳转范围为 −128～+127，称为相对短转移(SHORT)，所有条件转移指令，都必须使用这种寻址方式；当偏移量为 16 位数据时，其相对于当前指令的跳转范围为 −32 768～+32 767，称为相对近转移(NEAR)。

在汇编语言程序中，转移指令要转移的地址通常是通过符号地址(标号)表示的，使用

起来非常方便，程序员只需要确定采用相对近转移还是相对短转移，不需要计算偏移量(偏移量的计算由汇编程序完成)。

例如：

```
JMP SHORT LP1        ; 短转移符号地址 LP1 为下一条要执行指令的地址
JMP LP5              ; 符号地址 LP5 为下一条要执行指令的地址，系统默认为近转移
```

2. 段内间接寻址

段内间接寻址是指转移指令要转移的 16 位 EA 存放在寄存器或存储器中。指令执行后，放在寄存器或存储器中的地址直接送入 IP 中。指令代码段 CS 不变。段内间接寻址采用的是“绝对转移”，指令中寄存器或存储单元的内容不是一个相对于当前指令的偏移量，而是目的地指令的有效地址。

例如：

```
JMP BX               ; BX的16位数据作为转移有效地址
```

3. 段间直接寻址

段间直接寻址是在转移指令中直接给出要转移的 16 位段基址和 16 位段内偏移地址(可称为 32 位地址)，也属于“绝对转移”。指令执行后，指令提供的段基址和段内偏移地址分别送入 CS 和 IP，即下一条要执行指令的地址为新的 CS:IP。

4. 段间间接转移

段间间接转移指由转移指令提供的32位地址必须存放在存储器中的连续4个字节单元中，两个低地址单元的内容作为偏移量送入 IP，两个高地址单元的内容作为段基址送入 CS，即下一条要执行指令的地址为新的 CS:IP。

综上所述，寻址方式是指令系统的重要组成部分，不同的寻址方式所寻址的存储空间是不同的，其寻址速度也不相同。正确地使用寻址方式不仅取决于寻址方式的形式，还取决于寻址方式所对应的存储空间，以利于以最快的执行速度完成指令的功能。

4.3　8086/8088 指令系统

8086/8088 指令系统中，大约包括一百多种指令助记符，它们与寻址方式结合，构成具有不同功能的指令。这些指令按其功能可分数据传送类指令、算术运算类指令、逻辑运算类指令、数据串处理类指令、控制转移类指令和处理机控制类指令 6 种类型。

在学习汇编指令时，指令的功能是学习和掌握的重点，要准确、有效地运用这些指令，还要熟悉系统对每条指令的一些规定、特征和约束。因此，学习指令系统要掌握以下几个方面内容：

- 指令的功能及操作数的个数、类型；
- 操作数的寻址方式；
- 指令对标志位的影响或标志位对指令的影响；
- 指令的执行周期，对有同样功能的指令，要选用执行周期短的指令。

下面对 8086/8088 指令系统分类予以介绍。

☞4.3.1 数据传送类指令

数据传送类指令用于寄存器、存储单元或输入/输出端口之间传送数据或地址。这类指令按其特点可分为通用数据传送、目标地址传送、标志位传送和I/O数据传送等4类指令。

1．通用数据传送类指令

1) 一般传送指令MOV(MOVe)

指令格式：

MOV 目的操作数, 源操作数

指令功能：将源操作数所指示的数据传送(赋值)给目的操作数。

MOV指令为双操作数指令，其中“MOV”为指令助记符；“目标操作数”表示某一特定寻址方式所确定的数据目的地，可以是寄存器或存储单元。“源操作数”表示某一特定寻址方式所确定的数据的源值。MOV 指令传送完成后目的操作数与源操作数具有相同的取值，即源操作数的内容不变，目的操作数原来的内容被源操作数的内容所覆盖。

MOV指令用来在以下限定的范围内传送数据：

① 将一个8位或16位立即数赋值给某寄存器或存储单元。

② 在寄存器和寄存器之间传送字或字节数据。

③ 在寄存器和存储器之间传送字或字节数据。

MOV指令的形式有如下几种：

- 立即数传送到通用寄存器

```
MOV reg8，imm8
MOV reg16，imm16
```

其中，imm8指8位立即数；imm16指16位立即数；reg8指8位通用寄存器(AH、AL、BH、BL、CH、CL、DH和DL)；reg16指16位通用寄存器(AX、BX、CX、DX、BP、SP、SI和DI)。

- 立即数传送到存储单元：

```
MOV mem8, imm8
MOV mem16, imm16
```

其中，mem8指一个字节的存储单元；mem16指两个字节的存储单元，即一个字单元。

- 从通用寄存器到通用寄存器：

```
MOV reg8，reg8
MOV reg16，reg16
```

- 段寄存器与通用寄存器间的数据传送：

```
MOV seg，reg16   ；注：此seg不包括CS
MOV reg16, seg   ；注：此seg包括CS
```

其中，seg指段寄存器，包括CS、DS、SS和ES。

- 通用寄存器和存储单元之间传送：

```
MOV reg8，mem8
```

```
MOV reg16，mem16
MOV mem 8，reg8
MOV mem16，reg 16
```

- 段寄存器与存储单元间的数据传送：

```
MOV seg，mem16        ;注：此 seg 不包括 CS
MOV mem16, seg        ;注：此 seg 包括 CS
```

例如：

```
MOV AL, 05H           ；将 8 位立即数赋值给累加器 AL
MOV DX, 1234H         ；将 16 位立即数赋值给寄存器 DX
MOV DATA1, 20H        ；将 8 位立即数赋值给符号地址 DATA1 所指的存储器字节单元
                      ；DATA1 事先需用伪指令 DB 在数据段中定义
MOV AL, BL            ；AL←BL，即将 8 位寄存器 BL 的字节内容赋值给寄存器 AL
MOV BX, AX            ；BX←AX，16 位数据传送
MOV DS, AX            ；将 AX 内容传送给段寄存器 DS
MOV CL, [BX+5AH]      ；将存储器中指定字节单元中的数据传送给寄存器 CL
MOV [BX+5AH], AL      ；将 AL 中的内容传送给存储器中指定字节单元
```

在使用 MOV 指令时应注意：

① 不能在两个段寄存器之间直接传送数据。

② 不能在两个存储单元之间直接传送数据。

③ 立即数和段寄存器 CS 不能作为目的操作数。

④ 不能将立即数直接传送给段寄存器。

⑤ 源操作数和目的操作数的类型和长度必须一致，且数据在有效范围内(无溢出)。

⑥ IP 寄存器、标志寄存器不能直接参与 MOV 指令的传送。

所以，下列指令是非法的：

```
MOV DS，CS            ；段寄存器之间不能直接传送数据
MOV [BX], [SI]        ；两个存储单元之间不能直接传送数据
MOV 12H, AL           ；立即数不能作为目的操作数
MOV CS, AX            ；段寄存器 CS 不能作为目的操作数
MOV DS, 1234H         ；立即数不能直接传送到段寄存器
MOV BX, AH            ；源操作数和目的操作数的长度不一致 A
```

【例 4-3】 下列指令段(程序)执行后，指出各寄存器和有关存储单元的内容。

```
MOV AX, 20A0H         ；AX←20A0H(AL←0A0H,AH←20H)
MOV DS, AX            ；DS←20A0H
MOV BX,1000H          ；BX←1000H
MOV AL, 12H           ；AL←12H
MOV [BX], AL          ；[DS×10H+BX]=[21A00H]←12H
MOV DX,5678H          ；DX←5678H
MOV [BX+100H], AX     ；[DS×10H+1000H+100H]=[21B00H]←2012H
```

该指令段执行完后：AX=2012H，DS=20A0H，BX=1000H，[21A00]=12H，DX=

5678H，[21B00H] = 12H，[21B01H] = 20H。

图 4-8 所示为 MOV 指令允许传送数据的途径，通过该图可以有效帮助记忆各种 MOV 指令。

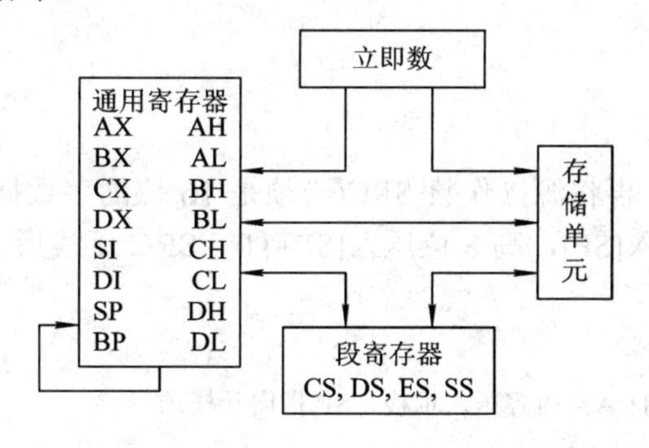

说明：
• 不能在两个段寄存器之间直接传送数据；
• 不能在两个存储单元之间直接传送数据；
• 立即数和段寄存器CS不能作为目的操作数；
• 不能将立即数直接传送给段寄存器；
• 源操作数和目的操作数的类型和长度必须一致；
• IP寄存器、标志寄存器不能直接参与MOV指令的传送

图 4-8　MOV 指令允许传送数据的途径

2) 交换指令 XCHG

指令格式：

XCHG　OPR1,　OPR2

双操作数指令，XCHG 为指令助记符，是英文单词 exchange 的缩写，意为交换。两个操作数 OPR1、OPR2 各自既为源操作数，又为目标操作数。其功能为将操作数 OPR1 和操作数 OPR2 的内容互换。

该指令用来在以下限定的范围内相互交换数据：

① 可以为两个寄存器操作数。

② 可以为一个寄存器操作数和一个存储器操作数。

③ 数据可以是 8 位的，也可以是 16 位的。

例如：

```
XCHG AL, CL          ; 两个寄存器间的字节数据交换
XCHG BX, SI          ; 两个寄存器间的字数据交换
XCHG AX, [BX+SI]     ; 寄存器和存储器单元之间的字数据交换
```

在使用 XCHG 指令时应注意：

① 指令的操作数可以是寄存器或存储单元，但不能是段寄存器或立即数。

② 不能同时为两个存储器操作数。

下面指令是不合法的：

```
XCHG DS, AX          ; 操作数不能是段寄存器
XCHG AL, 34H         ; 操作数不能是立即数
XCHG [BX], [DI]      ; 操作数不能两个都是存储单元
```

3) 堆栈指令

堆栈指令 PUSH 和 POP 是 8086/8088 进行堆栈操作的指令。所谓堆栈，就是以“先进后出 LIFO(Last-in, First-out)”原则在存储器中开辟的一段连续的存储区域。堆栈只有一个数据出入口，称为栈顶。CPU 内部的堆栈指针寄存器 SP 始终指向栈顶存储单元，SP 可由指令设置。进行堆栈操作时，栈底单元的位置是不变的，而栈顶位置(SP)则随着数据

入栈操作向低地址方向变化(即 SP 内容递减)，随着出栈操作向高地址方向变化(即 SP 内容递增)。

堆栈常用于程序执行过程中，存储需要保护的现场数据和子程序断点。

(1) 压栈指令 PUSH(PUSH word onto stack)。

指令格式：

```
PUSH    SRC
```

指令功能：先将堆栈指针 SP 的内容减 2，再将源操作数 SRC(必须是 16 位的字数据)压入 SP 所指向的堆栈栈顶存储单元(低 8 位压入[SP]，高 8 位压入[SP+1])。SRC 压栈后，其内容不变。

例如：

```
PUSH AX                  ; SP←(SP) – 2，将 AX 内容压入堆栈，SP 指向新栈顶
```

(2) 出栈指令 POP(POP word off stack)。

指令格式：

```
POP    DST
```

指令功能：先将 SP 所指向的堆栈栈顶存储单元的内容(必须是字数据)弹至目的操作数 DST，再将 SP 的内容加 2。

例如：

```
POP BX               ; 将栈顶单元的字数据弹出到 BX，并使 SP 指向新栈顶
```

再例如如下程序：

```
PUSH AX              ; 将 AX、BX 及 CX 的内容顺序入栈
PUSH BX
PUSH CX
…
POP CX               ; 将栈顶元素反序出栈至 CX、BX 和 AX
POP BX
POP AX
```

常使用此类程序“保护现场”和“恢复现场”，在程序的省略部分，可能要改变需要保留的 AX、BX 及 CX 寄存器的内容。所以在改变前将它们依次入栈，在需要恢复这些寄存器的原值时，再反序将它们出栈。

又例如如下程序：

```
PUSH AX              ; 将 AX 和 BX 的内容顺序入栈
PUSH BX
POP AX               ; 将栈顶元素顺序出栈至 AX 和 BX
POP BX
```

此程序的功能将完成 AX 与 BX 内容的互换，与指令 XCHG　AX, BX 的功能等价。

在使用 PUSH 和 POP 指令时应注意：

① PUSH 和 POP 指令只对 16 位操作数执行入栈和出栈操作。

② 不允许将立即数入栈(80386 以后的指令系统则允许)。

③ 目的操作数 DST 不能为立即数或代码段寄存器 CS。

4) 查表指令 XLAT

指令格式：

XLAT

该指令使用的寻址方式是隐含寻址。指令的功能是以寄存器 BX 的内容与累加器 AL 的内容之和为有效地址 EA，将指定存储单元的字节内容传送给累加器 AL。即：

AL←[BX+AL]

该指令可用于查表程序，也可用于换码操作。表的首地址一般预先存放在 BX 中，本指令根据预先给定的表内偏移量(放在 AL 中)查找对应表单元，并最终将对应的表值(必须是字节数据)传送给累加器 AL，从而将一种代码转换为另一种代码。

【例 4-4】 设 DS＝2000H，BX＝1000H，[21001H]＝31H，[21002H]＝32H。指令段：

```
MOV AL, 02H
XLAT
```

执行后，AL 的内容是什么？

在执行 XLAT 时，源操作数的物理地址为

DS×10H＋BX＋AL＝2000H×10H＋1000H＋2＝20000H＋1000H＋2H＝21002H

所以指令执行后，AL＝32H。

本例中，第一条指令执行后 AL 的内容为数值 2，执行 XLAT 后，AL 的内容变为 32H。本例程序的功能可理解为将数值“2”转换为其 ASCII 码值“32H”。

2．目标地址传送类指令

目标地址传送类传送指令的功能是传送目标地址到指定的寄存器中。该类指令有 LEA、LDS 和 LES 共 3 条。

1) LEA 指令(Load Effective Address)

指令格式：

LEA DST, SRC

指令功能：取 SRC 的有效地址，即将源操作数 SRC 的有效地址传送给目的寄存器操作数 DST。源操作数必须是一个存储器地址，DST 是任一个 16 位通用寄存器，通常选为 BX、BP、SI 或 DI。

例如：

```
MOV BX, 2000H
LEA SI, [BX]    ; SI=2000H
```

编程时，SRC 常采用符号地址的形式。例如：

```
LB DB 34H           ; 定义字节变量 LB
LEA SI, LB          ; 将变量 LB 在数据段中的偏移地址传送给寄存器 SI
```

【例 4-5】 设 DS＝2000H，BX＝1000H，[21000H]＝30H，[21001H]＝31H。指出下列各指令的功能：

① MOV AX, [BX]

② LEA AX, [BX]

第一条指令是将存储单元[1000H]的字存储单元的内容传送给 AX，即 AX＝[21000H]＝

3130H；

第二条指令是将存储单元[1000H]的偏移(有效)地址传送给 AX，即 AX = 1000H；

2) LDS 指令(Load pointer using DS)

指令格式：

LDS　DST,　SRC

指令功能：把源操作数指定的连续 4 个存储单元中存放的 32 位地址指针(一个 16 位段基址和一个 16 位偏移量)传送到两个 16 位寄存器中，其中两个低位字节送指令指定的 16 位通用寄存器，而两个高位字节送至段寄存器 DS 中。DST 通常取寄存器 SI。

例如：

```
DATA DD 10A02000H
LDS SI, DATA
```

执行上面指令后，DS = 10A0H，SI = 2000H。

3) LES(Load pointer using ES)指令

指令格式：

LES　DST, SRC

指令功能：本指令与 LDS 都是取 32 位地址指针指令，不同之处是该指令把源操作数指定的连续 4 个存储单元中存放的 32 位地址指针的高两字节送段寄存器 ES 中，而不是 DS 中。

在使用目标地址传送指令时有以下规定：

① 指令中指定的目的寄存器不能是段寄存器。

② 源操作数必须使用存储器寻址方式。

③ 该类指令不影响标志位。

3. 标志位传送类指令

标志位传送类指令专门用于对标志寄存器进行操作的指令。有以下 4 条标志传送指令：

1) 标志寄存器送 AH 指令 LAHF(Load AH from Flags)

指令格式：

LAHF

指令功能：将标志寄存器的低 8 位送至 AH。

2) AH 送标志寄存器指令 SAHF(Store AH into Flags)

指令格式：

SAHF

指令功能：将 AH 中的内容送回标志寄存器的低 8 位。

3) 标志入栈指令 PUSHF(PUSH Flags onto stack)

指令格式：

PUSHF

指令功能：将标志寄存器的内容压入堆栈。

4) 标志出栈指令 POPF(POP Flags off stack)

指令格式：

POPF

指令功能：将栈顶内容弹出到标志寄存器。

可以看出，指令 SAHF 和 POPF 将直接影响标志寄存器的内容。利用这一特性，可以很方便地改变标志寄存器中指定的状态。

【例 4-6】 设置标志寄存器中的 TF 位(TF＝1，微处理器为单步方式执行指令)。

由于 CPU 没有直接设置 TF 的操作指令，必须通过堆栈操作改变其状态。指令段如下：

```
PUSHF        ; 标志寄存器的内容进栈
POP AX       ; 标志寄存器的内送 AX
OR AH, 01H   ; 将标志位 TF 置于 1
PUSH AX      ; 将 AX 的内容压栈
POPF         ; 栈顶 AX 的内容送标志寄存器，以上程序使得 TF 的值置 1，其余位不变
```

4．I/O 数据传送类指令

在 8086/8088 系统中，所有外部设备的 I/O 端口与 CPU 之间的数据传送都是由 IN 和 OUT 指令来完成的。IN 和 OUT 指令对 I/O 端口的访问只能使用直接寻址或寄存器 DX 间接寻址。

1) 输入指令 IN(INput)

指令格式：

```
IN   AL,  PORT       ; 直接寻址，输入字节操作
IN   AX,  PORT       ; 直接寻址，输入字操作
IN   AL,  DX         ; DX 间接寻址，输入字节操作
IN   AX,  DX         ; DX 间接寻址，输入字操作
```

指令功能：将端口数据传送给累加器 AL 或 AX。

当端口地址小于 $2^8=256$ 时，可采用直接寻址方式。在指令中直接指定 8 位端口地址 PORT；当端口地址大于等于 256 时，必须采用 DX 间接寻址方式，预先把 16 位端口地址存放到 DX 寄存器中，然后使用 IN 指令实现端口数据输入操作。指令中必须用 AL 或 AX 接收数据，若用 AL 接收数据，则读取外设端口的 8 位字节数据；若用 AX 接收数据，则读取指定外设 I/O 端口和下一个 I/O 端口地址合成的 16 位字数据。

例如：

```
IN AX, 18H           ; 直接端口寻址，将 18H 端口字节内容读入到 AL 中，同时
                     ; 将 19H 端口的字节内容读入到 AH 中
MOV DX, 12CH         ; 把端口地址 12CH 传送到 DX
IN AL, DX            ; 间接端口寻址，将 12CH 端口的字节内容读入到 AL 中
```

2) 输出指令 OUT(OUTput)

指令格式：

```
OUT   PORT,  AL      ; 直接寻址，输出字节操作
OUT   PORT,  AX      ; 直接寻址，输出字操作
OUT   DX，AL         ; 间接寻址，输出字节操作
OUT   DX,  AX        ; 间接寻址，输出字操作
```

指令功能：将 AL 将 AX 内容传送至指定 I/O 端口。

OUT 指令的寻址方式同 IN 指令，输出的数据必须用 AL 或 AX 发送。若用 AL 发送数据，则输出到外设端口的为字节数据，若用 AX 发送数据，则输出到连续两个外设端口中。

例如：

```
OUT 15H, AL          ; 直接端口寻址，把 AL 的字节内容输出到 15H 端口
MOV DX, 2000H        ; 端口地址送入 DX
OUT DX, AX           ; 间接端口寻址，把 AL 的内容输出到 2000H 端口，
                     ; 把 AH 的内容输出到 2001H 端口
```

数据传送类指令总结于表 4-2 中。

表 4-2 数据传送类指令

指令类型	指令格式	指 令 功 能	Flags 状态 ODITSZAPC	备 注
通用传送	MOV DST,SRC	传送字节或字	---------	SRC:imm,reg,seg,mem DST:reg,seg(CS 除外),mem
	XCHG OP1,OP2	交换字节或字	---------	OP1/OP2:reg,mem
	PUSH SRC	字入栈	---------	SRC:reg,seg,mem
	POP DST	字入栈	---------	DST:reg,seg(CS 除外),mem
	XLAT	查表	---------	
目标地址传送	LEA DST,SRC	传送有效地址	---------	SRC:mem DST:reg
	LDS DST,SRC	传送 32 位地址到 DST 和 DS	---------	SRC:mem DST:reg
	LES DST,SRC	传送 32 位地址到 DST 和 ES	---------	SRC:mem DST:reg
标志传送	LAHF	标志寄存器低 8 位送入 AH	---------	
	SAHF	AH 送入标志寄存器低 8 位	----sssss	
	PUSHF	标志寄存器入栈	---------	
	POPF	标志寄存器出栈	sssssssss	
输入输出	IN acc, PORT	输入字节或字	---------	acc:AL 或 AX PORT:0-255 或 DX
	OUT PORT, acc	输出字节或字	---------	acc:AL 或 AX PORT:0-255 或 DX

注：imm：立即数；acc:累加器；reg：通用寄存器；seg：段寄存器；mem：存储器；-：不影响此标志；s：根据结果设置此标志。

4.3.2 算术运算类指令

8086/8088 的算术运算指令可实现 8 位或 16 位二进制数的加、减、乘、除四则运算，也可用于有符号数、无符号数及 BCD 码的各种算术运算。

1．加法指令

1) 不带进位的加法指令 ADD(ADDition)

指令格式：

ADD　DST,　SRC

指令功能：进行不带进位的加法操作，即 DST←DST+SRC。它是一条双操作数指令，将源操作数 SRC(字节或字)和目的操作数 DST(字节或字)进行二进制数相加，结果存放在 DST 中。该指令执行后，源操作数 SRC 不变，且影响状态标志位：AF、CF、PF、OF、ZF、SF。

在使用 ADD 指令时应注意以下几点：

① 该指令中，参与运算的两个操作数类型和长度必须一致，即应同时为带符号数、不带符号数或 BCD 码数，其运算结果也必须和操作数的类型和长度一致。

② 该指令并不识别数据类型，只能按二进制数进行按位相加。溢出标志 OF 是按照有符号数加法的运算规则置位或复位的。两个操作数的符号相同时，有可能发生溢出(当次高位向最高位与最高位向上不同时产生进位时，置位 OF=1；当次高位向最高位与最高位向上同时产生进位或同时不产生进位时，复位 OF=0)。用户必须根据编程时所定义的数据编码类型，对运算结果作相应的处理。

③ 该指令的操作数可以是通用寄存器、基址或变址寄存器、存储器数，但不能同时为存储单元；立即数只能作源操作数，不能作目的操作数；操作数不能是段寄存器。

例如：

```
ADD AL, 12H                ; AL←AL＋12H，将 AL 中的内容加上 12H 后送回
ADD AX, BX                 ; AX←AX＋BX
ADD DX, [BP]               ; DX←DX＋[BP]
ADD AL, [SI+BX]            ; AL←AL＋[SI＋BX]
ADD SI, 0FFF0H             ; SI←SI＋FFF0H
ADD AX, DATA[BX]           ; AX←AX＋[BX＋DATA]
ADD AX, [BP+DI+100H]       ; AX←AX＋[BP＋DI＋100H]
ADD BYTE PTR [BX], 50H     ; [BX]←[BX]＋50H，目标操作数为存储器字节单元
ADD [SI+BX], DL            ; [SI＋BX]←[SI＋BX]＋DL
```

【例 4-7】　设 AL=0A4H，BL=5CH，则执行指令 ADD　AL, BL 后，AL 中的值及标志位状态如何？

指令完成的运算可用下面的竖式表示：

```
  AL       1010 0100
 +BL       0101 1100
─────────────────────
  AL     1 0000 0000
         ↑
      向高位进位
```

指令执行后，AL=0，而其对标志位产生的影响有：OF=0(次高位向最高位及最高位向上同时产生了进位)；SF=0(符号位 D7)；ZF=1(结果为 0)；AF=1(D3 位向 D4 位产生了

进位)；PF=1(结果中“1”的个数为0，偶数)；CF=1(最高位向上产生了进位)。

2) 带进位的加法指令ADC(ADdition with Carry)

指令格式：

```
ADC    DST, SRC
```

指令功能：进行带进位的加法操作，即DST←DST+SRC+CF。它是一条带进位的加法指令，其操作是在ADD指令求和功能的基础上使目标操作数再加上标志位CF的值。该指令常应用于多字节加法运算。

【例4-8】 编写指令段实现4字节数(32位数双字)20008A04H+23459D00H相加。

将加数20008A04H的高位字2000H存放在寄存器DX中，低位字8A04H存放在累加器AX中，程序中应先用ADD指令完成AX与被加数低位字9D00H的和，再用ADC指令完成DX与被加数高位字2345H的和。指令段如下：

```
MOV DX, 2000H
MOV AX, 8A04H
ADD AX, 9D00H                ; AX←8A04H+9D00H，进位置CF=1
ADC DX, 2345H                ; DX←2000H+2345H+CF，考虑了低位来的进位
```

本指令段运行后，DX中存放着被加数的高两字节，AX中放着被加数的低两字节。ADD指令实现低字节相加，相加后AX=2704H，CF=1。ADC指令实现高字节相加，且将CF加至DX，使DX内容为4346H。最后得到正确的结果43462704H。

3) 加1指令INC(INCrement)

指令格式：

```
INC    OPR
```

指令功能：OPR作为源操作数加1后，其结果仍然返回该操作数。该指令执行后，影响状态标志位：AF、PF、OF、ZF、SF，但不影响进位CF标志。

该指令为单操作数指令，OPR既为源操作数，又作为目的操作数。例如：

```
INC BX                       ; 完成将BX寄存器中的内容加1，即BX←BX+1
```

【例4-9】 编写指令段实现2000H单元和2001H单元内容之和送入AL中。

参考指令段如下：

```
MOV SI, 2000H
MOV AL, [SI]
INC SI                       ; SI=SI+1
ADD AL, [SI]                 ; AL为2000H单元和2001H单元内容之和
```

4) BCD码加法调整指令

前已述及，CPU对算术加法运算是按二进制数进行的，并不分辨数据的类别。如果用户交给CPU进行相加的两个原始数据是BCD码，在执行ADD、ADC或INC指令时，这些指令并不知道它们是BCD码，仍会按照二进制规则完成加法运算。也就是说，其运算结果中的高低四位二进制数均可能超出BCD码所要求的0～9范围。为此，人们设计了BCD码加法调整指令放在加法指令之后，最终使运算结果调整为正确的BCD码形式。BCD码加法的调整指令有两条：

- 非压缩 BCD 码调整指令 AAA(ASCII Adjust for Addition);
- 压缩 BCD 码调整指令 DAA(Decimal Adjust for Addition)。

所谓压缩 BCD 码是用一个字节表示 2 位 BCD 码，而非压缩 BCD 码是用一个字节的低 4 位表示 1 位 BCD 码，高 4 位为 0。

AAA 和 DAA 指令均采用隐含寻址方式，需要调整的数据必须在累加器 AL 中。也就是说，使用 BCD 加法调整指令前的加法指令的目的操作数必须是 AL。

(1) AAA 指令。AAA 指令的功能将 8 位累加器 AL 中的加法运算结果调整为一位非压缩 BCD 码数。该指令首先检查 AL 的低 4 位是否为合法的 BCD 码(0～9)，若合法，就清除 AL 的高 4 位以及 AF 和 CF 标志，不需要进行调整；若 AL 低 4 位表示的数大于 9 或者 AF=1 时，则为非法的 BCD 码，其调整操作为

AL←AL+6
AH←AH+1
AF←1
CF←AF
AL←AL∧0FH(清除 AL 的高 4 位)

由于任何一个 A～F 之间的数加上 6 以后，都会使 AL 的低 4 位产生 0～9 之间的数，从而达到十进制加法的调整指令目的。

【例 4-10】 将非压缩 BCD 码 00000111B(07BCD)与 00001001B(08BCD)相加，结果存放在 1000H 单元中。

参考指令段如下：

```
MOV AH, 0
MOV AL, 07H          ; AL←07BCD = 7
ADD AL, 08H          ; AL←AL + 08BCD = 0FH(=15)
AAA                  ; AL←(AL + 06H)∧0FH = 05BCD = 5, AH = 01BCD = 1
MOV [1000H], AL
```

本题为一位 BCD 码相加，正确结果应为 07BCD + 08BCD = 0105BCD。但在执行 ADD AL, 08H 后，AL = 0FH，显然属于非法 BCD 码。其后执行 AAA 指令后，AL 中得到预期的非压缩 BCD 码 05BCD，而 AH 中保存了进位后的高位值 01BCD。

(2) DAA 指令。DAA 指令的功能是将 AL 的加法运算结果内容调整为两位压缩的 BCD 码数(即一个字节内存放两位 BCD 码数)。调整方法与 AAA 指令类似，不同的是，DAA 指令要分别考虑 AL 的高 4 位和低 4 位，若 AL 的低 4 位为非法 BCD 码(大于 9 或者 AF = 1)，则 AL←AL+6，并置位 AF = 1；如果 AL 的高 4 位为非法 BCD 码(大于 9 或者 CF = 1)，则 AL←AL+60H。

例如，设 AL = 36BCD，BL = 48BCD，则执行 ADD AL，BL 指令后，AL = 7EH，再经过 DAA 调整后，AL 中便调整为预期的压缩 BCD 编码，即 AL = 84BCD。

2. 减法指令

1) 不考虑借位的减法指令 SUB(SUBtraction)

指令格式：

SUB　DST,　SRC

指令功能：进行不考虑借位的减法操作，即 DST←DST－SRC，该指令是双操作数指令，它将目的操作数 DST 减去源操作数 SRC，结果存入目的操作数 DST 中，源操作数 SRC 的内容不变。该指令执行后，影响状态标志位：AF、CF、PF、OF、ZF、SF。

在使用 SUB 指令时应注意：

① 参与运算的两个操作数类型(编码)和长度必须一致，应该同时为带符号数、不带符号数或 BCD 码数，其运算结果也必须和操作数的类型及长度一致。

② 该指令不能识别数据类型，只能按二进制数进行按位相减。对于有符号数，若两个操作数符号相反，则有可能发生溢出(置位 OF＝1)。程序员必须根据编程时所定义的数据编码类型，对运算结果作相应的处理。

③ 该指令的操作数可以是通用寄存器、基址或变址寄存器、存储器，但不能同时为存储单元；立即数只能作源操作数，不能作目的操作数；操作数不能是段寄存器。

例如：

```
SUB AL, 12H             ; AL←AL－12H
SUB BX, 1234H           ; BX←BX－1234H
SUB AL, [2000H]         ; AL←AL－[2000H]
SUB AX, DX              ; AX←AX－DX
SUB [2000H], BL         ; [2000H]←[2000H]－BL
```

下列指令是错误的：

```
SUB AX, BL              ; 源操作数 8 位,目的操作数为 16 位,数据长度不一致
SUB [BX], [2000H]       ; 源操作数和目的操作数不能同时为存储器操作数
SUB DS, AX              ; 操作数不能是段寄存器.
```

2) 考虑借位减法指令 SBB(SuBtraction with Borrow)

指令格式：

SBB　DST,　SRC

指令功能：操作与 SUB 指令不同，它先将目的操作数 DST 减去源操作数 SRC 后，再减去进位标志 CF 的值(注意，CPU 内的标志寄存器 CF 位既标识加法运算的“进位”，也标识减法运算的“借位”)，最终结果存入目的操作数 DST 中。

3) 减 1 指令 DEC(DECrement)

指令格式：

DEC　OPR

指令功能：使源操作数 OPR 减 1 后，将其结果仍然存回该操作数。该指令执行后，影响状态标志位：AF、PF、OF、IF、SF，但不影响 CF 状态。

本指令是单操作数指令，OPR 即为源操作数，又作为目的操作数。

4) 求补指令 NEG(NEGate)

指令格式：

NEG　OPR

指令功能：将源操作数 OPR 用 0 去减后，把结果送回，即 OPR←0－OPR。通常用作

有符号数的取补运算，在计算机内部的实现方法是对操作数OPR的各位取反后，再在其末位加1。该指令执行的实质是：将一个已知补码表示的操作数转换为这个数相反数的补码。

【例4-11】 设AL中存放有数据13H，则执行指令NEG AL的功能是什么？

指令执行后，AL＝$\overline{00010011}$B＋1＝11101101B＝EDH，可以理解为十进制数“－19”的补码。

5) 比较指令CMP(CoMPare)

指令格式：

CMP DST,　SRC

指令功能：与SUB指令操作相同，但不传送运算结果到DST，即执行后两个操作数保持原值不变，仅影响标志寄存器的相关标志位，通常用于比较两个操作数的大小。CMP指令后一般跟有条件转移指令，该指令对标志位的影响，为转移指令提供条件判断的依据。

例如：判断累加器AL的内容是否为30H，若是，则转标号LB处执行，否则顺序执行。指令段如下：

```
        CMP AL, 30H
        JZ LB
        …
LB:     …
        …
```

注意：应根据ZF标志判断两个操作数是否相等，如果ZF＝1，则两数相等，否则不相等。当判断两个操作数的大小关系时，需分操作数是否为有符号数的两种情况，方法如下：

① 无符号数的情况。根据CF标志即可判断，若CF＝1，被减数＜减数(选用指令：JB/JC)，否则被减数≥减数(选用指令：JAE/JNC)。

② 有符号数的情况。同符号数相减不会产生溢出，异符号相减可能会产生溢出，所以要根据SF和OF来判定：若SF⊕OF＝0，则被减数≥减数(选用指令：JGE/JNL)，否则被减数＜减数(选用指令：JL/JNGE)。其中“⊕”为异或运算符。

6) BCD码减法调整指令

BCD码的减法运算与加法运算类似，也需要进行调整，以便得到正确BCD码表示的结果。

BCD码减法的调整指令为

- 非压缩BCD码调整指令AAS(ASCII Adjust for Subtraction)；
- 压缩BCD码调整指令DAS(Decimal Adjust for Subtraction)

(1) AAS用于非压缩BCD码减法调整，与AAA指令基本类似，不同的是，当AL(低4位)为非法BCD码或者AF＝1(即有半借位发生错误)时，进行BCD码减法的调整：

AL←AL－6

AH←AH－1

AF←1

CF←AF

AL←AL∧0FH

(2) DAS 用于压缩 BCD 码减法调整，与 DAA 指令基本类似，不同的是，当 AL 的低 4 位为非法 BCD 码或者 AF=1 时，AL←AL－6，并且置 AF=1；当 AL 高 4 位的为非法 BCD 码或 CF=1 时，AL←AL－60H，并置 CF=1。

3．乘法指令

1) 无符号数乘法指令 MUL(MULtiply)

指令格式：

MUL　SRC

指令功能：执行两个无符号数的乘法操作，被乘数隐含在累加器 AL 或 AX 中，乘数由 SRC 确定。本指令隐含了目的操作数 AL、AX 或 DX。当 SRC 为 8 位操作数时，源操作数隐含为 AL，目的操作数隐含为 16 位的累加器 AX；当 SRC 为 16 位操作数时，源操作数隐含为 AX，目的操作数隐含为 16 位的寄存器 DX 与 16 位的累加器 AX 的组合，其高位字在 DX 中，低位字在 AX 中。

指令中的源操作数 SRC 可以是通用寄存器、指针和变址寄存器或存储器操作数，但不能是立即数。

2) 有符号数乘法指令 IMUL(Integer MULtiply，亦称为整数乘法)

指令格式：

IMUL　SRC

指令功能：执行两个用补码表示的有符号数的乘法操作与 MUL 相似，被乘数隐含在累加器 AL 或 AX 中，乘数由 SRC 确定。

MUL 和 IMUL 都指定用累加器的内容与指定的源操作数 SRC 的内容相乘。

例如：

① MUL CL　　；将 AL 与 CL 中的无符号数之积送 AX

② MUL BX　　；将 AX 与 BX 中的无符号数之积送到 DX 与 AX 之中

③ IMUL BL　　；将 AL 与 BL 中的有符号数之积送到 AX 之中

设指令①中原来 AL=15H，CL=83H，则执行指令后，AX=15H×83H=0ABFH，相当于十进制的 21×131=2751。设指令③中原来 AL=15H，BL=83H，则执行指令后，AX=15H×83H=F5BFH，相当于十进制的 21×(－125)=－2625。

在使用乘法指令时应注意：

① 两种乘法指令都仅影响标志位 CF 和 OF，而其他标志位的状态不定。若 CF 和 OF 标志同时为 1，表明运算结果的高半部分是有效数据(对字节乘法，指 AH 中内容有效，对字乘法，指 DX 中的内容有效)。

② 两种乘法的运算规则不同，不能混用。用户使用时，一定要针对原数据的类别来合理选择 MUL 或 IMUL。

③ 被乘数所隐含的累加器位数与目的操作数的位数相差一半，这与加减运算指令不同。

3) 非压缩 BCD 码乘法调整指令 AAM(ASCII Adjust for Multiplication)

指令的功能是将两个非压缩BCD码的乘积所存放在AX中的结果调整转换成两个非压缩 BCD 码分别存放在 AH(高位)和 AL(低位)中。本指令影响标志位 SF、ZF 和 PF，但对 OF、CF 和 AF 位无定义。

【例 4-12】　计算 6×9，乘积以非压缩 BCD 码存放在 AH 和 AL 中。

指令段如下：

```
MOV BL, 6      ; BL←06BCD
MOV AL, 9      ; AL←09BCD
MUL BL         ; AX←09H×06H=0036H(即十进制数 54 的二进制形式)
AAM            ; AX ←0504H(即 0504BCD)
```

上述程序中执行 AAM 指令前，累加器 AX 的内容为 0036H(十进制数 54 的二进制代码)；执行 AAM 指令后，AX 的内容被调整为两位非压缩 BCD 码 0504BCD(AH=05H,AL=04H)。

需要指出，AAM 是唯一的十进制乘法调整指令。因此，在进行乘法操作需要调整时，必须转为非压缩 BCD 码相乘后送入 AX 中，最后得到两个非压缩 BCD 码送入 AH 和 AL 中。

4．除法指令

1) 无符号数的除法指令 DIV(DIVision)

指令格式：

DIV　SRC (隐含操作数 AX、DX)

指令功能：执行两个二进制无符号数的除法操作。若除数为 8 位数据，则被除数为 16 位数据隐含在累加器 AX 中，所得整数商送入 AL 中，余数送入 AH 中；若除数为 16 位数据，则被除数为 32 位数据隐含在 DX(高位字)与 AX(低位字)的组合中，所得整数商送入 AX 中，余数送入 DX 中。商和余数都是二进制无符号数。

指令中的源操作数 SRC 可以是通用寄存器、指针和变址寄存器或存储器数，但不能是立即数。在使用除法指令 DIV 时应注意以下几点：

① 当其商超过指令所规定的寄存器能存放的最大值时，系统产生 0 类中断，并且商和余数均不确定。

② 编程时若被除数及除数都是 8 位数据，则应把被除数送入 AL 后再向 AH 中送 0，以使被除数变为 16 位数据。

③ 若被除数及除数都是 16 位数据，则应把被除数送入 AX 后再向 DX 中送 0，以使被除数变为 32 位数据。

2) 有符号数除法指令 IDIV(Integer DIVision，亦称为整数除法)

指令格式：

IDIV　SRC (隐含操作数 AX、DX)

指令功能：执行两个二进制有符号数的除法操作。对数据的要求同 DIV 指令，但执行操作的机理不同：商和余数都是二进制有符号数，并规定余数的符号与被除数符号相同。

指令中的源操作数 SRC 可以是通用寄存器、指针和变址寄存器或存储器数，但不能是立即数。在使用除法指令 IDIV 时应注意：

① 当其商超过指令所规定的寄存器能存放的最大值时，系统产生 0 类中断，并且商和余数均不确定。

② 编程时若被除数及除数都是 8 位数据，则应把被除数送入 AL 后执行符号扩展指令

CBW，将其符号位扩展到 AH 中(使被除数变为 16 位有符号数据)，以符合除法指令对数据格式的要求。

③ 若被除数及除数都是 16 位数据，则应把被除数送入 AX 后执行 CWD，将其符号位扩展到 DX 中(使被除数变为 32 位有符号数据)，以符合除法指令对数据格式的要求。

【例 4-13】 求 16 位数据 1001H 与 8 位数据 20H 的商。

参考指令段如下：

```
MOV AX, 1001H        ; AX←1001H(相当于十进制数 4097)
MOV CL, 20H          ; CL←20H(相当于十进制数 32)
DIV CL               ; 商 AL = 80H(相当于十进制数 128)，余数 AH = 1
```

3) 符号扩展指令

(1) 将字节扩展到字指令 CBW(Convert Byte to Word)。

功能：将 AL 中数的符号位(D7)扩展到 AH 寄存器中，即将 AL 中的 8 位字节数据扩展为 16 位字数据(正数扩展置 AH=00H，负数扩展置 AH=0FFH)。

(2) 将字扩展到双字指令 CWD(Convert Word to Double word)。

功能：将 AX 中数的符号位(D15)扩展到 DX 寄存器中，即将 AX 中的 16 位字数据扩展为 32 位双字数据 DX-AX(正数扩展置 DX = 0000H，负数扩展置 DX = 0FFFFH)。

这两条指令通常在 IDIV 等指令前，用于解决不同长度的数据进行算术运算问题。

【例 4-14】 编程求 8 位二进制有符号数 32H 与 0FH 的商。

参考指令段如下：

```
MOV BL, 0FH          ; BL←0FH = 15D
MOV AL, 32H          ; AL←32H = 50D
CBW                  ; AX←0032H
IDIV BL              ; AL←3,AH←5
```

4) 非压缩 BCD 除法调整指令 AAD(ASCII Adjust for Division)

AAD 指令的功能是在无符号除法指令 DIV 前将以非压缩 BCD 码形式存放在 AX 的两位 BCD 码调整为二进制形式的数据，存放在 AX 中。

强调一点，前面介绍的加法、减法和乘法调整指令 AAA、DAA、AAS、DAS 及 AAM 都紧跟在其对应的运算指令之后，对运算结果进行调整。而 AAD 则不同，它必须放在除法指令 DIV 之前，对 AX 中的被除数进行调整。

AAD 指令的调整规则是使 AL = AH × 10 + AL，AH = 0。本指令根据 AL 中的内容影响标志位 SF、ZF 和 PF，但对 OF、CF 和 AF 位无定义。

例如，设 AX 中存放有两位非压缩 BCD 数 0405H，即十进制数 45，BL 中存放一位非压缩 BCD 数 07H，若要完成 AX÷BL 的运算，可以采用下面的程序段：

```
AAD
DIV BL
```

第一条指令 AAD 先将 AX 中的 0405H 转换为 002DH，第二条指令 DIV　BL 执行后，商 06H 存放在 AL 中，余数 03H 存放在 AH 中。

算术运算类指令总结于表 4-3 中。

表 4-3 算术运算类指令

指令类型	指令格式	指 令 功 能	Flags 状态	备 注
			ODITSZAPC	
加法	ADD DST,SRC	不考虑进位字节或字相加	s---sssss	SRC:imm,reg,mem DST:reg,mem
	ADC DST,SRC	考虑进位字节或字相加	s---sssss	SRC:imm,reg,mem DST:reg,mem
	INC OP	字节或字加 1	s---ssss-	OP:reg,mem
减法	SUB DST,SRC	不考虑借位字节或字相减	s---sssss	SRC:imm,reg,mem DST:reg,mem
	SBB DST,SRC	考虑进借字节或字相减	s---sssss	SRC:imm,reg,mem DST:reg,mem
	DEC OP	字节或字减 1	s---ssss-	OP:reg,mem
	NEG OP	求补	s---ssss1	OP:reg,mem
	CMP OP1,OP2	字节或字比较	s---sssss	OP2:imm,reg,mem OP1:reg,mem
乘法	MUL SRC	不带符号字节或字乘法	s---****s	SRC:reg,mem
	IMUL SRC	有符号字节或字乘法	s---****s	SRC:reg,mem
除法	DIV SRC	不带符号字节或字除法	*---*****	SRC:reg,mem
	IDIV SRC	有符号字节或字除法	*---*****	SRC:reg,mem
扩展	CBW	向 AH 扩展 AL 的符号	---------	
	CWD	向 DX 扩展 AX 的符号	---------	
调整	AAA	非压缩 BCD 码加法调整	*---**s*s	
	DAA	压缩 BCD 码加法调整	*---sssss	
	AAS	非压缩 BCD 码减法调整	*---**s*s	
	DAS	压缩 BCD 码减法调整	*---sssss	
	AAM	非压缩 BCD 码乘法调整	*---ss*s*	
	AAD	非压缩 BCD 码除法调整	*---ss*s*	

注：imm：立即数；reg：通用寄存器；mem：存储器；-：不影响此标志；s：根据结果设置此标志；1：此标志位置 1；*：此标志位值不定。

4.3.3 逻辑运算类及移位操作类指令

1．逻辑运算类指令

逻辑运算类指令用来对字或字节操作数进行按位逻辑运算操作，包括逻辑与、逻辑或、逻辑非、逻辑异或及测试运算指令。

1) 逻辑与指令 AND(logical AND)

指令格式：

AND DST, RSC

指令功能：进行逻辑“与”操作，即 DST←DST∧RSC。当只有两个操作数的对应二

进制位都为 1 时，目的操作数中对应二进制位的结果才为 1，否则为 0。常用于使目的操作数的特定位“清 0”的操作。

操作数可以是 8 位或 16 位的通用寄存器、基址或变址寄存器、存储器数；立即数只能作源操作数，不能作目的操作数；两个操作数不能同时为存储单元；段寄存器不能作为操作数使用。

例如：

```
AND AL, 80H             ; 保留 AL 的 D7 位不变，其余位清 0，因为 0 与任何数相与，结果都为 0
AND AX, BX              ; AX←AX∧BX
AND DX, [BP]            ; DX←DX∧[BP]
AND AL, [SI+BX]         ; AL←AL∧[SI+BX]
AND SI, 0FFF0H          ; 使 SI 寄存器的低 4 位清 0，高 12 位不变
AND [BP+DI+100H], AX    ; [BP+DI+100H]←[BP+DI+100H]∧AX
```

该指令影响标志位：PF、SF、ZF，置 CF=0，OF=0，但 AF 位的值不定。

显然，该指令可借助某个给定数值，使目的操作数的某些位置清 0(即所谓的“屏蔽”)，而其余位则保持不变。

【例 4-15】　设 AL＝10111111B，要求屏蔽其低 4 位，保留高 4 位。

可用指令：AND　AL, 0F0H，算式如下：

```
        AL      1011 1111B(BFH)
  ∧             1111 0000B(F0H)
  ---------------------------------
        AL  ←   1011 0000B(B0H)
```

运行结果：AL=0B0H。

2) 逻辑或指令 OR(logical OR)

指令格式：

　　OR　DST, RSC

指令功能：进行逻辑“或”操作，即 DST←DST∨RSC。只有当两个操作数的对应二进制位都是 0 时，目的操作数的对应二进制位才为 0，否则为 1。常用于使目的操作数的特定位“置 1”的操作。

该指令对操作数的要求及对标志位的影响同 AND 指令。

【例 4-16】　设 AL＝00101111B，要求使其最高位置 1，其余各位不变。

可使用指令 OR　AL, 80H，运算竖式如下：

```
        AL      0010 1111B(2FH)
  ∨             1000 0000B(80H)
  ---------------------------------
        AL  ←   1010 1111B(AFH)
```

运行结果：AL=0AFH。

3) 逻辑非指令 NOT(logical NOT)

指令格式：

　　NOT　OPR

指令功能：使操作数 OPR 的每一位取反，即求 $\overline{OPR}$，并把结果送回 OPR。操作数可

以是 8 位或 16 位的通用寄存器、基址或变址寄存器、存储器数，但不能是立即数或段寄存器。该指令不影响标志位。

【例 4-17】 设 AL＝00101111B，要求对 AL 的各位求反。

只需执行指令：NOT AL，则运行结果为 AL=11010000B=0D0H。

4) 逻辑异或指令 XOR(logical Exclusive OR)

指令格式：

XOR DST, RSC

指令功能：进行逻辑“异或”操作，即 DST←DST⊕RSC。若两个操作数中对应二进制位的值不同时，目的操作数的对应二进制位为 1，否则为 0。指令对操作数的要求及对标志位的影响同 AND 指令。

该指令常用于判断两个操作数中哪些位不同，或用于改变指定位的状态。

【例 4-18】 设 AL=00101111B，要求使其最高位不变，其余各位取反。

可用指令：XOR AL, 7FH

AL	0010 1111B(2FH)
⊕	0111 1111B(7FH)
AL ←	0101 0000B(50H)

运行结果为 AL=01010000B=50H。

可以看出：AL 中的各位与 1 异或，本位变反；与 0 异或，本位不变。

若要使某数据清 0，可对自身进行异或运算，如 XOR AX, AX，不仅可以使其变为 0，且同时可以使 CF=0。

5) 测试运算指令 TEST(logical TEST)

指令格式：

TEST OPR1, OPR2

指令功能：对两个操作数对应二进制位进行“与”操作，并根据结果设置状态标志位，本指令与 AND 指令不同之处是不改变原来目的操作数的值。指令对操作数的要求同 AND 指令。该指令可以在不改变操作数的情况下，利用设置 OPR2 的方法来检测 OPR1 中某一位或某几位是 0 还是 1，通过运算结果对标志位的影响，作为条件转移指令的判断依据。

【例 4-19】 设 AL 中的数为有符号数，测试该数是正数还是负数。由于负数的最高位为 1，正数最高位为 0，可用 TEST 指令测试 AL 的最高位来判别。

执行指令：TEST AL, 80H

AL	xxxx xxxxB
∧	1000 0000B
影响标志位 ←	x000 0000B

可以看出，测试 AL 的最高位，可设置源操作数为 80H(10000000B)。如果运算结果为 0，则 AL 的最高位必为 0，置标志位 ZF＝1，表示该数为正数；否则，AL 的最高位为 1，置标志位 ZF＝0，表示该数为负数。ZF 位的状态可作为转移指令的判断依据。(注：标志寄存器中有专门的符号标志，此例提供判断运算结果符号的另一种方法。)

【例 4-20】 测试 AL 的第 7、5、3、1 位是否同时为 0，若全为 0，则置 ZF=1，否则 ZF=0，可以用指令 TEST AL, 0AAH 来完成。

设 AL=00100101B，与 AAH 相与的竖式如下：

$$
\begin{array}{rl}
 & 0010\ 0101B(25H) \\
\wedge & 1010\ 1010B(AAH) \\
\hline
 & 0010\ 0000B(20H)
\end{array}
$$

运算结果只用来影响标志位，不将结果(20H)送回 AL。由于结果中的第 5 位不为 0，测试结果为非 0，ZF=0。

注意，以上 5 种指令中，仅 NOT 指令不影响标志位。其他指令执行后，除 AF 状态不定外，总是使 OF=CF=0，而 ZF、DF 和 SF 的状态则根据运算的结果特征置位或复位。

2．移位操作类指令

移位操作类指令完成对操作数进行二进制数的移位操作。移位指令包括逻辑移位、算术移位和循环移位指令三类，每种又分为左移和右移两种。

1) 逻辑左移指令 SHL(Shift logic Left)

指令格式：

SHL DST, CL/1

其中，“CL/1”表示移位的次数，可以放在寄存器 CL 中或仅移位 1 次。DST 是 8 位或 16 位数据的通用寄存器或存储器操作数，但不能是段寄存器或立即数。

指令功能：将 DST 中的二进制位进行逐位左移，移位次数放入 CL 中(若仅移位 1 次可直接在指令中给出 1)。每次移位，操作数依次左移一位，最低位补 0，最高位送 CF 标志位。当移位次数大于 1 时，CF 中保留的是最后一次移位后移入其中的数值。逻辑左移 SHL 指令的操作过程如图 4-9 所示。

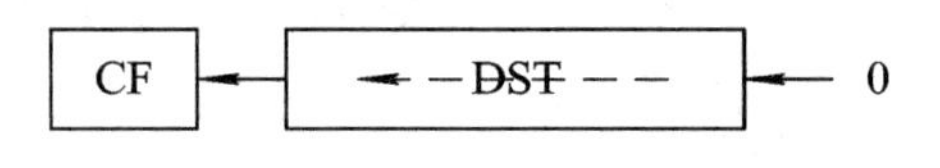

图 4-9 逻辑左移 SHL 指令操作示意图

该指令影响标志位 CF、OF、PF、SF 和 ZF。使用 SHL 指令可以对 DST 中的无符号数实现乘 2、乘 4、乘 8 等操作。

【例 4-21】 设 SI=1234H，将 SI 的内容乘以 4。

已知 SI=0001 0010 0011 0100B，将其左移 2 位即可实现乘 4 操作。

指令段如下：

```
MOV CL, 2
SHL SI, CL
```

或：

```
SHL SI, 1
SHL SI, 1
```

指令段执行后，SI 内容左移 2 位，SI=0100 1000 1101 0000B=48D0H。

2) 逻辑右移指令 SHR(Shift logic Right)

指令格式：

SHR DST, CL/1

指令功能：将 DST 中的二进制数进行逐位右移，移位次数放入 CL 中(若仅移位 1 次可直接在指令中给出 1)。每次移位，操作数依次右移一位，最高位补 0，最低位送 CF 标志位。逻辑右移 SHR 指令操作过程如图 4-10 所示。

该指令的寻址方式及对标志位的影响同 SHL 指令。使用 SHR 指令可以对 DST 中的无符号数实现除 2、除 4、除 8 等操作。

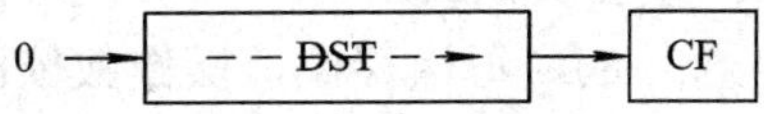

图 4-10　逻辑右移 SHR 指令操作示意图

【例 4-22】　设 SI=1234H，将 SI 的内容除以 4。

已知 SI=0001 0010 0011 0100B，将其右移 2 位即可实现除以 4 操作。

指令段如下：

```
MOV CL, 2
SHR SI, CL
```

指令执行后，SI 的内容右移 2 位，SI=0000 0100 1000 1101B=048DH。

3) *算术左移指令* SAL(Shift Arithmetic Left)

指令格式：

```
SAL   DST,   CL/1
```

指令功能：与 SHL 完全相同(注：某些汇编程序直接将 SHL 指令剔除，只识别 SAL 这一条指令)。

SAL 指令常用作有符号数的乘 2 操作，每次左移后，若 CF 位与最高位值相同，置 OF=0，表示结果没有溢出，否则，结果错误。

4) *算术右移指令* SAR(Shift Arithmetic Right)

指令格式：

```
SAR   DST,   CL/1
```

指令功能：将 DST 中的二进制位进行逐位右移，移位次数放入 CL 中(若仅移位 1 次可直接在指令中给出 1)，每次移位，操作数依次右移，最低位送 CF 标志位，但最高位却保持不变。算术左移 SAR 指令操作过程如图 4-11 所示。

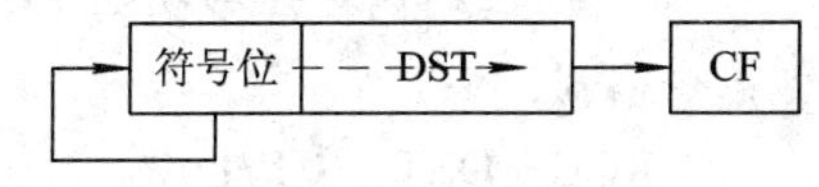

图 4-11　算术右移 SAR 指令操作示意图

SAR 指令的寻址方式及对标志位的影响同 SHL 指令。通常用 SAR 指令实现对 DST 中有符号数进行除 2、除 4、除 8 等操作。

【例 4-23】　编写实现有符号数 AX×5÷2 的运算。

参考程序如下：

```
MOV DX, AX          ; 备份 AX 中的值
SAL AX, 1           ; AX 的内容左移 1 位，完成 AX×2
SAL AX, 1           ; AX 再乘以 2
ADD AX, DX          ; 加上 AX 的原值后，AX 中的内容已经乘以 5
SAR AX, 1           ; AX 的内容右移 1 位，完成 AX←AX÷2
```

5) *循环左移指令* ROL(ROtate Left)

指令格式：

```
ROL   DST,   CL/1
```

指令功能：将 DST 中的二进制位进行逐位循环左移，移位次数放入 CL 中(若仅移位 1 次可直接在指令中给出 1)，每次移位，操作数依次左移，最高位移入最低位同时，也移至 CF 标志位。循环左移 ROL 指令的操作过程如图 4-12 所示。

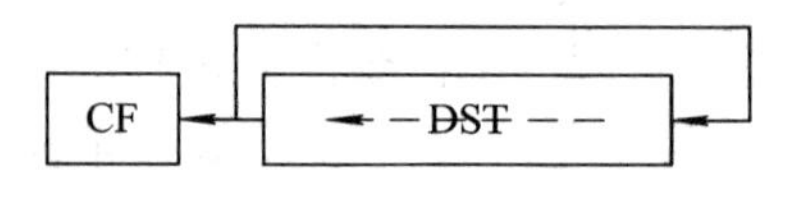

图 4-12　循环左移 ROL 指令操作示意图

ROL 指令的寻址方式同 SHL 指令，但只对标志位 CF 和 OF 产生影响。

若使用指令 ROL 使 8 位操作数循环左移 4 次，可使其高 4 位与低 4 位数据交换位置；若使用指令 ROL 使 16 位操作数循环左移 8 次，可使其高 8 位与低 8 位数据交换位置。

例如：设 AL=00110011B，则指令 ROL　AL, 1 执行后，CF=0，AL=01100110B。

6) 循环右移指令 ROR(ROtate Right)

指令格式：

```
ROR    DST,   CL/1
```

指令功能：将 DST 中的二进制位进行逐位循环右移，移位次数放入 CL 中(若仅移位 1 次可直接在指令中给出 1)，每次移位，操作数依次右移，最低位进入 CF 标志位和最高位。循环右移 ROR 指令操作过程如图 4-13 所示。

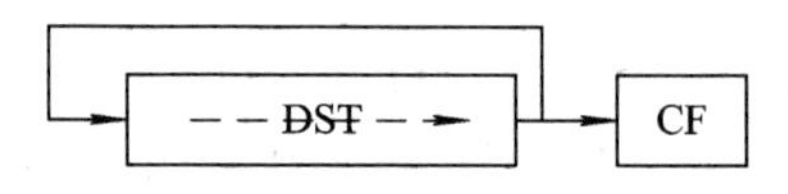

图 4-13　循环右移 ROR 指令操作示意图

ROR 指令的寻址方式及对标志位的影响同 ROL 指令。若使用指令 ROR 使 8 位操作数循环左移 4 次，亦可使其高 4 位与低 4 位数据交换位置；若使用指令 ROR 使 16 位操作数循环左移 8 次，亦可使其高 8 位与低 8 位数据交换位置。例如：设 AL=10111001B，则指令序列 MOV CL, 4/ROR　AL, CL 执行后，CF=1，AL=10011011B。

7) 带进位位的循环左移指令 RCL(Rotate through Carry flag Left)

指令格式：

```
RCL    DST,   CL/1
```

指令功能：将 DST 中的二进制位与 CF 串连在一起进行逐位循环左移，移位次数放入 CL 中(若仅移位 1 次可直接在指令中给出 1)，每次移位，操作数依次左移，标志位 CF 的内容移至 DST 的最低位，DST 的最高位则进入 CF。循环左移 RLL 指令操作过程如图 4-14 所示。

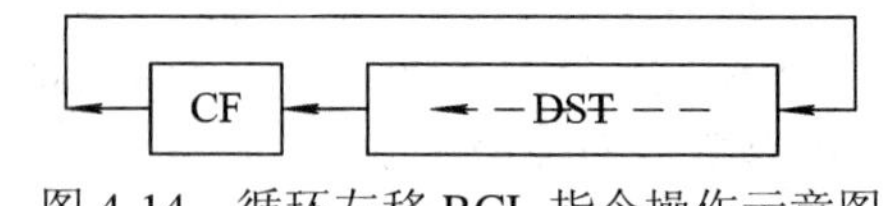

图 4-14　循环左移 RCL 指令操作示意图

RCL 指令的寻址方式及对标志位的影响同 ROL 指令。

8) 带进位位的循环右移指令 RCR(Rotate through Carry flag Right)

指令格式：

```
RCR    DST,   CL/1
```

指令功能：将 DST 中的二进制位与 CF 串连在一起进行逐位循环右移，移位次数放入 CL 中(若仅移位 1 次可直接在指令中给出 1)，每次移位，操作数依次右移，标志位 CF 内容移至 DST 的最高位，而 DST 的最低位则进入 CF。循环右移 RCR 指令操作过程如图 4-15 所示。

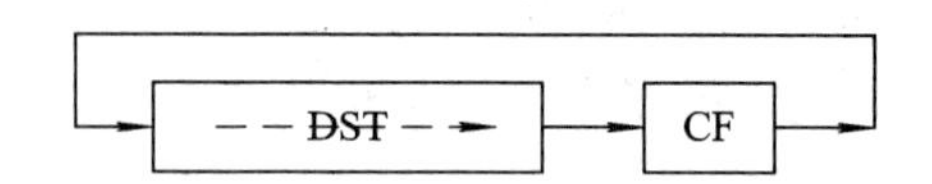

图 4-15　循环右移 RCR 指令操作示意图

RCR 指令的寻址方式及对标志位的影响同 ROL 指令。

逻辑运算及移位操作类指令总结于表 4-4 中。

表 4-4 逻辑运算及移位操作类指令

指令类型	指令格式	指令功能	Flags 状态 ODITSZAPC	备注
逻辑运算	AND DST,SRC	字节或字相与	0---ss*s0	SRC:imm,reg,mem DST:reg,mem
	OR DST,SRC	字节或字相或	0---ss*s0	SRC:imm,reg,mem DST:reg,mem
	XOR DST,SRC	字节或字相异或	0---ss*s0	SRC:imm,reg,mem DST:reg,mem
	NOT OP	求反	---------	OP:reg,mem
	TEST OP1,OP2	字节或字按位测试	0---ss*s0	OP2:imm,reg,mem OP1:reg,mem
逻辑移位	SHL DST,CL/1	字节或字逻辑左移	s---ss*ss	DST:reg,mem
	SAL DST,CL/1	字节或字算术左移	s---ss*ss	DST:reg,mem
	SHR DST,CL/1	字节或字逻辑右移	s---ss*ss	DST:reg,mem
	SAR DST,CL/1	字节或字算术右移	s---ss*ss	DST:reg,mem
循环移位	ROL DST,CL/1	字节或字循环左移	s-----*-s	DST:reg,mem
	ROR DST,CL/1	字节或字循环右移	s-----*-s	DST:reg,mem
	RCL DST,CL/1	字节或字带进位循环左移	s-----*-s	DST:reg,mem
	RCR DST,CL/1	字节或字带进位循环右移	s-----*-s	DST:reg,mem

注：imm：立即数；reg：通用寄存器；mem：存储器；-：不影响此标志；s：根据结果设置此标志；1：此标志位置 1；*：此标志位值不定；0：此标志位置 0。

☞4.3.4 数据串操作类指令

数据串也叫数据块，是指存储单元中连续存储的字节串或字串。数据串可以是数值型数据，也可以是字符型(如 ASCII 码)数据。8086/8088 系统对数据串的处理提供了十分实用的串操作指令以及与之配合使用的重复前缀，使用这些指令的简单组合可以对数据串序列进行连续操作，从而大大提高编程效率。

构成数据串操作的指令可由基本串操作指令和重复串操作前缀组成。

1) 基本数据串操作指令

基本数据串操作指令可单独使用，它只对当前要操作的数据串中的某一字节或字进行处理，同时修改数据串地址指针。基本数据串操作指令按其功能可分为五种：① 串传送指令 MOVS(MOVe String)；② 串比较指令 CMPS(CoMPare String)；③ 串搜索指令 SCAS (SCAn String)；④ 串存储指令 STOS(STOre String)；⑤ 取字符指令 LODS(LOaD String)。

2) 重复串操作指令前缀

重复串操作指令前缀与基本串操作指令配合，可以多次重复执行基本串操作指令，从而完成对数据串序列的操作。重复串操作指令前缀主要有三种：

(1) 无条件重复操作前缀 REP(REPeat)。

(2) 结果为 0 时重复操作前缀 REPZ/REPE(REPeat while Zero/Equal)。

(3) 结果不为 0 时重复操作前缀 REPNZ/REPNE(REPeat while Not Zero/Equal)。

尽管串操作指令功能各不相同，但在确定操作数的寻址方式等方面却具有共同特点，具体如下：

① 在基本串操作指令助记符最后加一个字母‘B’(如 MOVSB)，表示该指令为字节操作；最后加一个字母‘W’(如 SCASW)，表示该指令为字操作。

② 所有串操作指令操作数都采用隐含寻址。

源操作数必须指定在数据段 DS(必要时可以超越至 CS 段、ES 段或 SS 段)中，由源变址寄存器 SI 指向段内偏移地址。

目的操作数必须指定在附加段 ES 中，由目的变址寄存器 DI 指向段内偏移地址。

所以，在使用串操作指令前，必须对 DS、ES、SI 和 DI 进行初始化。如存储器某一数据段名为 DATA，源串始于 STR1，目的串始于 STR2，源串和目的串都放在 DATA 段中，则在串操作指令前，应提前设置：

```
MOV AX, DATA
MOV DS, AX              ; 设置 DATA 段为数据段
MOV ES, AX              ; 再设置 DATA 段为附件段
LEA SI, STR1            ; 取源串在段内的首地址
LEA DI, STR2            ; 取目的串在段内的首地址
```

注意，上面程序中，SI 和 DI 获得的是 STR1 和 STR2 的串首地址，若要获取其串尾地址，应考虑预先定义的数据串的长度。

③ 基本串操作指令每执行一次后，就自动改变源变址指针 SI 和目的变址指针 DI，其变化方向取决于标志寄存器中的方向标志位 DF。若使 DF 置 0(可通过执行指令 CLD 来设置)，则地址指针 SI 和 DI 的内容为增量方向(操作数为字节时，地址指针增加 1，操作数为字时，地址指针增加 2)；若使 DF 置 1(可通过执行指令 STD 来设置)，则地址指针 SI 和 DI 的内容为减量方向(操作数为字节时地址指针减去 1，操作数为字时地址指针减去 2)。

设置方向标志，不仅可以使用户的编程方式更加灵活多变，而且可以解决源串与目的串在出现数据区域重叠的情况下，可能出现的数据传送或存放错误的情况。图 4-16 所示为源数据串和目的数据串有效示意图，图(b)的源串在目的串的上部且两者有重叠，在数据串传送时，就应该从串尾向串首按照地址递减的方向一一传送，才不至于出现传送错误；对于图(c)所示的情况，应该从串首向串尾按照地址递增的方向一一传送，才不至于出现传送错误；对于图(a)所示的情况，两种传送方向均可。

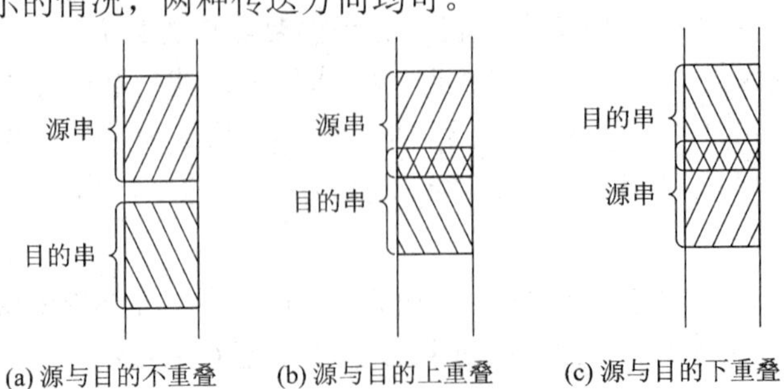

图 4-16　源数据串和目的数据串存放示意图

④ 需要重复操作的串指令，可加重复前缀，重复次数由寄存器CX设定。执行带有重复前缀的串操作指令时，应先执行基本串操作指令的操作，然后执行重复前缀的操作。

1．基本串操作指令

1) 串传送指令MOVS

(1) 串传送字节操作。

指令格式：

MOVSB

指令功能：实现数据串字节传送。首先执行[ES:DI]←[DS:SI]字节传送操作，即将DS:SI指向的字节(源操作数)传送到 ES:DI 指向的内存区(目的操作数)，然后执行 SI←SI+1 和DI←DI+1(当DF=0时)或SI←SI－1和DI←DI－1(当DF=1时)操作。

(2) 串传送字操作。

指令格式：

MOVSW

指令功能：实现数据串字传送。首先执行[ES:DI]←[DS:SI]字传送操作，即将DS:SI指向的字(源操作数)传送到 ES:DI 指向的内存区(目的操作数)，然后执行 SI←SI+2 和 DI←DI+2(当DF=0时)或SI←SI－2和DI←DI－2(当DF=1时)操作。

这两个指令通常可以使用重复前缀REP实现字节数据串的整块传送，也可以统一使用如下的格式：

MOVS STR2，STR1

其中"STR1"和"STR2"是由伪指令DB或DW定义的字节型或字型数据串的变量名字。当两个变量都用DB定义时，上述指令等价于MOVSB，当两个变量都用DW定义时，上述指令等价于MOVSW。

【例4-24】 将数据段地址为2000H单元的字节数据传送到附加段段内地址为1000H单元中去。

① 用一般传送指令实现：

```
MOV AL, [2000H]
MOV ES:[1000H], AL
```

② 用串传送指令实现：

```
MOV SI, 2000H
MOV DI, 1000H
MOVSB
```

在使用重复前缀指令REP时，假设要将数据段起始地址2000H单元开始连续100个字节存储单元的数据，传送到附加段段内起始地址1000H开始的连续存储单元中去，则指令段②只需作如下变化：

```
MOV CX, 100          ；计数器初值
CLD                  ；设置DF=0，SI和DI指针按增量方向变化
MOV SI, 2000H
MOV DI, 1000H
REP MOVSB
```

【例 4-25】 将数据段地址为 2000H 单元的字数据传送到附加段段内地址为 1000H 单元中去。

① 用一般传送指令实现：

```
MOV AX, [2000H]
MOV ES:[1000H], AX
```

② 用串传送指令实现：

```
MOV SI, 2000H
MOV DI, 1000H
MOVSW
```

2) 串比较指令 CMPS

① 串比较字节操作。

指令格式：

```
CMPSB
```

指令功能：实现数据串字节比较。首先执行[DS:SI] – [ES:DI]字节操作，即用源操作数字节减去目的操作数字节的结果影响标志位(SF、ZF、AF、CF、PF、OF)，然后执行 SI←SI＋1 和 DI←DI＋1(当 DF＝0 时)或 SI←SI－1 和 DI←DI－1(当 DF＝1 时)操作。

② 串比较字操作：

指令格式：

```
CMPSW
```

指令功能：实现数据串字比较。首先执行[DS:SI]-[ES:DI]字操作，即用源操作数字减去目的操作数字的结果影响标志位(SF、ZF、AF、CF、PF、OF)，然后执行 SI←SI＋2 和 DI←DI＋2(当 DF＝0 时)或 SI←SI－2 和 DI←DI－2(当 DF＝1 时)操作。

这两条指令通常可以使用重复前缀 REPZ/REPE/REPNZ/REPNE 来实现整块数据串的比较。也可以统一使用如下的格式：

```
CMPS STR2，STR1
```

其中“STR1”和“STR2”是由伪指令 DB 或 DW 定义的字节型或字型数据串的变量名字。当两个变量都用 DB 定义时，上述指令等价于 CMPSB；当两个变量都用 DW 定义时，上述指令等价于 CMPSW。

【例 4-26】 设字符串 1 存储在数据段内起始地址为 2000H 开始的连续 100 个字节单元中，字符串 2 存储在附加段内起始地址为 1000H 开始的连续 100 个字节单元中。比较两个字符串是否相等，若相等，则置 AL＝00H，否则，置 AL＝0FFH。

参考指令段如下：

```
        MOV SI, 2000H
        MOV DI, 1000H
        MOV CX, 64H         ; 64H＝100，计数器初值
        CLD
LOP1:   CMPSB
        JNZ EXIT            ; 两个串有不同的字符，转移到标号 EXIT 处执行
        DEC CX
```

```
        JNZ LOP1        ; 字符串没有比较完，转移到标号 LOP1 继续执行 CMPSB
        MOV AL, 00H
        JMP NEXT        ; 两个串相同，无条件转移到标号 NEXT 处执行
EXIT:   MOV AL, 0FFH
NEXT:   …
```

3) 串搜索指令 SCAS

① 串搜索字节操作：

指令格式：

SCASB

指令功能：实现搜索指定字节数据的操作。首先执行 AL－[ES:DI]的字节操作，结果仅用来影响标志位(SF、ZF、AF、CF、PF、OF)，然后执行 DI←DI＋1(当 DF＝0 时)或 DI←DI－1(当 DF＝1 时)的操作。

指令要求欲搜索的关键字存放在 AL 中，指令执行过程中，通过标志位 ZF 判断 ES:DI 所指向的存储单元的内容是否与关键字相同，或通过其他标志比较关键字的其他特征。

例如，判断 ES:DI 所指向的连续 20 个字节存储单元的内容是否含关键字 00H，若有则转标号 LOP2 处执行，否则顺序执行的参考指令段如下：

```
        MOV CX, 20
        MOV AL, 00H
        CLD
LOP:    SCASB
        JZ LOP2         ; 搜索到关键字则转 NEXT
        DEC CX
        JNZ LOP1        ; 未搜索完转回 LOP 执行
        …               ; 未搜索到关键字则顺序执行
NEXT:   …
```

② 串搜索字操作：

指令格式：

SCASW

指令功能：实现搜索指定字数据的操作。首先执行 AX－[ES:DI]的字操作，结果仅用来影响标志位(SF、ZF、AF、CF、PF、OF)，然后执行 DI←DI＋2(当 DF＝0 时)或 DI←DI－2(当 DF＝1 时)的操作。

指令要求欲搜索的关键字存放在 AX 中，指令执行过程中，通过标志位 ZF 判断 ES:DI 所指向的存储单元的内容是否与关键字相同，或通过其他标志比较关键字的其他特征。

这两条指令通常可以使用重复前缀 REPZ/REPE/REPNZ/REPNE 来实现整块数据串的搜索。也可以统一使用如下的格式：

SCAS　STR

其中，STR 是由伪指令 DB 或 DW 定义的字节型或字型数据串的变量名字。当用 DB

定义时，上述指令等价于 SCASB，当用 DW 定义时，上述指令等价于 SCASW。

4) 串存储指令 STOS

① 串存储字节操作：

指令格式：

STOSB

指令功能：实现将 AL 中内容存储到数据块的操作。首先执行[ES:DI]←AL 的字节操作，然后执行 DI←DI+1(当 DF=0 时)或 DI←DI－1(当 DF=1 时)的操作。本指令执行后不影响标志位。

② 串存储字操作：

指令格式：

STOSW

指令功能：实现将 AX 中内容存储到数据块的操作。首先执行[ES:DI]←AX 的字操作，然后执行 DI←DI+2(当 DF=0 时)或 DI←DI－2(当 DF=1 时)的操作。本指令执行后不影响标志位。

上面两条指令一般可以使用重复前缀 REP 实现整块数据串的存储。

5) 取串中元素指令 LODS

① 取串中元素字节操作：

指令格式：

LODSB

指令功能：实现从数据串中取一个字节到 AL 的操作。首先执行 AL←[DS:SI]的字节操作，然后执行 SI←SI+1(当 DF=0 时)或 SI←SI–1(当 DF=1 时)的操作。本指令执行后不影响标志位。

② 取串中元素字操作：

指令格式：

LODSW

指令功能：实现从数据串中取一个字到 AX 的操作。首先执行 AX←[DS:SI]的字操作，然后执行 SI←SI+2(当 DF=0 时)或 SI←SI－2(当 DF=1 时)的操作。本指令执行后不影响标志位。

上述两条指令一般情况下不使用重复前缀。

2. 重复串操作指令前缀

前面所介绍的基本串操作指令运行一次只能执行一次数据串的操作。基本串操作指令与重复前缀配合在一起，才能发挥其优点，实现控制串操作指令的整块执行。

重复串操作前缀不能单独使用，执行重复前缀指令不影响标志位；重复执行的次数需预置在寄存器 CX 中。

1) 无条件重复操作前缀 REP

REP 一般放在 MOVS 或 STOS 两种串操作指令之前，对其进行重复执行，直到计数寄存器 CX(注：80386 以上改为 32 位寄存器 ECX)的内容减至 0 为止。操作步骤简述如下：

① 首先检查当前 CX 的内容，若 CX=0，则退出当前串操作指令的执行；若 CX≠0，

则执行下一步骤；

② 修改重复次数：即 CX←CX－1；

③ 执行一次其后的串操作指令；

④ 重复进行上述步骤①～③，直到 CX＝0 结束。

【例 4-27】　编程将内存首地址为 DS 段标记为 SRC 单元开始的 100 个字节字符串，传送到 ES 段标记为 DST 单元为首地址的内存区域。

可以用下面 3 种实现方法。

方法 1：不使用串操作指令。参考代码如下：

```
        LEA SI, SRC          ; 字符串首地址送 SI
        LEA DI, DST          ; 目标地址送 DI
        MOV CX, 100          ; 字符串长度 100 送 CX
        CLD                  ; 置 DF＝0，增量方向
LOP1:   MOV AL, [SI]
        MOV ES:[DI], AL
        INC SI
        INC DI
        DEC CX
        JNZ LOP1             ; 未传送完转 LOP1 继续传送
        …
```

方法 2：使用串操作 MOVSB 指令，但不使用重复前缀。参考代码如下：

```
        LEA SI, SRC
        LEA DI, DST
        MOV CX, 100
        CLD
LOP2:   MOVSB
        DEC CX
        JNZ LOP2             ; 未传送完转 LOP2 继续传送
        …
```

方法 3：使用串操作 MOVSB 指令，加重复前缀 REP。参考代码如下：

```
        LEA SI, SRC
        LEA DI, DST
        MOV CX,   64H
        CLD
        REP MOVSB            ; 重复字符串传送直到 CX＝0 为止
        …
```

显然，方法 3 中使用重复前缀“REP MOVSB”指令进行编程时，代码最短，其运行效率也最高。

注意，在执行使用“REP MOVSB”前，应先对 DS、ES、SI、DI、CX 等寄存器和方向标志 DF 进行合理的设置。

2) 相比较相等(或结果=0)重复操作前缀 REPE/REPZ

REPE/REPEZ 一般放在 CMPS 或 SCAS 两种串操作指令之前，当 CX≠0 并且 ZF=1(对于 CMPS 指令，则表示相比较的两个数据相等；对于 SCAS 指令，则表示 AL 或 AX 中的内容与串中相比较的数据相等)时，对其进行重复执行，直到计数寄存器 CX 的内容减至 0 时或相比较的两个数据出现不相等的情况时为止。REPE 和 REPZ 的功能完全相同，其操作步骤简述如下：

① 首先检查当前 CX 的内容和标志位 ZF，若 CX=0 或标志位 ZF=0(即上次比较的结果两个操作数不等)，则退出当前指令的执行；若 CX≠0 且 ZF=1(即上次比较的结果两个操作数相等)，则执行下一步骤。

② 修改重复次数：CX←CX－1。

③ 执行一次其后的串操作指令。

④ 重复进行上述步骤①～③，直到 CX=0 或 ZF=0 结束。

3) 相比较不相等(或结果≠0)重复操作前缀 REPNE/REPNZ

REPNE/REPNZ 一般也放在 CMPS 或 SCAS 两种串操作指令之前，当 CX≠0 并且 ZF=0(对于 CMPS 指令，则表示相比较的两个数据不相等；对于 SCAS 指令，则表示 AL 或 AX 中的内容与串中相比较的数据不相等)时，对其进行重复执行，直到计数寄存器 CX 的内容减至 0 时或相比较的两个数据出现相等的情况时为止。REPNE 和 REPNZ 的功能完全相同，其操作步骤简述如下：

① 首先检查当前 CX 的内容和标志位 ZF，若 CX=0 或 ZF=1(即上次比较的结果两个操作数相等)，则退出当前指令的执行。若 CX≠0 并且 ZF=0(即上次比较的结果两个操作数不相等)，则执行以下一步骤。

② 修改重复次数：CX←CX－1。

③ 执行一次其后的串操作指令。

④ 重复进行上述步骤①～③，直到 CX=0 或 ZF=1 结束。

【例 4-28】　在首地址为 ES:DST 的存储单元中存放着长度为 COUNT 个字节的字符串，搜索是否有大写字符“X”，若有，则置 BL=00H，否则置 BL=FFH。

指令段如下：

```
        LEA DI, DST         ; 目标地址送 ES:DI
        MOV CX, COUNT       ; 字符串长度
        MOV AL, 'X'         ; 欲搜索的字符送 AL，注意要用西文引号
        CLD                 ; DF=0，增量方向
REPNE   SCASB               ; 重复搜索字符串是否有字符“X”
        JZ NEXT1            ; ZF=1(表示搜索到)转 NEXT1 执行，置 BL=0
        MOV BL, 0FFH        ; 没有搜索到字符“X”，置 BL=FFH
        JMP NEXT2
NEXT1:  MOV BL, 00H
NEXT2:  …
```

数据串操作类指令总结于表 4-5 中。

表 4-5　数据串操作类指令

指令类型	指令格式	指令功能	Flags 状态	备　注
			ODITSZAPC	
基本数据串操作	MOVSB	字节串传送	---------	[ES:DI]←[DS:SI], 并修改 SI,DI
	MOVSW	字串传送	---------	[ES:DI]←[DS:SI] 并修改 SI,DI
	CMPSB	字节串比较	s---sssss	[DS:SI]-[ES:DI], 并修改 SI,DI
	CMPSW	字串比较	s---sssss	[DS:SI]-[ES:DI], 并修改 SI,DI
	SCASB	字节串搜索	s---sssss	AL-[ES:DI], 并修改 DI
	SCASW	字串搜索	s---sssss	AX-[ES:DI], 并修改 DI
	LODSB	取字节串	---------	AL←[DS:SI], 并修改 SI
	LODSW	取字串	---------	AX←[DS:SI], 并修改 SI
	STOSB	存字节串	---------	[ES:DI]←AL, 并修改 DI
	STOSW	存字串	---------	[ES:DI]←AX, 并修改 DI
重复前缀	REP	无条件重复	---------	CX←CX−1, 直到 CX=0
	REPE/REPZ	当相等/为零时重复	---------	CX←CX−1, 直到 CX=0 或 ZF=0
	REPNE/REPNZ	当不相等/不为零时重复	---------	CX←CX−1, 直到 CX=0 或 ZF=1

注：-：不影响此标志；s：根据结果设置此标志。

☞4.3.5　程序控制类指令

一般情况下程序中的指令是顺序执行的，但为了实现某种判断功能，使计算机智能地为用户服务，往往需要改变指令的执行顺序。实现这种判断功能的指令称为程序控制类指令。8086/8088 系统由代码段寄存器 CS 和指令指针寄存器 IP 指示当前要执行指令的地址，程序控制类指令正是通过改变 CS 和 IP 的值，实现程序执行顺序的改变。程序控制类指令包括：无条件转移指令、条件转移指令、循环控制指令以及子程序调用与返回指令和中断指令等，应用灵活多样。所有的程序控制类指令都不影响标志位，而只使用标志位。

1．无条件转移指令 JMP(JuMP)

指令格式：

```
    JMP   DST
```

“DST”为要转移的目标地址。一般情况下，DST 多为指令的标号地址。

指令功能：无条件转移到 DST 所指向的目标地址去执行程序，既可在本段内转移，也可以实现段间转移。

1) 段内转移

段内的转移范围限定在本代码段内，只需改变指令指针 IP 的内容，而无需改变段寄存器 CS 的内容。段内转移分为段内直接短转移、段内直接近转移和段内间接转移三种。

(1) 段内直接短转移。

指令格式：

JMP SHORT DST

执行操作：IP←(IP)+8 位偏移量，CS 内容不变。

“DST”为指令要控制的转移目标地址，一般使用符号地址(标号)。“SHORT”是汇编程序(第 5 章介绍)规定的地址属性运算符，用于指示汇编程序将符号地址汇编成目标代码 8 位偏移量(补码表示的有符号数，–128～+127)，不可省略。

该指令的执行与当前 IP 的内容相关联，属于相对转移模式。

例如：JMP SHORT LB1，本条指令被存放在 CS 段内地址为 1000H 和 1001H 单元，标号 LB1 的地址为 1064H。在 CPU 取出本指令后，由于当前的 IP 的内容已自增了 2 (IP←1000H + 2 = 1002H)，所以，汇编程序会自动算出标号 LB1 与当前转移指令“JMP SHORT LB1”下一条指令之间的相对偏移量应为 62H(目标地址 1064H 减去 IP 的当前值 1002H)。该指令会被自动编译为“EBH 62H”(“EBH”为本条指令的操作码，完成“JMP”功能；“62H”为操作数，指示该“偏移量”)，指令执行后，IP 的内容则会变为目标地址 1064H。

上述汇编操作是汇编程序自动完成的。用户编程时，只需要确定标号 DST 所在的位置不超出转移范围 –128～+127 即可。

例如：

```
        …
        JMP L1          ；无条件转标号L1处执行  ┐
        …                                       ├ 要确保 JMP L1 与 L1：XOR AL, AL
        …                                       ┘ 在同一段内，且地址偏移量在 –128～+127 范围内
L1:     XOR AL, AL
        ADD AL, BL
        …
```

(2) 段内直接近转移。

指令格式：

JMP　[NEAR PTR] DST

执行操作：IP←IP + 16 位偏移量，CS 内容不变。

“NEAR PTR”是汇编程序规定的地址属性运算符，用于指示汇编程序将符号地址 DST 汇编成目标代码 16 位偏移量(补码表示的有符号数，–32768～+32767)，执行情况与段内短类同。段内直接近转移是 JMP 指令默认的转移类型，关键字“NEAR PTR”可以省略。

(3) 段内间接转移。

指令格式：

JMP　[WORD PTR] DST

执行操作：IP←DST; DST 为 16 位通用寄存器或 16 位存储单元，CS 内容不变。

DST 的寻址方式决定有效地址 EA 的内容。WORD PTR 为汇编操作符，指示 DST 给出的是一个 16 位有效地址。DST 可以是 16 位通用寄存器，或是 16 位的存储单元，它可以

采用除了立即数寻址以外的任何一种寻址方式。汇编程序直接将这个寄存器的值或存储单元的值作为有效地址 EA 送入 IP，属于绝对转移模式。当 DST 为寄存器时，“WORD PTR”可以省略，当为存储单元时，“WORD PTR”不可以省略。

例如，设 BX＝2000H，则执行指令 JMP BX 后，IP＝2000H，CS 不变；设 BX＝1000H，DS＝2000H，(21004H)＝12H，(21005H)＝34H，则执行指令 JMP　WORD　PTR　4[BX]后，IP＝3412H，CS 不变。

2) 段间转移

段间转移分为段间直接转移和段间间接转移。

(1) 段间直接转移。

指令格式：

JMP [FAR PTR] DST

执行操作：IP←标号 DST 所在的段内偏移地址，CS←标号 DST 所在段基址。

“DST”是用户为目标指令定义的标号。“FAR PTR”是汇编程序规定的地址属性运算符，用于指示汇编程序符号地址 DST 为直接寻址且不在同一段内，可省略，因为汇编程序一般能够自动识别一个标号是在同一个段内还是在另一个段中。如果要强制一个段间远转移，则要用汇编伪指令 FAR PTR。本转移操作类型属于绝对转移模式。

例如：

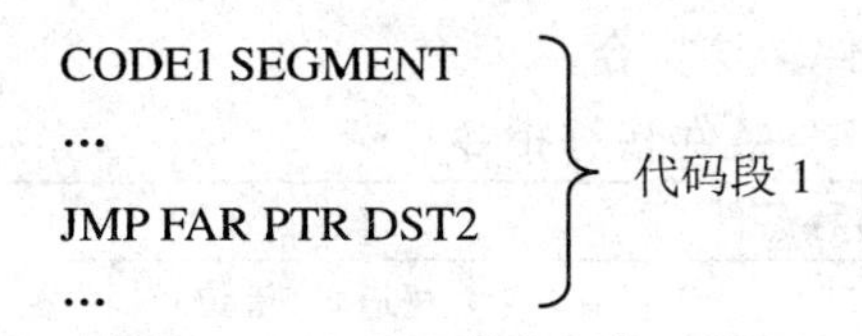

CODE1 ENDS

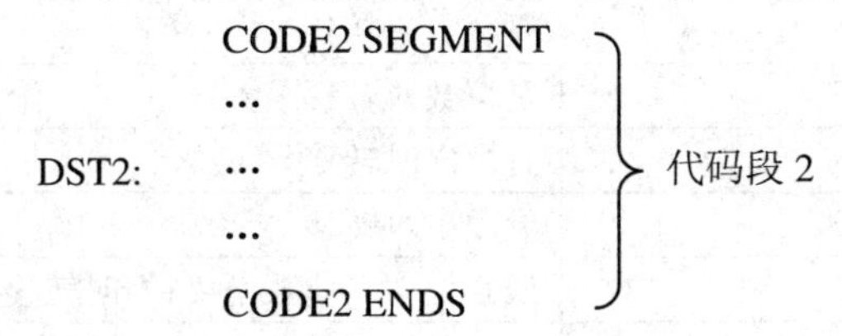

(2) 段间间接转移。

指令格式：

JMP DWORD PTR DST

执行操作：IP←DST 寻址存储器低字数据，CS←DST 寻址存储器高字数据

“DWORD PTR”是汇编语言规定的地址属性运算符，用于指示汇编程序符号地址 DST 为间接寻址且不在同一段内，不可省略。“DST”通常以双字形式定义(用伪指令 DD 定义)在数据段的目标地址，低位字存放目标地址的段内偏移量，高位字存放目标地址的段基址。指令执行时，CPU 将 DST 存储单元双字的低位字送入 IP，将存储器双字的高位字送入 CS 来实现段间转移，属于绝对转移模式。

无条件转移指令的各种转移方式列表于表 4-6 中。

表 4-6　无条件转移指令简介

类型	指 令 格 式	简　　介	举　例
段内转移	JMP SHORT label	段内直接相对短转移，偏移 -128～127	JMP SHORT PRO_1
	JMP [NEAR PTR] label	段内直接相对近转移，偏移 -32768～23767	JMP NEAR PTR NXT
	JMP reg16	段内间接绝对近转移，以 reg16 值为目标地址	JMP DX
	JMP [WORD PTR] mem	段内间接绝对近转移，以 mem 中的值为目标地址	JMP WORD PTR 6[BX]
段间转移	JMP FAR PTR label	段间直接绝对转移，取 Label 的 EA 和段基址	JMP FAR PTR PRO_F
	JMP DWORD PTR mem	段间间接绝对转移，从 mem 中找 EA 和段基址	JMP DWORD PTR 6[DX]

注：label：用户定义的指令标号；reg16:16 位通用寄存器；mem：存储单元操作数；EA：有效地址。

2. 条件转移指令

条件转移指令根据运算或移位操作类等指令的执行结果影响标志寄存器后的某些标志位的状态，来转去执行下一条要处理的指令。条件转移指令全部采用段内短转移方式，偏移量必须在 -128～+127 范围内。

表 4-7 总结了条件转移指令，大致可分为基于单一标志位判断的、针对无符号数的、针对有符号数的和基于 CX 的等 4 类条件转移指令。

表 4-7　条件转移指令

类型	指令格式	转移条件	注　释
单一标志	JC label	CF = 1	有进位(借位)时转移
	JNC label	CF = 0	无进位(借位)时转移
	JE/JZ label	ZF = 1	相等(结果为零)时转移
	JNE/JNZ label	ZF = 0	不相等(结果不为零)时转移
	JS label	SF = 1	是负数时转移
	JNS label	SF = 0	是正数时转移
	JO label	OF = 1	有溢出时转移
	JNO label	OF = 0	无溢出时转移
	JP/JPE label	PF=1	低 8 位中有偶数个“1”时转移
	JNP/JPO label	PF = 0	低 8 位中有奇数个“1” 时转移
针对无符号数	JA/JNBE label	CF = 0 且 ZF = 0	高于(不低于也不等于)时转移
	JAE/JNB label	CF = 0 或 ZF = 1	高于或等于(不低于)时转移
	JB/JNAE label	CF = 1 且 ZF = 0	低于(不高于也不等于)时转移
	JBE/JNA label	CF = 1 或 ZF = 1	低于或等于(不高于)时转移
针对有符号数	JG/JNLE label	SF ⊕ OF = 0 且 ZF = 0	大于(不小于也不等于)时转移
	JGE/JNL label	SF ⊕ OF = 0 或 ZF = 1	大于或等于(不小于)时转移
	JL/JNGE label	SF ⊕ OF = 1 且 ZF = 0	小于(不大于也不等于)时转移
	JLE/JNG label	SF ⊕ OF = 1 或 ZF = 1	小于或等于(不大于)时转移
基于 CX	JCXZ label	CX = 0	CX 的内容为 0 时转移

注：label：用户定义的指令标号；⊕：异或运算符。

条件转移指令的一般格式为

```
Jcc label
```

其中，“J”为 Jump 的首字母，“cc”为条件，如 Z、NS、PE、CXZ 等；“label”是目标指令前用户定义的标号，无需在其前面加“SHORT”字样。如 JC label1，表示如果有进位(借位)则转去执行 label1 处的指令(Jump to label1 if there's a carry occured)。

指令功能：按照判断条件 cc 的要求，判断标志寄存器中对应标志位的状态，如果满足转移条件，则控制程序转移到标号 label 所指示的目标地址处执行指令，否则，顺序执行下一条指令。

【例 4-29】 指令序列：

```
        CMP AX, BX
        JBE NEXT
        …
NEXT:   …
```

其功能是判断 AX 与 BX 中存放的两个无符号数的大小，若前者在数值上低于或等于后者时，转去执行 NEXT 标号处的指令，否则顺序执行。图 4-17 给出了上述指令序列执行流程。

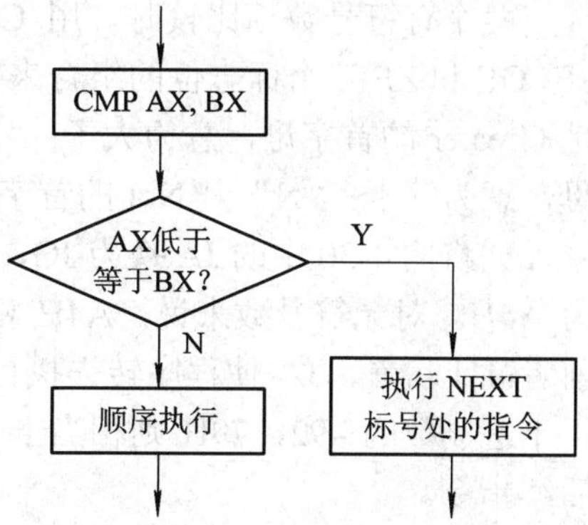

图 4-17　例 4-29 条件转移程序流程图

1) 基于单一标志位判断的条件转移指令

根据某单一标志位的现行状态确定程序流向。此类指令一般适用于测试运算结果的某种简单特征，如结果的正负、是否为 0、是否产生了溢出等，具体判断准则见表 4-6。条件 cc 中的字母是某些英文单词的缩写，它们是：C—Carry，NC—No Carry，E—Equal，NE—Not Equal，Z—Zero，NZ—Not Zero，S—Sign flag=1，NS—Sign flag≠1，O—Overflow，NO—Not Overflow，P/PE—Parity flag=1/Parity Even，NP/PO—Parity flag≠1/Parity Odd。注意，没有基于 AF 标志判断的条件转移指令。

例如，指令段：

```
      ADD AX, BX
      JC LB            ；若加法运算有进位(CF=1)，则转至 LB 处理，否则顺序执行
      …
LB:   …
```

2) 针对无符号数相比较结果的条件转移指令

两个无符号数比较时，通常用 CF 和 ZF 标志的组合来进行判断决定是否转移，具体判断准则见表 4-6。此类指令条件 cc 中的“A”是 Above 的首字母，意为高于；“B”是 Below 的首字母，意为低于；“E”是 Equal 的首字母，意为等于；“N”是 Not 的首字母，意为不。

例如：比较 AX 与 BX 中两个无符号数大小，将较大的数存放 AX 寄存器。参考代码段如下：

```
        CMP AX，BX       ；AX－BX
        JNB NEXT         ；若 AX≥BX，则转移到 NEXT 执行，否则顺序执行
        XCHG AX，BX      ；若 AX<BX，则交换
NEXT:   …
```

【例 4-30】 比较 AL 中的无符号数与 79H 的大小的参考程序如下：

```
        CMP AL, 79H       ; 比较两数，若 AL 大于 79H，则 ZF = 0 且 CF = 0；若等于 79H，
                          ; 则 ZF = 1；若小于 79H，则 ZF = 0 且 CF = 1
        JA ABOVE          ; 若 AL 大于 79H，则程序转移 ABOVE 处执行，否则顺序执行
        …
ABOVE:  …
```

3) 针对有符号数相比较结果的条件转移指令

两个有符号数相比较时，用 CF 和 ZF 标志的组合并不能用来判断其大小，而应该用 SF、OF 和 ZF 三个标志位的组合来判断，具体判断准则见表 4-6。此类指令条件 cc 中的“G”是 Greater 的首字母，意为大于；“L”是 Less 的首字母，意为小于；“E”是 Equal 的首字母，意为等于；“N”是 Not 的首字母，意为不。

如将例 4-30 中的 JA 换为 JG，则两个程序的执行顺序是不一样的。如设 AL 中的内容为 A4H。对无符号数来说，A4H 相当于十进制的 164，79H 则相当于十进制的 121，显然前者高于后者，JA 使程序转去执行 Above 标号处的指令；对于有符号数来说，A4H 相当于十进制数的 −92，79H 则相当于十进制的 121，显然前者小于后者，JG 使程序顺序执行后续指令。

由此可见，虽然 JG(Jump on Greater than)和 JA(Jump on Above)都是以“大于”作为转移条件的，在指令前都要执行比较 CMP 指令，但必须区分 JG 比较的两个数是有符号数，而 JA 比较的两个数是无符号数才行。

4) 基于 CX 的值为条件的转移指令 JCXZ

JCXZ 指令基于 CX 的值为条件来做出判断，但不影响 CX 的值，此指令在 CX=0 时，控制转移到目标标号，否则顺序执行下一条指令。

【例 4-31】 转移指令综合举例。以 DATA 为首址的内存数据段中，存有 200 个带符号的字，编程找出最大数和最小数，分别放入 MAX 和 MIN 为首址的内存中。

解题思路：先取出第一个数，分别放入 MAX 和 MIN 中，然后相继取出以后的数，分别与 MAX 和 MIN 做比较，若此数大于 MAX，则取代 MAX 中的原值，若此数小于 MIN，则取代 MIN 中的原值，否则不取代。参考程序如下：

```
START:  LEA SI，DATA      ; SI←数据块首址
        MOV CX，200       ; CX←数据块长度
        CLD               ; 置方向标志 DF=0
        LODSW             ; AX←第一个字
        MOV MAX, AX       ; 暂存以便后来比较
        MOV MIN, AX
        DEC CX            ; 计数器−1
NEXT:   LODSW             ; 装入下面一个字
        CMP AX, [MAX]     ; 与 MAX 单元比较
        JG LARGER         ; 若大于则转 LARGER
        CMP AX, [MIN]     ; 与 MIN 单元比较
```

```
          JL SMALL          ; 若小于则转 SMALL
          JMP GOON          ; 否则，转到后面(继续取下面一个数)
LARGER:   MOV [MAX], AX     ; 用大数取代 MAX
          JMP GOON
SMALL:    MOV [MIN], AX     ; 用小数取代 MIN
GOON:     DEC CX
          JCXZ   EXIT       ; CX＝0，结束
          JMP    NEXT       ; CX≠0 转 NEXT 继续循环
EXIT:     HLT
```

3．循环控制指令

循环控制指令用于实现某一程序(指令)段的重复执行，以 CX 寄存器作为循环次数计数器，根据 CX 的值及某些状态标志位来控制程序的跳转，并同时修改计数器 CX 的值(使其减 1)。循环程序控制流程如图 4-18 所示。

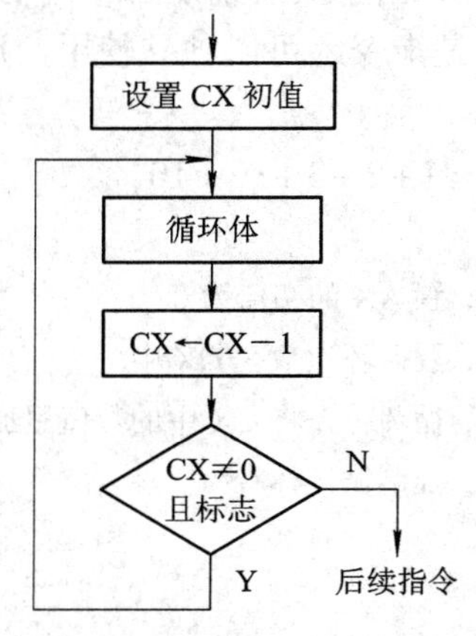

图 4-18　循环程序控制流程图

循环控制指令通常以标号为目标地址，必须采用段内直接短转移(转移范围在－128～+128)方式。根据使用标志位的不同，循环控制指令有三种：LOOP、LOOPE/LOOPZ 和 LOOPNE/ LOOPNZ。循环控制类指令列表于表 4-8 中。

表 4-8　循环控制类指令简介

类　型	指令格式	操　作
基本循环	LOOP label	CX←CX－1，若 CX≠0，则转 label 处执行
条件循环	LOOPE label LOOPZ label	CX←CX－1，若 CX≠0 且 ZF＝1，则转 label 处执行
	LOOPNE label LOOPNZ label	CX←CX－1，若 CX≠0 且 ZF＝0，则转 label 处执行

注：label：用户定义的指令标号。

1) 基本循环控制指令 LOOP

指令格式：

LOOP label

执行操作：CX←CX−1，若 CX≠0，则转标号处执行；若 CX=0，则退出循环，顺序执行。

2) 为零/相等时循环控制指令 LOOPE/LOOPZ

指令格式：

LOOPE/LOOPZ label

执行操作：CX←CX−1，若 CX≠0 且 ZF=1，则转标号处执行；否则退出循环，顺序执行。

3) 不为零或不相等循环控制指令 LOOPNE/LOOPNZ

指令格式：

LOOPNE/LOOPNZ label

执行操作：CX←CX−1，若 CX≠0 且 ZF=0，则转标号处执行；否则退出循环，顺序执行。

循环控制指令 LOOP 与前面介绍的 REP 前缀都使用 CX 作计数器，都会自动修正 CX 的值，都用来控制循环，但前者是指令，可以独立使用，后者只是前缀，必须附加在基本串操作指令前才能发挥作用。

【例 4-32】　编程实现 AX=1+2+3+…+10。

参考程序如下：

```
        MOV AX, 0           ; 置 AX 的初值为 0
        MOV CX, 10          ; 置循环次数在 CX 中.
LP:     ADD   AX, CX        ; 循环体，将 CX 中的数值累加到 AX 中
        LOOP LP             ; 控制循环体
        …
```

4．程序调用与返回指令

程序调用与返回指令包括子程序(过程)调用与返回指令和中断调用与返回指令两种，这些指令数量少，但在程序设计中使用却很频繁，见表 4-9。由于这些指令牵涉到子程序的定义及中断系统的相关知识，故将其放在后续章节中讨论。

表 4-9　其他程序控制类指令

名 称	指令格式	注　　释
过程调用	CALL 过程名	分段内调用和段间调用，寻址方式类似 JMP
过程返回	RET [n]	n 为欲放弃的堆栈单元数，为 0 时可省略
中断调用	INT n	n 为中断类型号，n=4 时，可写为 INTO，全部为段间调用
中断返回	IRET	放在中断服务程序的最后

☞4.3.6　处理器控制类指令

处理器控制类指令用于控制处理器的某些动作或用于设置标志位的状态等，主要包括标志位设置、与外部同步控制、使处理器暂停和使处理器空操作等四类。处理器控制类指令见表 4-10。这类指令数量不多，且在形式上大都没有操作数，只有操作码，因此指令助

记符非常简单。

表 4-10 处理器控制类指令

指令类型	指令格式	注　释	Flags 状态 ODITSZAPC
对标志位操作	CLC	使进位标志位 CF 清 0(CLear Carry flag)	--------0
	STC	使进位标志位 CF 置 1(SeT Carry flag)	--------1
	CMC	使进位标志位 CF 取反(CoMplement Carry flag)	--------s
	CLD	使方向标志位 DF 清 0(CLear Direction flag)	-0-------
	STD	使方向标志位 DF 置 1(SeT Direction flag)	-1-------
	CLI	使中断允许标志位 IF 清 0(CLear Interrupt flag)	--0------
	STI	使中断允许标志位 IF 置 1(SeT Interrupt flag)	--1------
与外部同步控制	WAIT	使处理器处于等待状态。	---------
	ESC	换码指令(ESCape)	---------
	LOCK	封锁指令，可作为其他指令的前缀联合使用，以保持总线的封锁信号。	---------
其它	HLT	使处理器处于暂停状态(HaLT)	---------
	NOP	使处理器处于空操作状态(NO Operation)	---------

注：-：不影响此标志；s：根据结果设置此标志；1：此标志位置 1；0：此标志位置 0。

1) 标志位设置指令

标志位设置指令包括直接设置 CF、DF 或 IF 标志位状态的指令，其中包括对 CF 位的置 0、置 1 和求反的三种指令，对 DF 和 IF 标志的置 0 和置 1 各两条指令。8086/8088 系统没有设置对其他标志位直接进行设置的指令。如要设置其他标志位，可以通过堆栈指令间接操作。

2) 与外部同步控制指令

与外部同步控制指令主要包括 ESC、WAIT 两条指令，以及一个 LOCK 指令前缀。

(1) ESC 换码指令。

指令格式：

　　ESC 外部操作码, 源操作数

指令功能：用来实现 8086/8088 处理器对 8087 协处理器的控制。通过 ESC 指令可以使协处理器从主处理器的指令流中获得一个协处理器指令和(或)一个存储器操作数。

有关协处理器的指令系统，请查阅相关文献。

(2) WAIT 等待指令。

WAIT 指令通常跟在 ESC 指令之后，CPU 执行 ESC 指令后，表示其正处于等待协处理器处理状态，它将不断检测 $\overline{\text{TEST}}$ 引脚信号是否为低电平，每隔 5 个时钟周期检测一次，若 $\overline{\text{TEST}}=1$，CPU 处于等待状态，否则退出等待状态去执行下条指令。

(3) LOCK 指令前缀。

LOCK 指令前缀可以加在任何指令前面，用来维持 CPU 的总线封锁信号 $\overline{\text{LOCK}}$ 有效。

凡带有 LOCK 前缀的指令，都禁止其他处理器使用总线。

3) 暂停指令和空操作指令

(1) HLT 暂停指令。

HLT 暂停指令可使 CPU 处于暂停状态，不进行任何操作。只有复位 RESET 信号、非屏蔽中断请求(NMI 请求)和可屏蔽中断 INTR(在 IF 状态为 1 的情况下)信号请求可以使 CPU 退出暂停状态，转去执行相应操作。

(2) NOP 空操作指令。

NOP 空操作指令是一条单字节指令，执行时需耗费 3 个时钟周期的时间，但不完成任何操作，也不影响标志位。NOP 指令常放在循环体中，增加系统的延时。

4.4　8086/8088 后续微处理器指令系统简介

☞4.4.1　指令系统从 8086/8088 到 Pentium 的进化

在第 2 章我们已经介绍过，Intel 公司推出的系列微处理器从 4004 系列至 Pentium 经历了 6 代的发展。发展至 8086/8088 CPU，已是第 3 代，是应用极为广泛且相对较为成熟的一代。从 8086/8088 系统开始，人们习惯上称此系列微处理器为 80x86 微处理器，许多高校都以 8086/8088 CPU 为基准，来讲解微处理器的工作原理。因此，人们通常把 8086/8088 CPU 的指令系统称为 80x86 CPU 的基本指令集，80286、80386、80486 和 Pentium 的指令系统则是对基本指令集的扩充。

扩充指令的一部分是增强的 8086/8088 基本指令，另一部分则是系统控制指令，即特权指令，它们对 80286、80386、80486 或 Pentium CPU 新增的保护模式中的多任务、存储器管理和保护机制提供了某种控制功能。

与基本指令集一样，80x86 系列 CPU 仍然采用了变长度格式的机器指令，指令长度从 1 字节到 15 字节不等。其指令格式如图 4-19 所示。

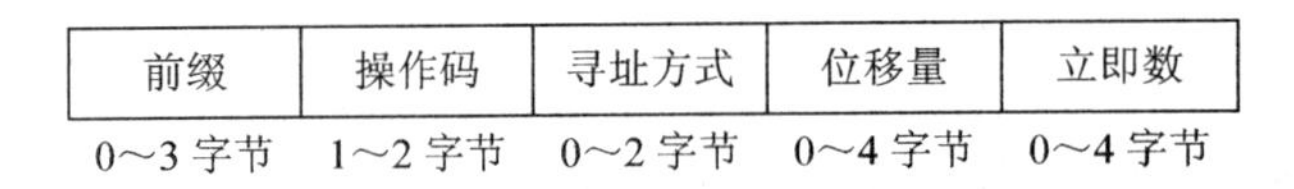

前缀	操作码	寻址方式	位移量	立即数
0～3 字节	1～2 字节	0～2 字节	0～4 字节	0～4 字节

图 4-19　80x86 系列 CPU 机器指令的基本格式

80x86 系列 CPU 兼容所有 8086/8088 CPU 的指令。

☞4.4.2　8086/8088 后续微处理器扩展的寻址方式

80x86 指令系统的寻址方式分类与 8086 指令系统基本一样，可分为立即数寻址、寄存器寻址、存储器寻址、I/O 端口寻址和隐含寻址等。

1. 立即数寻址

立即数除了可以是 8 位与 16 位外，还可以是 32 位立即数，仍采用低位在前，高位在后的存储方式。

例如：

```
MOV   AX, 1234H          ; 16位数据传送，完全兼容8086/8088系统的此类所有指令
MOV   EAX, 12345678H     ; 执行后，AX＝5678H，而1234H送至EAX的高16位
ADD   EAX, 80H           ; EAX＝EAX＋0080H
```

2．寄存器寻址

寄存器寻址增加了32位通用寄存器。

例如：

```
MOV   EAX, EBX           ; 32位寄存器EBX的内容传送给EAX
MOV   ESP, EBP           ; 32位寄存器EBP的内容传送给ESP
```

3．存储器寻址

80x86系统中，存储器的物理地址仍由段基址及段内偏移量(即有效地址EA)组成。段内偏移量可以由以下4种地址分量组合而成：

- 基地址：用来指示某局部存储区的起始位置，可以是8个32位通用寄存器EAX、EBX、ECX、EDX、ESP、EBP、ESI或EDI之一。
- 变地址：可以方便地访问数组或字符串，可以是除ESP以外的32位通用寄存器。
- 位移量：8位、16位或32位二进制数。
- 比例因子：专为32位寻址方式设置的一种地址分量，取值为1、2、4或8。

有效地址EA的一般计算方法如下：

$$EA = 基地址 + (变地址 \times 比例因子) + 位移量$$

这里，作为有效地址EA中4个分量的取值，对于16位寻址方式和32位寻址方式存在差异，其使用规定见表4-11。

表4-11　有效地址EA中4个地址分量的使用规定

有效地址分量	16位寻址	32位寻址
基址寄存器	BX, BP	任何32位通用寄存器
变址寄存器	SI, DI	除ESP以外的任何32位通用寄存器
位移量	0, 8, 16位	0, 8, 32位
比例因子	1	1, 2, 4, 8

相比8086/8088系统而言，80x86指令系统的几种存储器寻址方式简介如下。

1) 直接寻址

增加了以32位偏移量的形式直接寻址方式。操作数的段基地址仍默认为DS。

例如：

```
MOV   EAX, [10200000H]     ; 10200000H为32位操作数的有效地址
```

2) 寄存器间接寻址

增加了32位寄存器间接寻址方式。

例如：

```
MOV   CL, [EDX]        ; 32位寄存器间接寻址，传送8位字节数据
```

```
MOV   AX, [EDX]          ; 32位寄存器间接寻址，传送16位字数据
MOV   EAX, [EDX]         ; 32位寄存器间接寻址，传送32位双字数据
MOV   SP, ES: [ECX]      ; 段跨越在附加段的32位寄存器间接寻址，传送16位字数据
```

对于32位寻址方式，由于基址寄存器和变址寄存器已经不局限于BX、BP和SI、DI，所以下面指令仍然是有效的：

```
MOV DX, [EBX+EBP]
```

若以EBP、ESP为基地址进行间接寻址，默认的段基址在SS中；而采用其他通用寄存器作为基地址进行间接寻址时，默认的段基址在DS中。当然，也可以采用加段跨越前缀的方法对其他段进行寻址。

3) 寄存器相对寻址

存储器操作数的有效地址是基址或变址寄存器的内容与指令中指定的位移量之和。

例如：

```
MOV ECX, [BX+16H]        ; 相对的基址寻址
MOV EAX, [ESI+16H]       ; 相对的变址寻址
```

4) 基址加变址寻址

存储器操作数的有效地址为一个基址寄存器和一个变址寄存器的内容之和。

例如：

```
MOV EDX, [EBX+ESI]
```

5) 相对基址加变址寻址

存储器操作数的有效地址为一个基址寄存器和一个变址寄存器的内容之和再加上位移量。例如：

```
MOV EDI, [ESP+EBP+1000H]  ; 相对的基址加变址寻址
MOV EAX, 16H[BX][SI]      ; 相对的基址加变址寻址
```

6) 寄存器比例寻址

寄存器比例寻址可分为以下几种形式：

- 比例变址方式，即变址寄存器的内容乘以比例因子，再加上位移量。
- 基址比例变址方式，即变址寄存器的内容乘以比例因子，再加上基址寄存器的内容。
- 相对基址比例变址方式，即变址寄存器的内容乘以比例因子，再加上基址寄存器的内容和位移量。

例如：

```
MOV EAX, X[EDI*4]          ; EA = EDI × 4 + X，其中X是8位或32位位移量
MOV EAX, EBX[EDI*8]        ; EA = EDI × 8 + EBX
MOV EAX, X[ESI*4][EBP]     ; EA = ESI × 4 + EBP + X，其中X是8位或32位位移量
```

4. I/O端口寻址

80x86系统和8086/8088系统对于I/O端口的寻址范围是相同的，即最大寻址范围为0～65 535个按字节编址的I/O端口。不仅可以按连续地址的字节端口的个数定义16位字端口，而且可以定义32位双字端口。

I/O端口采用的寻址方式没有变化。

☞4.4.3　8086/8088 后续微处理器的扩展指令

下面仅简单介绍 80386 以上 CPU 增强和扩展的部分指令。

1. 数据传送类指令

(1) 有符号扩展传送指令(MOVSX　DST, SRC)。

源操作数可以是 8 位、16 位或 32 位，目的操作数必须为 16 位或 32 位。该指令将源操作数的符号扩展到目的操作数。

例如：MOVSX DX, BH，该指令是 80386 系统扩充的指令，其功能是将 BH 传送给 DL，并对 DH 填充 BH 的符号。若设原 DX＝1234H，BH＝97H，则指令执行后，DX＝0FF97H，BH 保持不变；若设原 DX＝1234H，BH＝67H，则指令执行后，DX＝0067H，BH 保持不变。

(2) 无符号扩展传送指令(MOVZX　DST, SRC)。

无符号扩展传送指令也是 80386 系统扩充的指令，它对操作数的要求同 MOVSZ，其差别在于将高位扩展为 0。

例如：MOVSX EDX, CX 指令的功能是将 CX 传送给 DX，并对 EDX 的高 16 位填充 0。若设原 EDX＝12345678H，CX=970AH，则指令执行后，DX＝0000970AH，CX 保持不变。

(3) 立即数进栈指令(PUSH　imm)。

立即数进栈指令是 80386 系统扩充的指令，它将一个 8 位、16 位或 32 位立即数进栈。但立即数 imm 不可以作为操作数使用 POP 指令。

(4) 所有寄存器进栈指令(PUSHHA/PUSHAD)。

所有寄存器进栈指令是 80386 系统扩充的指令，PUSHA 指令将所有 16 位通用寄存器 AX、CX、DX、BX、SP、BP、SI 和 DI 按序依次进栈，并使 SP←SP−16；PUSHAD 指令将所有 32 位通用寄存器 EAX、ECX、EDX、EBX、ESP、EBP、ESI 和 EDI 按序依次进栈，并使 SP←SP−32。

(5) 所有寄存器出栈指令(POPA/POPAD)。

所有寄存器出栈指令也是 80386 系统扩充的指令，POPA 指令将栈顶数据按序依次出栈至 16 位通用寄存器 DI、SI、BP、SP、BX、DX、CX 和 AX 中，并使 SP←SP+16；POPAD 指令将栈顶数据按序依次出栈至 32 位通用寄存器 EDI、ESI、EBP、ESP、EBX、EDX、ECX 和 EAX 中，并使 SP←SP+32。

(6) 高低字节顺序交换指令(BSWAP)。

指令格式：

```
    BSWAP    reg32      ;reg32 指 32 位通用寄存器
```

高低字节顺序交换指令是 80486 扩充的指令，其功能是将 32 位通用寄存器中的双字以字节单位进行高低字节交换，即对指定寄存器的 32 位操作数，将其 D_{31}～D_{24} 位的字节与 D_7～D_0 位的字节交换，同时将其 D_{23}～D_{16} 位的字节与 D_{15}～D_8 位的字节交换。

例如：BSWAP ECX，设原 ECX＝12345678H，则指令执行后，ECX＝78563412H。

(7) 目标地址传送指令(LDS、LES、LSS、LFS 和 LGS)。

目标地址传送指令是 80386 系统扩充的指令，用来传送 6 字节的地址指针，地址指针以“32 位偏移地址＋16 位段基址”的形式存放在 6 个连续字节存储单元中。指令将 16 位

段基址传送至指令给定的段寄存器，将 32 位偏移地址传送至 32 位通用寄存器。

例如：

```
LDS EBX, mem          ; DS:EBX←mem 开始的 6 字节存储单元内容
LES EDI, mem          ; ES:EDI←mem 开始的 6 字节存储单元内容
LSS ESP, mem          ; SS:ESP←mem 开始的 6 字节存储单元内容
LFS EDX, mem          ; FS:EDX←mem 开始的 6 字节存储单元内容
LGS ESI, mem          ; GS:ESI←mem 开始的 6 字节存储单元内容
```

2．算术运算类指令

(1) 交换且相加指令(XADD)。

指令格式：

```
XADD    DST, SRC
```

执行操作：TEMP←SRC+DST　　　　; TEMP 为一中间变量。

SRC←DST

DST←TEMP

交换且相加指令是 80486 新增加的指令，它将存放在 8 位、16 位或 32 位寄存器或存储器中的目的操作数与存放在 8 位、16 位或 32 位存储器或寄存器的源操作数相加，结果送目标操作数，并用原来的目标操作数取代源操作数。

(2) 比较并交换指令(CMPXCHG)。

指令格式：

```
CMPXCHG DST, SRC
```

执行操作：判断累加器与 DST 是否相等，若相等，则 DST←SRC；否则，累加器←DST。其中的累加器可以是 AL、AX 或 EAX。本指令是 80486 新增加的指令，它将存放在 8 位、16 位或 32 位寄存器或存储器中的目的操作数与累加器 AL、AX 或 EAX 的内容进行比较。如果相等，置 ZF=1，并将存放在 8 位、16 位或 32 位寄存器中的源操作数传送到目的操作数；否则，置 ZF=0，并将目的操作数的内容送相应的累加器。

(3) 有符号数乘法指令扩展。

从 80386 开始，有符号数乘法指令 IMUL 允许立即数作为源操作数，且目的操作数不再限制为累加器。操作数扩展到可以是 2 个或 3 个，乘法的积可以指定存放到任意通用寄存器中。

例如：

```
IMUL EBX, 10                 ; EBX←EBX×10
IMUL BX, CX,103              ; BX←CX×103
IMUL EBX, ECX                ; EBX←EBX×ECX
IMUL EAX, EBX, 30H           ; EAX←EBX×30H
IMUL ECX, [EBX+EDI], 40      ; ECX←[EBX+EDI]双字单元内容×40
```

上述 IMUL 扩展指令中，积与乘数和被乘数的长度相同，容易产生溢出，溢出时，OF=1，编程时应充分考虑。

注意：对无符号数的乘法指令 MUL 则没有这样的扩充。

(1) 符号扩展指令的扩充。

除了 CBW 和 CWD 之外，从 80386 开始增加了：

① CWDE，将AX中的字扩展成EAX中的双字，EAX的高位字中各位是AX的符号。

② CDQ，将EAX中的双字扩展成EDX、EAX中的4字，EDX中各位是EAX的符号。

(2) 移位指令的扩充。

从80386系统开始，增加了两条多字节移位指令：SHLD和SHRD，也称为双精度移位指令。

指令格式：

```
SHLD   OP1, OP2, imm8/CL
SHRD   OP1, OP2, imm8/CL
```

移位指令均是3操作数指令，OP1是16位或32位的寄存器或存储器；OP2是16位或32位的寄存器；第3个操作数是8位的立即数或存放在CL中的8为无符号数，指示移位的次数。

第一条指令将OP1和OP2和起来的32位或64位操作数循环左移若干位，最后一次移出的最高位送入CF标志位；第二条指令将OP1与OP2和起来的32位或64位操作数循环右移若干位，最后一次移出的最低位送入CF标志位。

例如：SHRD EAX, EBX, 4，设移位操作前EAX＝12345678H，EBX＝87654321H；则移位后，EAX＝11234567H，EBX＝88765432H，CF＝0

3．位测试及位扫描指令

位测试及位扫描指令是80386系统扩充的指令，用来对某些位组成的阵列数据进行处理。

(1) 位测试指令(BT/BTR/BTS/BTC)。

指令格式及功能：

```
BT   DST, SRC       ；将DST中由SRC指定的位送CF标志，DST不变
BTR DST, SRC        ；将DST中由SRC指定的位送CF标志，并将该位置0
BTS DST, SRC        ；将DST中由SRC指定的位送CF标志，并将该位置1
BTC DST, SRC        ；将DST中由SRC指定的位送CF标志，并将该位求反
```

例如，设AX＝1234H＝0001 0010 0011 0100B，则执行指令BTR AX, 4后，CF＝1，AX＝1224H＝0001 0010 0010 0100B。

DST是16位或32位的寄存器或存储器，SRC是8位立即数或16/32位寄存器。

当SCR为寄存器时，应与DST位数相同。当SRC给定的数大于DST的宽度时，对SCR取模运算后，用余数作为测试的指定位。例如BT EAX, EBX指令，两个操作数都是32位操作数，当EBX中的值(无符号数)大于等于32时，对其与32求模，取其余数作为SRC的值，如设EBX＝78，则SRC取78%32＝14。即指令完成对EAX中D14位的测试。

(2) 位扫描指令(BSF/BSR)。

指令格式：

```
BSF/BSR REG, SRC
```

指令功能：BSF从低位到高位扫描操作数SRC的各位，若各位都为0，则置中断允许标志IF＝1；否则置IF＝0，并且把扫描到第一个1的位号送入寄存器REG中。BSR从高位到低位扫描操作数SRC的各位，若各位都为0，则置中断允许标志IF＝1；否则置IF＝0，并且把扫描到第一个1的位号送入寄存器REG中。

REG 是 16 位或 32 位的寄存器，SRC 是或 16 位或 32 位的寄存器或存储器，两者位数必须相同。

例如，设 EBX = 12030118H = 0001 0010 0000 0011 0000 0001 0001 1000B，则执行指令 BSR EAX, EBX 后，IF = 0(表示 EBX 中的值≠0)，EAX = 28，即指令从高位向低位扫描 EBX 寄存器，发现 D28 位是其第一个不为 0 的位。

4. 串操作指令

从 80386 开始，基本数据串操作指令扩充了双字操作，同时增加了数据串输出指令。

(1) 基本数据串操作指令(MOVSD/CMPSD/SCASD/LODSD/STOSD)。

基本数据串操作指令的基本功能与 8086/8088 基本数据串操作指令相似，不同之处在于，将指针 DS:SI 变为 DS:ESI，将指针 ES:DI 变为 ES:EDI。指针修正量由原来的 1 或 2，变为 4。

(2) 串输入指令(INS(INSB /INSW/ INSD))。

串输入指令从以 DX 内容为地址的 I/O 端口以字节、字或双字形式输入一个数据串，传送到附加段(ES)由变址寄存器(DI 或 EDI)所指向的连续存储单元中，可以与 REP 前缀配合使用。

(3) 串输出指令(OUTS(OUTSB /OUTSW/ OUTSD))。

串输出指令从数据段(DS)由变址寄存器(SI 或 ESI)所指向的连续存储单元中取出数据，向以 DX 内容为地址的 I/O 端口以字节、字或双字形式输出一个数据串，可以与 REP 前缀配合使用。

5. 转移指令的改进

与 8086/8088 系统相比，转移指令的形式没有变化，不同之处在于扩充了转移的范围。在 80386 系统中，对无条件转移指令而言，目的地址的标号可以指 32 位的偏移量，其他寻址方式的寄存器或存储单元都扩充到了 32 位，因为指令指针 EIP 可以接受 32 位的目标偏移地址。对条件转移指令而言，不再限定为段内短转移，其偏移量的范围由 1 字节扩展到 4 字节。

6. 条件设置指令

在 80386 系统中，增加了一种条件设置指令，其指令格式为

```
SETcc    DST
```

其中，cc 与条件转移指令中的条件类似，如 C、NC、Z、NO 等共有 16 种，DST 为 8 位寄存器或存储器。指令的功能是判断条件，设置 DST 的值。若条件成立，置 DST=1，否则置 DST=0。

例如：

```
SETZ BL            ; 若 ZF = 1，则使 BL = 1，否则使 BL = 0
SETNBE mem8        ; 若 CF = 0 且 ZF = 0(即不低于)，则置字节存储单元 mem8 = 1，否则 mem8 = 0
```

7. 操作系统类指令

在 80386 系统中，专门为操作系统代码增加了一些指令，这些指令一般情况下只能在 0 级特权级上运行。

(1) 加载和存储指令。

```
LGDT mem        ; 将mem单元的内容装入全局描述符表寄存器GDTR
LIDT mem        ; 将mem单元的内容装入中断描述符表寄存器IDTR
LLDT src        ; 将src给定的内容装入局部描述符表寄存器LDTR
LTR src         ; 将src给定的内容装入任务寄存器TR
SGDT mem        ; 存储全局描述符表寄存器GDTR到mem存储单元
SIDT mem        ; 存储中断描述符表寄存器IDTR到mem存储单元
SLDT dst        ; 存储局部描述符表寄存器LDTR到dst
STR dst         ; 存储任务寄存器TR到dst
```

(2) 设置和存储控制寄存器指令。

```
MOV   CRn, EAX   ; 将EAX的值赋予CR0～CR3中的一个
MOV   EBX, CRn   ; 将CR0～CR3的值存储到EBX中
```

(3) 设置和存储调试寄存器指令。

```
MOV DRn, EAX     ; 将EAX的值赋予DR0～DR3、DR6、DR7中的一个
MOV EBX, DRn     ; 将调试寄存器的值存储到EBX中
```

8．Cache操作指令

(1) 将Cache的内容作废指令(INVD)。

INVD指令是80486扩充的指令，其功能为刷新内部Cache，分配一个专用的总线周期来刷新外部Cache。执行该指令不会将外部Cache中的数据写回主存。

(2) 将外部Cache的数据写回主存指令(WBINVD)。

WBINVD指令是80486增加的指令，其功能类同INVD指令，先刷新内部Cache，将外部Cache的数据写回主存，并在此后的一个专用总线周期刷新外部Cache。

9．Pentium增强和扩展的部分指令

(1) INVLPG指令。

INVLPG指令可将页式管理机构内的高速缓冲器TLB中的某一项作废。如果TBL中含有一个存储器操作数映像的有效项，则该TLB项被标记为无效。

(2) CMPXCHG8B指令。

CMPXCHG8B指令与CMPXCHG指令类似，是64位比较交换指令，规定目的操作数必须为内存变量，源操作数和累加器分别为ECX:EBX和EDX:EAX。

(3) RDMSR指令。

RDMSR指令将ECX指示的实模式描述寄存器内容读到EDX:EAX中。

(4) WRMSR指令。

WRMSR指令将EDX:EAX中的值写入ECX指示的实模式描述寄存器中。

(5) RSM指令。

RSM指令可恢复系统管理方式。

(6) CPUID指令。

CPUID指令可读出CPU的标识码及其他一些信息。

(7) RDTSC指令。

RDTSC指令可获得CPU的运行周期数，将计算机启动以来的CPU运行周期数放到

EDX:EAX 里面，EDX 是高位，EAX 是低位。

4.5 本章要点

(1) 指令是计算机完成某一特定操作的命令。在计算机系统中，指令的表示形式一般有两种：机器指令和汇编指令。机器指令是以二进制代码的形式表示的目标代码，CPU 可直接识别并执行；汇编指令是在机器指令的基础上，用符号表示的机器指令。

(2) 指令系统是 CPU 能够识别和执行的全部命令的集合，CPU 的主要功能必须通过它的指令系统来实现。

(3) 大多数指令由操作码和操作数组成。在 80x86 系统中，操作数分为数据操作数和转移地址操作数两大类。数据操作数是计算机需要处理的真实的数据，根据其存储位置不同又分为立即数操作数、寄存器操作数和存储器操作数；转移地址操作数是转移指令要转移的目标地址。

(4) 80x86 数据操作数的寻址方式有立即寻址、寄存器寻址、直接寻址、寄存器间接寻址、寄存器相对寻址、基址变址寻址等。所寻址的操作数在 8086/8088 系统中可以为 8 位或 16 位数据；在 80386 以上系统中，所寻址的操作数可以为 8 位、16 位或 32 位数据。在寻址 I/O 端口时，80x86 提供了直接端口寻址和 DX 寄存器间接端口寻址两种方式。

(5) 80x86 指令系统包含数据传送类指令、算术运算类指令、逻辑运算类指令、控制转移类指令、数据串操作类指令及处理机控制类指令等。学习指令系统要注意掌握每一类指令的功能、操作数的个数、指令对标志位的影响及指令的执行时间。

思考与练习

1．指出下来指令中操作数的寻址方式及指令的功能。

(1) MOV CL, 64H;

(2) MOV AX, [2000H];

(3) MOV AL, 100H[SI+DI];

(4) XLAT;

(5) XCHG AX, BX;

(6) PUSH AX
　　POP DS;

(7) ADC AX, [BX];

(8) SUB AL, [BP+20H];

(9) DEC BYTE PTR[BX+SI];

(10) AND AX, 00FFH;

(11) TEST AL, 80H;

(12) CMPSB;

(13) SAL AL, CL;

(14) MOV DX, 2000H
　　IN AL, DX;

(15) LOOPNZ LOP;

(16) JZ LOP1

2．下面这些指令中哪些是正确的？那些是错误的？如果是错误的，请说明原因。

(1) XCHG CS, AX;

(2) MOV [BX], [1000];

(3) XCHG BX, IP;

(4) PUSH CS;

(5) POP CS;

(6) IN BX, DX;

(7) MOV BYTE[BX], 1000;　　(8) MOV CS, [1000];

(9) MOV BX, OFFSET VAR[SI];　　(10) MOV AX, [SI][DI];

(11) MOV COUNT[BX][SI], ES：AX

3．设 AX=0A69H，VALUE 字变量中存放的内容为 1927H，写出下列各条指令执行后寄存器和 CF、ZF、OF、SF、PF 的值。

(1) XOR AX，VALUE;　　(2) AND AX，VALUE;

(3) SUB AX，VALUE;　　(4) CMP AX，VALUE;

(5) NOT AX;　　(6) TEST AX，VALUE

4．现有(DS)＝2000H，(BX)＝0100H，(SI)＝0002H，(20100H)＝12H，(20101H)＝34H，(20102H)＝56H，(20103H)＝78H，(21200H)＝9AH，(21201H)＝8CH，(21202H)＝A7H，(21203H)＝45H，试说明下列各条指令执行完后 AX 寄存器的内容。

(1) MOV AX，1200H;　　(2) MOV AX，BX;

(3) MOV AX，[1200H];　　(4) MOV AX，[BX];

(5) MOV AX，[BX+1100];　　(6) MOV AX，[BX+SI];

(7) MOV AX，[BX+SI+1100]

5．执行以下程序段，指出执行后 AX、CX 寄存器的值。

(1)
```
MOV CH, 0
MOV AL, 87H
MOV CL, 4
MOV AH, AL
AND AL, 0FH
OR AL, 30H
SHR AH, CL
OR AH, 30H;
```

(2)
```
        MOV CX, 5
        MOV AX, 50
NEXT:   SUB AX, CX
        LOOP NEXT
        HLT
```

6．阅读下面程序段，指出各指令段的功能。

(1)
```
      MOV AX,2000H
      MOV DS, AX
      MOV BX, 2000H
      MOV AX, 0
      MOV CX, 1
LP:   ADD AX, CX
      INC CX
      CMP CX, 64H
      JBE LP
```

```
        MOV [BX], AX
        ⋮
(2)          LEA SI,   BUFFER
             MOV CX, 20
             MOV AL, 0
             DEC SI
     LP:     INC SI
             CMP AL, [SI]
             LOOPZ LP
             JZ NEXT
             MOV ADDRES, SI
     NEXT:   …
```

7．已知(AX)＝2508H，(BX)＝0F36H，(CX)＝0004H，(DX)＝1864H，CF＝0，则下列每条指令执行后的结果是什么？标志位 CF 值为多少？

(1) AND AH, CL;　　(2) OR BL, 30H;

(3) NOT AX;　　(4) XOR CX, 0FFF0H;

(5) TEST DH, 0FH;　　(6) CMP CX, 00H;

(7) SHR DX, CL;　　(8) SAR AL, 1;

(9) SHL BH, CL;　　(10) SAL AX, 1;

(11) RCL BX, 1;　　(12) ROR DX, CL。

8．设堆栈指针 SP 的初值为 2400H，(AX)＝4000，(BX)＝3600H。则：

(1) 执行指令“PUSH AX”后，SP 的值为多少？

(2) 再执行“PUSH BX”和“POP AX”后，(SP)＝? (AX)＝? (BX)＝?

9．设(SS)＝1200H，(SP)＝0400H，则往堆栈中存入 5 个字后，SS 和 SP 的值分别为多少？若在此基础上，又从堆栈中取出 3 个字后，SS 和 SP 的值分别为多少？

10．编写程序段：

(1) 实现(AL)*10/32。

(2) 将 AX 中间 8 位，BX 低四位，DX 高四位拼成一个新字。

(3) 编程检测 50H 端口输入的字节数据，若为正，将 BL 清 0；若为负，将 BL 置为 FFH。

(4) 将数据段内地址为 1000H 存储单元的连续 100 个字数据，传送到同一段内地址为 2000H 存储单元中去。

(5) 搜索数据段由 DI 寄存器所指向的数据区(连续 100 个字节存储单元)是否有关键字 0H，若有则把该单元的数据 0 该写为 30H。

(6) 数据段中以变址寄存器 SI 为偏移地址的内存单元中连续存放着十个字节压缩型 BCD 码，编程求它们的 BCD 和，要求结果存放到 AX 中。

第 5 章　汇编语言程序设计

本章首先介绍汇编语言程序的基本语法知识、常用伪指令及汇编语言源程序结构组成；然后通过汇编语言程序实例介绍结构化程序、子程序及中断服务程序等设计技术；最后介绍几种汇编应用程序的调试与运行环境。

5.1　汇编语言程序基本语法知识

5.1.1　汇编语言和汇编程序

汇编语言(Assembler Language)是计算机语言的一种，是人与计算机进行信息交互的最直接的一种接口和工具。既然是语言，它就必然要用一种人与计算机都能识别的符号、功能代码及语法约定等来表达。

汇编语言采用助记符直接表示机器指令的操作码和操作数，用标号或符号代表地址、常数或变量，是一种面向计算机硬件的低级程序设计语言。

助记符一般都是英文单词的缩写，便于记忆、阅读和使用。用汇编语言编写程序，不仅可以直接控制系统硬件，所产生的目标代码短，占用的内存少，执行速度快，而且有助于充分理解计算机内部的工作过程，所以具有高级语言不可替代的优点。当然其缺点对程序员来说也是显而易见的：必须熟悉系统硬件结构，编程效率较低。

用汇编语言编写的源程序在输入计算机后，需要将其“翻译”成二进制机器指令程序(常称做目标代码或目标程序)，才能被 CPU 执行。这个翻译过程一般由软件自动完成，无需人工逐条翻译，称为汇编(Assembler)。能完成汇编任务的程序称为汇编程序(Assembler Program)。

80x86 系统的汇编程序完全兼容，早期多用基本汇编程序 ASM86，后多使用宏汇编(Macro Assembler)程序 MASM。汇编程序的功能就是将汇编语言源程序翻译成用机器语言表示的目标程序。用汇编语言编写程序时，其汇编的过程可用图 5-1 表示。

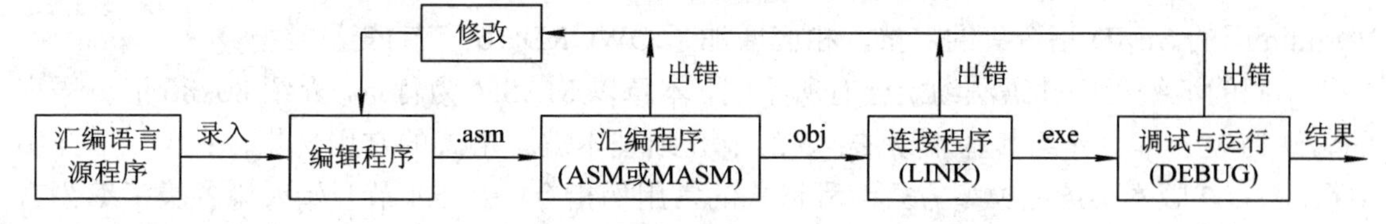

图 5-1　汇编程序的功能示意图

汇编语言源程序经汇编和连接后，会产生可执行程序(扩展名通常为 .exe 或 .com)。这种可执行程序可在操作系统的支持下执行，完成特定的任务。注意，汇编过程和程序执行

过程是两个不同的过程。汇编的过程是将源程序“翻译”成机器语言的过程，而程序的执行过程是由 CPU 从存储器中逐条取出机器指令并逐条执行，完成程序设计的功能。

目前，在诸如 Windows 等可视化多任务操作系统环境下，这种汇编、连接并执行的过程往往会集成在一起，由 Masm for Windows、EMU8086 等汇编程序或汇编仿真软件自动完成，本章后面会对它们做简单介绍。

MASM 是由 Microsoft 公司开发的，最新的 Masm for Windows 拥有可视化的开发界面，使开发人员不必再使用 DOS 环境进行汇编语言程序的开发，编译速度快。Masm for Windows 与 Windows 平台的磨合程度非常好，但是在其他操作系统上使用就有所限制，所以，使用 MASM 的用户一般必须在 DOS 或 Windows 操作系统环境下进行开发。

MASM 的版本至今仍在不断地更新，目前的最新版本为 11。

MASM 4.00 是最先广泛使用的一个版本，适用于 DOS 下的汇编语言编程。MASM 4.00 很精巧，但用起来不是很智能，需要用户自己按步骤一步一步地操作才能完成预期的任务。早期许多教科书介绍 8086/8088 汇编语法都针对的是这个版本。

MASM 5.00 在速度上提高了很多，新增了 .CODE、.DATA、.STACK 等段或其他操作的简化伪指令定义方式(称为模型方式编程格式)，同时增加了对 80386 处理器指令的支持。MASM 5.00 对之前的版本兼容性很好。从 MASM 5.10 版本开始，增加了对@标号的支持，用户可以不再为标号的起名花掉很多时间。另外，它还增加了对 OS/2 1.x 操作系统的支持。1989 年推出的 MASM 5.10B 版本则更稳定、更快捷，是传统的 DOS 汇编编译器中最完善的版本。

MASM 6.00 于 1992 年发布，有了很多改进。编译器可以使用扩展内存，允许编译更大的文件。汇编程序文件名从 Masm.exe 改名为 M1.exe。从这个版本开始，可以在命令行上用 *.asm 同时编译多个源文件；源程序中数据结构的使用和命令行参数的语法也更像 C 语言程序设计，它支持.if/.endif 等高级语法，在使用复杂的条件分支时与用高级语言书写一样简单；可以做到在数千行代码中不定义一个标号；增加了 invoke 伪指令来简化带参数的子程序调用；可读性和可维护性也提高了很多。而 MASM 6.00B 则停止支持 OS/2 操作系统；MASM 6.10 增加了“/Sc”选项，可以在产生的 list 文件中列出每条指令使用的时钟周期数；1993 年 11 月发布的 MASM 6.11 开始支持 Windows NT，可以编写 Win32 程序，同时支持 Pentium 指令，但不支持 MMX 指令集；1994 年发布的 MASM 6.11C 增加了对 Windows 95 VxD 的支持；1997 年 8 月发布的 MASM 6.12 增加了 .686、.686P 和 .MMX 等声明和对相应指令集的支持；1997 年 12 月发布的 MASM 6.13 增加了.K3D 声明，开始支持 AMD 处理器的 3D 指令；MASM 6.14 则是一个较完善的版本，在.MMX 中增加了对 Pentium Ⅲ的 SIMD 指令集的支持，相应增加了 OWORD(16 字节)变量类型。

不同的汇编程序其语法约定会有所不同，本章以 MASM 为背景，介绍 80x86 汇编语言的语法约定。本节介绍其基本语法；5.2 节介绍基本编程格式的常用伪指令；5.3 节介绍 MASM 5.00 版本扩展的模型方式编程格式的常用伪指令；从 5.4 节开始讨论各类汇编语言源程序的编写规范及要点。

在编写汇编语言源程序时，用户必须遵守汇编语言的语法约定。汇编语法涉及的主要概念包括指令语句、伪指令语句和词法等。

☞5.1.2　汇编语言的语句

语句是程序的基本组成，在汇编语言源程序中，主要包括指令语句、伪指令语句和宏指令语句。

1．指令语句

指令语句是指由第 4 章所介绍的汇编指令构成的语句，是 CPU 可以直接执行的语句。

一条指令语句对应一条机器指令。在程序中，可以通过指令语句直接控制计算机硬件，充分发挥硬件性能。在汇编语言源程序中，指令语句应该是程序的主体。

指令语句格式在第 4 章汇编指令中已经介绍，即由以下几个部分组成：

[语句标号:]　操作码　[目的操作数]　[,源操作数]　[; 注释]

语句标号须以西文冒号(:)与操作码相间隔；操作码与目的操作数之间须用至少一个西文空格相间隔；目的操作数与源操作数之间需用西文逗号(,)相间隔；注释须由西文分号(;)引导。格式句中的中括号“[]”表示其中的项是可选项，不是每条指令都必须有此项。例如：

```
LOP: MOV AL, DATA1      ; 双操作数指令，标号 LOP 代表着指令的地址
     ADD AL, [2000H]    ; 双操作数指令，注意此处的中括号[]不是可选的意思！
     DEC AL             ; 单操作数指令
     NOP                ; 无操作数指令
```

一条语句若分多行书写，需使用续行符“&”。

2．伪指令语句

伪指令即汇编控制命令，是控制汇编过程的一些命令。伪指令用于指定汇编语言源程序将要存放在存储器中的起始地址、定义存储段及过程、定义符号(标号、变量、常量)、指定暂存数据的存储区以及将数据存入存储器、结束汇编等。

一旦源程序被汇编成目标程序，伪指令就会消失，它一般不生成目标程序，它仅仅在对源程序的汇编过程中起作用。

伪指令语句是汇编语言程序中的不可执行语句，但却给程序员编写源程序定义了规范，提供了方便。伪指令语句格式：

[标识符]　伪操作符　[操作数] [; 注释]

其中，中括号“[ ]”的含义同指令语句格式，表示该项为可选项。

标识符：根据伪指令作用的不同，可以是变量名、段名、过程名及符号常数等。标识符与语句标号的命名规则相同。标识符与伪操作符之间无需用西文冒号(:)，用空格分隔即可。

伪操作符：又称定义符或伪指令助记符，表示伪操作功能，如定义变量名、段名、过程名及符号常数等。

操作数：又称伪指令参数，根据不同的伪指令，可以是一个或多个。例如：

```
DATA1   DB 30H,31H,32H      ; 定义字节变量 DATA1 开始的三个连续存储单元
DATA2   DB 33H              ; 定义字节变量 DATA2 单元
        DW 1234H            ; 定义字存储单元，紧随 DATA2 存放
PI      EQU 3.14            ; 定义符号常数
```

3. 宏指令语句

宏指令语句就是由若干条指令语句形成的语句体。一条宏指令语句的功能相当于若干条指令语句的功能。

☞5.1.3 汇编语言的数据和表达式

在编写汇编语言程序时，程序员必须按照汇编程序语法规定的数据、标识符、运算符、表达式及程序的结构要求来编写各种语句。

数据是汇编语言语句中操作数的基本组成部分。汇编语言所能识别的数据包括常量、变量和标识符等，它们与不同的运算符可组成有意义的表达式。

1. 常量

在程序中，其值固定不变的量称为常量，包括数值型常数和字符串常数等。

1) 数值型常数

数值型常数的表示形式有二进制数、八进制数、十六进制数、十进制数四种，其后分别写字母“B”、“O”、“H”、“D”，其中十进制数的D可省略，八进制的“O”在手写时由于容易与数字“0”混淆，故通常用“Q”代替。当十六进制数以字母A～F或a～f开头时，前面须加数字0，以避免与标识符混淆。汇编程序通常不区分英文字母的大小写，例如：0010111B、1234H、0ffffH、121Q 等。常量可以直接是数值，也可以为其定义一个名字，用名字表示的常量称为符号常量。在编程时使用的符号常量可使用伪指令“EQU”或“=”来定义。例如：

```
CNT EQU 100        ；CNT为符号常量，汇编程序会将程序中其后的所有CNT汇编成100
```

2) 字符串常数

字符串常数由包含在西文引号中的若干个字符组成。存储在存储器中的字符串是各字符相应的ASCII码。如'A'的值是41H，'AB'的值是4142H等。

2. 变量

变量是在程序运行中可以改变的量，它是在存储器中定义的一个或数个数据存储单元。对变量的访问就是对这些存储单元的访问。在程序中，通过对变量名的访问来实现对存储单元的操作。变量名也就是存放数据的存储单元的符号地址。

变量有如下三个方面的属性：

① 段属性：指示变量所表示的存储单元所在的段基址。

② 偏移地址属性：指示变量所表示的存储单元地址与其段基址之间的偏移量。

③ 类型属性：指示变量占用存储单元的字节数。一个字节变量需占1个字节单元，其类型属性是BYTE；一个字变量需占用2个字节单元，其类型属性是WORD；一个双字变量需占用4个字节单元，其类型属性是DWORD。

3. 标识符

标识符就是一个符号名称，它在源程序中可以表示语句标号、变量、符号常量、伪指令标识符、过程名、段名等。标识符必须按下列规定的字符组合来定义或命名：

- 长度为1～31个字符。
- 必须是大小写英文字母(A～Z，a～z)、数字(0～9)或一些特殊符号“?”、“@”、“_(下划线)”等的组合。

• 不能以数字 0～9 开头。

指令语句中的标号表示该指令的符号地址，通常作为转移类指令的操作数，以确定程序转移的目标地址。指令语句中标号有以下三个属性：

• 段属性：标号所表示的存储单元所在的段基址。

• 偏移量属性：标号指令所在地址与段基址之间的偏移量。

• 距离属性：当标号只允许作为段内转移或调用指令的目标地址时，类型为 NEAR；当标号可作为段间转移或调用指令的目标地址时，类型为 FAR。

伪指令语句中的标识符可作为符号常数、变量名等数据参加运算，也可作为段名及过程名等。这些标识符都有段属性和偏移量属性，其中的符号常数、变量等有 BYTE、WORD 等类型属性，而段名、过程名等则有 NEAR 或 FAR 两种距离属性。

4．运算符和表达式

用运算符把常量、变量或标识符组合起来的有意义的式子就是表达式。汇编程序在汇编源程序时对表达式进行运算，目标代码得到的是运算结果的数据。

运算符主要包括以下五种类型。

1) 算术运算符

算术运算符包括加(+)、减(–)、乘(*)、除(/，整除取商)和模除(MOD，整除取余)共五种，参加运算的数据及运算结果均为整数。例如：

```
MOV AL, 10H*2          ; 在汇编时完成源操作数 10H×2＝20H 的计算
ADD AL, 7 MOD 2        ; 在汇编时完成 7 MOD 2＝1 的计算
```

汇编后，与机器指令对应的汇编指令为：

```
MOV AL, 20H
ADD AL, 1
```

2) 逻辑运算符

逻辑运算符包括 AND(与)、OR(或)、XOR(异或)和 NOT(非)共四种，它们对操作数进行按位逻辑操作。逻辑运算符与逻辑运算指令中的助记符完全相同，但逻辑运算符组成的表达式只能作为指令的操作数部分，在汇编时完成逻辑运算，其结果自然不影响标志位；逻辑运算指令中，逻辑运算助记符出现在指令的操作码部分，在执行程序时完成逻辑运算，其结果会影响标志位。

【例 5-1】　分析指令 AND　AL, PORT AND 80H 的含义。

该指令为逻辑与、双操作数指令，源操作数为逻辑表达式：PORT AND 80H(作用是保留 PORT 的 D7 位)，该表达式将在汇编时运算产生的数据作为该指令的源操作数，使原指令变成 AND AL, 0(当 PORT 的 D7 位为 0 时)，或变成 AND AL, 80H(当 PORT 的 D7 位为 1 时)。

3) 关系运算符

关系运算符包括 EQ(相等)、NE(不等)、LT(小于)、GT(大于)、LE(小于等于)和 GE(大于等于)共六种，用来实现两个数据的比较运算，若关系成立，结果为各位全 1(逻辑真)，否则为各位全 0(逻辑假)。

4) 分析运算符

分析运算符总是加在运算对象之前，其运算对象必须是变量或标号。它可以将变量或

标号的属性(如段、偏移量、类型)分离出来。包括：

(1) SEG 运算符：获得变量或标号所在段的段基址。例如：

```
MOV BX, SEG DATA            ；将 DATA 变量的段基址送 BX 寄存器
```

(2) OFFSET 运算符：获得变量或标号在逻辑段内的偏移地址。例如：

```
MOV SI, OFFSET SOURCE       ；将 SOURCE 变量在逻辑段内的偏移地址送 SI 寄存器
```

若设变量 SOURCE 在数据段内的偏移地址是 1200H，则该指令执行的结果为 SI=1200H。本指令与汇编指令 LEA SI, SOURCE 的功能等价。

(3) TYPE 运算符：获得变量或标号的类型属性。当它在标号之前时，可以得到该标号的距离属性。TYPE 返回的数值与变量或标号的属性之间的关系见表 5-1。

表 5-1　TYPE 返回值与属性的关系

变量或标号的属性	定义伪指令	TYPE 运算符返回数值
字节变量(BYTE)	DB	1
字变量(WORD)	DW	2
双字变量(DWORD)	DD	4
四字变量(QWORD)	DQ	8
十字节变量(TBYTE)	DT	10
近标号(NEAR)	NEAR PTR	−1
远标号(FAR)	FAR PTR	−2

例如：

```
DATA1 DB 10H,20H,30H,40H
DATA2 DW 2000H
    …
MOV   AL, TYPE DATA1        ；汇编后指令变为 MOV AL, 1
MOV   BL, TYPE DATA2        ；汇编后指令变为 MOV BL, 2
```

(4) LENGTH 运算符：获得分配给指定变量在存储器中的连续单元的个数(也称为数组)。该运算符只针对用伪指令 DUP(重复操作符)定义的数组产生正确结果。例如：

```
K1 DW 20H DUP(0)    ；定义字变量 K1，占用 20H×2=40H 个字节单元，且全部预置初值 0
MOV AL, LENGTH K1；汇编后为 MOV AL, 20H
```

(5) SIZE 运算符：获得分配给指定变量在存储器中所占有的总字节数。例如：

```
K1 DW 20H DUP(0)
MOV AL, SIZE K1          ；SIZE K1=(LENGTH K1)×(TYPE K1)=20H×2=40H
                         ；汇编后为 MOV AL, 40H
```

5) 属性运算符

变量、标号或地址表达式的属性可以使用一些运算符来修改，这样的运算符就是属性运算符。具体包括：

(1) SHORT 运算符：用于说明语句标号的地址属性为段内短属性，通常用在无条件转移指令中，限定目标地址距本主调指令的距离范围是 −128～127。例如：

```
JMP SHORT LP        ；说明语句标号 LP 为段内短属性，距本指令的偏移量在 −128～127 内
```

(2) PTR 运算符：用来指定或临时修改某个变量、标号或地址表达式的类型属性或距离属性，它们原来的属性不变。这些类型关键词包括 BYTE、WORD、DWORD、NEAR 和 FAR 等，使用时放在 PTR 前，用空格间隔。例如：

```
DATA DB 12H,34H,56,78H          ；定义 DATA 变量，字节属性
MOV AX, WORD PTR DATA           ；临时修改 DATA 为字类型，置 AX＝3412H
```

又如：

```
INC BYTE PTR [DI]               ；指明目的操作数为字节类型
JMP DWORD PTR [BX]              ；指明目标地址在[BX]开始的连续 4 个字节单元中，
                                ；是段间直接转移
```

(3) 段超越前缀：在存储器操作前，用段寄存器名称加一个西文冒号“:”表示，可将当前存储器操作数从默认段“跨越”到指定段。例如：

```
MOV AX, ES:[BX]                 ；[BX]默认的数据段为 DS，“ES:”将源操作数指定为
                                ；附加段 ES，本条语句亦可写作 ES: MOV AX, [BX]
```

此外还有用于改变运算符优先级的圆括号运算符、用于变量下标或地址表达式的方括号运算符等。表 5-2 总结了 MASM 的所有运算符及其优先级，表中内容从上至下优先级递减。在表达式中，当相邻两个运算符的优先级相同时，按从左到右的顺序进行运算。

表 5-2　MASM 的运算符及其优先级

优先级	运 算 符	名　称	功 能 注 释
1	( )	小括号	改变运算符优先级，其优先级最高
	[ ]	中括号	数组下标或间接寻址
	< >	尖括号	结构专用，修改结构变量的数值
	.	点运算符	结构专用，变量隶属符
	LENGTH	求变量长度	返回变量中的字符个数
	WIDTH	求记录宽度	记录专用，返回记录或字段的长度
	SIZE	求变量大小	返回变量所占总字节数
	MASK	求记录位图	记录专用，置位/复位字段各位
2	PTR	修改类型属性	修改标识符的距离属性或类型属性
	OFFSET	求偏移地址	返回变量在段内的偏移量
	SEG	求段基址	返回变量所在段的段基址
	TYPE	求变量类型	返回标识符类型值
	THIS	指定属性	返回属性值
	CS:,DS:,SS:,ES:	段超越前缀	为存储器操作数指定一个非默认的段
3	HIGH	分离高字节	获取字操作数的高字节
	LOW	分离低字节	获取字操作数的低字节
4	*,/, MOD, SHL, SHR	算术移位运算	双目整运算：乘，除，求余，左移，右移
5	+，－	加减算术运算	双目整运算：加，减
6	EQ,NE,LT,LE,GT,GE	关系运算	双目整运算：等于，不等于，小于，小于等于，大于，大于等于
7	NOT	逻辑非运算	单目运算：对后面表达式的值按位取反
8	AND	逻辑与运算	双目整运算：对左右表达式的值按位求与
9	OR, XOR	逻辑运算	双目整运算：求或，求异或
10	SHORT	短转移说明	将转移偏移量限制在－128～127 之间

5.1.4 基本汇编语言源程序的结构

【例 5-2】 来看一个简单且完整的汇编语言源程序。

```
        ; 文件名： ex1.asm
        ; 程序功能：将 A1 字单元的低 8 位与 A2 字单元的低 8 位合并在一起存入 A3 字单元
DATA1 SEGMENT                       ; 定义数据段开始
        A1 DW 5612H                 ; 定义数据变量 A1，并置初值 5612H
        A2 DW 2034H                 ; 定义数据变量 A2，并置初值 2034H
        A3 DW ?                     ; 定义数据变量 A3，并置初值任意
DATA1 ENDS                          ; 数据段结束
STACK1 SEGMENT PARA STACK 'STACK'        ; 定义堆栈段开始
            STA DB 100 DUP(?)       ; 开辟 100 个字节单元(其值任意)作为堆栈区
            TOP EQU LENGTH STA
STACK1  ENDS                        ; 堆栈段结束
CODE1   SEGMENT                     ; 定义代码段开始
        ASSUME CS:CODE1,DS: DATA1,SS:STACK1          ; 说明段
START:  MOV AX, DATA1
        MOV DS,AX                   ; 为 DS 赋数据段基址
        MOV AX, STACK1
        MOV SS, AX                  ; 为 SS 赋堆栈段基址
        MOV SP, TOP                 ; 设置栈顶指针
        ; 以下为完成特定功能的指令段
        MOV AX, A1                  ; 取 A1 变量的值到 AX
        MOV CL, 8                   ; 移位操作的次数
        SHL AX, CL                  ; 将 AX 中的内容左移 8 位，低字节移到高字节后，补 0
        MOV BX, A2                  ; 取 A2 变量的值到 BX
        MOV BH,0                    ; 清除 BX 的高位字节，保留其低位字节
        ADD AX, BX                  ; 完成了 A1 字数据低 8 位与 A2 字数据低 8 位的合并
        MOV A3, AX                  ; 结果存入 A3 字单元
        MOV AH, 4CH                 ; 返回操作系统
        INT 21H
CODE1   ENDS                        ; 代码段结束
END START                           ; 结束汇编
```

汇编语言程序的一般结构如下：

① 汇编语言源程序通常以 SEGMENT 和 ENDS 定义段结构，整个程序是由若干段组成的。汇编程序 MASM 规定，源程序至少包含一个代码段。一般情况下源程序可根据需要由代码段、数据段、堆栈段和附加段组成。每个段在程序中的位置没有限制。本例中，源程序定义了数据段(DATA1)、堆栈段(STACK1)、代码段(CODE1)共 3 个段。

② 程序中需要处理和存储的数据一般应存放在数据段，指令则在代码段。

③ 代码段内用 ASSUME 伪指令说明段寄存器的指向。在程序中仍需通过传送指令为 DS、SS 及 ES 段寄存器传送相应的段基址，但代码段基址由系统自动赋给 CS，无需传送。

④ 代码段内第一条可执行指令应设置语句标号(本例为 START)。

⑤ 一条语句一般占一行，注释也可以单独占一行。

⑥ 指令段最后一般要有返回操作系统(DOS)的语句(本例中为“MOV AH, 4CH”以及“INT 21H”)。在 Windows 等可视化多用户操作系统中，此种返回代码可以用暂停指令 HLT 代替。

⑦ 源程序最后的 END 语句通知汇编程序汇编任务到此结束，并指出该程序执行时的启动地址(本例从 START 语句开始执行程序)。

5.2　汇编程序中基本编程格式的常用伪指令

伪指令语句主要包括数据及符号定义、存储区分配、段定义、过程定义等，其目的是使汇编程序能正确地把可执行的指令性语句翻译成相应的机器指令代码。本节仅介绍常用的一些汇编伪指令，其余伪指令请参阅相关资料。

☞5.2.1　符号定义伪指令

1. EQU 等值伪指令

格式：

符号名　EQU　表达式

功能：将右侧的表达式赋予左边的标识符。表达式可以是常量或其他符号名。表达式的计算在汇编阶段进行。例如：

```
HUNDER EQU 100          ; 定义符号常数 HUNDER 替代 100
NUM EQU HUNDER*2        ; 定义 NUM 替代数值表达式 HUNDER×2，即用 NUM 代替 200
     A EQU AX           ; 定义符号 A 替代 AX
```

EQU 指令只作符号定义用，不产生目标代码，不占用内存，符号名不允许重新定义。

2. “=”伪指令

功能同 EQU，但它定义过的符号名允许重新定义。例如：

```
DATA1=100
MOV AL, DATA1
DATA1=2000H             ; DATA1 二次定义，此处“=”不能使用 EQU
MOV DX, DATA1
```

☞5.2.2　数据定义伪指令 DB/DW/DD/DQ/DT

数据定义伪指令的作用是为数据分配一定的存储单元，并为这些存储单元的起始单元定义一个变量名。

(1) 定义字节变量伪指令 DB(Define Byte)。

格式：

[变量名]　DB　表达式或数据项表

功能：将表达式的值或数据项表的数据按字节依次连续存放在以“变量名”开始的存储单元中。存储单元的地址是递增的。例如：

```
A DB  30H,31H,32H,33H,34H  ；定义以变量名 A 开始的连续 10 个字节单元(数组)
  DB  35H,36H,37H,38H,39H  ；A～A+9 单元依次存放 30H～39H
B DB  100 DUP(?)           ；定义以变量名 B 开始的 100 个字节单元，内容不定
C DB  64H                  ；定义变量 C 单元内容为 64H
S DB  'ABCDEF'  ；定义以变量名 S(数组 S)开始的连续 6 个字节单元存放字符串 'ABCDEF '
```

其中：

① “?”用来定义一个预留内容不确定的存储单元，以备使用。

② 带 DUP(?)的表达式用来为若干个重复数据分配存储单元。

例如：

```
TAB1 DB 5H DUP(?)          ；分配以 TAB1 开始的连续 5 个字节单元，其内容不确定
```

(2) 定义字变量伪指令 DW(Define Word)。

格式：

[变量名]　DW　表达式或数据项表

功能：将表达式的值或数据项表的数据按字依次连续存放在以“变量名”开始的存储单元中。存储单元的地址也是递增的。例如：

```
D1 DW 4A00H                ；定义变量 D1 字单元内容为 4A00H，低位在前，高位在后
D2 DW 0035H,3678H,3700H    ；定义变量 D2 开始的连续 3 个字单元，D2 单元存放 0035H,
                           ；D2+2 单元存放 3678H，D2+4 单元存放 3700H
```

(3) 定义双字变量伪指令 DD(Define Double Word)。

格式：

[变量名]　DD　表达式或数据项表

功能：将表达式的值或数据项表的数据按 4 个字节(双字)依次连续存放在以“变量名”开始的存储单元中。存储单元的地址也是递增的。

(4) 定义 8 字节变量伪指令 DQ(Define Quadruple Word)。

(5) 定义 10 字节变量伪指令 DT(Define Tenfold Word)。

DQ 与 DT 是 MASM 5.00 版本以后新增加的伪指令，其使用方法与 DB、DW 和 DD 类同。

【例 5-3】　下列伪指令

```
STR DB 'HELLO'
DB 41H, 42H
DW 1234H
```

经汇编程序汇编后的内存分布如图 5.2 所示。

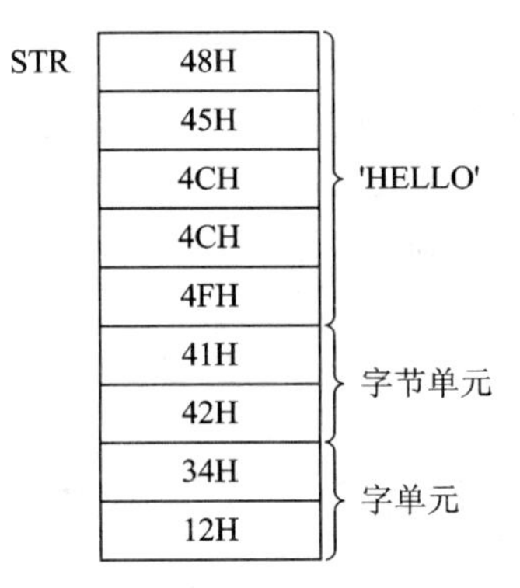

图 5-2　变量定义伪指令汇编后的内存分布图

☞5.2.3 段定义伪指令

段定义伪指令有以下几类：

(1) 段定义语句 SEGMENT…ENDS。

格式：

段名　SEGMENT [定位类型] [组合类型] [段位长度] ['类别名']
　　…
段名　ENDS

功能：定义数据段、代码段、堆栈段或者附加段。

段名用来指出为该段分配的存储器中的起始地址。定位类型、组合类型、段位长度、类别名四个参数任选，其作用解释如下：

① 定位类型(Align Type)：指示汇编程序安排将本段装入内存时，对段的起始地址的要求，可以是 PARA(默认定位类型)、PAGE、BYTE 或 WORD 四种之一。

- 段类型 PARA：指示本段起始单元的 20 位物理地址要能被 16 整除。
- 页类型 PAGE：指示本段起始单元的 20 位物理地址要能被 256 整除。
- 字节类型 BYTE：指示本段起始单元可以从任一地址开始，段与段之间不留空隙。
- 字类型 WORD：指示本段起始单元是一个偶地址。

② 组合类型(Combine Type)：指示汇编程序将多个程序模块连接在一起时，本模块与其他模块中的同名段应该如何组合，可以是 NONE(默认组合类型)、PUBLIC、COMMON、STACK、MEMORY 或 AT 表达式等六种之一。

- NONE：指示本段不与其他段相组合，各段独立存在于存储器中。
- PUBLIC：指示将本段与其他模块中同名同类段在存储器中由低地址到高地址连接成一个新段，连接次序由连接命令指定，且要满足定位类型的要求。
- COMMON：指示将本段与其他模块中的同名段以共享内存的方式组合起来，这些段有相同的起始地址，后面的段覆盖前面的段，组合后段的长度是这些同名段中最长的一个。
- STACK：指示本段为堆栈段。此参数在堆栈段中不可省略。多个模块只需设置一个堆栈段。与 COMMON 组合类型类似，这种组合方式将各模块中的同名段以覆盖方式组合在一起，段的长度是所有同名段中最长的一个。
- MEMORY：与 COMMON 组合类型类似，其区别是指示用第一个带此参数的段覆盖在其他同名段的最上层，其他带此参数的段按照 COMMON 方式处理。
- AT 表达式：指示定位本段的起始地址在表达式的值所指定节(16 的整数倍)的边界上。一般情况下各逻辑段在存储器中的位置由系统自动分配，当用户要求某个逻辑段在指定节的边界上时，就要使用此种方式来实现，但此种方式不能用来指定代码段。

③ 段位长度(Segment Length)：MASM 5.00 版本后新扩充的一种参数，可以是 USE16 或 USE32 两种选项，缺省时默认为 USE16。

- USE16 指示汇编程序将 80486、Pentium 微处理器定义成 8086 实地址模式，段基址和偏移量均为 16 位。

- USE32 指示汇编程序将 80486、Pentium 微处理器定义成使用 32 位段模式，段基址为 16 位，偏移量为 32 位，段的最大空间为 $2^{32} = 4$ GB。

④ 类别名(Class Name)：是用单引号括起来的字符串，长度不超过 40 字符，其作用是在汇编程序连接时将所有类别名相同的逻辑段存放在一个连续的存储区内，称为段组。

段定义语句中的参数设置，可以增强伪指令语句的功能。段定义语句允许嵌套设置，即在一个逻辑段内再定义某个逻辑段，但不允许逻辑段相互交叉设置。

(2) 段分配语句 ASSUME。

格式：

　　ASSUME 段寄存器:段名 [,段寄存器:段名]　[,段寄存器:段名]…

功能：通知汇编程序将程序中定义的各段的段基址“分配”给相应的段寄存器 CS、DS、SS 或 ES。

编写汇编语言程序时，用户可以定义多个段，但在程序运行的过程中，某一时刻最多只允许有 4 个逻辑段处于有效状态。此伪指令语句用来完成将逻辑段分别定义成代码段，数据段、堆栈段及附加段。本语句通常放在代码段的开始，不可省略。

本语句中的段名一定是以 SEGMENT…ENDS 语句定义的名字。

可以用 ASSUME NOTHING 取消前面由 ASSUME 所指定的段寄存器。

本语句只是说明段名和段寄存器的关系，并未真正把段基址装入对应的寄存器。段寄存器 DS、ES、SS 值的装入应在代码段中用赋值指令来实现，CS 的装入则是系统自动完成的。

☞5.2.4　定位操作伪指令

(1) 定位伪指令 ORG。

格式：

　　ORG　表达式; 表达式的值必须是正整数

功能：指出 ORG 后面的指令语句或数据区从表达式的值所确定的存储单元开始存放。ORG 语句可以放在代码段内，也可以放在数据段或其他逻辑段内。

例如：

```
DSEG SEGMENT
ORG 100H   ; 指示将下面的 D1 变量安排在本段(DSEG)中偏移地址为 100H 开始的单元
D1 DB 'HELLO'
ORG 200H   ; 指示将下面的 D2 变量安排在本段(DSEG)中偏移地址为 200H 开始的单元
D2 DW 1234H，4567H
DSEG ENDS
```

(2) 当前位置计数器$。

在汇编语言程序的表达式中，$表示当前语句在本逻辑段内的偏移地址，它是在汇编时系统为本语句或下一个语句分配的偏移地址，一般用在表达式中。例如：

① JMP $　;跳转到本条语句执行(死循环，程序将无法自动退出执行)

② D1 DB 'abcdefghijk'

LEN　EQU　$-D1　　　；定义 LEN 为字符串变量 D1 长度

例②中，由于 EQU 语句本身不占内存，所以$指示的是下一语句在段内的偏移地址。

5.2.5 模块定义伪指令

这里的模块是指以独立文件(*.asm)形式编写的汇编语言源程序。

汇编语言程序设计者或团队可以把一个源程序分成若干具有独立功能、独立进行汇编和调试的模块。将各模块分别汇编后，可以再将它们连接成为一个完整的可执行程序来执行。

(1) 模块定义伪指令 NAME…END。

格式：

```
[NAME  模块名 ]
  …
END [标号]
```

NAME 语句可以省略。省略时，源程序文件名即为该模块的名字。

汇编程序在汇编源程序时，处理到模块结束语句 END 时便停止汇编。如果该模块是所有模块中的主模块，则 END 语句后必须是一个标号，用于指示程序中第一条要执行的语句的地址。例如：

```
        NAME MYPRO_1        ；本模块的名称为 MYPRO_1
        CODE SEGMENT        ；定义代码段
        ASSUME  CS:CODE     ；段分配
START:  MOV  AX, CODE       ；程序中首条要执行的语句
        …
        CODE ENDS
        END START           ；模块结束，指示系统从 START 标号处执行本模块
```

(2) 全局符号声明伪指令 PUBLIC。

格式：

PUBLIC　名称表

功能：声明本模块中已经定义的一些符号常量、变量、标号以及过程名等是可供其他模块使用的。多个名称间用西文逗号隔开。例如：

PUBLIC D1, SUM, TABLE, PI

(3) 外部符号共享伪指令 EXTRN(EXTeRN)。

格式：

EXTRN　名称表

功能：说明本模块中需要引用其他模块中定义且说明为 PUBLIC 的符号。多个符号名称间用西文逗号隔开。每个名称后面需紧跟一个西文冒号(:)加上该名称的类型。若名称为变量，则类型可以是 BYTE 或 WORD 或 DWORD 等；若名称为标号或过程名，则类型是 NEAR 或 FAR；若名称是符号常数，则类型是 ABS。例如：

EXTRN D1:BYTE, SUM:NEAR, TABLE: DWORD, PI:ABS

5.2.6 宏操作伪指令

宏操作伪指令简称宏指令。其作用是把源程序中某一重复出现的程序段定义成一条宏指令，然后在相应的地方直接引用此条宏指令，汇编程序汇编时，会自动用该程序段置换宏指令。这样，不仅可以使整个程序变短，而且可以提高程序的可读性及编程效率。

宏操作可分为 3 个过程：宏定义、宏调用和宏扩展。

(1) 宏定义。

格式：

```
宏指令名  MACRO [形式参数 1, 2, …]
          宏体
          ENDM
```

从 MACRO 到 ENDM 之间的所有语句为宏体。若宏体中需要参数，可以以形式参数的形式给出。

例如，定义名称为 SFTAL4 的算术右移宏指令：

```
SFTAL4   MACRO
         MOV CL, 4
         SAR  AL, CL
         ENDM
```

(2) 宏调用。

在程序中引用宏指令的过程称为宏调用。

格式：

```
宏指令名  [实际参数]
```

对上例中的宏定义来说，只要主程序中需要对 AL 累加器进行算术右移 4 次的操作，用户便可以用如下一条指令：

```
SFTAL4
```

代替 MOV CL, 4 和 SAR AL, CL 两条指令语句。主程序中，这两条指令的组合出现得越多，主程序的长度减少得就越多。对宏操作来说，一个宏指令必须先定义，才能进行宏调用。

(3) 宏扩展。

当宏汇编程序扫描到源程序中的宏指令时，就用宏体中的指令替代宏指令所在的位置，并用实际参数替代形式参数，这一过程称为宏扩展。

宏扩展是在汇编的过程中完成的，这与后面要介绍的过程(子程序)定义与调用不同，过程是在程序的执行过程中进行的。

【例 5-4】 带参数的宏指令的定义、调用及扩展。

宏定义：

```
SHIFT MACRO REG, DIRECTION, NUM
      MOV CL, NUM      ;NUM 指定移位的次数
      S&DIRECTION  REG, CL     ; DIRECTION 可以是 HL、HR、AL 或 AR，在本指令中
                               ; 与 S 可以通过&运算符连接合成为 SHL、SHR、SAL 或
                               ; SAR，REG 指定被移位的寄存器或存储器操作数
```

```
ENDM
```

宏调用 1：

```
SHIFT   AX, HR,4   ; 将 AX 累加器中的各位逻辑右移 4 位
```

宏调用 2：

```
SHIFT   BL, AL,5   ; 将 BL 寄存器中的各位算术左移 5 位
```

宏展开 1：根据宏定义，上面宏调用 1 会被汇编成如下两条指令：

```
MOV CL, 4
SHR AX, CL
```

宏展开 2：根据宏定义，上面宏调用 2 会被汇编成如下两条指令：

```
MOV CL, 5
SAL BL, CL
```

编程过程中，可以用伪指令 PURGE 取消已经定义过的宏定义名称，格式为

```
PURGE   宏名称 1, 宏名称 2, …
```

在 80x86 汇编语言程序设计过程中，还有用到诸如过程定义与调用(在第 5.5 节中介绍)、列表控制、输出控制、条件汇编以及在高级汇编技术中使用的记录和结构等伪指令，这些内容本书不再一一讨论，可参阅其他资料。

5.3　汇编程序中模型方式编程格式的常用伪指令

汇编程序从 MASM 5.00 版本开始，用户不必再使用 SEGMENT…NDS 来定义逻辑段，而可以使用 .DATA、.CODE(注意，关键词前有一个西文小数点“.”)等伪指令简化逻辑段的定义，称为模型方式编程格式。其基本格式举例如下：

```
.MODEL SMALL
.386                    ; 选择使用 80386 指令系统
.STACK 100H             ; 定义堆栈段，段长 100H
.DATA                   ; 定义数据段
    LIST1 DB 100 DUP(?)
    LIST2 DB 100 DUP(?)
.CODE                   ; 定义代码段
.STARTUP                ; 程序起点，设置 DS，SS
    MOV AX, DS
    MOV ES, AX          ; 设置 ES，为使用 MOVSB 指令做准备
    CLD                 ; 置方向标志 DF
    MOV SI, OFFSET LIST1
    MOV DI, OFFSET LIST2
    MOV CX, 100
REP MOVSB               ; 重复传送数据串
```

```
    .EXIT 0                ; 程序结束，返回操作系统
    END                    ; 指示汇编程序汇编到此结束
```

本程序的功能是将数据区中以 LIST1 开始存放的 100 个字节数据传送至以 LIST2 开始的区域。这种编程方式显然有简单明了、易于掌握的优点。

1．定义存储模式伪指令 .MODEL

存储模式是用户程序的数据和代码在内存中的存放格式及占用内存的大小。在使用简化段定义伪指令时，要先定义存储模式。

格式：

    .MODEL　存储模式

功能：声明本汇编语言程序的存储模式。这些存储模式可以是：

- SMALL：小模式，仅包含两个逻辑段，即一个 64 KB 的数据段，一个 64 KB 的代码段。
- MEDIUM：中模式，可包含一个 64 KB 数据段和若干个代码段。
- COMPACT：压缩模式，可包含一个代码段和若干个数据段。
- TINY：微模式，仅包含一个代码段，所有数据和代码都需装入此段；程序按.com 格式编写，程序从 0100H 处开始。
- LARGE：大模式，允许有任意多个数据段和代码段。
- HUGE：巨模式，与 LARGE 模式基本相同，但数据段允许大于 64 KB。
- FLAT：平展模式，仅限于 MASM 6.x 及以上版本，它使用 1 个 512 KB 的段来存储所有的数据和代码，主要用于 Windows NT 中。

2．简化段定义伪指令

简化段定义伪指令在定义一个段开始的同时，也说明了上一段的结束；使用简化段定义时，不必设置段名；若是程序中的最后一个段，则以伪指令 END 结束。简化段定义伪指令主要有.CODE、.DATA 和.STACK 三种，其格式和功能如下：

(1) 定义代码段.CODE。

格式：

    .CODE

功能：说明以下语句序列是代码段的内容。

(2) 定义数据段.DATA。

格式：

    .DATA
    .DATA　?
    .CONST

功能：说明以下语句序列(多为符号常数或变量的定义语句)是数据段的内容。

在源程序中，可以多次使用 .DATA 定义数据段；.DATA　? 表示下面是未进行初始化的数据段；.CONST 表示下面是定义符号常数的数据段。

(3) 定义堆栈段.STACK。

格式：

    .STACK [长度]

功能：定义堆栈段，多数情况下仅此一条语句。长度表示在堆栈段中开辟的存储单元字节数，其缺省值为 1 KB；若段中的数据不确定，则可以在下面用 DUP(?)函数来定义。

3．简化代码伪指令

(1) .STARTUP。

该指令位于代码段的开始，说明可执行语句的开始，并自动对段寄存器 DS、SS 和 SP 进行初始化。

在用汇编程序对源程序进行汇编时，先将各同类型的段(如定义了两个.DATA 段)合并成一个整段，然后再将段基址赋予相应的段寄存器(如将合并后的 DATA 段基址赋予 DS)。但合并后的逻辑段长度不能超过 64 KB，因此此语句不能工作于 32 位段长模式。

(2) .EXIT。

该指令位于代码段的结束，指示程序返回 DOS 操作系统。它与下面的 DOS 系统功能调用(4CH)指令序列的功能完全相同：

```
MOV AH, 4CH
INT 21H
```

有关 DOS 系统功能调用的内容在本章第 5.6 中介绍。

【例 5-5】　编程将字单元 W1、W2 的两个无符号数相加，结果写入 W3 单元。

参考代码如下：

```
.MODEL SMALL            ；选择小模式
.DATA                   ；定义数据段
    W1 DB 0BFFH
    W2 DB 2800H
    W3 DB ?
.STACK 512              ；定义堆栈段，并指示数据段结束
.CODE                   ；定义代码段，并指示堆栈段结束
.STARTUP                ；程序开始，并初始化段寄存器 DS、SS 和 SP
    MOV AX, W1
    ADD AX, W2
    MOV W3, AX
.EXIT 0                 ；程序运行结束,返回系统
END                     ；整个程序运行结束,通知汇编程序汇编至此结束
```

4．使汇编程序识别特定微处理器指令的伪指令

MASM 在默认情况下，只能汇编 8086/8088 处理器指令集和 8087 协处理器指令集。采用 .386、.486 或.586 等伪指令后，MASM 则能够汇编对应微处理器的指令。该类伪指令一般放在源程序开头或.MODEL 伪指令后面。

例如：

```
.586P                   ；选择 Pentium 保护模式指令系统
.387                    ；选择 80387 数字协处理器
```

5. 段等价名运算符@

在基本编程格式下，用户定义的各个逻辑段都必须有一个名称，以便在程序中用指令为某些操作数提供该段的某种属性或信息，而在模型方式编程格式下，可以不再为各个逻辑段命名，因此引入段等价名运算符。

将段等价名运算符@与简化段定义伪指令(如.CODE)相结合(形成@CODE)，来代表(由.CODE 定义的)段的名称。

例如：

```
.MODEL SMALL
.586                              ; 选择 Pentium 指令系统
.DATA
A DB 12H,0AAH
.CODE
START: MOV AX, @DATA              ; 用@DATA 获取数据段的段基址
       MOV DS, AX
         ...
       MOV AH, 4CH
       INT 21H
END START
```

模型方式编程格式比起基本编程格式来说，虽然简明易懂，但也有其不足之处，如它不适于定义多个同类型、且总段长超过 64 KB 的逻辑段。

模型方式编程格式可以与基本编程格式混合起来使用，即有些段用第一种格式定义，有些段则用第二种格式来定义，但这种编程风格并未被大多数用户所接受。

表 5-3 列出了 80x86 汇编程序 MASM 所支持的通用伪指令。

表 5-3　MASM 通用伪指令

伪指令	格　式	功　　能
.286	.286	选择 80286 指令系统
.286P	.286P	选择 80286 保护模式指令系统
.386	.386	选择 80386 指令系统
.386P	.386P	选择 80386 保护模式指令系统
.486	.486	选择 80486 指令系统
.486P	.486P	选择 80486 保护模式指令系统
.586	.586	选择 Pentium 指令系统
.586P	.586P	选择 Pentium 保护模式指令系统
.287	.287	选择 80287 数字协处理器指令
.387	.387	选择 80387 数字协处理器指令
.EXIT	.EXIT	使程序退出到 DOS 操作系统
.MODEL	.MODEL TYPE	选择编程模型，TYPE 可以是 TINY(微)、SMALL(小)、MEDIUM(中)、COMPACT(压缩)、LARGR(大)、HUGE(巨)、FLAT(平展)
.STARTUP	.STARTUP	指示程序执行时的开始位置

续表

伪指令	格　式	功　能
ALIGN2	ALIGN2	按字或双字分界的段中数据的开始
ASSUME	ASSUME CS:段名, DS…	指定段所属的段寄存器
BYTE	BYTE PTR 存储器	指示字节属性的操作数
WORD	WORD PTR 存储器	指示字属性的操作数
DWORD	DWORD PTR 存储器	指示双字属性的操作数
DB	[变量名] DB 表达式列表	定义字节(8 位)
DW	[变量名] DW 表达式列表	定义字(16 位)
DD	[变量名] DD 表达式列表	定义双字(32 位)
DQ	[变量名] DQ 表达式列表	定义四字(64 位)
DT	[变量名] DT 表达式列表	定义十字节(80 位)
DUP	N DUP(表达式列表)	产生重复 N 次的表达式列表
END	END [标号]	指示汇编语言程序的结束，并指明程序执行的开始处
MACRO	宏名 MACRO 形参列表	宏定义起始行
ENDM	ENDM	宏定义结束行
PROC	过程名 PROC 类型	过程定义起始行，类型可以是 NEAR 或 FAR
ENDP	过程名 ENDP	过程定义结束行
STRUC	结构名 STRUC	结构定义起始行
ENDS	结构名 ENDS	结构定义结束行
EQU	名字 EQU 表达式	用名字取代表达式，名字不可以再定义
=	名字 = 表达式	用名字取代表达式，名字可以再定义
EVEN	EVEN	使一个数据或指令的偏移地址调整为偶地址
FAR	FAR PTR	定义远指针
NEAR	NEAR PTR	定义近指针
NAME	NAME 模块名	为源程序目标模块赋予名字
ORG	ORG 数值表达式	设置段内起始地址
PTR	类型 PTR 操作数	给操作数指定类型
SEGMENT	段名 SEGMENT	段定义起始行
ENDS	段名 ENDS	段定义结束行
TACK	段定义的一种参数	指示本段为堆栈段
USES	USES 寄存器列表	MASM6.x 版本指示自动保存过程中使用的寄存器
USE16	USE16	指示高档微处理器使用 16 位的指令模式和数据长度
USE32	USE32	指示高档微处理器使用 32 位的指令模式和数据长度
PUBLIC	PUBLIC 名字列表	说明在本模块中定义的名字可以共享给其他模块
EXTRN	EXTRN 名字列表	引用其他模块定义的名字
LABEL	名字 LABEL 类型	为已定义的名字另取一个新类型名字
PURGE	PURGE 宏名字列表	取消已定义的宏名字
REPT	REPT…ENDM	定义重复执行的宏
IRP	IRP…ENDM	定义带参数重复执行的宏
IRPC	IRPC…ENDM	定义带字符串重复执行的宏
IF	IF…ELSE…ENDIF	条件汇编

5.4 基本汇编语言程序设计

☞5.4.1 汇编语言程序设计步骤与技巧

汇编语言是面向计算机的CPU及其外设而进行程序设计的语言。汇编语言程序设计除了应具有一般程序设计的特点外，还具有其自身的特殊性。

1. 汇编语言程序设计步骤

汇编语言程序设计一般经过以下几个步骤：

(1) 分析问题，明确任务要求，将问题抽象成数学模型来描述。

(2) 确定算法，即根据实际问题和指令系统的特点，确定完成这一任务所要经历的步骤，并将一个完整的步骤分解成若干子模块。

(3) 根据所选择的算法，确定内存单元的分配方案，确定寄存器的使用方案，确定程序运行过程中的中间数据及结果的存放方案等。为了提高程序的效率和运行速度，需根据问题的解决步骤和算法，画出程序的流程图。流程图多用框图表示，一般应包括开始框、执行框、判断框和结束框等，如图5-3所示。

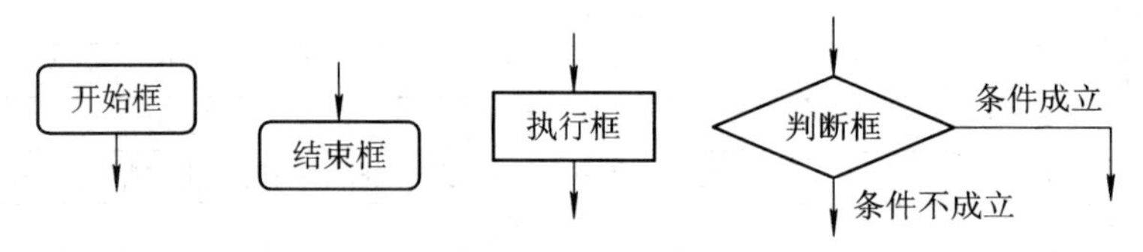

图5-3 常见流程图符号示意

(4) 根据流程图，编写源程序。

(5) 上机对源程序进行汇编、连接、调试、运行。

2. 汇编语言程序设计技巧

对于同一个问题，不同的编程者会有不同的编程风格及方式。在进行汇编语言程序设计时，用户应按照结构化程序设计的思想，使程序具有执行速度快、占用内存少、易读、易调试及易维护的特点。汇编语言程序的基本结构应采用总体顺序结构，穿插必要的选择和循环结构。如果程序较长，应适当定义宏代换，或将特定功能的子模块定义成子程序(过程)调用的形式。

在进行汇编语言程序设计时，应注意以下事项与技巧：

(1) 把要解决的问题分解成若干具有特定功能的子模块，各模块尽量采用子程序完成其功能。

(2) 尽量少采用无条件转移指令。

(3) 合理选择指令语句，选择执行时间短的指令，精心设计程序功能段，以提高程序的运行效率。假如在一个重复执行100次的循环程序中使用了2条冗余指令，或者在循环体内的执行时间多用了2个机器周期，则整个循环程序执行下来，就要多执行200条指令或多执行200个机器周期，这会大大降低整个程序的运行速度。

(4) 一般情况下，应将数据定义在数据段内，代码定义在代码段内，这样的程序不仅易读，而且易维护。应根据问题的复杂程度设置访问数据段的寻址方式。寻址方式越复杂，指令的执行速度就越慢。因此，能用简单寻址方式解决问题的，就不要用复杂的寻址方式。

(5) 根据问题的大小，选择数据的长度，能用 8 位数据解决的问题，就不要使用 16 位数据形式，更不要用 32 位的数据形式。多出来的位数不仅没有用，还增加了阅读和理解的难度，降低了运行效率。

(6) 在主程序和中断处理程序的前面，要保护好标志寄存器及相关寄存器的现场数据(“保护现场”)，结束前要依次恢复它们(“恢复现场”)。累加器是信息传递的枢纽，在调用子程序和中断服务程序前，一般要通过累加器传递参数。所以要特别留意累加器中内容的变化，需要保护累加器的内容时，一定要通过堆栈等手段对其内容进行保护，事后恢复。

用汇编语言编写程序，对于初学者来说是会遇到困难的，只有通过实践，不断积累经验，才能编写出较高质量的汇编语言程序。下面依次举例，对顺序结构、分支结构、循环结构这三种基本结构的汇编语言程序设计予以讨论。之后，将在此基础上另节讨论子程序结构的汇编语言程序设计，并进一步介绍中断服务程序的编写要领，最后介绍上机操作的工具及其使用方法。

☞5.4.2　顺序程序设计

所谓顺序结构程序，就是使 CPU 依次顺序执行其中各条指令语句的程序或程序段。在所有的程序结构中，它是最简单的一种。一般程序的主构架都是顺序结构的。

【例 5-6】　假设有多项式：$f(x)=5x^3+4x^2-3x+21$，试编写汇编语言程序，计算 f(6) 的值。

首先，可以通过变换多项式的形式来化简运算：

$$f(x)=5x^3+4x^2-3x+21=((5x+4)x-3)x+21$$

这样可以将乘方运算化简为加减乘除四则运算，从内层括号逐步向外实现 ab+c 的运算，整个程序是顺序结构的。参考程序如下：

```
DATA SEGMENT
          X DW 6          ；定义字变量 X，存放多项式中的自变量
RESU      DW ?            ；定义字变量 RESU，存放多项式中的运算结果
DATA ENDS
CODE SEGMENT
          ASSUME CS:CODE, DS:DATA
START:    MOV AX, DATA
          MOV DS, AX          ；设置数据段寄存器 DS
          MOV AX, 5           ；乘数 5 送 AX
          MUL X               ；5×X→DX：AX，由于 DX 中内容是 0，后被舍弃
          ADD AX, 4           ；5X+4→AX
          MUL X               ；(5X+4)X→DX：AX，由于 DX 中内容仍是 0，后被舍弃
          SUB AX, 3           ；(5X+4)X−3→AX
          MUL X               ；((5X+4)X−3)X→DX：AX，由于 DX 中内容仍是 0，后被舍弃
```

```
        ADD AX, 21        ; ((5X+4)X−3)X+21=04CBH→AX
        MOV RESU, AX      ; 保存运算结果 04CBH
        MOV AH, 4CH       ; 返回操作系统
        INT 21H
CODE    ENDS
END     START
```

该例中，执行 MUL 指令实现累加器 AX 与存储器操作数 X 的无符号数相乘，每次乘积为双字，放在 DX 和 AX 中。多次累乘后的结果存入 RESU 单元。

本例中使用了无符号乘法指令 MUL，对本例的自变量 X＝6 的情况，结果是正确的，即 RESU 单元中最后得到结果 04CBH(1227)。但如果要求 f(−6)的话，结果未必正确了(尤其在结果有溢出的情况下)。如果改用有符号乘法指令 IMUL，则一定可以得到正确的结果。本例中，f(−6)＝0FC7FH(−897)。

本例中没有定义堆栈段，因为程序中没有用到堆栈指令(PUSH、POP 指令或对存储器操作数使用 BP 间接寻址方式)。事实上，即便使用了堆栈指令，用户仍可以不定义自己的堆栈逻辑段，因为执行该程序时，系统会使用系统自身当前已经定义的堆栈段，但这是不被提倡的。因为，如果用户自身编写的程序不合理(如在程序中使用了 PUSH 指令，但没有使用 POP 指令，或在执行对应的 POP 指令前已非法退出了程序的执行)，则会给原系统的堆栈区栈顶指针 SP 带来混乱，可能导致系统运行出错或崩溃。

本例最后的指令序列：MOV AH, 4CH 和 INT 21H 是返回 DOS 操作系统的 DOS 系统功能调用方法之一。有关 DOS 系统功能调用的内容将在 5.6 节介绍。

☞5.4.3　分支程序设计

分支程序亦称选择程序，汇编语言程序中通过条件转移指令来实现程序分支处理的功能。在第 4 章中我们已经了解到，条件转移指令实现执行跳转的依据是标志寄存器，所以，在条件转移指令前一定要有能正确影响标志位的数据操作类指令。

【例 5-7】　比较两个无符号数的大小，将其中较大的数存入 MAX 单元。

设两个无符号数定义在数据段的 A、B 两个字节变量中。选择结构流程如图 5-4 所示。

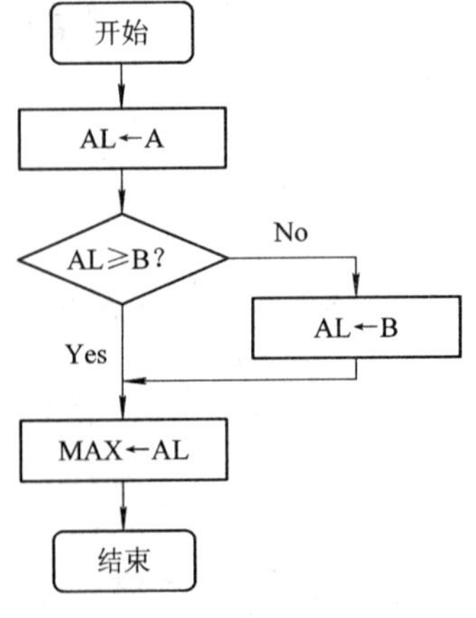

图 5-4　选择结构流程图

参考程序如下：

```
        DATA SEGMENT
        A DB 89H                ; 定义字节变量 A，存放无符号数 1
        B DB 98H                ; 定义字节变量 B，存放无符号数 2
        MAX DB ?                ; 定义字节变量 MAX，存放两个无符号数中的大者
        DATA ENDS
        CODE SEGMENT
        ASSUME CS:CODE, DS:DATA
START: MOV AX, DATA
        MOV DS, AX
        MOV AL, A               ; 将 A 中的无符号数送 AL
        CMP AL, B               ; A－B，影响标志位
        JNC NEXT                ; 无借位，说明 A≥B，转 NEXT 执行
        MOV AL, B               ; B＞A，用 B 中的无符号数取代 AL 中原来存放的 A 的值
NEXT:   MOV MAX, AL             ; MAX←AL，即将大数存入 MAX
        MOV AH, 4CH
        INT 21H
        CODE   ENDS
        END    START
```

【例 5-8】 将 AL 的低 4 位二进制数转换为其对应的十六进制数的 ASCII 值，高四位舍弃。

查 ASCII 表可知，十六进制数 1～9(0000B～1001B)对应的 ASCII 值分别为 30H～39H，用 00H～09H 分别与 30H 相加即可得到；而 A～F(1010H～1111H)对应的 ASCII 码为 41H～46H，则需用原值 0AH～0FH 分别与 37H 相加才能得到。为此要判断 AL 中低 4 位的原值是在哪个范围内来分别进行处理，这显然需要用分支程序来实现。

参考程序如下：

```
      AND AL, 0FH       ; 屏蔽 AL 的高 4 位
      CMP AL, 10        ; 与 10 进行比较
      JB HEX            ; 小于 10，即在 0～9 之间，只需转去加上 30H
      ADD AL, 7         ; 在 A～F 之间，加上 7 后，再在下面加上 30H
HEX:  ADD AL, 30H       ; 至此，完成题目指定的功能
```

其实，用汇编语言编程是非常灵活的，如果用户对指令的功能了解得非常深刻的话，例 5-8 的程序完全可以用下面的顺序结构来实现：

```
    AND AL, 0FH       ; 屏蔽 AL 的高 4 位，本指令使 AF 标志=0
    DAA               ; 压缩 BCD 码的加法调整指令，根据 AL 低 4 位的值，会使 0～9 的数
                      ; 保持不变，使 A～F 间的数加上 6，从而使高 4 位变成 1
    ADD AL, 0F0H      ; AL 高 4 位加上 F(即 15)，若原为 0，则不变，且 CF＝0，否则高 4 位
                      ; 清 0，且 CF＝1
    ADC AL, 40H       ; 带进位的加法指令，完成题目指定的功能
```

例如，设原 AL 为 05H，则第 1、2 条指令执行后 AL 不变，第 3 条指令使 AL＝05H＋F0H＝F5H，且使 CF＝0，最后一条指令使 AL＝F5H＋40H＋0＝35H；设原 AL＝0BH，则第 1 条指令执行后 AL 不变，第 2 条指令使 AL＝11H，第 3 条指令使 AL＝11H＋F0H＝01H，且使 CF＝1，最后一条指令使 AL＝01H＋40H＋1＝42H。

有的分支结构是多分支的，可以利用多条条件转移指令来实现。一般情况下，一条转移指令会产生两分支，两条转移指令可以产生三分支，三条转移指令可以产生四分支……若分支较多，程序会显得很长，难以理解。

【例 5-9】 根据 AL 中的无符号数值(0～255)，转去执行各自对应的处理(标号分别为 B0～B255)。

最笨拙的程序会设计为如下形式：

```
        CMP AL, 0
        JE B0               ; AL＝0，转去执行 B0 处的处理
        CMP AL, 1
        JE B1               ; AL＝1，转去执行 B1 处的处理
        …
        CMP AL, 255
        JE B255             ; AL＝255，转去执行 B255 处的处理
        JMP STOP
B0:     …
        JMP STOP
B1:     …
        JMP STOP
        …
B255: …
STOP: HLT
```

如果合理设置数据段，在数据段中事先建立一个偏移地址表，则可以使这种多分支程序变成简单的顺序结构程序来实现。此例的程序可编写为：

```
        DATA SEGMENT
        ; 将 B0、B1、…、B255 在 CODE 段中的偏移地址列表于 ADDR 开始的表格中
        ADDR DW OFFSET B0, OFFSET B1, …, OFFSET B255
        DATA ENDS
        CODE SEGMENT
        …
START:  …
        …
        MOV BX, OFFSET ADDR   ; 获取 ADDR 在 DATA 段中的偏移地址
        MOV AH, 0      ; 置 AX 的高 8 位为 0
        ADD AX, AX     ; 每个偏移地址占 2 字节
        ADD BX, AX     ; 获取 AL 中的值所对应的处理程序的标号在 ADDR 表中的位置
```

```
        JMP WORD PTR [BX]     ；转去执行以 ADDR 表中对应内容为偏移地址的程序
        …
B0:     …
        JMP STOP
B1:     …
        JMP STOP
        …
B255:   …
        …
    CODE ENDS
    END START
```

以上程序的偏移地址表和程序的流程如图 5-5 所示。

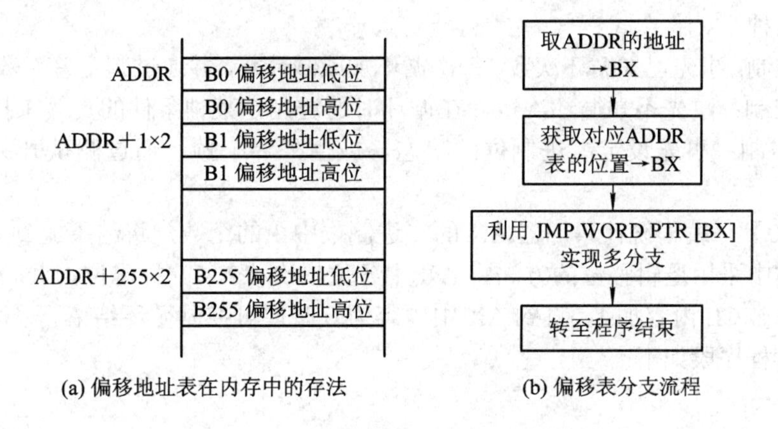

(a) 偏移地址表在内存中的存法　　(b) 偏移表分支流程

图 5-5　例 5-9 的偏移地址表及程序流程

☞5.4.4　循环程序设计

控制反复执行多次的某一程序段称为循环结构程序，它一般有先判断后执行结构和先执行后判断结构两种，其流程如图 5-6 所示。

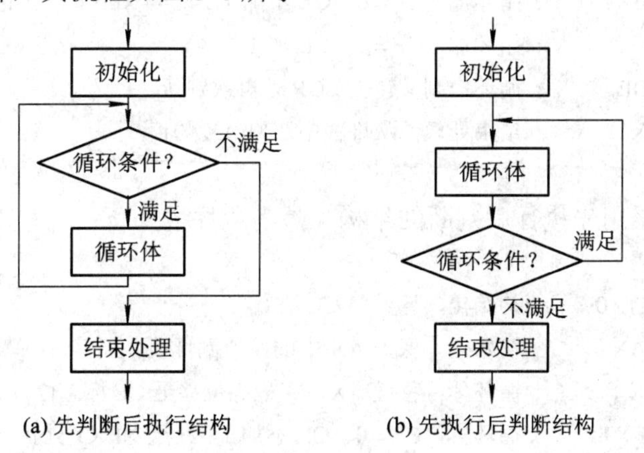

(a) 先判断后执行结构　　(b) 先执行后判断结构

图 5-6　循环程序流程示意

先判断后执行结构，循环体有可能一次也不被执行就转去结束处理，这种结构一般多用分支程序中常用的条件转移指令来实现控制，适合于循环次数不定的情况。先执行后判断结构，循环体至少会被执行一次才能结束循环结构，这种结构则多用 LOOP、LOOPE/LOOPZ、LOOPNE/LOOPNZ、JCXZ 等复合条件转移指令来实现控制，适合于循环次数确定的情况。

无论是哪种循环结构程序，它一般都包括以下几个部分：

- 初始化：设置控制循环体执行次数及某些在循环体中用到的变量的初始值等。
- 循环体：循环程序中实现指定功能的语句段，被控制重复执行多次。
- 控制环节：修改控制次数的变量或指针值，判断控制变量或指针是否满足循环结束条件，若不满足结束条件，则控制程序继续执行循环体，否则退出循环。
- 结束处理：必要时对循环结构程序产生的结果进行保存等处理。

控制环节是循环程序设计的关键，必须结合对算法的分析合理选择控制条件。控制的方式有以下几种：

- 计数控制：事先已知循环次数，每次循环加或减计数，并通过判定总次数来控制循环。
- 条件控制：事先不知循环次数，在循环时通过判定某种条件的真假来控制循环。
- 状态控制：事先设定二进制位的状态，或由外界干预，通过测试开关状态来控制循环。

【例 5-10】　编程统计累加器 AX 的二进制位中 1 的个数，将结果放到 CL 中。

在循环体中采用逻辑移位的方法将 AX 中各位依次移入 CF 标志位，判断 CF 是否为 1，若是，则计数器 CL 内容加 1，直到 AX 中内容为 0 时便可控制循环结束。采用先判断后执行结构的参考程序段如下：

```
        …
        MOV CL, 0       ; 初始化，计数器 CL 清 0
        PUSH AX         ; 初始化，保护 AX 中的原值到堆栈
LOP:    AND AX, AX      ; 循环控制，检测 AX 中的值，影响标志位，可以用 CMP 指令代替
        JZ STOP         ; 循环控制，若 AX 中的值为 0，退出循环，否则执行循环体
        SAL AX,1        ; 循环体，移位 AX，将最高位移至 CF 标志位，末位补 0
        JNC NEXT        ; 循环体，CF＝0，CL 不加 1，跳至 NEXT 处执行
        INC CL          ; 循环体，CF＝1，CL 加 1
NEXT:   JMP LOP         ; 循环控制，转去 LOP 处再次判断
STOP:   POP AX          ; 结束处理，从堆栈中还原 AX 的值
        …
```

本程序也可以采用先执行后判断的结构，参考程序段如下：

```
        …
        MOV CL, 0       ; 初始化，计数器 CL 清 0
        PUSH AX         ; 初始化，保护 AX 中的原值到堆栈
LOP:    SAL AX,1        ; 循环体，移位 AX，将最高位移至 CF 标志位，末位补 0
        JNC NEXT        ; 循环体，CF＝0，CL 不加 1，跳至 NEXT 处执行
        INC CL          ; 循环体，CF＝1，CL 加 1
```

```
NEXT:   AND AX, AX      ; 循环控制，检测 AX 中的值，影响标志位，可以用 CMP 指令代替
        JNZ LOP         ; 循环控制，若 AX 中的值为 0，退出循环，否则转去 LOP 处继续
                        ; 执行循环体
        POP AX          ; 结束处理，从堆栈中还原 AX 的值
        …
```

【例 5-11】　用循环结构程序实现求 S=1+2+3+4+…+100。

设程序将结果 S 最终存入内存中，参考程序(模型方式编程格式)如下：

```
      .DATA
      S DW ?            ; 存放结果
      CN EQU 100        ; 符号常数
      .CODE
      .STARTUP
      MOV AX,0          ; 累加器清 0
      MOV CX,1          ; 计数器置初值 1
LP:   ADD AX,CX
      INC CX
      CMP CX,CN
      JBE LP            ; 判断计数器是否达到 CN 定义的值 100
      MOV S,AX          ; 保存结果到存储器变量
      .EXIT 0
      END
```

【例 5-12】　对数据段 STRING 单元中以'#'为结束标志的字符串中数字字符的个数进行统计，将结果存放在 NUMLEN 单元中。

参考程序如下：

```
      .DATA
      STRING DB "ABCDEFG123459876    89H#"
      NUMLEN DW ?
      .CODE
      .STARTUP
      MOV SI, OFFSET STRING      ; 获取字符串的地址，SI 指向首字符
      MOV DX, 0                  ; 对计数器清 0
LOP:  MOV AL, [SI]
      CMP AL, '#'
      JZ NEXT                    ; 遇到字符串结束符#，转 NEXT
      CMP AL, '0'
      JB NOC                     ; 遇到 0 以下的字符，不计数，转 NOC
      CMP AL, '9'
      JA NOC                     ; 遇到 9 以上的字符，不计数，转 NOC
      INC DX                     ; 对 0～9 之间的字符计数，转 NOC
```

```
NOC:   INC SI                    ; 修改字符指针
       JMP LOP                   ; 无条件转 LOP，转去判断下一个字符
NEXT:  MOV NUMLEN, DX
       .EXIT 0
       END
```

有些循环结构比较复杂，需要用多重循环结构来完成。多重循环也称为循环嵌套，使用时要特别注意以下几点：

- 内循环应完整地包含在外循环内，内外循环不能相互交叉。
- 内循环在外循环中的位置可根据需要任意设置，在分析程序流程时要避免出现混乱。
- 几个内循环既可以嵌套在外循环中，也可以并列存在。可以从内循环直接跳到外循环，但不能从外循环直接跳到内循环。
- 防止出现死循环。无论是内循环还是外循环，不要使循环回到初始化部分，否则将出现死循环。
- 每次完成外循环再次进入内循环时，内循环的初始条件必须重新设置。

【例 5-13】 有一首地址为 BUF 的字数组，数组中第一个字存放该数组的长度 N，编写程序使此数组中的数据按从小到大的顺序排列。

采用冒泡排序法：从第一个数据开始将相邻的数据进行比较，若顺序不对，两数交换位置。第一遍比较 N−1 次后，最大数已到数组尾，第二遍比较 N−2 次，……以上共比较 N−1 遍就完成了排序。以从小到大排序 35、84、16、5、8 共 5 个数为例，冒泡法排序的过程如表 5-4 所示。

表 5-4　用冒泡法排序的过程

	序号	数	比较遍数 1	2	3	4
比较次数	1	35	35	16	5	5
	2	84	16	5	8	**8**
	3	16	5	8	**16**	**16**
	4	5	8	**35**	**35**	**35**
	5	8	**84**	**84**	**84**	**84**

用冒泡法排序，共 2 重循环。本例的参考程序如下：

```
DATA SEGMENT
  N    EQU 7
  BUF  DW N,15,370,300,768,0A768H,1FFH,250
DATA ENDS
STACK   SEGMENT
  SA DB 100 DUP(?)
  TOP LABLE WORD                ; TOP 为栈顶名，字类别
STACK ENDS
```

```
        CODE SEGMENT
        ASSUME DS:CODE, DS:DATA, SS:STACK
        MAIN PROC FAR
START:  MOV AX, STACK
        MOV SS, AX              ; 初始化堆栈段寄存器
        MOV SP, OFFSET TOP      ; 栈顶指针→SP
        MOV AX, DATA
        MOV DS, AX              ; 初始化数据段寄存器
        PUSH DS                 ; 本条及以下两条语句用 RET 返回 DOS 操作系统的预设置
        SUB AX,AX
        PUSH AX
        MOV BX, 0               ; BX 指向数组的首个字单元
        MOV CX,BUF[BX]          ; 取个数
        DEC CX                  ; 内循环次数
        MOV BX,2                ; 指向第一个字
L1:     MOV DX,CX               ; 外循环次数
L2:     MOV AX,BUF[BX]          ; 取 BUF[i]
        CMP AX,BUF[BX+2]        ; 与 BUF[i+2]比较
        JBE   CON1              ; 若≤，则转去 CON1，不交换
        XCHG AX,BUF[BX+2]       ; 否则，交换
        MOV BUF[BX], AX
CON1:   ADD BX, 2               ; 指向下一个字
        LOOP L2                 ; 内循环
        MOV CX, DX
        MOV BX, 2               ; 指向第一个字
        LOOP L1                 ; 外循环
        RET
    MAIN ENDP
    CODE ENDS
    END START
```

5.5 子程序设计

为了实现模块化程序设计，往往把具有某特定功能的程序段定义成一独立的程序模块。在需要使用该程序段时，可由主程序或其他程序一次或多次调用，每次执行结束后再返回原来的调用程序继续执行，这样的程序模块段称为子程序(Subroutine)，或称为过程(Procedure)。

采用子程序结构编程，可使程序结构模块化，程序结构更清晰，易于阅读。子程序可

以由过程定义伪指令来声明；子程序调用和返回需要通过过程调用指令(CALL)和返回指令(RET)来实现。

☞5.5.1　过程定义与调用

1. 子程序的定义

(1) 过程定义伪指令 PROC … ENDP。

格式：

```
过程名  PROC [类型] [USES 16 位通用寄存器列表]
        语句序列
        RET [n]
过程名  ENDP
```

功能：用来定义一个过程并赋予它一个名字。

过程名不可缺省，其命名规则与标号的命名规则相同，是调用指令(CALL)的目标操作数，具有段、偏移地址和距离三种属性。其距离属性由 PROC 关键词后面的类型给定。若类型为 FAR，则允许在段间调用及返回，即主调程序与本过程程序可以不在同一个代码段内；若类型为 NEAR 或缺省，则只能在段内调用及返回，即要求主调程序与本过程程序在同一代码段内编写。

USES 项为 MASM 6.0x 以后新增加的，后跟若干个 16 位的通用寄存器，各寄存器间用空格间隔。该选项指示本过程在开始时自动保存列表中列出的寄存器内容，在 RET 指令执行前再依次恢复这些寄存器的内容，避免了用户在子程序中用 PUSH 去“保护现场”和用 POP 来“恢复现场”的麻烦。例如：

```
DISP PROC FAR USES BX CX
     …
     RET
DISP ENDP
```

定义了名为 DISP 的过程，允许段间调用，在过程执行前自动保护 BX 和 CX 寄存器中的内容，并在 RET 指令执行前自动恢复 BX 和 CX 寄存器的内容。此例过程定义与下面的代码完全等价：

```
DISP PROC FAR
     PUSH BX     ;保护现场
     PUSH CX
     …
     POP CX     ;恢复现场
     POP BX
     RET
DISP ENDP
```

(2) 过程返回指令 RET(RETurn)。

过程内部至少要有一条 RET 指令，用于返回主调程序，即返回到调用本过程的 CALL

语句之后继续执行主调程序。RET 后面跟的 n(必须是正偶数)是弹出值，表示从过程返回之后，要在堆栈中作废 n 个字节的值(即使得 SP←SP+n)，n 可以缺省。带有 n 的 RET 指令主要用于以堆栈来为主程序与过程间传递参数的情况，较少使用。当一个过程中有多个 RET 时，说明此过程有多个返回出口。

子程序一定要包括在过程定义语句 PROC…ENDP 之间。一般来说，一个程序的主过程(程序中首条要执行的指令所在的过程)应定义为 FAR 属性，因为可以把程序的主过程看做是被 DOS 操作系统调用的一个子过程，而 DOS 操作系统对子程序的调用与返回都采用的是 FAR 属性。

通常编写子程序时，在过程定义前用注释行写一个子程序说明，能使模块结构一目了然。子程序说明一般包括：

① 子程序的功能描述，包括子程序的名称、功能及性能。

② 子程序中用到的寄存器和存储单元。

③ 子程序的入口和出口参数。

④ 子程序调用其他子程序的名称。

例如，在代码段内定义如下延时子程序 DELAY：

```
    ；子程序名称：DELAY，用于延时约 1 秒钟
    ；使用寄存器 AX，CX
    ；子程序无入口和出口参数，没有调用其他子程序
            DELAY   PROC FAR   USES AX CX ；该子程序可以被段间调用
            MOV CX, 1000             ；外循环次数为 1000，共延时 1 ms×1000＝1 s
LOP:        MOV AX, 166              ；内循环次数为 166，延时 12×166×0.5 μs≈1 ms
LOP1:       NOP                      ；3 个时钟周期
            NOP
            DEC AX                   ；2 个时钟周期
            JNZ LOP1                 ；4 个或 16 个时钟周期
            LOOP LOP
            RET
            DELAY ENDP
```

此例程序是针对 8086 CPU 工作在 2 MHz 主频的情况估算的，能延时约 1 秒钟。

一般情况下，调用程序正在使用的数据(如 AX 等)在子程序运行结束返回后仍需继续使用。为此，在调用子程序前需要对现场数据进行保护，返回时再恢复现场。这种操作可以在过程程序中完成，也可以在执行子程序体之前先将有关寄存器的内容推入堆栈，当子程序执行结束返回主程序之前，再将其内容弹入相应的寄存器中。

例如，在主调程序中保护和恢复现场：

```
    …
    PUSH AX             ；保护现场
    PUSH CX
    CALL DELAY          ；调用子程序 DELAY
    POP CX              ；恢复现场
```

```
POP AX
...
```

此例在主调程序中，使用堆栈指令对 AX 和 CX 寄存器的内容在调用子程序 DELAY 前后进行了保护和恢复。这种做法与在子程序中进行保护与恢复的做法在功能上完全等价，但这样做会增加主调程序的长度，不利于提高程序的可读性。

2. 子程序的调用

子程序的调用使用 CALL 指令。

格式：

CALL 过程名

CALL 16 位通用寄存器

CALL 16 位或 32 位存储单元

过程调用有近调用和远调用两种类型。近过程调用指调用指令 CALL 和被调用的过程在同一个代码段中，远过程调用是指两者不在同一代码段中。

CALL 指令的功能：将当前主调用程序的断点 IP(近调用)或 CS:IP(远调用)压入堆栈保存，然后将子程序的入口地址送入 IP(近调用)或 CS:IP(远调用)，转去执行该子程序。此处当前主调程序的断点是指本 CALL 指令的下一条指令的地址。

CALL 指令与无条件转移指令 JMP 的功能都是无条件地转去执行其他地方的程序段，其不同之处在于前者要保护断点地址以便子程序的返回；而后者则无需保护断点，因为程序无需返回。与 JMP 指令类似，CALL 指令也使用如下 4 种寻址方式：

(1) 段内直接调用。

例如 CALL DELAY，过程 DELAY 定义在本段内，CALL 指令只需保护指令指针 IP 的值。该指令是 3 字节指令，操作码 E8H 占一个字节，另外两个字节存放子程序入口地址与本 CALL 指令的下一条指令的偏移量，属于相对转移。

(2) 段内间接调用。

例如 CALL BX，过程的入口地址的偏移地址存放在 BX 寄存器(也可以是其他 16 位通用寄存器或存储单元)中，CALL 指令也只需保护指令指针 IP 的值，然后转去以 BX 的值为偏移地址的指令处(即 IP←BX)执行程序，属于绝对转移。

(3) 段间直接调用。

例如 CALL FAR PTR DELAY，过程 DELAY 没有定义在本代码段中，CALL 指令在保护指令指针 CS:IP 的值后，转去执行 DELAY 子程序，也属于绝对转移。该指令是 5 字节指令，操作码 9AH 占一个字节，另外 4 个字节存放子程序入口地址的偏移地址和段基址。

(4) 段间间接调用。

例如 CALL DWORD PTR [BX]，过程的入口地址的偏移地址和段基址存放在连续 4 个存储单元中，CALL 指令在保护指令指针 CS:IP 的值后，给 IP 赋予 [BX] 和 [BX+1] 处存储单元的值，给 CS 赋予 [BX+2] 和 [BX+3] 处存储单元的值，然后执行程序，亦属于绝对转移。

在子程序的定义与返回时应注意的几个问题：

- 子程序应定义在代码段内，可位于主调程序的前面，也可位于其后面，但一般不宜放在主调程序段的中间。
- 若子程序为 NEAR 属性，则 RET 指令被汇编为段内返回指令，这样的子程序也可

以不用过程定义语句 PROC…ENDP，直接以标号作为子程序的入口，最后放置 RET 指令即可。

- 主程序与主程序间有时候需要传递某些参数，方法有三：

① 用寄存器传递：适用于参数较少的情况，传递速度快。

② 用存储器传递：适合参数较多的情况，但需要事先在存储器中建立一个参数表。

③ 用堆栈传递：适合参数较多的情况，尤其是在子程序嵌套与递归的情况下，比较不容易出错。

- 子程序的调用方式非常灵活多样，如图 5-7 所示。

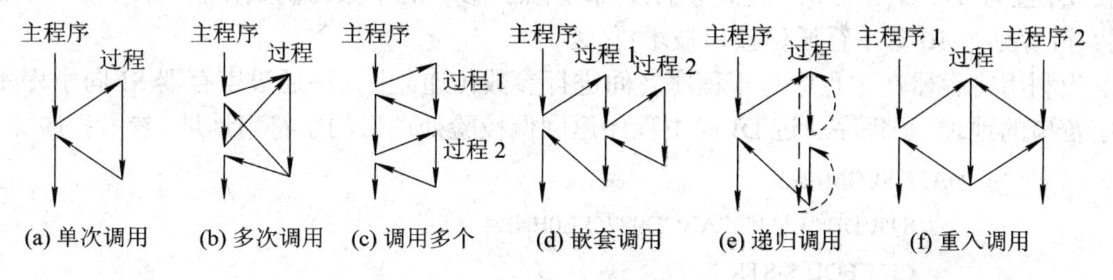

图 5-7　子程序调用方式流程示意

图中的嵌套调用是指某个子程序在执行过程中又调用了另外一些子程序，嵌套的层数不受限制。递归调用是指一个子程序在执行的过程中又调用自身的编程方法，这样的子程序能够解决许多诸如汉诺塔等复杂问题。重入调用是指一个子程序在尚未返回主程序前又被另外某个程序执行的情况，仅出现在支持多任务多线程操作系统(如 Windows)环境中。如下面的子程序调用形式便属于嵌套调用。

```
CODEA SEGMENT               ; 主代码段 CODEA
      …                     ; 主程序
      CALL   S1             ; 段内调用子程序 S1
      …
S1 PROC NEAR                ; 子程序 S1
      PUSH AX
      PUSH CX
      …
      CALL FAR PTR S2       ; 段间嵌套调用子程序 S2
      …
      POP CX
      POP AX
      RET
S1 ENDP
CODEA ENDP

CODEB SEGMENT               ; 代码段 CADEB
S2 PROC FAR                 ; 子程序 S2
      子程序体
      RET
```

```
S2 ENDP
CODEB ENDS
```

5.5.2　子程序设计举例

【例 5-14】 在计算机通信中，往往需要对字符数据加上校验位后再进行传送，以提高数据传输的正确性。设某一字符串存放在数据段 STR 变量中，要求使用子程序实现对字符串中每一个字符(ASCII 码)的 D_7 位加以偶校验位(即若字符代码中“1”的个数为奇数，则使 D_7 置为 1，否则置 0，使整个字符代码中的“1”的个数为偶数)，然后调用串行发送子程序(参见第 10 章串行通信接口技术)发送。

设利用寄存器在主程序与子程序之间进行参数传递，主程序通过寄存器 SI 向子程序传递字符串的地址，子程序通过 DI 向主程序返回偶校验处理后的字符串地址。参考程序如下：

```
        DATA SEGMENT
            STR DB "1234567ABCD9876FE0END"
            CNT EQU $-STR
            STROUT DB 200 DUP(?)
        DATA ENDS
        STACK SEGMENT PARA STACK 'STACK'
             DB 200 DUP(?)
             TOP EQU 200
        STACK ENDS
        CODE SEGMENT
        ASSUME CS:CODE, DS:DATA, SS:STACK
START:  MOV AX,DATA
        MOV DS,AX
        MOV AX, STACK
        MOV SS,AX
        MOV SP, TOP             ; 以上为汇编程序初始化部分
        ;下面为主程序块
        LEA SI, STR             ; 通过 SI 向子程序 PARI 传递参数
        LEA DI, STROUT          ; DI 作为子程序 PARI 出口参数
        MOV CX，CNT
        CALL PARI               ; 调用添加偶校验位子程序 PARI
        CALL CHOUT              ; 调用发送字符串子程序(子程序略)
        MOV AH, 4CH             ; 返回操作系统
        INT 21H
    ; 子程序 PARI，为字符加偶校验位
    ; 使用到的寄存器 AX、SI、DI，原字符串在数据段中的 STR 变量中
    ; 目的字符串在数据段中的 STROUT 变量中
```

```
; 入口参数 SI、DI，无出口参数，没有调用其他子程序
        PARI PROC NEAR USES AX SI DI
LOP:    MOV AL, [SI]                ; 取一个字符
        AND AL, AL
        JPE     NEXT                ; 若该字符的 ASCII 码为偶数个 1，则转 NEXT
        ADD AL, 80H                 ; 为奇数个 1，高位补 1
NEXT:   MOV [DI], AL                ; 送处理后的字符到 STROUT
        INC SI
        INC DI
        LOOP LOP
        RET
        PARI ENDP
        CODE ENDS
        END START
```

【例 5-15】 实现十进制数累加求和(字节元素，压缩 BCD)，要求主程序和过程不在同一代码段中，且通过堆栈传递参数。

参考程序如下：

```
        MDATA SEGMENT
            ARY1 DB 11H, 22H, 33H, 44H, 55H     ; 定义数组 1
            SUM1 DW ?                           ; 存数组 1 的和
            ARY2 DB 55H, 66H, 77H, 88H          ; 定义数组 2
            SUM2 DW  ?                          ; 存数组 2 的和
        MDATA ENDS
        MSTACK SEGMENT STACK
            SB DW 100 DUP(?)
            TOP LABEL WORD                      ; 指向栈底
        MSTACK ENDS
        MCODE SEGMENT                           ; 主程序段
        ASSUME CS:MCODE, DS:MDATA, SS:MSTACK
        MAIN PROC FAR
START:  MOV AX, MSTACK
        MOV SS, AX
        MOV SP, OFFSET TOP                      ; 初始化 SS、SP
        PUSH DS                                 ; 为返回 DOS 作准备
        MOV AX, 0
        PUSH AX
        MOV AX, MDATA
        MOV DS, AX                              ; 初始化 DS
        MOV AX, OFFSET ARY1                     ; 数组 ARY1 的偏移地址
```

```
        PUSH AX                     ; PADD 过程入口参数进栈
        MOV AX, LENGTH ARY1         ; 数组 ARY1 的长度
        PUSH AX                     ; PADD 过程入口参数进栈
        CALL FAR PTR PADD           ; 过程调用
        MOV AX, OFFSET ARY2
        PUSH AX                     ; PADD 过程入口参数进栈
        MOV AX, LENGTH ARY2
        PUSH AX
        CALL FAR PTR PADD           ; 过程调用
        RET                         ; 返回 DOS
        MAIN ENDP
        MCODE ENDS
        PCODE SEGMENT               ; 过程段
        ASSUME CS:PCODE,DS:MDATA, SS:MSTACK  ; 段间调用，重新定义 CS 段
       PADD PROC FAR
        PUSH BX                     ; 把过程中用到的寄存器
        PUSH CX                     ; BX、CX、BP、FLAGE 的
        PUSH BP                     ; 内容压栈保护起来
        PUSHF
        MOV BP, SP
        MOV CX, [BP+12]             ; 数组长度→CX
        MON BX, [BP+14]             ; 数组 ARY 起始地址→BX
        MOV AX, 0
NEXT:   ADD AL, [BX]                ; 数组元素相加
        DAA                         ; 十进制调整
        MOV DL, AL                  ; 保存低 8 位
        MOV AL, 0
        ADC AL, AH                  ; 加进位
        DAA
        MOV AH, AL                  ; 高位进入 AH
        MOV AL, DL                  ; 低位送回 AL
        INC BX                      ; 地址指针 + 1
        LOOP NEXT                   ; 若 CX – 1≠0，继续循环
        MOV [BX], AX                ; 存和
        POPF                        ; 寄存器内容出栈，后进先出，弹回原寄存器
        POP BP
        POP CX
        POP BX
        RET 4                       ; 返回主程序，同时 SP+4→SP
        PADD ENDP
```

```
PCODE ENDS
END START
```

程序说明：

① 用堆栈传递参数——子程序 PADD 入口参数，即主程序把数组的偏移地址和数组长度压栈。

② RET 4 指令在返回主程序前，把上述入口参数的 4 个字节作废，以保证后面的主程序在调用过程时能正确传递参数。

③ 子程序 PADD 被调用了两次，将数组 ARY1 中的 5 个压缩 BCD 字节求和以及将数组 ARY2 中的 4 个压缩 BCD 字节求和后，将它们各自的累加和以字的形式分别存放在数据段中的 SUM1 和 SUM2 中。

5.6　软中断调用及中断服务程序设计

中断的过程与子程序的调用过程非常相似。所谓中断，是指当 CPU 正在执行某一程序的过程中，如果外界或内部发生了紧急事件，CPU 暂停正在运行的程序转去执行为该紧急事件服务的某个处理程序(中断服务程序，有的教科书上也称之为中断服务子程序)，事后再返回到原程序的间断点继续执行的一种过程。中断过程与子程序调用过程的不同之处在于调用子程序时，主程序是主动的，子程序的功能服务于主程序；而中断过程往往是外设申请的，中断服务程序不是为被中断的程序服务，而是为外设服务的。

80x86 系列微处理器的中断系统是一种非常完善的处理机制。它不仅提供了可屏蔽的和不可屏蔽的两种硬件中断申请方式，也设置了诸如数据溢出、被零除、单步执行乃至自定义等多种软中断申请方式。

但无论是哪一种中断申请，CPU 在允许响应的前提下必定会中断正在执行的程序，转去执行一段中断服务程序。大多中断服务程序需要用户自己去设计，且用户往往需要有丰富的系统硬件知识才能编写出来。

如在许多程序中，总涉及数据的输入和输出。实现数据的输入与输出要涉及许多 I/O 设备的管理知识，这是十分繁琐的，好在系统为我们提供了方便。实际上，无论是用户程序还是系统本身，都离不开输入、输出操作。PC 的磁盘操作系统(DOS)将 I/O 管理程序编写成一系列子程序，不仅系统可以使用，用户也可以像调用子程序一样方便地使用它们。在 IBM PC 系统中，除了 DOS 系统中有一组 I/O 子程序可供用户调用外，在系统的 ROM 中也有一组 I/O 管理程序可供用户使用，这组程序通称为 ROM BIOS。

调用系统提供的子程序，通常称为系统功能调用。系统功能调用的基本方法是采用一条软中断指令 INT n(n=00H～FFH)。所谓软中断，是指以指令的方式产生的中断。当 CPU 执行该指令时，就以与响应外部中断一样的方式转入中断处理程序，中断处理程序结束后又返回到 INT n 指令的下一条指令处继续执行。指令中的 n 为中断类型号(在第 7 章中介绍)，不同的 n 将转入不同的中断处理程序。

本节先介绍常用 ROM BIOS(中断类型号为 10H～1FH)中断调用和 DOS 系统功能调用(中断类型号为 21H)，然后讨论自定义中断服务程序的编写要领。

☞5.6.1　ROM BIOS 中断调用

BIOS 即基本输入/输出系统(Basic I/O System)。在 80x86 计算机系统中，BIOS 被固化在从 0FE000H 开始的 ROM 区(长度约为 8 KB)，又称 ROM BIOS。

ROM BIOS 以软中断方式(INT 10H～INT 1FH)向用户提供了许多低层服务程序，如开机自检、引导装入、信息显示、通信接口、键盘输入、打印机输出、图形发生等。计算机上电时，BIOS 中的这些程序便处于激活状态。

使用 BIOS 中断调用可以为编程带来很大方便，用户不必了解 I/O 接口的结构与组成的细节，便可直接用汇编指令设置参数。BIOS 中断服务程序的调用步骤为：

① 在 AH 寄存器中设置需要调用的中断服务程序的功能号；

② 按照要求设置中断服务程序的入口参数(并非所有程序都需要)；

③ 通过 INT n 指令调用 BIOS 处理程序，n 为中断类型码；

④ 按照约定获取出口参数(即返回的结果)，当然有些处理程序结束后，无参数返回。

下面举几个例子。

【例 5-16】　BIOS 中断调用指令：INT 10H，功能号：AH＝2，将光标定位在屏幕的指定行与列。

入口参数：

AH=2

BH=显示页号

DH=行，以 BCD 码形式提供

DL=列，以 BCD 码形式提供

出口参数：无。

以下程序段将光标定位在屏幕的第 12 行第 1 列：

```
MOV AH, 2        ; 功能号 2
MOV BH, 0        ; 第 0 页
MOV DH, 12H      ; 第 12 行
MOV DL, 01H      ; 第 1 列
INT 10H
```

【例 5-17】　BIOS 中断调用指令：INT 16H，功能号：AH＝0，从键盘读入一个字符送入累加器 AL。

入口参数：AH=0。

出口参数：AL。

指令段如下：

```
MOV AH, 0        ; 功能号 0
INT 16H          ; 等待从键盘输入一个字符，该字符的 ASCII 码送 AL
```

☞5.6.2　DOS 系统功能调用

1．常见 DOS 系统功能调用简介

DOS 系统功能调用主要是由软中断指令 INT 21H 实现的，这是一条功能极强的指令，

提供了 100 多个常用子程序，比使用相应功能的 BIOS 操作更为方便。当累加器 AH 中设置不同的值(功能号)时，指令将完成不同的功能。该指令的功能大体可分为 I/O 设备管理、文件管理及目录管理三个方面。下面介绍几种常见的调用：

(1) AH=01H，等待并从标准输入设备(如键盘)读入一个字符的 ASCII 码，到累加器 AL 中，并在标准输出设备上回显。该功能检查该字符是否为 Ctrl+Break，若是，则执行一条 INT 23H 指令，即终止正在执行的程序，返回 DOS 系统。

(2) AH=02H，将寄存器 DL 中的字符(ASCII 码形式)输出到标准输出设备上。如果检测到 Ctrl+Break，也执行 INT 23H 指令，终止正在执行的程序，返回 DOS 系统。

(3) AH=03H，等待从串行通信接口输入一个字符(一个字节的数据)，并将该字符送入累加器 AL。有关串行通信接口技术的有关问题，参见第 10 章。

(4) AH=04H，把寄存器 DL 中的一个字符送到串行通信接口输出。

(5) AH=05H，把寄存器 DL 中的字符送入标准打印机接口。

(6) AH=06H，为直接控制台输入/输出，可以实现输入也可以实现输出。若要求进行输入操作，则调用前应将 0FFH 送入 DL 寄存器。在 INT 21H 指令执行结束后，有两种可能：如果标志位 ZF=0，则表示 AL 中为当前输入的字符；如果 ZF=1，则说明输入设备没有准备好，并且把 00 送入 AL。若要求进行输出操作，则通过寄存器 DL 送出除 0FFH 以外的其他字符给标准输出设备。

(7) AH=07H，读键盘但不显示，与功能(1)基本相同，但对读入的字符不回显，也不检查 Ctrl+Break。

(8) AH=08H，读键盘但不显示，与功能(7)基本相同，但会检查 Ctrl+Break。

(9) AH=09H，将缓冲区中的一组以 '$' 结束的字符串送标准输出设备输出。在调用前必须将输出缓冲区的首地址送 DS:DX。

(10) AH=0AH，将一串字符读入并送入指定的输入缓冲区。输入前必须将输入缓冲区的首地址送入 DS:DX。该缓冲区中的第 1 个字节的内容不能为零，它指出该缓冲区的大小(缓冲区内可包含的字节数)；第 2 字节用来记录实际输入的字节数；从第 3 个字节开始才存放输入的字符串。字符从标准输入设备输入，并送入输入缓冲区，直到输入回车(Enter)时为止。当输入的字符数达到缓冲区的大小减 1 时，随后读入的字符均被忽略，直到读入回车符为止。

(11) AH=0BH，检查标准输入设备的状态。如果从标准设备上读入的字符是有效的，AL 的内容将是 0FFH，否则为 0。

如果检测到 Ctrl+Break，就执行 INT 23H 指令。本功能并不读入字符，仅用作检查，当 AL=0FFH 时，表示有一字符正等待输入。

(12) AH=0CH，清除标准输入缓冲区，然后执行 AL 中的值所指出的功能号对应的功能。AL 中的功能号可以是 01、06、07、08 或 0AH。

(13) AH=4CH，返回 DOS 操作系统。

磁盘操作系统(DOS)默认的标准输入设备为键盘，标准输出设备为显示器，标准辅助设备是第 1 个 RS232C 串行异步通信接口，标准打印输出设备是用于连接打印机的第 1 个并行接口。

DOS 系统功能调用步骤与 ROM BIOS 中断调用类似：

① AH←功能号；

② 指定寄存器或存储单元←入口参数(有些功能调用无需入口参数)；

③ INT 21H；

④ 出口参数(返回结果)←指定寄存器或存储单元(有些功能调用无结果返回)。

【例 5-18】 功能号：AH=2，将 DL 寄存器中的 ASCII 字符送屏幕显示。

入口参数：AH=0，DL 的内容为字符的 ASCII 码。

如下指令段在屏幕上显示字符“A”：

```
MOV DL, 41H        ；设置欲显示字符 A，可以直接用带西文引号的'A'代替 41H 值
MOV AH, 2          ；设置功能号
INT 21H            ；屏幕显示字符“A”
```

【例 5-19】 功能号：AH=1，等待从键盘输入一字符(ASCII 码)到 AL，并回显在显示器上。

入口参数：AH=1，出口参数 AL。

如下指令段完成某种交互式功能：等待键入数字字符 1、2 或 3，按键值转去执行对应的程序。

```
KEY:  MOV AH, 1        ；读入键值到 AL
      INT 21H
      CMP AL, '1'      ；键值是否为 31H
      JE ONE
      CMP AL, '2'      ；键值是否为 32H
      JE TWO
      CMP AL, '3'      ；键值是否为 33H
      JE THR
      JMP KEY          ；不是这三种键值，继续等待键入
ONE:  …                ；第一种键值对应的处理
TWO:  …                ；第二种键值对应的处理
THR:  …                ；第三种键值对应的处理
```

【例 5-20】 功能号：AH=9，将 DX 内容作为当前数据区起始地址的字符串送显示器显示，字符串以“$”为结束标志。设字符串地址为 BUF。

入口参数：DS:DX 为字符串的首地址，无出口参数。

参考指令段如下：

```
…
BUF DB 'Abcdefg123456$'
…
LEA DX, BUF            ；BUF 为字符串首地址,其所在的段基址要事先送 DS 寄存器
MOV AH, 9
INT 21H
```

程序执行后，在屏幕上可以看到字符串显示：Abcdefg123456。

【例 5-21】 功能号：AH=10，开辟一缓冲区 BUF，等待从键盘输入一个字符串。

入口参数：DS:DX 为字符串的首地址。

出口参数：BUF 开始存放的字符串，首字节预定义字符串的最大长度，次字节指示从键盘读入的字符串的实际长度，从第 3 个字节开始存放该字符串。当键入的字符串长度大于等于预定义的长度时，只有预定义长度减 1 个字符被接受，其余被忽略。最后一个字符是空格符(20H)。

参考指令段如下：

```
…
BUF DB 10
DB ?
DB 10 DUP(?)
…
LEA DX, BUF          ; BUF 为字符串首地址,其所在的段基址要事先送 DS 寄存器
MOV AH, 10
INT 21H
```

DOS 系统功能调用是众多 DOS 软中断中的一个，其功能十分强大。其他的常用 DOS 软中断命令还包括 INT 20H、INT 22H 等，列于表 5-5 中。

表 5-5　常用 DOS 软中断命令

软中断命令	功　能	入 口 参 数	出口参数
INT 20H	程序正常退出	无	无
INT 22H	结束退出		
INT 23H	Ctrl+Break 处理		
INT 24H	出错退出		
INT 25H	读磁盘	AL＝驱动器号　DX＝起始逻辑扇区号 CX＝读入扇区数　DS:DX＝内存缓冲区地址	CF＝0 成功 CF＝1 出错
INT 26H	写磁盘	AL＝驱动器号　DX＝起始逻辑扇区号 CX＝写出扇区数　DS:DX＝内存缓冲区地址	CF＝0 成功 CF＝1 出错
INT 27H	驻留退出	DS:DX＝程序长度	

2．退出程序返回操作系统的方法讨论

前面我们已经用过 INT 21H 的 4CH 号功能调用和子程序返回指令 RET 来使程序返回操作系统。这里对它们做简要讨论。

DOS 操作系统在系统默认的数据段的 0 单元存放了程序段前缀 PSP+0,PSP+1，这个单元中存放了一条 INT 20H 指令，完成程序正常退出的功能。用 INT 20H 退出程序时，不需要任何入口参数，即可中止当前进程，关闭所有打开的文件，清空磁盘缓冲区。

用 INT 21H 的 4CH 号功能调用和子程序返回指令 RET 来退出程序的做法都是让程序转去数据段的 0 单元去执行这条 INT 20H 指令。前者只需要两条指令，即 MOV AH, 4CH 和 INT 21H(见例 5-14)，而后者则比较麻烦。RET 指令须放在程序段的最后，但在程序段的前面，需在设置堆栈段寄存器和堆栈指针后与设置数据段寄存器 DS 前，将原系统的 DS 值压栈后，再跟着压入一个 16 位字的 0(见例 5-15)，使程序通过 RET 指令正确返回到系统

原数据段的 0 单元处执行程序，即执行那里存放的 INT 20H 指令。

显然，当程序是 TINY(微)模式(可执行程序扩展名为 .com)时，程序的 4 种段寄存器 DS、ES、SS 和 CS 都指向同一个逻辑段，此时，在程序的末尾安排一条 JMP 0 指令，同样也可以完成转去执行 INT 20H 指令正常退出程序的功能。

当用 INT 27H 退出程序时，DOS 操作系统会把此用户程序看成是系统的一个组成部分而驻留内存，因此在其他程序装配运行时，这部分程序不会受到覆盖。通常，用户对自己编写的中断处理程序进行装配以后，会用这种方法返回控制台命令接受状态，其他用户程序可以用软中断方式调用这部分程序。必须注意 DX 中要设置驻留程序的长度，否则返回后程序不能驻留。

INT 22H、INT 23H 和 INT 24H 不是真正的中断，它们是在特定条件下通过 DOS 发送的。

INT 22H 是当程序结束时，将控制传送到程序段前缀的偏移量为 0AH 的地址上。在程序段建立时，该地址从中断 22H 的向量地址中被复制到程序段前缀 PSP 中。

INT 23H 是当前用户在键盘输入或在屏幕输出时按下 Ctrl+Break 键，将控制传送到中断向量表中的 INT 23H 向量。在程序段建立时，中断 23H 中的向量被复制到程序段前缀 PSP 中。

INT 24H 是在键盘 I/O 功能调用时，若出现一个致命的磁盘错误，则将控制传送到中断向量表的 INT 24H 向量。在程序建立时，INT 24H 向量的地址被复制到程序段前缀 PSP 中。

对于 DOS 2.0 以上的高版本，用 INT 21H 的 4CH 号(程序正常退出)或 31H 号(程序常驻退出)功能调用比用 INT 20H 与 INT 27H 功能调用更好。

☞5.6.3　中断服务程序设计

中断服务程序的功能各不相同，但所有的中断服务程序都有相同的结构形式。中断服务程序的结构形式如图 5-8 所示。

(1) 程序开始处必须保护中断时的现场，可通过一系列的 PUSH 指令将 CPU 中相关寄存器的内容压入堆栈中。

(2) 中断处理程序功能的实现。如果允许中断嵌套，即允许更高级别的中断源中断本服务程序的执行，则在本中断处理过程之前必须用 STI 指令设置“开中断”，使中断允许标志 IF=1；必须在处理结束时用 CLI 指令设置“关中断”，使中断允许标志 IF=0，以保证正确恢复现场的操作。

如果是通过中断控制逻辑(如 8259A，见第 7 章)申请的中断，在中断处理程序之后还需给中断命令寄存器发送中断结束命令 EOI，使其中表示当前正在处理的中断请求标志位清除，否则连接于该中断控制逻辑中的同级中断或低级中断请求仍会被中断控制逻辑屏蔽掉。

(3) 恢复中断时的现场，通过一系列 POP 指令将

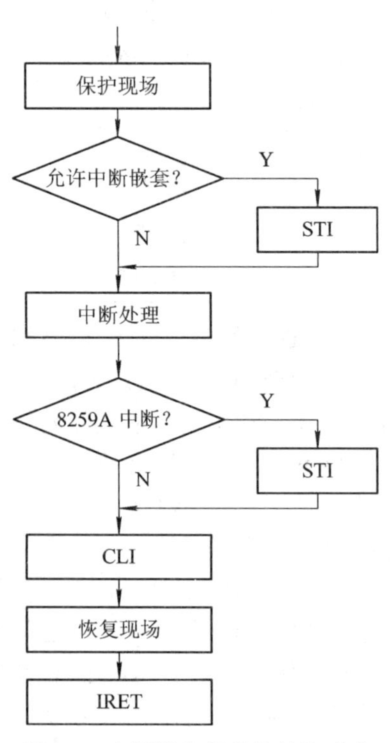

图 5-8　中断服务程序的结构形式

CPU 中相关寄存器的内容恢复。

(4) 用中断返回指令 IRET 返回 CPU 被中断的程序的断点处继续执行程序，IRET 指令会自动恢复中断时的 IP、CS 和 FLAGS。注意，在执行 IRET 之前必须保证栈顶是断点地址，否则可能导致系统运行瘫痪。

进入中断服务程序时，系统在自动保护 FLAGS 后，会自动清除 TF 和 IF 两个标志位，不允许单步执行和不响应其他可屏蔽中断的申请。所以，若需要设置中断嵌套的话，需在处理程序前开中断。而在中断处理结束时关中断，则是为了防止在恢复 CPU 各寄存器的内容时，被其他的中断申请与处理所打断。

【例 5-22】 编写中断服务程序，读取端口地址为 2002H 字节单元的内容，若该字节数据的 D2 位为 1，则读取 2000H 端口单元的字节数据到 DAT1 存储单元。

参考程序如下：

```
          ...
DAT1      DB ?                 ; 应放在数据段中，存放从 2000H 端口读来的数据
          ...
INTCX     PROC FAR
          PUSH AX              ; 保护现场
          PUSH BX
          PUSH CX
          PUSH SI
          STI                  ; 开中断
          ;中断处理过程
          MOV DX, 2002H
LOP:      IN AL, DX            ; 读取 2002H 端口的字节
          TEST AL, 04H
          JZ LOP               ; 若 2002H 端口的字节的 D2 位为 0，重新读取
          MOV DX, 2000H
          IN AL, DX
          MOV DAT1, AL         ; 读取 2000H 端口的字节到 DAT1 存储单元
          CLI                  ; 关中断
          POP SI               ; 恢复现场
          POP CX
          POP BX
          POP AX
          IRET                 ; 中断返回
          INTCX ENDP
```

中断服务程序的调用过程不同于子程序的调用过程。用户首先必须为编写的中断服务程序分配一个合理的中断类型号，再根据中断类型号将该中断服务程序的入口地址送入系统指定的中断向量表之中，这样，当与中断类型号对应的中断源向 CPU 申请中断且得到响应时，CPU 便会找到本中断服务程序去完成指定的处理功能(相关理论参见第 7 章)。如果

为上述中断服务程序 INTCX 分配中断类型号 40H，则可以通过如下程序段将 INTCX 的入口地址存入中断向量表(内存中从 0000H:0100H 至 0000H:0103H 单元)中：

```
; 设置中断向量表
PUSH    DS                  ; 保护 DS 的原值
MOV AX, SEG INTCX
MOV DS, AX                  ; INTCX 的段基址送 DS
MOV DX, OFFSET INTCX        ; INTCX 的偏移地址送 DX
MOV AL, 40H                 ; 中断类型号送 AL
MOV AH, 25H                 ; DOS 的 25H 号功能调用用来设置中断向量表
INT 21H
POP DS                      ; 恢复 DS 的原值
```

5.7 汇编语言程序的调试

5.7.1 使用汇编程序上机调试及运行汇编语言程序

在本章的前部，我们已经介绍过汇编语言程序的上机调试及运行需要经过编辑源程序、对源程序汇编、连接及调试与运行等几个步骤，如图 5-1 所示。本小节讨论用 MASM 调试与运行汇编语言源程序的方法与步骤，接下来的三小节则介绍 DEBUG、EMU8086 和 Masm for Windows。

1. 编辑源程序

编辑汇编语言源程序可以用任何一种纯文本编辑工具来编辑与修改，存盘时源程序扩展名必须是 .asm。早期在 DOS 环境下常使用行编辑程序 EDLIN 或全屏幕编辑程序 EDIT，后逐渐出现了许多诸如 PC-Editor，Windows 环境下的“写字板”、“记事本”等工具，使得录入、编辑与修改等操作更为方便灵活。

在编辑与修改汇编语言源程序时应注意以下几点：

(1) 每行写一条语句，在换行时注释部分和代码部分不要串行。

(2) 每一个标识符都必须有确定的含义。

(3) 对于除了字符以外的数据或代码，字母大小写等价。

(4) 必须在西文方式下输入分隔符，如逗号、分号、空格等。

(5) 不要将十六进制数前面的数字 0 写成字母 O；也不要将代码中的字母 O 写成数字 0 等。

2. 对源程序进行汇编

汇编程序 ASM、MASM 或 ML 用来对已编辑好的源程序文件进行汇编，它们将源程序文件中以 ASCII 码表示的助记符指令逐条翻译成机器码指令，并完成源程序中的伪指令所指出的各种操作。汇编后可在磁盘上建立 3 种文件：一个是扩展名为 .obj 的目标文件，一个是扩展名为 .lst 的列表文件，一个是扩展名为 .crf 的交叉索引文件。

通常，目标文件是必须建立的，它包含了程序中所有的机器码指令和伪指令指出的各种有关信息，但该文件中的操作数地址还不是内存的绝对地址，只是一个可浮动的相对地址。列表文件中包含了源程序的全部信息(包括注释)和汇编后的目标程序。列表文件可以打印输出，可供调试检查用。交叉索引文件是用来了解源程序中各符号的定义和引用情况的。

编写好的源程序可以放在一起汇编，形成一个目标模块，也可以分别汇编形成多个目标模块。

运行汇编程序，可以在 DOS 提示符下执行，也可以在 Windows 窗口下执行。根据界面提示输入源程序文件名、欲生成的目标程序文件名等即可。当不需要某一类型的文件时，仅键入回车即可。

在汇编过程中，若出现语法错误，汇编程序会指出错误的代码行号及其错误类别，用户可根据提示返回编辑环境进行修改后再重新汇编，反复进行，直至汇编成功。

例如：在 DOS 命令行后键入 masm test.asm，并回车后，屏幕上会提示如下信息：

```
Microsoft (R) Macro Assembler Version 5.00
Copyright (C) Microsoft Corp 1981-1985, 1987.  All rights reserved.
Object filename [TEST.OBJ]:      ←回车自动生成 test.obj 目标文件，可以指定新名称
Source listing  [NUL.LST]:       ←回车不生成列表文件，可以指定生成
Cross-reference [NUL.CRF]:       ←回车不生成交叉索引文件，可以指定生成
  50586 + 415030 Bytes symbol space free    ←内存使用情况
     0 Warning Errors  ←警告错误数量
     0 Severe  Errors  ←严重错误数量
```

3. 对目标程序文件连接

汇编后产生的目标程序文件还不能直接运行，它必须通过连接程序(link.exe)连接成一个可执行程序(.exe、.com 或 .dll)后才能运行。连接程序的输入有两个部分：一个是目标文件(.obj)，目标文件可以是一个也可以是多个，可以是汇编语言经汇编后产生的目标文件，也可以是高级语言(例如 PASCAL 语言)经编译后产生的目标文件；另一个是库文件(.lib)，库文件是系统中已经建立的，主要是为高级语言提供的。连接后输出两个文件，一个是扩展名为 .exe 的可执行文件，另一个是扩展名为 .map 的内存分配文件。

连接后产生的可执行文件(.exe)是可以运行的文件，但在正式运行前，通常需经调试，以便检查程序是否正确。关于程序的调试在下几小节中介绍。

运行连接程序 link.exe，对目标程序(.obj)进行连接操作，生成可执行文件(.exe)。若需将多个目标程序连接在一起形成一个可执行文件，在 LINK 的参数中需使用加号(+)将各文件名连起来。

一般来说，用 MASM 编译和 LINK 汇编连接一个汇编语言源程序的常用命令是：

```
MASM   /c /coff /Cp   xx.asm
LINK /subsystem:windows xx.obj yy.lib zz.res(普通 PE 文件)
LINK /subsystem:console xx.obj yy.lib zz.res(控制台文件)
LINK /subsytem:windows /dll /def:aa.def   xx.obj yy.lib zz.res(dll 文件)
```

以下是 link.exe 的常用选项：

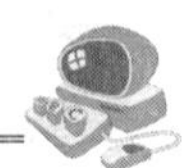

/subsystem：指定程序运行的操作系统，可以是 NATIVE、WINDOWS、CONSOLE、WINDOWS CE 等。

/release：填写文件头中的校验信息。

/debug：在 PE 文件中加入调试信息。

/version：通知链接器将版本号放置在 .exe 或 .dll 文件头中。

/libpath：指定搜索库文件的路径。

/out：指定输出文件名。

/dll：生成 DLL 文件的选项。

/def：指定生成 DLL 文件时使用的 DEF 文件。

4．对可执行文件动态调试

程序通过编辑、汇编和连接后便得到了可以执行的文件。但是，一个程序特别是比较复杂的程序很难保证没有一点错误。因此，在投入正式运行前必须进行调试，以检查程序的正确性。调试程序 debug.exe 是用来调试汇编语言程序的一种常用工具。若程序不存在问题，可以在操作系统下直接运行生成的可执行文件；也可以运行调试工具 DEBUG，通过 T 或 G 命令进行调试，发现逻辑错误，修改程序直至运行成功。注意，每次修改后的程序必须重新进行保存、汇编、连接才能再次调试运行。

☞5.7.2　DEBUG 调试工具

DEBUG 的主要功能有显示和修改寄存器及内存单元的内容、按指定地址启动并运行程序、设置断点使程序分段运行(以便检查程序运行过程中的中间结果或确定程序出错的位置)、反汇编被调试程序(将一个可执行文件中的指令机器码反汇编成助记符指令并同时给出指令所在的内存地址，包括段地址和偏移地址)、单条追踪或多条追踪被调试程序(可以逐条指令执行或几条指令执行被调试程序，每执行一条或几条指令后，DEBUG 程序将中断程序的运行并提供有关结果信息)、汇编一段程序(在 DEBUG 的汇编命令下可以直接输入助记符指令，并将其汇编成可运行程序段)。此外，DEBUG 还可以将磁盘指定区的内容或一个文件装入到内存或将内存的信息写到磁盘上，等等。DEBUG 调试程序用户界面如图 5-9 所示。

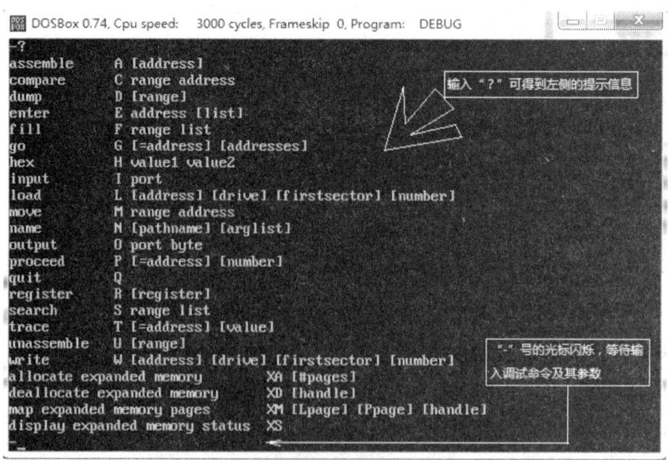

图 5-9　DEBUG 调试程序用户界面

DEBUG 启动后的提示符为“-”，其命令均为单字母形式。DEBUG 的命令格式和功能见表 5-6。

在使用 DEBUG 时应注意：

(1) DEBUG 环境下使用的数据和地址均为十六进制数，且不加后缀 H。

(2) 所有地址均表示为 XXXX:XXXX，即段地址:段内地址。

表 5-6　DEBUG 命令集

命　令	格　式	功　能
A(assembler)	A address	逐行汇编
C(compare)	C range address	比较两内存块
D(dump)	D [address] 或 D [range]	显示指定内存单元的内容
E(enter)	E address [list]	修改内存字节
F(fin)	F range list	预制一段内存
G(go)	G [=address][address…]	从给定地址开始执行指令，断点结束
H(hexavithmetic)	H value1 value2	十六进制算术运算
I(input)	I portaddress	从指定端口地址输入字节
L(load)	L [address [driver sector>	读盘
M(move)	M range address	内存块传送
N(name)	N filename [filespec…]	置文件名
O(output)	O portaddress byte	从指定端口地址输出字节
Q (quit)	Q	退出 DEBUG
R(register)	R [register name]	显示与修改寄存器
S(search)	S range list	查找字节串
T(trace)	T [=address] [value]	单步执行程序
U(unassemble)	U [address] 或 U [range]	反汇编
W(write)	W [address [driver sector secnum>	存盘
?	?	联机帮助

(3) 不能直接输入变量、标识符等，应输入它们的实际地址和数据(需手工汇编处理)。

在学习指令系统时，可以在 DEBUG 环境中键入汇编命令 A，逐条输入汇编指令，回车后，执行 T 命令(T=xxxx:xxxx)，对指令进行单步执行，再利用 R 命令、D 命令观察寄存器和内存单元的内容，以增加对指令的理解。

下面列举一些 DEBUG 命令的使用方法。

例如，查看内存：

　　-D FFFF:0000 <按回车>

显示 FFFF:0000H～FFFF:007FH，长度为 80H 字节的存储单元的内容，每行 16 个字符。

又例如，查看寄存器内容：

　　-R

显示各寄存器内容，显示形式为：

AX=0000 BX=0000 CX=0000 DX=0000 SP=FFEE BP=0000 SI=0000 DI=0000

DS=127C ES=127C SS=127C CS=127C IP=0100 NV UP EI PL NZ NA PO NC

其中 AX、BX、CX、DX、SP、BP、SI 和 DI 是通用寄存器；DS、ES、SS 和 CS 是段寄存器；IP 是指令指针寄存器；“NV UP EI PL NZ NA PO NC”是标志寄存器中各位的状态，其含义分别为：

NV　not overflow(无溢出，否则 OV＝overflow)

UP　direction up(增量方向，否则 DN＝direction down)

EI　enable interrupt(允许中断，否则 DI＝disable interrupt)

PL　plus(正数，否则 NG＝negative)

NZ　not zero(非零值，否则 ZR＝zero)

NA　no assistant carry(无辅助进位，否则 AC＝assistant carry)

PO　parity odd(结果中 1 的个数为奇数，否则 PE＝parity even)

NC　no carry(无进位，否则 CY＝carry)

例如，录入、编辑、执行汇编语言源程序：

-A 100 (从偏移地址 100H 处录入代码，调用 2 号 DOS 系统功能显示一个字符)

127C:0100 MOV AH, 02

127C:0102 MOV DL, 41

127C:0104 INT 21

127C:0106 INT 20

127C:0108

-G=100(执行代码)

结果显示字符“A”，其 ASCII 码为 41H。

☞5.7.3　EMU8086 汇编语言仿真软件简介

EMU8086 是 Tomasz Grysztar(网站：http://flatassembler.net/)开发的一种较好的学习汇编语言编程的组合语言模拟器(虚拟机器)工具，也称为平面汇编器(Flat Assembler)。汇编语言源代码会在模拟器中被一步一步地编译成机器代码并执行，视觉化的工作环境让它比传统的汇编编辑环境更容易使用。用户可以在程序执行过程中查看寄存器和存储器相关单元的内容。模拟器在虚拟 PC 中执行程序，可以使程序与实际硬件(如磁盘等)相隔离，仅在虚拟机器上执行组合程序，使程序纠错变得更加容易。EMU8086 完全兼容 Intel 的包括 Pentium 在内的下一代微处理器。EMU8086 在编辑汇编语言源程序时的界面如图 5-10 所示。

当点击“emulate”按钮对汇编语言源程序进行仿真时，将弹出如图 5-11 所示的仿真界面。

EMU8086 包含了学习汇编语言的全部内容，它集源代码编辑器、汇编/反汇编工具以及可以运行 DEBUG 的模拟器于一身。此外，它还有循序渐进的教程。

在计算机中安装 EMU8086 后，在开始菜单选择它的图标，或者直接运行 EMU8086.exe 即可进入该仿真环境。用户按照提示可以合理选择各菜单项(或快捷工具条)，就像使用其他图形化软件一样，其操作直观简单。

图 5-10　EMU8086 在编辑汇编语言源程序时的界面

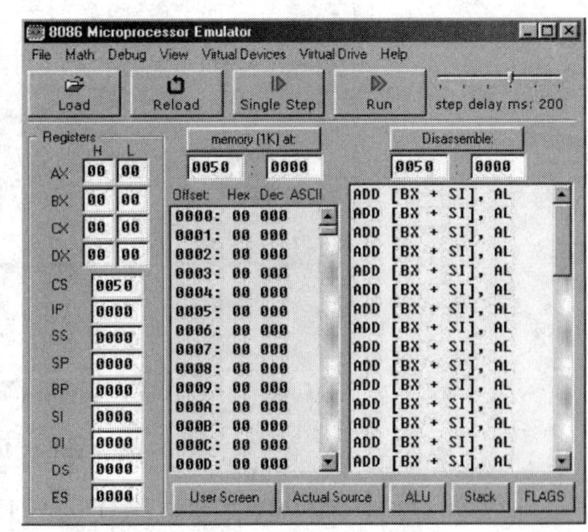

图 5-11　EMU8086 仿真界面

点击“new”选项可以新建一个源代码编辑窗口；点击“open”选项可以从外存中打开一个已存在的汇编语言源程序文件；点击“save”或“save as”选项可以对修改过的源程序进行保存或将其另存为一个新文件；点击“samples”选项可以选择打开一个源程序范例文件；点击“compile”选项可以对窗口中的源代码进行汇编，产生 OBJ 目标文件；选项“calculator”、“convertor”等是计算器、进制转换器等工具；此外点击“help”选项则可以得到功能强大的帮助信息。

在图 5-11 所示的仿真器“Emulator”对话框中，在执行汇编好的程序的同时，可以看到各条指令的机器代码及其在内存中的存放地址、CPU 内部各寄存器的值、各标志位(flags)的状态、堆栈区的内容(stack)，也可以有选择地查看相关存储单元的内容。可以单步(single step)也可以连续(run)执行程序。程序的运行结果会单独弹出并显示在一个称为“emulator screen”的窗口中。与此同时，还有一个称为“original source code”的源代码窗口与之并存。点击源代码窗口中的某行代码，在仿真器窗口中则会立刻定位该行代码对应的机器代码及其在内存中的存放地址。

EMU8086 使用的伪指令与 MASM 基本兼容，但稍有差异，请仔细阅读其帮助信息。

☞5.7.4　Masm for Windows 集成实验环境简介

Masm for Windows 集成实验环境是由安阳工学院计算机科学与信息工程学院钟家民老师(网址：http://www.jiaminsoft.com/)开发的一个简单易用的汇编语言学习与实验软件，可运行在 Windows 2000、Windows XP、VISTA、Windows 7(包括 32 位与 64 位)等操作系统环境下，支持 DOS 的 16/32 位汇编程序和 Windows 下的 32 位汇编程序，并提供了 35 个 Windows 汇编程序源代码实例。

Masm for Windows 集成实验环境的基本用户界面如图 5-12 所示。

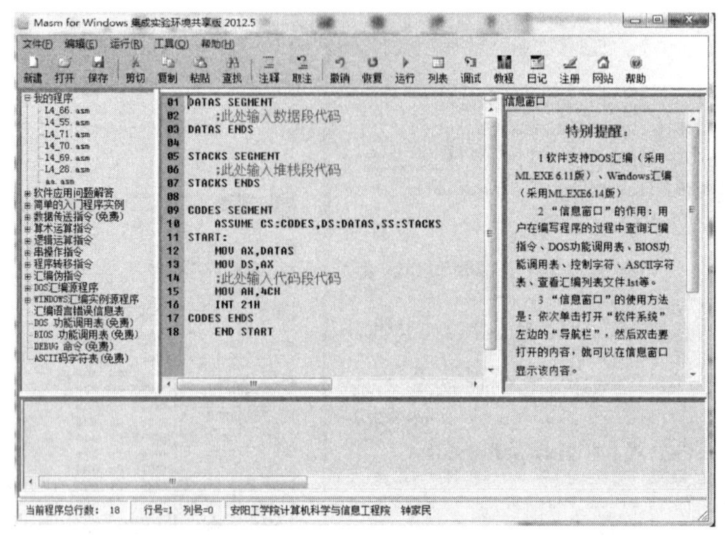

图 5-12　Masm for Windows 基本用户界面

该软件采用 Windows 风格设计，具有如下功能特点：

• 错误信息的自动定位功能。运行程序时，自动定位到发生错误的程序行，便于纠正程序的错误。

• 智能排版功能。运用该软件编写程序，不需要人为添加或删除空格，软件会自动地排出层次清晰、可读性好的程序来。如图 5-12 所示的中间源程序栏内的程序便是软件自动排版的结果。

• 语法着色功能。当输入保留字而其颜色没有发生变化时，说明该保留字输入有错误，应给予纠正。

• 实时帮助功能。编写程序时，很可能忘记某个指令的用法，只要在需要获得帮助的指令上按鼠标右键，选择“实时帮助”就可以获得该指令的帮助。

• 窗口显示程序行号的功能，便于找到程序某一行。右键单击“定位到行”，可准确定位到某一行；滚动鼠标，行号随之滚动。

• 支持中文长文件名。

• 软件可以安装在任意文件夹，编写的程序可以保存在任意文件夹，且文件名不受限制。

• Office Word 式的查找、替换、定位功能。

• 具有无限次撤销、恢复功能。

• 汇编指令动画演示有助于汇编语言初学者理解汇编指令。汇编指令动画示例如图 5-13 所示。

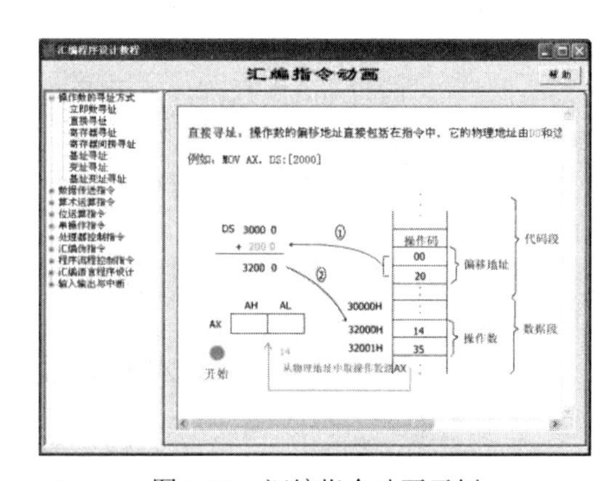

图 5-13　汇编指令动画示例

• 方便的程序管理功能。

① 当用户设置好“我的程序文件夹”后，在保存程序时，会定位到设置好的文件夹。

② 在“我的程序”中列出最近使用过的最多 30 个程序，方便打开。

• 操作方便的资源树。

- 支持 Windows 汇编编程，提供已调试通过的 30 个 Windows 汇编程序源代码实例。
- 200 多种中英文错误信息同步显示功能，可以减少英文差的用户学习和使用汇编语言时的恐惧心理。
- “兼容 Windows XP 模式”解决了在 32 位、64 位的 Windows 7 系统下原来只能在 Windows XP 下才能正确运行的绘图、音乐等程序的问题。

上面 4 小节介绍的 4 种汇编语言程序编辑、运行与调试工具，在使用过程中各有优缺点，在学习和使用汇编语言编程的过程中，对它们应取长补短。建议将同一个程序用不同的工具来汇编、连接与执行，以便产生较深层次的理解，更利于掌握。

5.8 本章要点

(1) 汇编语言是一种采用助记符表示的计算机机器指令语言。它主要包括三种语句：指令语句、伪指令语句和宏指令语句。汇编语言程序有两种编程格式：一种是采用伪指令 SEGMENT…ENDS 来定义段的基本编程格式；另一种是用.DATA、.CODE 等来简化定义段的模型方式编程格式。两种格式各有优缺点。

(2) 用汇编语言编写的程序称为源程序。汇编程序将源程序翻译成用机器语言表示的目标代码，此代码按照伪指令的安排存入存储器中；程序的执行过程是由 CPU 从存储器中逐条取出目标代码并逐条执行的过程。

(3) 汇编语言源程序采用分段结构，即整个程序是由一个或多个逻辑段(数据段、代码段、堆栈段、附加段)组成的，至少要有一个代码段。程序中需要处理和存储的数据通过伪指令 DB、DW 等定义数据存储单元，使其存放在数据段或附加段；指令在代码段内；需要保护的现场数据和程序断点临时推入堆栈保存。

(4) 汇编语言的基本程序结构有 3 种，即顺序结构、分支结构和循环结构。当程序较长或有重复出现的近似相同的程序段时，建议采用子程序结构来提高程序的可读性和易理解性。

(5) BIOS 功能调用和 DOS 功能调用为用户编写汇编语言程序提供了极大的方便，应予以充分的重视。中断是提高微处理器工作效率的有效方式，应逐步掌握中断服务程序的编写要领。

(6) 汇编语言上机要经过源程序编辑、源程序汇编、连接及调试与运行。合理选择和正确使用各种汇编与调试工具软件对初学者来说至关重要。

思考与练习

1．解释汇编语言、汇编程序、变量、标号、子程序、宏定义、反汇编的含义。

2．比较 MOV BX, OFFSET D1 和 LEA BX, D1 哪些方面相同，哪些方面不同。

3．子程序和宏操作有哪些异同？

4．按下列要求，写出各数据定义语句。

(1) DB1 为 10H 个重复的字节数据序列：1，2，5 个 3，4。

(2) DB2 为字符串 'STUDENTS'。

(3) DB3 为十六进制数序列：12H，ABCDH。

(4) 用等值语句给符号 COUNT 赋以 DB1 数据区所占字节数，该语句写在最后。

5．对于下面的数据定义，各条 MOV 指令单独执行后，有关寄存器的内容是什么？

```
PREP    DB    ?
TABA    DW    5 DUP(?)
TABB    DB    'NEXT'
TABC    DD    12345678H
```

```
(1) MOV    AX，   TYPE   PREP
(2) MOV    AX，   TYPE   TABA
(3) MOV    AX，   LENGTH   TABA
(4) MOV    AX，   SIZE   TABA
(5) MOV    AX，   LENGTH   TABB
(6) MOV    DX，   SIZE   TABC
```

6．编写源程序屏蔽 AL 中的低 4 位，将 BL 中的低 4 位赋予 AL 的高 4 位。

7．编写源程序统计字节变量 Z 中有多少个“1”，存入变量 CNT 中。

8．编写子程序完成多字节减法。

设 SI、DI 分别指向被减数和减数的低字节地址，BX 指向结果地址，CX 存放被减数和减数的字节长度。

9．编写程序，将位于 AL 中的二进制数转换为以十进制表示的各个数位的 ASCII 码。

10．若自 STRING 单元开始存放有一个字符串(以字符 '$' 结束)，请实现以下任务：

(1) 编程统计该字符串长度(不包含 $ 字符，并假设长度为两字节)。

(2) 把字符串长度放在 STRING 单元，把整个字符串往下移两个单元。

11．将字符串 STRING 中的 '&' 字符用空格代替，字符串 STRING 为“The data is FEB&03”。

12．编写程序，通过串处理指令实现以下功能：

在长度为 100 字节、以 BLOCK 开始的数据单元中，检索其中是否有与 AL 中的关键字相同的字符，将第一个与其关键字相同的数据单元的地址存入 DI 中。

13．从键盘输入 10 个学生的成绩，试编制一个程序统计 69～69 分、70～79 分、80～89 分、90～99 分及 100 分的人数，分别存放到 S6、S7、S8、S9 及 S10 单元中。

第三部分

微型计算机接口技术

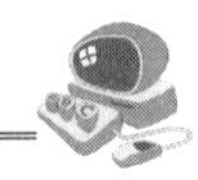

第6章　输入/输出接口及总线

计算机的输入/输出系统也称I/O系统，其功能是完成计算机与外部设备之间的信息交换。实现I/O操作的方法、技术对计算机系统的性能具有较大的影响。随着计算机应用的不断扩大与深入，I/O系统越来越显得重要，本章主要介绍微型计算机输入/输出(I/O)接口的概念、微处理器与外设间的数据传送方式及总线等内容。

6.1　I/O 接 口

6.1.1　I/O接口的基本结构及功能

1. I/O接口的基本结构

计算机与外部联系最根本的是信息交换。I/O系统提供了信息交换的手段及一切软件和硬件的支持。这里所谓的“外部”，是指需要与计算机进行联系的事物或设备，如控制台、仪器设备、过程控制装置及其他计算机等。人们必须通过各种设备如键盘、打印机、显示器等与机器联系。一切与计算机联系的设备统称为外部设备，或称输入/输出设备(I/O设备)。由于外部设备种类、数量较多，各种参量(如运行速度、数据格式及物理量)不尽相同，与计算机连接的设备往往是数台甚至百台以上，因此，CPU为了实现选取目标外部设备并与其交换信息，必须借助接口电路。I/O接口电路信息传送示意图如图6-1所示。当需要外部设备或用户电路与CPU之间进行数据、信息交换以及控制操作时，就应使用微机总线把外部设备和用户电路连接起来，这时就需要使用微机总线接口。当微机系统与其他系统直接进行数字通信时，就应使用通信接口。

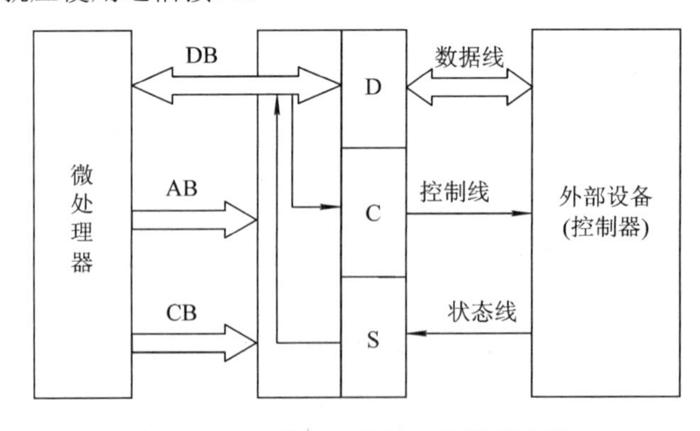

图6-1　I/O接口电路信息传送示意图

图中的微处理器(CPU)是控制中枢，对整个 I/O 系统进行启动、检测和控制。外设控制器将外部设备需要与计算机通信的物理信息，生成二进制数据或位控信号(有时也可将其设计在接口板卡中)。I/O 接口用来完成微处理器对外围设备的确认及信息交换在速度上、形式上相互匹配。计算机应用及控制系统的主要工作是输入/输出的接口设计及其相应的软件设计。

外设的端口通常由三态缓冲电路组成，其中的信息(数据、命令或状态)可以被锁存。I/O 接口中通常包括地址译码电路、数据锁存与缓冲电路、状态寄存器、命令寄存器等。其中，地址总线传送地址信息；数据总线传送数据、状态或部分命令信息(或称为控制信息)；控制总线则主要传送存储器与外设选择 $M/\overline{IO}$ 信号、读控制 $\overline{RD}$ 信号、写控制信号 $\overline{WR}$ (在 CPU 为最小模式时)或输入/输出写控制 $\overline{IOWC}$ 信号、输入/输出读控制 $\overline{IORC}$ 信号(在最大模式时)等。由图 6-1 可以看出：

(1) 接口电路通过系统总线(地址总线 AB、控制总线 CB 和数据总线 DB)与 CPU 连接；通过数据线 D、控制线 C 和状态线 S 与外部设备连接。

(2) 外部设备控制器通过接口电路状态线 S，把外设当前的工作状态信息传送给 CPU。对于输入设备，状态信息一般表示为数据准备好(如 $S=1$)或未准备好(如 $S=0$)；对于输出设备，状态信息一般表示为正在工作(如 $S=0$)或空闲(如 $S=1$)。

(3) 外部设备控制器通过接口电路控制线 C 接受 CPU 发给的控制命令。

(4) 在控制命令作用下，外部设备控制器通过数据线与 CPU 实现数据信息交换。

实际上，接口电路与外部设备控制器连接的数据线、控制线和状态线分别对应三个不同的端口地址，即数据端口 D、控制端口 C、状态端口 S。每个端口均配备相应的寄存器，分别存放数据信息、状态信息和控制信息，以供 CPU 对其进行操作或控制。因此，同一个外部设备，可以有不同的端口地址。

2. I/O 接口基本概念

1) 输入/输出接口

输入/输出接口是 CPU 与外部设备之间交换信息的连接电路，它们通过总线与 CPU 相连，简称 I/O 接口。I/O 接口分为总线接口和通信接口两类。

(1) 总线接口：是把微机总线通过电路插座提供给用户的一种总线插座，以插入各种功能卡。插座的各个管脚与微机总线的相应信号线相连，用户只要按照总线排列的顺序制作外部设备或用户电路的插线板，即可实现外部设备或用户电路与系统总线的连接，使外部设备或用户电路与微机系统成为一体。

常用的总线接口有：AT 总线接口、PCI 总线接口、IDE 总线接口等。AT总线接口多用于连接 16 位微机系统中的外部设备，如 16 位声卡、低速的显示适配器、16 位数据采集卡以及网卡等。PCI 总线接口用于连接 32 位微机系统中的外部设备，如 3D 显示卡、高速数据采集卡等。IDE总线接口主要用于连接各种磁盘和光盘驱动器，可以提高系统的数据交换速度和能力。

(2) 通信接口：是指微机系统与其他系统直接进行数字通信的接口电路，通常分串行通信接口和并行通信接口两种，即串口和并口两种。串口用于把像 MODEM 这种低速外部设备与微机连接，传送信息的方式是一位一位地依次进行的。串口的连接器有 D 型 9 针插

座和 D 型 25 针插座两种，位于计算机主机箱的后面板上。鼠标器连接在这种串口上。并行接口多用于连接打印机等高速外部设备，传送信息的方式是按字节进行的，即多个二进制位同时进行。并口也位于计算机主机箱的后面板上。

2) 接口电路结构

接口电路一般由寄存器组、专用存储器和控制电路几部分组成，当前的控制指令、通信数据以及外部设备的状态信息等分别存放在专用存储器或寄存器组中。

3) 接口电路的连接

所有外部设备都通过各自的接口电路连接到微机的系统总线上去。

(1) 基本输入/输出 CMOS：是一种存储BIOS 所使用的系统存储器，是微机主板上的一块可读写的 ROM 芯片，用来保存当前系统的硬件配置和用户对某些参数的设定。当计算机断电时，由一块电池供电，使存储器中的信息不被丢失。用户可以利用 CMOS 对微机的系统参数进行设置。

(2) 基本输入/输出 BIOS：是一组存储在 EPROM 中的软件，固化在主板的 BIOS 芯片上，主要负责对基本 I/O 系统进行控制和管理。BIOS 是主板上的核心，由 BIOS 负责从计算机开始加电到完成操作系统引导之前的各个部件和接口的检测、运行管理。在操作系统引导完成后，由 CPU 控制完成对存储设备和 I/O 设备的各种操作、系统各部件的能源管理等。

4) 端口

接口内的寄存器用来暂存 CPU 和外设之间传输的数据、状态与命令等。端口种类有数据端口、命令端口(或称做控制端口)和状态端口。

数据端口是 CPU 对外设进行数据处理的目标端口。对于并行数据处理方式，端口为 8 位以上数据线。而控制口、状态口的宽度，根据需要各设 1 根(或 1 根以上)线即可满足控制信息的要求，这一根线连接在数据总线 DB 的某一位。CPU 是通过地址总线发出目标地址信息选中某一端口的，然后通过数据总线读取状态信息或发出控制命令。在有些情况下，状态线和控制线也可以直接与 CPU 控制总线相关信号连接。

5) 端口地址

端口地址为端口寻址设置的一种编码，每一个端口有一个独立的地址。

6) 外设地址

外设地址是设备接口内各端口的地址，一台外设可以拥有几个(通常是相邻的)端口地址。

7) 适配卡

在微机系统中，常常把一些通用的、复杂的 I/O 接口电路制成统一的、遵循总线标准的电路板卡，如接口与设备之间可由串行通信标准总线或并行通信标准总线连接，所以通常把它们称为适配卡，如软盘驱动器适配卡、硬盘驱动器适配卡(IDE 接口)、并行打印机适配卡(并口)、串行通信适配卡(串口)，还包括显示接口、音频接口、网卡接口(RJ45 接口)、调制解调器使用的电话接口(RJ11 接口)等。在 80386 以上的微机系统中，通常将这些适配卡做在一块电路板上，称为复合适配卡或多功能适配卡，简称多功能卡。CPU 通过板卡与 I/O 设备建立物理连接，使用十分方便。

3. I/O 接口电路的功能

目前，人们已设计出许多种计算机可编程控制的、专用的I/O接口电路集成电路芯片，不同的接口芯片实现的功能不尽相同，用户可根据需要选用。一般情况下，接口电路芯片可实现以下功能：

(1) 地址译码功能。在I/O接口电路中通过地址译码器，用CPU传出的地址信息选中唯一对应的外部设备端口。外设被“选中”时，可从CPU或数据总线接收数据或控制信息，也可将数据或状态信息发往数据总线或CPU。

(2) 数据锁存功能。通常计算机的工作速度远远高于外部设备，为了保证数据可靠传输传送，在I/O接口电路中设置锁存器，以暂存数据，不仅能提高计算机的工作效率，而且可以避免数据或信息的丢失。

(3) 信息转换功能，主要包括：① 数/模转换功能：将外部设备的模拟信号转换为计算机能接受的数字信号(A/D转换)，或将计算机输出的数字信号转换为执行部件需要的模拟信号(D/A转换)；② 串并转换功能：在串行接口电路中，为了提高运行速度，接口电路与计算机之间仍然采用并行数据传送，因此，需要将输入的串行信号转换为并行信号送入计算机，这需要将计算机输出的并行信号转换为串行信号输出；③ 数据格式转换功能：如实现二进制数据与BCD码、ASCII码等之间的相互转换；④ 电平转换功能：计算机I/O数字信息的逻辑电平通常采用正逻辑TTL电平，即高电平5 V表示“1”，低电平0 V表示“0”，如果外部设备数字信息表示不符合TTL电平的要求，则接口电路必须设置电平转换部件。

(4) 改变工作方式功能。接口电路(芯片)通常可以通过指令设置不同的工作方式，如输入方式、输出方式、计数方式、定时方式等。这种接口芯片通常可以做到一片多用途，故又称为可编程接口芯片。

(5) 信号联络功能。CPU 从系统总线或外设接收一个数据后，发出“数据到”联络信号，通知外设或CPU取走数据。数据传输完成，向对方发出信号，准备进行下次传输。

(6) 中断管理功能。中断管理功能包括向CPU申请中断；向CPU发中断类型号；中断优先权的管理等。在以8086为CPU的系统中，这些功能大多可以由专门的中断控制器实现。

(7) 复位功能。在接收复位信号后，将接口电路及其所连接的外部设备置成初始状态。

(8) 错误检测功能。一方面，信号在线路上传输时，如果遇到干扰信号，可能发生传输错误，检测传输错误的常见方法是奇偶检验；另一方面，输入设备完成一次输入操作后，需把所获得的数据暂存在接口内。如果在该设备完成下一次输入操作之后，CPU还没有从接口取走数据，那么，在新的数据送入接口后，上一次的数据被覆盖，从而导致数据的丢失，输出操作也可能产生类似的错误。覆盖错误导致数据的丢失，易发生在高速数据传输的场合。

☞6.1.2　输入/输出编址、寻址和地址译码

CPU对输入/输出设备的访问，采用按地址访问的形式进行，即先送地址码，以确定访问的具体设备，然后进行信息交换。因此，对各种外设要进行编址。目前有两种编址方式：独立编址方式以及与存储统一编址。

1. 独立编址方式

将所有端口进行独立编址，即每一端口规定一确定的地址编码，I/O 设备编址方式如图 6-2(a)所示。

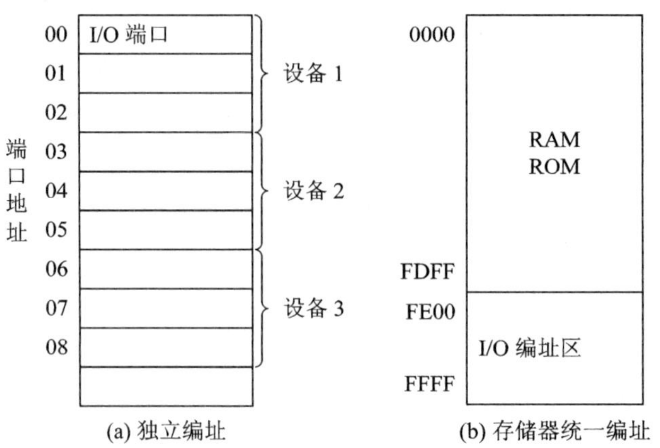

图 6-2　I/O 设备编址方式

在 80x86 系统中，独立编址的 I/O 端口的地址范围为 0000H～FFFFH，访问独立编址的 I/O 端口，必须使用输入 IN 指令和输出 OUT 指令。

8086 CPU 与外设交换数据可以按字或字节进行。若以字节进行时，偶地址端口的字节数据由低 8 位数据线 D_7～D_0 位传送；奇地址端口的字节数据由高 8 位数据线 D_{15}～D_8 传送。如果外设字节数据与 CPU 低 8 位数据线连接，则同一台外设的所有端口地址都只能是偶地址；如果外设字节数据与 CPU 高 8 位数据线连接，则同一台外设的所有端口地址都只能是奇地址。这时设备的端口地址就会是不连续的。

外设端口地址(即 I/O)寻址在第 4 章指令系统中已经介绍，只能使用两种寻址方式：

(1) 直接寻址：指令中直接给出端口地址编码。如：

```
IN   AL, 84H          ; 该指令的功能是将地址为 84H 的端口中的内容输入 AL。
```

直接寻址要求端口地址必须在 0～255 之间。

(2) DX 寄存器间接寻址：I/O 端口地址在寄存器 DX 中。如：

```
OUT AL, DX            ; DX 中的内容是被访问端口的地址。
```

如果端口地址在超过 255，则必须采用这种寻址方式。

【例 6-1】　已知某字节端口地址为 20H，要求将该端口数据的 D_1 位置 1，其他位不变。参考指令段如下：

```
IN AL, 20H            ; 读取端口内容
OR AL, 02H            ; 在 AL 中设置 D1 = 1，其他位保持不变
OUT 20H, AL           ; 将 AL 内容输出给 20H 端口
```

【例 6-2】　已知某字节端口地址为 200H，要求屏蔽该端口数据的低 4 位，其他位不变。参考指令段如下：

```
MOV DX, 200H          ; 端口地址 200H 送入 DX
IN AL, DX             ; 读取端口内容
AND AL, 0F0H          ; 屏蔽 AL 低 4 位，其他位保持不变
OUT DX, AL            ; 将 AL 内容输出给 20H 端口
```

2．与存储器统一编址

I/O 端口与存储器统一编址，是指在存储器的地址空间中分出一个区域，作为 I/O 系统中各端口的地址。在图 6-2(b)中，包括存储器在内，用 16 位二进制对所有需要 CPU 访问的地方进行统一编址，总空间为 64 KB，将最高区 FE00～FFFF(1024 个地址)作为输入/输出的端口地址，而其余 0000H～FDFFH 作为存储器的编址。在这种情况下，I/O 端口被 CPU 视为内存存储单元，因此，不需要专用的输入/输出指令。假设外设 1 在存储器与 I/O 端口统一编址情况下的端口地址为 0FE00H，则读取该端口数据的指令可为：MOV AL, [0FE00H]。

相比之下，在 I/O 端口独立编址情况下，同一个地址编码 0FE00H，既可以表示存储器单元，又可以表示外设端口。为此，必须采用不同的指令形式，假设某外设在 I/O 端口独立编址情况下的端口地址为 0FE00H。读取该端口数据的指令则应该为

```
MOV DX, 0FE00H
IN AL, DX
```

且 CPU 的控制信号必须增设专门的引脚(8086CPU 为 $M/\overline{IO}$)抑或外设端口来区分是存储器。

在存储器与 I/O 端口统一编址情况下，就不需要设置专门的指令和 CPU 引脚来区分其是存储器还是外设端口。一般访问内存的指令都可以访问 I/O 设备，各种寻址方式及数据处理指令也都可以被 I/O 端口使用，使输入输出过程的处理更加灵活，且可以降低 CPU 电路的复杂性。这种编址方法的缺点是减少了内存可用范围，且难以区分访问内存和 I/O 的指令，降低了程序的可读性和可维护性。

3．地址译码

地址译码是接口电路的基本功能之一。一个接口上的几个端口地址通常是连续排列的，可以把 16 位地址码分解为两部分：高位地址码用作对接口的选择；低位地址码用来选择接口电路内不同的端口。如，某接口电路用 10 地址线编址，占有地址 330H～333H，高 8 位地址为 11001100B 时，未选中接口；低 2 位地址为 00、01、10、11 时，选择接口内的不同端口。图 6-3 为端口的地址译码电路。

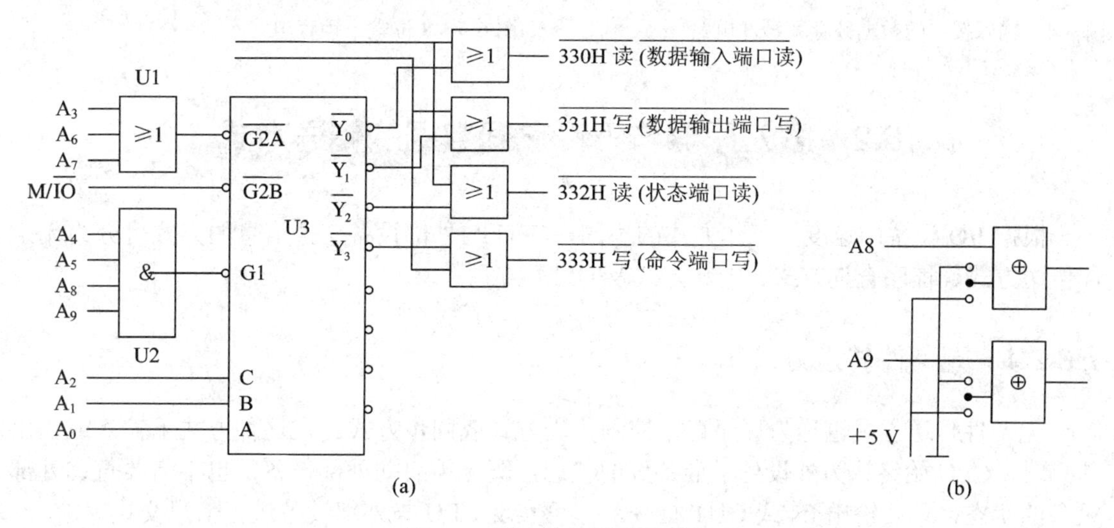

图 6-3　端口的地址译码电路

为了避免地址冲突，许多接口电路允许用“跳线器(JUMPER)”改变端口地址。在图6-3(b)中，将异或门的输出代替图 6-3(a)中的 A_8、A_9 引脚：两个跳线引脚均接地时，上面译码电路仍然产生 330H～333H 的端口译码信号；当两个跳线引脚均接“1”时，上面译码电路会产生 030H～033H 的端口译码信号。同理通过跳线，还可以产生 130H～133H 和230H～233H 的译码信号。由于读、写操作不会同时进行，一个输入端口和另一个输出端口可以使用同一个地址编码。如可安排数据输入端口、数据输出端口使用同一个地址 330H，命令端口和状态端口共同使用地址 331H。虽然数据输入端口和数据输出端口使用相同的地址，但却是二个各自独立的不同的端口。

数据(状态)输入端口必须通过三态缓冲器与系统总线相连，保证数据总线能够正常地进行数据传送。输入设备在完成一次输入操作后，在输出数据的同时，产生数据选通信号，把数据打入 8 位锁存器 74LS273。锁存器的输出信号通过三态八位缓冲器 74LS244 连接到系统数据总线。而数据端口的读信号由地址译码电路产生。高电平时，无效，缓冲器输出端呈高阻态；低电平时，有效，端口被选中，已锁存的数据通过 74LS244 送往系统数据总线，被 CPU 所接收。图 6-4 为输入接口的数据锁存和缓冲电路。

数据(命令)输出端口接受 CPU 送往外设的数据或命令，应由接口进行锁存，以便使外设有充分的时间接收和处理。8 位输出锁存电路如图 6-5 所示。

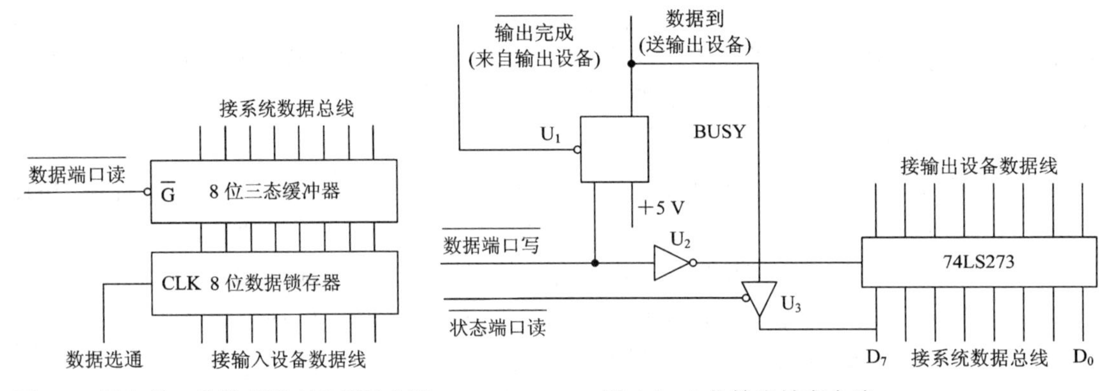

图 6-4　输入接口的数据锁存和缓冲电路　　图 6-5　8 位输出锁存电路

6.2　微处理器与外设之间数据的传送方式

根据 I/O 设备的速度及工作方式的不同，CPU 与外部设备交换信息的方式可分为无条件传送方式、程序查询方式、中断方式及 DMA 方式。

6.2.1　无条件传送方式

无条件传送方式也称为程序直接控制传送方式或同步方式。在这种方式下输入或输出信息时，CPU 始终认为外设处于准备好的状态，既无需启动外部设备，也不需要查询外部设备的状态，只要给出 IN 或 OUT 指令，即可实现 CPU 与外部设备进行信息交换。

有些简单设备，如发光二极管 LED(Light-Emitting Diode)和数码管、按键及开关等，它们的工作方式十分简单，相对 CPU 而言，其状态很少发生变化。如数码管，只要 CPU 将数据传给它，就可立即获得显示。又如电子开关，其状态或为闭合或为打开，CPU 可以随时对其状态进行读取。因此，当这些设备与 CPU 交换数据时，可以认为它们总是处于就绪状态，随时可以进行数据传送。无条件传送方式的程序控制流程如图 6-6 所示。

用于无条件传送的 I/O 接口电路十分简单，只考虑数据缓冲，无需考虑联络信号。实现数据缓冲的器件可以是三态缓冲器或锁存器。图 6-7 为无条件传送方式接口原理图。

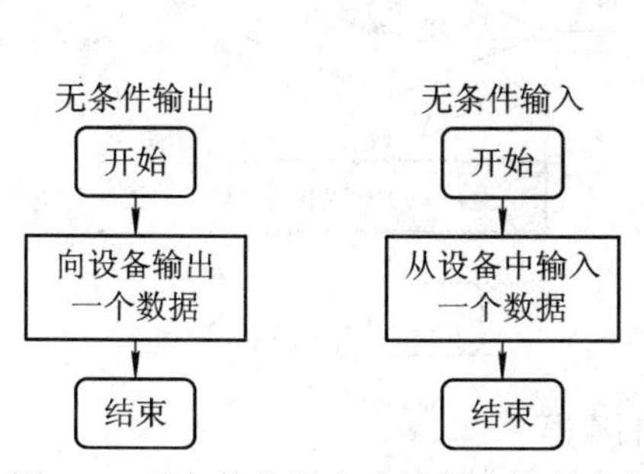

图 6-6　无条件传送方式的程序控制流程

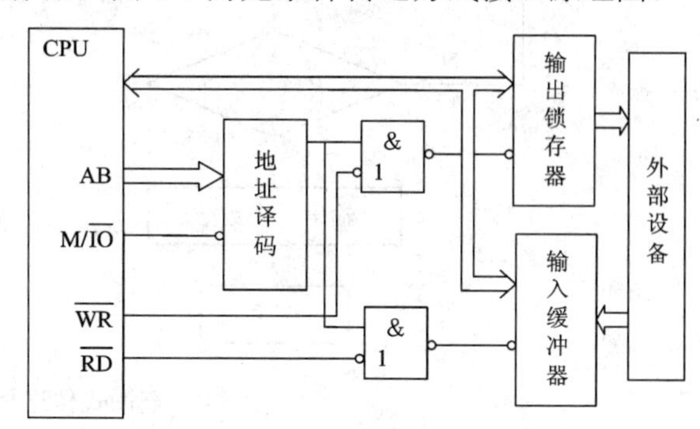

图 6-7　无条件传送方式接口原理图

例如，执行输入指令 IN AL, 80H 的过程可以简述如下：

① 端口地址 80H 经地址总线 AB 送入接口电路的地址译码器；CPU 输出控制命令 $M/\overline{IO}=0$，表明当前地址为 I/O 端口地址。

② CPU 输出命令 $\overline{RD}=0$。

③ 地址译码器输出有效高电平“1”与 $\overline{RD}=0$ 送入“与非门 2”，与非门 2 输出低电平“0”。

④ 输入缓冲器在与非门 2 输出信号的控制下将数据送入数据总线 DB。

⑤ CPU 从数据总线读取数据送入累加器 AL。

再如，执行输出指令 OUT 80H, AL 的过程则可以简述如下：

① 端口地址 80H 经地址总线 AB 送入接口电路的地址译码器；CPU 输出命令，$M/\overline{IO}=0$，表明当前地址为 I/O 端口地址。

② CPU 输出命令 $\overline{WR}=0$。

③ 地址译码器输出高电平“1”与 $\overline{WR}=0$ 送入与“与非门 1”，与非门 1 输出低电平“0”。

④ CPU 将累加器 AL 的内容送入数据总线 DB。

⑤ 输出锁存器在与非门 1 输出信号的控制下接收数据总线上的数据。

无条件传送方式的优点是接口电路和程序代码简单，其缺点是要求在执行 I/O 指令时外设必须处于准备就绪的状态下，因此无条件传送方式仅适用于一些简单的系统。

☞6.2.2　条件传送方式

条件传送也称查询传送或异步传送，指 CPU 与 I/O 设备之间交换信息必须满足某种条件，否则 CPU 处于等待状态，其工作过程完全由执行程序来完成。当 CPU 需要与外设备交换数据时，首先查询设备的状态，只有在设备准备就绪时才进行数据传输。查询式输入

和输出程序控制流程如图 6-8 所示。查询传送方式接口电路参阅图 6-1。

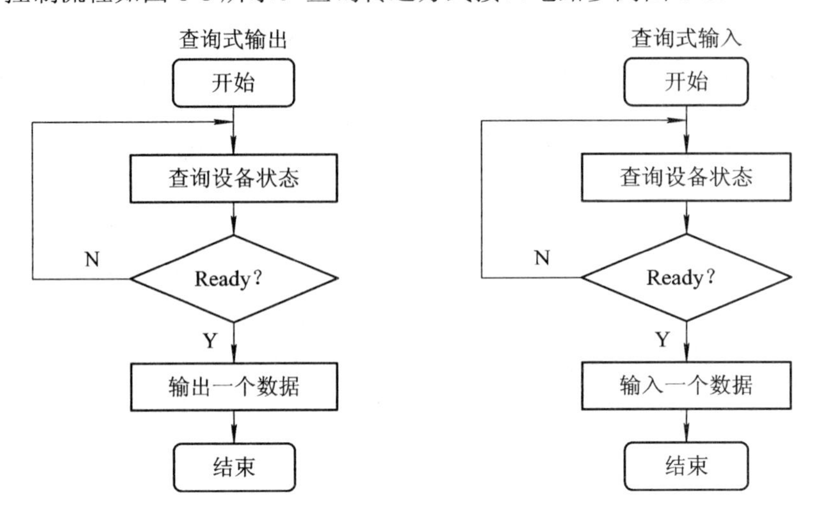

图 6-8　查询式传送程序控制流程

与无条件传送方式相比，查询式传送增加了一个传送前查询设备状态的环节。接口电路除了有暂存和传送数据的端口以外，还应有暂存和传送状态的端口。

对于输入过程：外设将数据准备好，“准备好(Ready)”状态标志位置 1；CPU 将数据取走，并置 Ready=0。对于输出过程：外设接收到数据，将“忙(Busy)”状态标志位置 1；数据输出完成，将“Busy”清零。

条件传送方式工作过程可简述如下：

① 由 CPU 执行输出指令，向控制端口发出控制命令 C，将所指定的外设启动；

② 外设处于准备工作状态，CPU 不断执行查询程序，从状态端口读取状态字 S，检测外设是否已准备就绪。如果没有准备好，就返回上一步，继续读取状态字；

③ 外设准备好后，CPU 则执行数据传送操作，通过数据端口完成此输入/输出过程。

【例 6-3】　某外设数据端口地址为 2000H，状态端口地址为 2002H，控制端口地址为 2004H。设接口电路硬件连接为 8 位数据线接 CPU 的数据线 D_0～D_7，一位控制线(为“0”表示启动外设工作)接 CPU 的数据线 D_0，一位状态线(为“1”表示数据端口准备好)接 CPU 的数据线 D_7。编写条件传送方式下读取数据端口数据的程序段。

参考程序段如下：

```
        MOV AL, 00H        ; 设启动外部设备工作代码 D0=0
        MOV DX, 2004H      ; 控制端口地址送入 DX
        OUT DX, AL         ; 启动外设工作
        MOV DX, 2002H      ; 状态端口地址送入 DX
LOP:    IN AL, DX          ; 读取状态信号
        TEST AL, 80H       ; 测试状态位 D7
        JZ LOP             ; 未准备好转 LOP 继续读取，准备好顺序执行
        MOV DX, 2000H      ; 数据端口地址送入 DX
        IN AL, DX          ; 读取数据端口数据
```

在条件传送方式工作过程中，CPU 的处理工作与 I/O 传送过程是串行的。该方式主要解决了快速的 CPU 与速度较慢的外部设备之间进行信息交换的速度匹配问题。所谓查询，实际上就是等待慢速的外部设备，因而 CPU 通过其状态口不断地测试外部设备的状态。若外部设备已准备好接收或发送数据，CPU 立即进行 I/O 操作。

条件方式的优点是简单、可靠，所以仍被普遍采用；其缺点是在查询等待期间，CPU 不能进行其他操作，CPU 资源不能充分利用，CPU 的工作效率低。

☞6.2.3　中断传送方式

为了解决快速的 CPU 与慢速的外设之间的矛盾，并充分利用 CPU 资源，设置了中断传送方式。所谓中断传送方式是指：外设可以主动申请 CPU 为其服务，当输入设备已将数据准备好或输出设备可以接收数据时，即可向 CPU 发中断请求。CPU 响应中断请求后，暂时停止当前程序的执行，转去执行为外设进行 I/O 操作的服务程序，即中断处理子程序。在执行完中断处理程序后，再返回被中断的程序继续执行。中断传送方式的工作过程可简述如下：

(1) CPU 执行启动外设指令，通过控制端口启动外设处于准备工作状态。

(2) CPU 与外设各自独立地并行工作，即 CPU 执行自己的程序，而外设自主做输入或输出数据的准备工作。

(3) 一旦外设准备就绪(如果是输入操作，则外设准备的数据已存入接口电路中的数据寄存器中，输入数据准备好；如果是输出操作，则接口电路中的数据寄存器的原来数据已有效输出，可以接收数据)，接口电路中的状态端口信息即向 CPU 发出中断请求。

(4) CPU 在响应中断后，暂停正在执行的程序，并保存断点，转向执行中断服务程序(I/O 处理程序)，进而 CPU 与外设进行信息交换。

(5) 中断服务程序执行结束后，CPU 返回到原来程序的断点处继续执行。

可以看出，在中断传送控制方式下，CPU 和外设在大部分时间里是并行工作的。CPU 在执行正常程序时不需要对 I/O 接口的状态进行测试和等待。当外设准备就绪时，外设会主动向 CPU 发中断请求而进入一个传送过程。此过程完成后，CPU 又可继续执行被中断的原来程序。所以，采用中断方式可极大地提高 CPU 的效率并具有较高的实时性。

有关微处理器中断系统的概念、技术及应用参见第 7 章。

☞6.2.4　DMA 控制方式

中断传送方式大大提高了 CPU 的工作效率，但每次中断都要执行中断请求、中断响应、断点及现场保护、中断处理及中断返回等操作，因此对于传送大批量数据的情况，其数据传送的速率并不会太高。另外，中断方式和程序查询方式在访问 I/O 端口时，均需要使用 I/O 指令，而 I/O 指令必须经过 CPU。不难看出，在高速成批数据输入/输出时，中断传送方式就显得太慢了。为进一步提高数据传输效率，设计了 DMA(Direct Memory Access，直接存储器存取)传送方式。存储器与 I/O 设备之间的数据传送在 DMA 控制器(又称 DMAC)的管理下直接进行，而不经过 CPU。这种方式可以大大提高大批数据的传送速率，但控制

电路较复杂，仅适于大批量高速度数据传送的场合。DMA 方式完全由硬件执行，在存储器与外设之间直接建立数据传送通道。DMA 操作流程图如图 6-9 所示。

DMA 操作过程简述如下：

(1) I/O 设备(或接口)向 DMAC 发出 DMA 请求信号 DRQ。

(2) DMAC 接收 DRQ 后，即向 CPU 发出总线请求信号 HRQ，请求占用总线，以使用总线进行数据传输，向 CPU 提出 DMA 请求。

(3) CPU 在执行完当前总线周期后暂停对系统总线的控制，响应 DMA 请求，向 DMAC 发出应答信号 HLDA，交出总线控制权。DMAC 暂时接管对总线 AB、DB 和 CB 的控制。

(4) DMAC 在 AB 线上发出存储器地址信息、在 CB 线上发读写控制信息，使存储器与 I/O 接口之间直接交换一个字节数据。

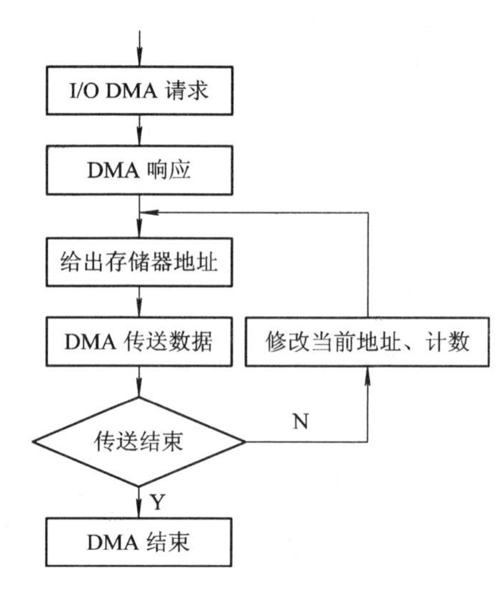

图 6-9　DMA 操作流程图

(5) 每传送一字节数据，DMAC 自动修改存储器地址、传送字节计数器(减 1)，并检测传送是否结束。

(6) 若字节计数器不为 0，则转入(4)，继续进行数据传输。若字节计数器为 0，DMAC 向 CPU 发出结束信号并释放总线，DMA 传送结束。

(7) CPU 重新获得总线控制权，CPU 继续执行原来的操作。

在 DMA 传送期间，HRQ 信号和 HLDA 信号一直有效，直至 DMA 传送结束。DMA 方式传送数据在 I/O 端口与存储器之间或存储器与存储器之间进行。

DMA 传送方式与中断传送方式的比较：

(1) DMA 传送比中断传送的速度快。DMA 传送一个字节只占用 CPU 的一个总线周期，而中断方式传送是由 CPU 通过程序来实现的，每次执行中断服务程序，CPU 要保护断点，在中断服务程序中，需要保护现场和恢复现场，需要执行若干条指令才能传送一个字节。

(2) DMA 响应比中断响应的速度快。中断方式在 CPU 的当前指令(一条指令需要执行若干个总线周期)执行完才能响应中断请求，而 DMA 方式是在 CPU 当前指令的一个总线周期执行完就响应 DMA 请求。

(3) 中断请求分为外部中断(由外部硬件产生的)和内部中断(由执行指令产生的)，而 DMA 请求也有两种方式：可以由硬件发出，也可以由软件发出。

在 80x86 系统中，通常采用 8237 集成芯片完成 DMA 传送功能，参见第 7 章。

6.3 总　线

前面多次提到总线，本节详细介绍关于总线的基本知识。总线是将 CPU、存储器和 I/O 接口等相对独立的功能部件连接起来，用来传送信息的公共通道。另外，总线也提供电源线、地线和复位线(复位线也可归为控制总线)等。

☞6.3.1　总线的基本概念及分类

任何一个微处理器都要与一定数量的外部设备或外围设备相连接。但如果将各部件和每一种外围设备都分别用一组线路与 CPU 直接连接，那么连线将会错综复杂，甚至难以实现。为了简化硬件电路设计、简化系统结构，常用一组线路，配置以适当的接口电路，与各部件和外围设备连接，这组共用的连接线路就是总线。采用总线结构便于部件和设备的扩充，而且制定了统一的总线标准，容易使不同设备间实现互连。

1．总线标准

对相同的指令系统、相同的传输功能而言，不同厂家生产的各种功能部件在实现方法上大都不同，但各厂家生产的相同功能部件却可以互换使用，其原因是，为了使不同厂家生产的相同功能部件可以互换使用，需要进行系统总线的标准化工作，目前已经出现了很多总线标准。

总线标准是指系统与各模块、模块与模块之间的一个互连的标准界面，是芯片之间、插板及系统之间进行连接和传输信息时，应遵守的一些协议和规范。总线标准规定了总线插槽/插座的机械结构、尺寸、引脚的分布位置，数据线、地址线的宽度及传送规模、驱动能力及时序，总线能支持的主设备数及定时控制方式(同步、异步、半同步)等。

常用工业标准总线包括：

● STD (Standard)，是工业控制微机标准总线，它从 8 位、16 位数据带宽已发展到 32 位带宽。目前它仍是国内外某些工业控制机普遍采用的总线标准。

● ISA (Industry Standard Architecture，工业标准体系结构)，是现存最老的通用微机总线类型，是与 286-AT 总线一起引入的。

● MCA (Micro Channel Architecture，微通道体系结构)，是 IBM 在 1987 年为 PS/2 系统机及其兼容机设计的一个理想的总线，它代表了总线设计的革命性进步。

● EISA (Extended Industry Standard Architecture，扩展的工业标准体系结构)，是反垄断的产物。

● VESA (Video Electronics Standards Association, 视频电子标准协会)，也叫 VL 总线，是流行的 ISA 总线的扩展。

● PCI(Peripheral Component Interconnect, 外部组件互连)，是较为高级的系统总线，也是当前唯一发挥了 Pentium 或 Pentium 以上系统优势的总线(有些 486 类型的微机也使用 PCI)。

2．总线的基本特性

标准总线的特性可归纳为

- 物理特性：总线的物理连接方式(根数，插头、插座形状，引脚排列方式等)。
- 功能特性：每根线的功能。
- 电气特性：每根线上信号的传递方向、有效电平范围及驱动能力等。
- 时间特性：每根总线在什么时间有效，在什么时间无效。

3．总线的技术参数

总线的技术参数主要包括总线的带宽、位宽和工作频率等。

(1) 带宽，即总线的数据传输速率，指单位时间内总线上传送的数据量，即每秒钟传送 MB 的最大稳态数据传输率。与总线带宽密切相关的两个因素是总线的位宽和总线的工作频率，它们之间的关系为

$$总线的带宽=\frac{总线的工作频率\times总线的位宽}{8}=\frac{\frac{总线的位宽}{8}}{总线周期}$$

(2) 位宽，指总线能同时传送的二进制数据的位数，或数据总线的位数，即 32 位、64 位等总线宽度的概念。总线的位宽越宽，每秒钟数据传输率越大，总线的带宽越宽。

(3) 工作频率。工作频率以 MHz 为单位，工作频率越高，总线工作速度越快，总线带宽也越宽。

表 6-1 给出了 ISA 总线和 PCI 总线的主要技术参数。显然，负载能力、是否支持多任务等也是衡量总线技术性能的指标。

表 6-1　ISA 总线和 PCI 总线的主要技术参数

总线参数	总线类型	
	ISA 总线	PCI 总线
字长/位	16	32/64
最大位宽/位	16	64
最高时钟频率/MHz	8	33
最大稳态数据传输速率/(MB/s)	16	133
带负载能力/台	>12	10
多任务能力	Y	Y
是否独立于微处理器	Y	N

4. 总线分类

1) 根据传递信息种类分类

(1) 数据总线 DB(Data Bus)。数据总线用于传送数据信息，是实现 CPU 与存储器及 I/O 接口之间数据信息交换的双向通信总线，是双向三态形式的总线。它既可以把 CPU 的数据传送到存储器或 I/O 接口等其他部件，也可以将其他部件的数据传送到 CPU。数据总线的宽度决定微机的位数。数据总线的位数是微机的一个重要指标，通常与 CPU 的字长相一致。如 8086 CPU 字长 16 位，其数据总线宽度也是 16 位。

(2) 地址总线 AB(Address Bus)。地址总线是专门用来传送地址的，用于给存储器或输入/输出接口提供地址码，以选择相应的存储单元或寄存器。地址总线的根数决定了 CPU 的寻址范围。由于地址只能从 CPU 传向外部存储器或 I/O 端口，所以地址总线总是单向三态的，这与数据总线不同。地址总线的位数决定了 CPU 可直接寻址的内存空间大小，如 8 位微机的地址总线为 16 位，则其最大可寻址空间为 $2^{16}=64$ KB，16 位微型机的地址总线为 20 位，其可寻址空间为 $2^{20}=1$ MB。一般来说，若地址总线为 n 位，则可寻址空间为 2^n 字节。

(3) 控制总线 CB(Control Bus)。控制总线用来传送控制信号和时序信号，是在传输与交换数据时起管理控制作用的一组单向信号线。这些信号有的是微处理器送往存储器和 I/O 接口电路的，如读/写信号、片选信号、中断响应信号等；也有的是其他部件反馈给 CPU 的，如中断申请信号、复位信号、总线请求信号等。因此，控制总线的传送方向由具体控制信号而定，一般是单向的，控制总线的位数要根据系统的实际控制需要而定。实际上控制总线的具体情况主要取决于 CPU。

2) 按总线所处的位置分类

(1) 片内总线。大规模或超大规模集成电路芯片内部是相当复杂的，其内部功能块之间采用内部总线相连。片内总线通常只位于微处理器芯片内部，用于 ALU 及各种寄存器等功能单元之间的相互连接。

(2) 局部总线。在一块模板/卡上，多个芯片也要通过总线连接，这种介于 CPU 总线和系统总线之间、连接模板上多个芯片的总线，称为局部总线，或称模板内部总线、片总线或元件级总线。局部总线一般是 CPU 芯片引脚的延伸(可能需增加锁存、驱动等电路)，与 CPU 密切相关，并且可以引至底板上。由于局部总线离 CPU 总线较近，所以外部设备通过它与 CPU 之间的数据传输速率很快。如果把一些高速外设从系统总线(如 ISA)上卸下来，通过局部总线直接挂接到 CPU 总线上，使之与高速 CPU 总线相匹配，就会打破系统 I/O 瓶颈，充分发挥 CPU 的高性能。

局部总线又可分成三种：

① 专用局部总线，是一些大公司为自己系统开发的专用总线，无通用性。

② VL 总线(VESA Local BUS)，用于 80486 机型的一种过渡性通用局部总线标准，现已淘汰。

③ PCI 总线，先进的新的局部总线标准，目前的高档微机普遍采用。

(3) 系统总线。系统总线是微机系统内部各部件之间进行连接和传输信息的一组信号线。在微机中，一般采用模块化结构，把完成一个或几个功能的电路制造为一个模板，或称为“卡”，如显示卡、声卡、多功能卡(含磁盘控制和串行通信，在 386 系统中常用，现已集成到主板上)、CPU 卡(在工业控制微机中，系统常以无源底板和各种卡组成，包括 CPU 卡)。这些板/卡通过底板(无源底板或主机板)上提供的插槽相互连接，插槽上提供的连接各板/卡的总线，称为系统总线，如 PC、ISA、EISA、MCA、PC-104、STD、VME 总线等。有的系统总线是 CPU 引脚信号经过重新驱动和扩展而成的，其性能与 CPU 有关。但有很多系统总线不依赖于某种 CPU，它有自己独立的标准，可为各种型号的 CPU 及其配套芯片所使用。

(4) 通信总线。微机之间，微机与仪器、设备之间的连接总线，称为通信总线或外部总线。如，微机与微机之间所采用的 RS-232/RS-485 串行总线；微机与智能仪器之间所采用的 IEEE-488/VXI 总线，以及近几年发展和流行起来的微机与外部设备之间的 USB 和 IEEE1394 通用串行总线等。

图 6-10 所示为总线逻辑图，其中局部总线上挂有属于模板私有的局部存储器和局部输入/输出设备，而系统公有的存储器和输入/输出设备(图中未画出)挂在系统总线上。只有 CPU 访问公有的存储器和输入/输出设备时，才使用系统总线，使得 CPU 访问系统总线的次数大大减少，避免了系统总线的“堵塞”现象，并且提供了各模块(图中只画出了一个模块)的并行工作条件。

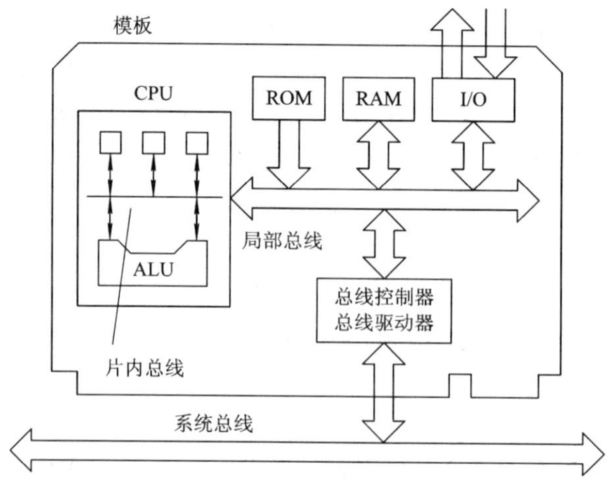

图 6-10　总线逻辑图

3) 其他分类

还可以从其他角度对总线进行分类。若根据信息传送的方向，总线可分为单向总线和双向总线。从广义上说，计算机通信方式可分为并行通信和串行通信，相应的通信总线被称为并行总线和串行总线。并行通信速度快、实时性好，但由于占用的口线多，不适于小型化产品；而串行通信速率虽低，但在数据通信吞吐量不是很大的微处理电路中则显得更加简易、方便、灵活。串行通信一般可分为异步模式和同步模式。有关串行总线的内容，参见第 10 章。

☞6.3.2　几种常见微机总线介绍

1．STD 总线

STD 总线是 1978 年推出的用于工业控制微型机的标准系统总线。它具有较好的兼容性，可以向上向下兼容。

表 6-2 给出了 STB 总线信号定义，它共有 56 条信号线，其中电源线 10 条，地址线 24 条，数据线 16 条，控制线 22 条，地址线与数据线采取复用方式工作。其中：

- $\overline{\text{REFRESH}}$：动态存储器刷新控制信号。
- $\overline{\text{MCSYNC}}$：机器周期同步信号。
- $\overline{\text{STATUS1}}$ 和 $\overline{\text{STATUS0}}$：两个状态控制信号。
- $\overline{\text{BUSRQ}}$ 和 $\overline{\text{BUSAK}}$：总线请求及总线响应信号，允许实现 DMA 方式。
- $\overline{\text{INTRQ}}$ 和 $\overline{\text{INTAK}}$：中断请求及中断响应信号，可实现多重处理功能。
- $\overline{\text{NMIRQ}}$：非屏蔽中断请求信号，可用来处理电源故障。
- $\overline{\text{WAITRQ}}$：等待请求信号，可由任何主设备或从设备产生，只要此信号有效，就会使主设备插入等待状态，用它来实现对慢速外设、慢速存储器操作及单步操作等。
- $\overline{\text{SYSRESET}}$：由加电或系统复位按钮产生的复位信号。
- $\overline{\text{PBRESET}}$：由输入系统按钮产生的复位信号，其作用与 $\overline{\text{SYSRESET}}$ 相同。
- $\overline{\text{CLOCK}}$：处理器时钟信号，由永久主设备经缓冲提供到总线上，用作系统同步或一般的时钟源。

- $\overline{\text{CNTRL}}$：辅助定时信号。由专门的时钟定时辅助电路产生，作为实时钟信号或外部输入信号使用。

PCO 和 PCI：优先级链控制信号，它们均为高电平有效，用以建立中断优先链。

表 6-2　STD 总线信号定义表

	元件面				焊接面			
	引脚	信号名	信号流向	说明	引脚	信号名	信号流向	说明
逻辑电源总线	1	V_{CC}	输入	逻辑电源 +5 V	2	V_{CC}	输入	逻辑电源 +5 V
	3	GND	输入	逻辑接地	4	GND	输入	逻辑接地
	5	VBB·1 /VBAT	输入	逻辑偏置·1 /电池	6	VBB·2 /DCPD	输入	逻辑偏置·1 /电池
数据总线	7	D_3/A_{19}	输入/输出	数据总线/地地扩展总线	8	D_7/A_{23}	输入/输出	数据总线/数地扩展总线
	8	D_2/A_{16}	输入/输出		10	D_6/A_{22}	输入/输出	
	11	D_1/A_{17}	输入/输出		12	D_5/A_{21}	输入/输出	
	13	D_0/A_{16}	输入/输出		14	D_4/A_{20}	输入/输出	
地址总线	15	A_7	输出	地址总线	16	A_{15}/D_{15}		地址总线/数据扩展总线
	17	A_6	输出		18	A_{14}/D_{14}		
	19	A_5	输出		20	A_{13}/D_{13}		
	21	A_4	输出		22	A_{12}/D_{12}		
	23	A_3	输出		24	A_{11}/D_{11}		
	25	A_2	输出		26	A_{10}/D_{10}		
	27	A_1	输出		28	A_9/D_9		
	29	A_0	输出		30	A_8/D_8		
控制总线	31	$\overline{\text{WR}}$	输出	写	32	$\overline{\text{RD}}$	输出	读
	33	$\overline{\text{IORQ}}$	输出	I/O 地址选择	34	$\overline{\text{MEMRQ}}$	输出	存储器地址选择
	35	$\overline{\text{IOEXP}}$	输入/输出	I/O 扩展	36	$\overline{\text{MEMEX}}$	输入/输出	存储器扩展
	37	$\overline{\text{REFRESH}}$	输出	刷新定时	38	$\overline{\text{MCSYNC}}$	输出	CPU 周期同步
	39	$\overline{\text{STATUS1}}$	输出	CPU 状态	40	$\overline{\text{STATUS0}}$	输出	CPU 状态
	41	$\overline{\text{BUSAK}}$	输出	总线响应	42	$\overline{\text{BUSRQ}}$	输出	总线请求
	43	$\overline{\text{INTAK}}$	输出	中断响应	44	$\overline{\text{INTRQ}}$	输出	中断请求
	45	$\overline{\text{WAITRQ}}$	输入	等待请求	46	$\overline{\text{NMIRQ}}$	输入	非屏蔽中断请求
	47	$\overline{\text{SYSRESET}}$	输出	系统复位	48	$\overline{\text{PBRESET}}$	输出	按钮复位
	49	$\overline{\text{CLOCK}}$	输出	处理器时钟	50	$\overline{\text{CNTRL}}$	输出	辅助定时
	51	PCO	输出	优先级链输出	52	PCI	输出	优先级链输入
辅助电源总线	53	AUXGND	输入	辅助接地	54	AUXGND	输入	辅助接地
	55	AUX+V	输入	辅助电源 +12 V	56	AUX−V	输入	辅助电源 −12 V

2. ISA 总线

1) 8位ISA(即XT)总线

8 位 ISA 总线插槽定义如表 6-3 所示，共有 62 条引脚信号。

表 6-3 8 位 ISA 总线信号定义

元件面			焊接面		
引脚号	信号名	说明	引脚号	信号名	说明
A_1	$\overline{\text{I/O CHCK}}$	输入，I/O 校验	B_1	GEN	地
A_2	D_7		B_2	RESETDRV	复位
A_3	D_6		B_3	+5 V	电源 +5 V
A_4	D_5		B_4	IRQ_9	不断请求 9，输入
A_5	D_4	数字信号，双向	B_5	−5 V	电源 −5 V
A_6	D_3		B_6	DRQ_2	DMA 通道 2 请求，输入
A_7	D_2		B_7	−12 V	电源 −12 V
A_8	D_1		B_8	OWS	零等待状态信号，输入
A_9	D_0		B_9	+12 V	电源 +12 V
A_{10}	I/O CHRDY	输入，I/O 就绪	B_{10}	GND	地
A_{11}	AEN	输出，地址允许	B_{11}	$\overline{\text{SMEMW}}$	存储器写，输出
A_{12}	A_{19}		B_{12}	$\overline{\text{SMEMR}}$	存储器读，输出
A_{13}	A_{18}		B_{13}	$\overline{\text{IOW}}$	接口写，双向
A_{14}	A_{17}		B_{14}	$\overline{\text{IOR}}$	接口读，双向
A_{15}	A_{16}		B_{15}	$\overline{DACK_3}$	DMA 通道 3 响应，输出
A_{16}	A_{15}	地址信号，双向	B_{16}	DRQ_3	DMA 通道 3 请求，输入
A_{17}	A_{14}		B_{17}	$\overline{DACK_1}$	DMA 通道 1 响应，输出
A_{18}	A_{13}		B_{18}	DRQ_1	DMA 通道 1 响应，输入
A_{19}	A_{12}		B_{19}	$\overline{\text{REFRESH}}$	刷新周期指示，双向
A_{20}	A_{11}		B_{20}	CLK	系统时钟，输出
A_{21}	A_{10}		B_{21}	IRQ_7	
A_{22}	A_9		B_{22}	IRQ_6	
A_{23}	A_8		B_{23}	IRQ_5	中断请求，输入
A_{24}	A_7		B_{24}	IRQ_4	
A_{25}	A_6	地址信号，双向	B_{25}	IRQ_3	
A_{26}	A_5		B_{26}	$\overline{DACK_2}$	DMA 通道 2 响应，输出
A_{27}	A_4		B_{27}	TC	计数结束信号，输出
A_{28}	A_3		B_{28}	BALE	地址锁存信号，输出
A_{29}	A_2		B_{29}	+5 V	电源 +5 V
A_{30}	A_1		B_{30}	OSC	振荡信号，输出
A_{31}	A_0		B_{31}	GND	地

- A_0～A_{19}：20 条地址线，用于对系统的内存或 I/O 接口寻址。
- D_0～D_7：8 位数据总线，也是双向的，用来传送数据信息及指令操作码。
- RESETDRV：复位信号，高电平有效。加电或按复位按钮时，产生此信号对系统复位。
- OSC：振荡信号，由主时钟提供占空比为 50%的方波脉冲，PC/XT 机的典型使用频率为 14.318 18 MHz。

- BALE：地址锁存信号，可以利用该信号的高电平锁存地址信号。
- $\overline{I/O\ CHCK}$：I/O 通道校验信号，用来向 CPU 提供总线上的扩展存储器或外部设备的奇偶校验信号。
- I/O CHRDY：I/O 通道就绪信号。
- IRQ_3～IRQ_7、IRQ_9：6 个外部中断请求信号，由总线上的外部设备利用这些信号向 CPU 提出中断请求。
- DRQ_1～DRQ_3：3 个通道的 I/O 设备 DMA 请求信号。
- $\overline{DACK_1}$～$\overline{DACK_3}$：通道 1 到通道 3 的 DMA 响应信号，也就是 DRQ_1～DRQ_3 的响应信号。
- $\overline{REFRESH}$：指示动态存储器刷新周期信号。
- AEN：地址允许信号。
- TC：计数结束信号。
- OWS：零等待状态信号。
- $\overline{IOW}$、$\overline{IOR}$：I/O 接口的写、读命令，低电平有效。
- $\overline{SMEMW}$、$\overline{SMEMR}$：分别是小于 1 MB 空间存储器的写、读命令，低电平有效。

2) 16位ISA(即AT)总线

AT 总线在 XT 总线基础上增加了一个 36 引脚的插槽(见表 6-4)，这样也就构成了 16 位 ISA 总线。

表 6-4　16 位 ISA 总线的 36 根引脚

元件面			焊接面		
引脚号	信号名	说　明	引脚号	信号名	说　明
C_1	$\overline{SBHE}$	高字节允许，双向	D_1	$\overline{MEM\ CS_{16}}$	存储器 16 位片选信号，输入
C_2	LA_{23}	高位地址，双向	D_2	$\overline{IO\ CS_{16}}$	接口 16 位片选信号，输入
C_3	LA_{22}		D_3	IRQ_{10}	中断请求，输入
C_4	LA_{21}		D_4	IRQ_{11}	
C_5	LA_{20}		D_5	IRQ_{12}	
C_6	LA_{19}		D_6	IRQ_{14}	
C_7	LA_{18}		D_7	IRQ_{15}	
C_8	LA_{17}		D_8	$\overline{DACK_0}$	DMA 请求与响应信号，前者输入，后者输出
C_9	$\overline{MEMR}$	存储器读，双向	D_9	DRQ_0	
C_{10}	$\overline{MEMW}$	存储器写，双向	D_{10}	$\overline{DACK_5}$	
C_{11}	SD_8	数据总结高字节双向	D_{11}	DRQ_5	
C_{12}	SD_9		D_{12}	$\overline{DACK_6}$	
C_{13}	SD_{10}		D_{13}	DRQ_6	
C_{14}	SD_{11}		D_{14}	$\overline{DACK_7}$	
C_{15}	SD_{12}		D_{15}	DRQ_7	
C_{16}	SD_{13}		D_{16}	+5 V	+5 V 电源
C_{17}	SD_{14}		D_{17}	$\overline{MASTER}$	主控，输入
C_{18}	SD_{15}		D_{18}	GND	地

- SD_8～SD_{15}：新增加的高 8 位数据线。
- $\overline{SBHE}$：数据总线高字节允许信号。
- $\overline{MASTER}$：新增加的主控信号。
- $\overline{MEMCS_{16}}$：存储器的 16 位片选信号。
- $\overline{IOCS_{16}}$：接口的 16 位片选信号。

3) ISA 总线的体系结构

在利用 ISA 总线构成的微机系统中，当内存速度较快时，通常采用将内存移出 ISA 总线、并转移到自己的专用总线——内存总线上的体系结构。ISA 体系结构如图 6-11 所示。

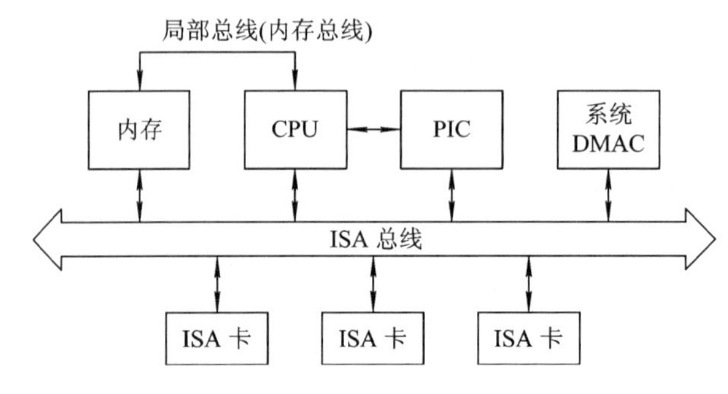

图 6-11　ISA 体系结构

3. PCI 总线

PCI 采用数据线和地址线复用结构，减少了总线引脚数，从而可节省线路空间，降低设计成本。目标设备可用 47 引脚，总线主控设备可用 49 引脚。PCI 提供了两种信号环境：5 V 和 3.3 V，并可进行两种环境的转换，扩大了它的适应范围。PCI 对 32 位与 64 位总线的使用是透明的，它允许 32 位与 64 位器件相互协作。PCI 标准允许 PCI 局部总线扩展卡和元件进行自动配置，提供了即插即用的能力。PCI 总线独立于处理器，它的工作频率与 CPU 时钟无关，可支持多机系统及未来的处理器。PCI 有良好的兼容性，可支持 ISA、EISA、MCA、SCSI、IDE 等多种总线，同时还预留了发展空间。PCI 的总线信号如图 6-12 所示。

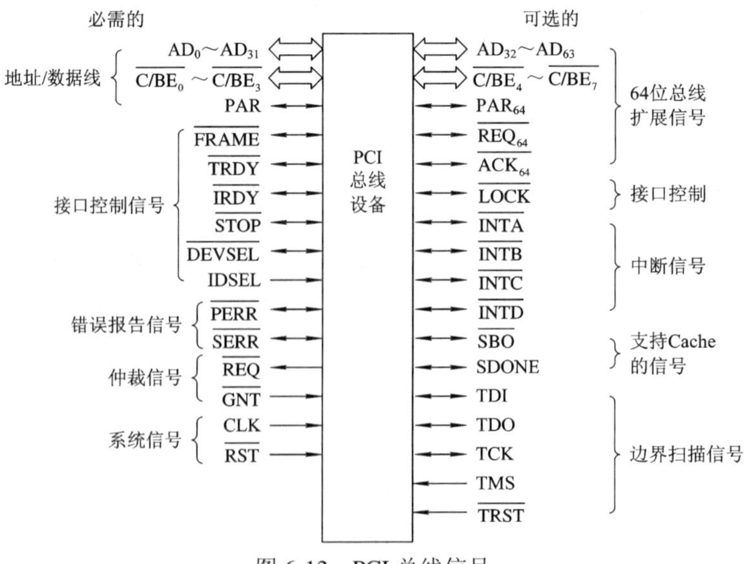

图 6-12　PCI 总线信号

- AD_0～AD_{63}：双向三态信号，为地址与数据多路复用信号线。
- $C/\overline{BE_0}$～$C/\overline{BE_7}$：双向三态信号，为总线命令和字节允许多路复用信号线。
- $\overline{FRAME}$：持续的、低电平有效的双向三态信号，为帧周期信号。
- $\overline{IRDY}$：持续的、低电平有效的双向三态信号，为主设备准备好信号。
- $\overline{TRDY}$：持续的、低电平有效的双向三态信号，为从设备准备好信号。
- $\overline{STOP}$：持续的、低电平有效的双向三态信号，为停止数据传送信号。
- $\overline{LOCK}$：持续的、低电平有效的双向三态信号，为锁定信号。
- IDSEL：输入信号，为初始化设备选择信号。
- $\overline{DEVSEL}$：持续的、低电平有效的双向三态信号，为设备选择信号。
- $\overline{REQ}$：低电平有效的三态信号，为总线占用请求信号。
- $\overline{GNT}$：低电平有效的三态信号，为总线占用允许信号。
- $\overline{PERR}$：持续的、低有效的双向三态信号，为数据奇偶校验错误报告信号。
- $\overline{PERR}$：低电平有效的漏极开路信号，为系统错误报告信号。
- $\overline{INTA}$、$\overline{INTB}$、$\overline{INTC}$和$\overline{INTD}$：低电平有效的漏极开路信号，用来实现中断请求。
- $\overline{SBO}$：低电平有效的输入输出信号，为试探返回信号。
- SDONE：高电平有效的输入输出信号，为监听完成信号。
- $\overline{REQ_{64}}$：持续的、低电平有效的双向三态信号，为 64 位传输请求信号。
- $\overline{ACK_{64}}$：持续的、低电平有效的双向三态信号，为 64 位传输响应信号。
- PAR_{64}：高电平有效的双向三态信号，为奇偶双字节校验信号。
- $\overline{RST}$：低电平有效的输入信号，为复位信号。
- CLK：输入信号，为系统时钟信号。

PCI 局部总线与奔腾机内部总线组合构成了多总线系统结构，图 6-13 所示为 PCI 总线系统结构。

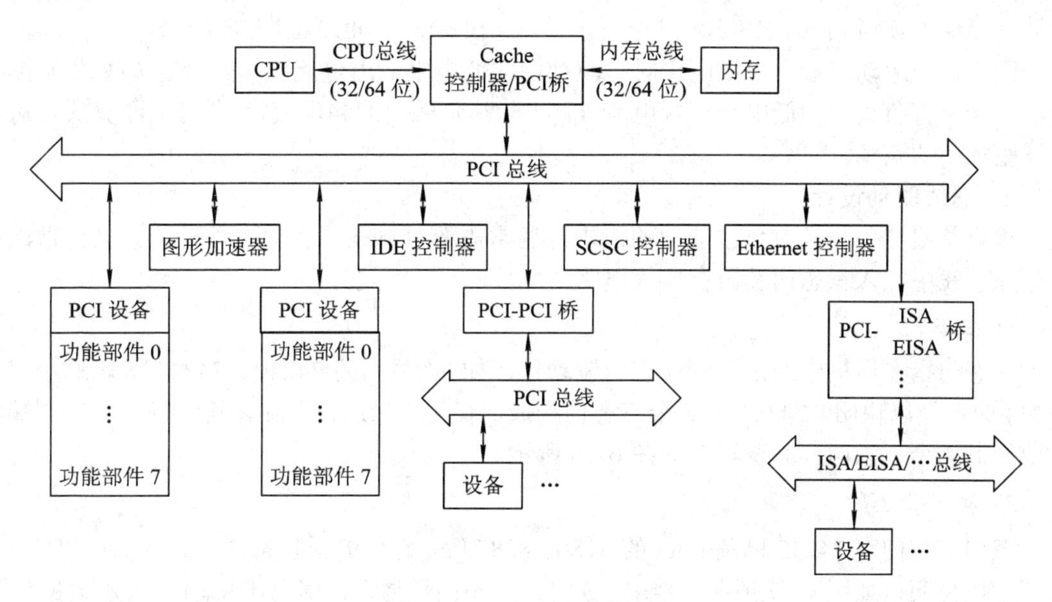

图 6-13　PCI 总线系统结构

图中的 PCI 桥可以利用许多厂家开发的 PCI 芯片组(PCI set)实现。通过选择适当的 PCI 桥，构成所需的系统，是构成 PCI 系统的一条捷径。例如，在一台 Pentium 机中，可以查到它具有如下资源：

- 系统设备 Intel 82371SB PCI to ISA bridge(PCI 总线向 ISA 总线的转换桥)；
- 系统设备 Intel 82439HX Pentium(r) Processor to PCI bridge(奔腾处理器向 PCI 总线的连接桥)；
- 硬盘控制器 Intel 82371SB PCI Bus Master IDE Controller。

6.3.3 总线的驱动与控制

1．总线竞争与负载

在同一总线上，一方面，同一时刻有可能会出现两个或两个以上的器件请求输出其数据或状态如图 6-14 所示，这便形成了总线竞争，或称总线争用；另一方面，左侧的驱动门驱动右侧的负载门。当驱动门的输出为高电平时，它为负载门提供高电平输入电流 I_{IH}。驱动门的高电平输出电流 I_{OH} 不得小于所有负载门所需要的高电平输入电流 I_{IH} 之和，即要满足算式：$I_{OH} \geqslant \sum_{i=1}^{N} I_{IHi}$。式中 I_{IHi} 为第 i 个负载门的高电平输入电流；N 为驱动门所驱动的负载数如图 6-15 所示。

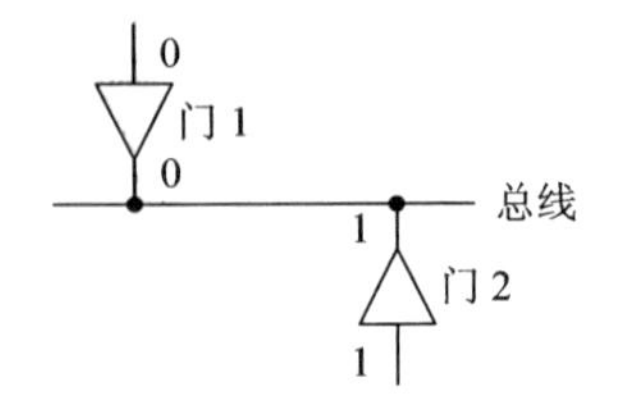

图 6-14 两个门电路竞争示意图

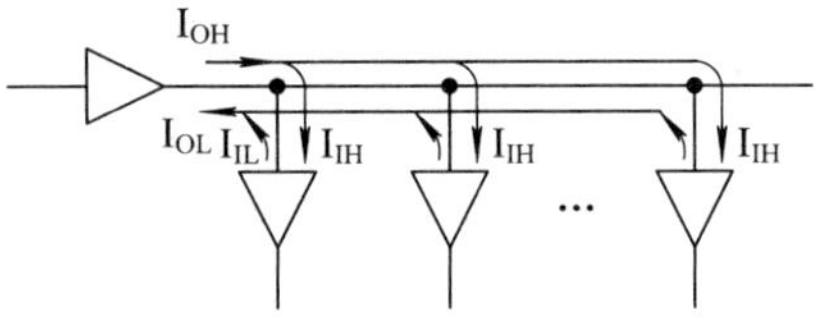

图 6-15 门电路直流负载的估算

同样，当驱动门输出为低电平时，驱动门的低电平输出电流 I_{OL}(实际是负载的灌电流)应不小于所有负载门的低电平输入电流 I_{IL}(实际是负载门的漏电流)。利用上面算式，可以估算驱动门的负载。

2．总线驱动设计

综合总线竞争与其对负载能力的需求，通常需要对总线的驱动进行设计。具体做法通常是在总线中加入三态门及锁存器等电路。

1) 三态门

三态门指在微机中经常用到三态门驱动器，如 74 系列的 74240、74244 等。这里仅以 74244 为例加以说明。74244 由 8 个三态门构成，有两个三态控制端，其中每一个控制端独立地控制 4 个三态门，其逻辑图如图 6-16 所示。

2) 双向三态门

双向三态门有 74245 以及 Intel 的 8286、8287 等，它们的原理都一样，我们仅以 74245 为例加以说明，如图 6-17 所示。当 $\overline{E}=0$ 时，三态门导通，此时若 DR=1，表示数据从 A_i 流向 B_i，若 DR=0，则表示数据从 B_i 流向 A_i；当 $\overline{E}=1$ 时，A_i 与 B_i 间呈高阻态。

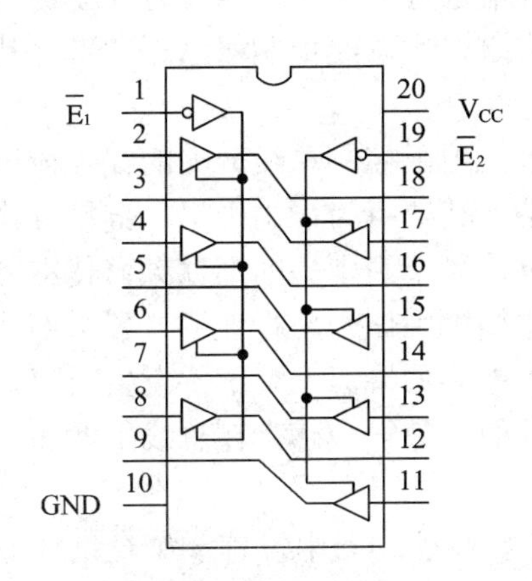

图 6-16　三态门 74244 逻辑图

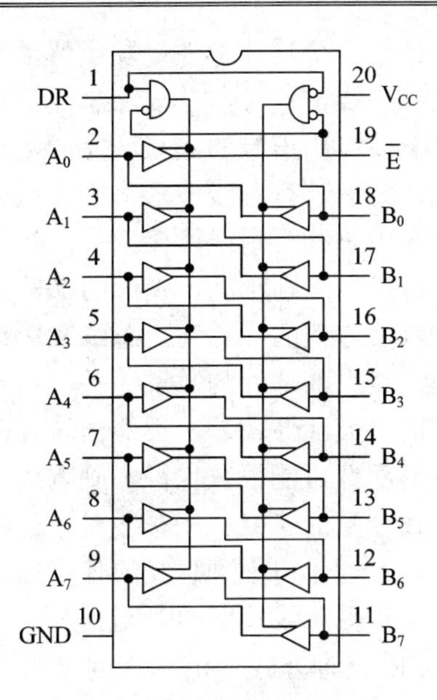

图 6-17　双向三态门 74245 逻辑图

3) 带有三态门输出的锁存器

具有三态输出的锁存器有多种，我们以 PC/XT 微机中的地址锁存器 74LS373 为例来说明。该芯片由 D 触发器和输出三态门组成，其逻辑图如图 6-18 所示。图中共有 8 个具有三态输出的 D 触发器构成，但只画出 8 个中的 2 个，其余 6 个同画出的结构完全一样。该芯片是以电平进行锁存的，$\overline{OE}$ 为输出允许信号，当它等于 0 时，D 触发器的数据通过 Q_i 端输出，当其为 1 时，输出端呈高阻态。LE 为锁存允许信号端，当其为高电平时，对数据进行锁存。

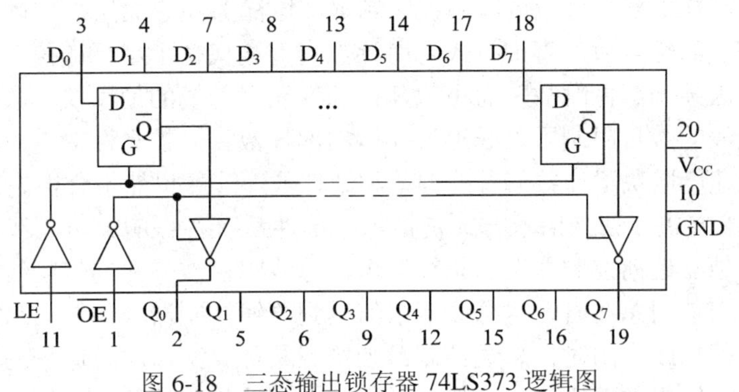

图 6-18　三态输出锁存器 74LS373 逻辑图

4) 总线的驱动与控制

总线的控制有三种方式：串行链接方式、定时查寻方式和独立请求方式。

(1) 串行链接方式。在串行链接方式下，总线使用权的分配通过三根控制线来实现：总线可用、总线请求和总线忙信号线。所有的功能部件经过一条公共的总线请求信号线向总线控制器发出要求使用总线的请求，控制器收到总线申请后，首先检查总线忙信号线，只有当总线处于空闲状态时，总线请求才能被总线控制器响应。此时，送出总线可用的回答信号，该信号串行地通过每个部件。未发出总线请求的部件在接收到总线可用信号时，

将其传送给下一个功能部件；发出请求的部件在收到总线可用信号后就停止传送该信号，并开始建立总线忙信号，并去除总线请求信号，开始总线操作。在数据传送期间，总线忙信号维持总线可用信号的建立。完成数据传送后，部件除去总线忙信号，总线可用信号也随之去除。此后若有总线请求，则再次开始总线分配过程。可见，这种方式使用总线的优先次序完全由总线可用线所接部件的物理位置来决定，离总线控制器越近的部件其获得总线使用权的优先级别越高，越远的部件优先级别越低。

串行链接方式的优点为：总线裁决算法很简单，用于控制总线分配的线数很少，而且与挂接在总线上的部件的数量无关，易于扩充设备。其缺点为：由于串行链接方式的优先级是固定的，灵活性较差，不能由软件改变优先级，如果级别高的部件频繁使用总线时，优先级低的部件可能很久也得不到响应。又由于总线可用信号串行地通过各个部件，从而限制了总线分配的速度。在总线可用信号传输过程中，如果第一个部件发生故障，其后的所有部件将永远也得不到总线的使用权，即对硬件的失效很敏感。在总线上增加、去除或移动部件也要受总线长度的限制。

(2) 定时查询方式。定时查询方式的原理是在总线控制器中设置一个查询计数器。由控制器轮流地对各部件进行测试，看其是否发出总线请求。当总线控制器收到申请总线的信号后，计数器开始计数，如果申请部件编号与计数器输出一致，则计数器停止计数，该部件可以获得总线使用权，并建立总线忙信号，然后开始总线操作。使用完毕后，撤销总线忙信号，释放总线，若此时还有总线请求信号，控制器继续进行轮流查询，开始下一个总线分配过程。

计数器的值可以每次从“0”开始计数，这时部件的优先级类似于串行链接方式；如果计数器的值每次从上次的中止点开始计数，则是一种循环优先级，每个部件获得总线使用权的机会均相等；计数器的值还可以通过程序的方法来改变，在每次总线分配前赋予计数器一个起始值，同样，部件号也可以由程序制定，这样部件的优先级有较灵活的改变。

定时查询方式的优点为：查询方式是用计数查询线代替了串行链接方式的总线可用信号线，这样不会因某一部件的故障而引起其他部件获得总线的使用权，故可靠性比较高。其缺点为：查询线的数目限制了总线上可挂接的部件数目，扩充性较差，而且控制较为复杂，总线的分配速度取决于计数信号的频率和部件数，速度仍然不会很高。

(3) 独立请求方式。独立请求方式是指每个部件都有各自的一对总线请求和总线允许线，各部件可以独立地向控制器发出总线请求，总线中已被分配的信号线是所有部件公用的。当部件要申请使用总线时，送总线请求信号到总线控制器。如果“总线已被分配信号线”还未建立，即总线空闲时，总线控制器则按照某种算法对同时送来的请求进行裁决，确定响应哪个部件发来的总线请求，然后返回这个部件相应的总线允许信号。部件得到总线允许信号后，去除其请求，建立“总线已被分配信号”，则该次总线分配结束，直至该部件传输完数据，撤销总线已被分配信号，经总线控制器去除总线准许信号，可以接受新的申请信号，开始下一次的总线分配。

独立请求方式的优缺点为：这种方式的总线分配速度快，各模块优先级的确定灵活，既可以采用优先级固定法，也可通过程序改变优先次序，还可通过屏蔽禁止某个请求，也能方便地不响应来自已知失效或可能失效的部件发出的请求，但这是以增加总线控制器的复杂性和控制线的数目为代价的。

【例 6-4】　PC/XT 微机的总线形成电路如图 6-19 所示。在图中，由 8088(或 8087)提供的地址信号 A_0～A_7 及 A_{12}～A_{19} 利用两片三态锁存器 74LS373 输出，而地址 A_8～A_{11} 由三态门 74LS244 进行驱动。

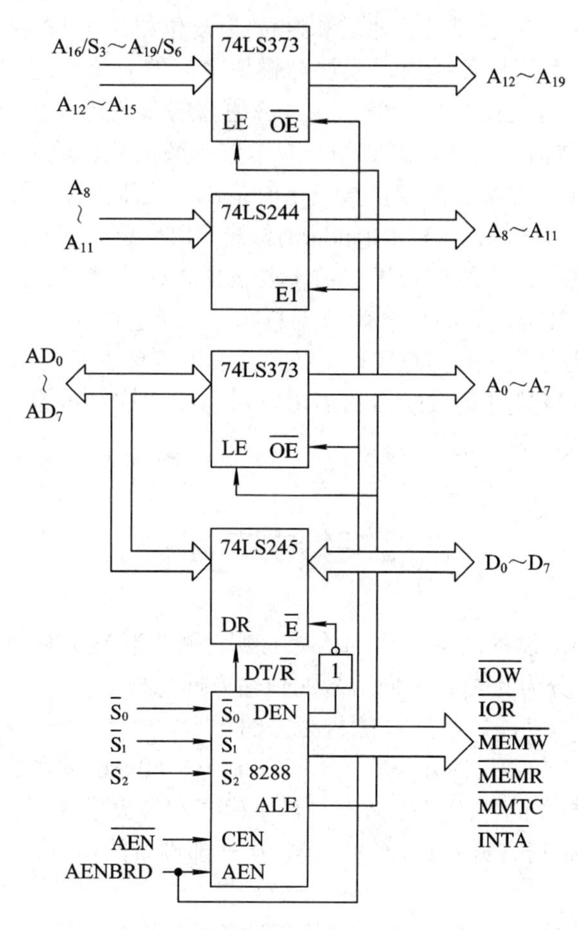

图 6-19　XT 总线形成电路

PC/XT 微型计算机的 DMA 数据传送是在 8088 的 $\overline{S_0}$ 和 $\overline{S_1}$ 同时为 1 时，利用 READY 信号使 CPU 插入等待周期并一直保持 $\overline{S_0}$ 和 $\overline{S_1}$ 均为 1，直到 DMA 传送结束。

6.4 本章要点

(1) 计算机输入/输出系统(I/O 系统)主要功能是完成计算机系统与外部设备之间的信息交换。I/O 系统包括了硬件及其相应的软件：硬件 I/O 接口用来完成微处理器对外围设备的确认等，通过设计接口软件完成计算机与外部设备的信息交换。

(2) 接口电路通过系统总线的 AB、CB 和 DB 与 CPU 连接；通过外总线的数据线 D、控制线 C 和状态线 S 与外部设备连接。

(3) 根据 I/O 设备的速度及工作方式的不同，CPU 与外部设备交换信息的方式可分为无条件传送方式、程序查询方式、中断方式及 DMA 方式。

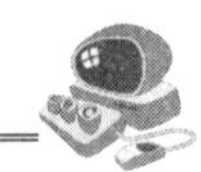

(4) 所谓可编程芯片，是指可以通过 CPU 写入芯片内部规定好的控制字、命令字或方式字等，设置芯片实现不同的操作、工作方式及命令形式等功能。

(5) 总线是将 CPU、存储器和 I/O 接口等相对独立的功能部件连接起来，用来传送信息的公共通道。总线也提供电源线、地线和复位线(复位线也可归为控制总线)等。

(6) 总线标准是指系统与各模块、模块与模块之间的一个互连的标准界面，是芯片之间、插板及系统之间进行连接和传输信息时，应遵守的一些协议和规范。总线标准规定了总线插槽/插座的机械结构、尺寸、引脚的分布位置，数据线、地址线的宽度及传送规模、驱动能力及时序，总线能支持的主设备数及定时控制方式(同步，异步，半同步)等。

(7) 常用工业标准总线包括 STD(Standard)总线、ISA 总线、MCA 总线、EISA 总线、VESA 总线和 PCI 总线等。总线的技术参数主要包括总线的带宽、位宽和工作频率等。

(8) 根据传递信息种类，总线可分为数据总线、地址总线和控制总线。按总线所处的位置，总线可分为片内总线、局部总线、系统总线和通信总线等。

(9) 综合总线竞争与其对负载能力的需求，对总线的控制可设计为三种方式：串行链接方式、定时查寻方式和独立请求方式。

思考与练习

1．接口电路与外部设备之间传送的信号有哪几种？传输方向怎样？按照传输信号的种类分类，I/O 端口可分为几种？它们信号的传输方向怎样？

2．接口电路有哪些功能？哪些功能是必需的？

3．I/O 端口的编址有哪几种方法？各有什么利弊？80x86 系列 CPU 采用哪种方法？

4．I/O 端口译码电路的作用是什么？在最小模式和最大模式下分别有哪些输入信号？

5．外部设备数据传送有哪几种控制方式？从外部设备的角度，比较不同方式对外部设备的响应速度。

6．CPU 是如何通过 AB、CB、DB 同外部设备端口交换信息的？

7．相对于条件传送方式，中断传送方式有什么优点？与 DMA 方式比较，中断传送方式又有什么不足之处？

8．简述在微机系统中，DMA 控制器从外设提出请求到外设直接将数据传送到存储器的工作过程。

9．有一个查询输入接口电路，其数据端口地址为 8F40H，状态端口地址为 8F42H。从状态端口的最低位可以获知输入设备是否准备好一个字节的数据：$D_0=1$ 表示准备好，$D_0=0$ 表示未准备好。编程从该输入设备读取 100 个字节保存到 INBUF 缓冲区。

10．有一个查询输出接口电路，其数据端口地址为 8F40H，状态端口地址为 8F42H。从状态端口的 D_6 位可以获知输出设备是否准备好接收一个字节的数据：$D_6=1$ 表示可以接收，$D_6=0$ 表示不能接收。编程将存放于 OUTBUF 缓冲区的字符串(以回车符为结束标志)传送给输出设备。

第 7 章　中断控制器 8259A 及 DMA 控制器 8237

中断传送方式和 DMA 传送方式是计算机和外设进行数据交换的两种效率较高的控制方式。本章首先介绍中断技术、8086 中断类型、中断优先权及其管理、中断向量、中断处理过程、中断嵌套等和中断相关的概念，同时通过可编程中断控制器 8259A 介绍中断技术的应用。其次介绍可编程 DMA 控制器 8237 的内部结构、内部寄存器的功能及格式、8237 的编程和应用等主要内容。

7.1　8259A 可编程中断控制器

7.1.1　中断及中断系统概念

计算机系统在进行 I/O 操作或处理一些突发事件时，为了提高 CPU 的工作速度和效率、保证计算机工作的可靠性，常采用中断技术。采用中断技术不仅可以实时处理控制现场的随机事件或突发事件，而且可以解决 CPU 和外部设备之间的速度匹配问题，使计算机在工业领域得到更广泛的应用。

1．中断概述

1) 中断的概念

(1) 中断。CPU 正在执行某一段程序的过程中，如果外界或内部发生了紧急事件，要求 CPU 暂停正在运行的程序，转去执行这个紧急事件的处理程序，待处理完后再返回到被暂停执行程序的间断点继续执行的这一系列过程称为中断。中断过程如图 7-1 所示。此过程与子程序调用与返回过程很相似，区别与中断过程中，主程序往往是“被动”的，所调用的程序往往不直接为被中断的程序服务；而子程序调用过程中，主程序是“主动”的，所调用的子程序是主程序功能的组成部分。

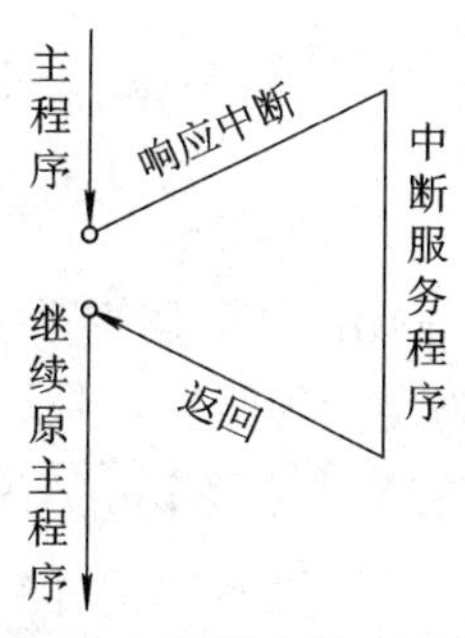

图 7-1　中断过程示意图

(2) 中断源。中断源指引起程序中断的事件。中断源可分为内部中断源和外部中断源。内部中断源可以是程序运行中的某种状态或错误现象、程序员设定的软件中断等；外部中断源可以是操作人员发出的按键命令、计算机突然掉电、某外部设备的 I/O 操作请求及信号报警等。

(3) 中断请求。中断请求指中断源向 CPU 发出的中断申请。

(4) 可屏蔽中断与非屏蔽中断。所谓“屏蔽”是中断源的中断请求信号被 CPU 拒绝响应。凡是 CPU 内部能够“屏蔽”的中断，称为可屏蔽中断；凡是 CPU 内部不能够“屏蔽”的中断，称为非屏蔽中断。对中断源“屏蔽”通常是由内部的中断触发器(或中断允许触发器)来控制的。

(5) 中断优先权。中断优先权也称中断优先级，是指当几个中断源同时向 CPU 请求中断，而 CPU 一次又只能响应一个请求，CPU 为其安排的一种响应次序。当这种情况发生时，CPU 应优先响应最需紧急处理的中断请求。在优先级高的中断请求处理完了之后，再去响应优先级低的中断请求。各中断源的优先级可以通过软件查询方式设置，也可以通过硬件逻辑电路实现。

(6) 开中断。CPU 能够接受可屏蔽中断源的中断请求称为开中断，可以通过软件设置。

(7) 关中断。CPU 不能接受可屏蔽中断源的中断请求称为关中断，可以通过软件设置。

(8) 中断响应。中断响应是指当 CPU 收到中断请求时，在满足中断响应条件的基础上，暂停现行程序的执行并保存断点，转去执行中断处理程序的过程。中断响应中，解决 CPU 寻找中断源和接受中断源问题的过程，是由中断装置或软中断机制自动完成的。中断响应是 CPU 对中断请求作出响应的过程，包括识别中断源，保留现场，寻找并执行中断处理程序等过程。

(9) 中断嵌套。计算机系统允许有多个中断源，当 CPU 正在执行一个优先级低的中断源的处理程序时，如果发生另一个优先级比它高的中断源的中断请求，CPU 暂停正在执行的中断源的处理程序，转而处理优先级高的中断请求，待处理完之后，再回到原来正在处理的低级中断程序。这种高优先级中断源中断低优先级中断源的中断处理过程称为中断嵌套。具有中断嵌套的系统称为多级中断系统，没有中断嵌套的系统称为单级中断系统。中断嵌套过程如图 7-2 所示。

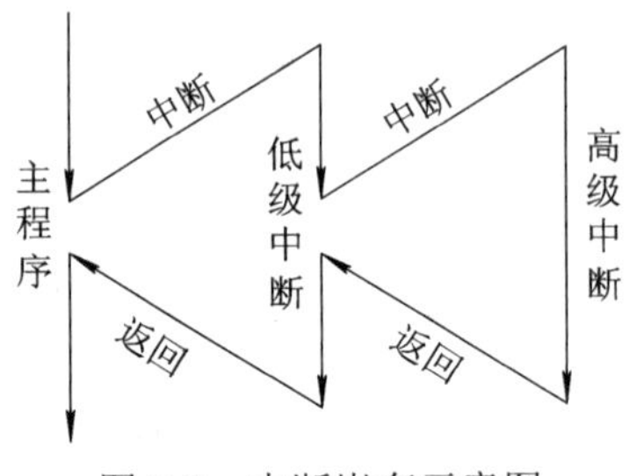

图 7-2　中断嵌套示意图

(10) 中断服务程序。中断服务程序也称中断处理程序。CPU 处理“紧急”事件，可理解为是一种服务，是通过执行事先编好的某个特定的程序来完成的。

2) 中断源识别及中断判优

计算机系统中，大多数外部设备都是通过中断方式与 CPU 进行信息交换的。CPU 必须能够判断或识别是哪个中断源发出了中断申请，CPU 须转去执行相应的中断服务程序。

中断源识别包括两个方面：确定中断源和找到该中断服务程序的首地址。中断源识别通常有两种方案：查询方案和中断优先级编码。

(1) 查询方案。中断源查询方案采用硬件电路与软件程序查询相结合的方式来确定中断源及中断处理程序的入口地址。查询中断的硬件原理如图 7-3 所示。

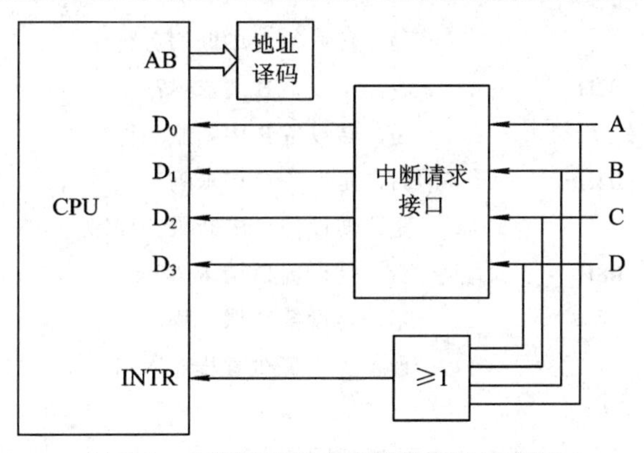

图 7-3　中断源查询方式硬件原理示意图

图中，A、B、C、D 分别表示 4 台外部设备的中断请求信号(设高电平有效)。只要 A、B、C、D 中有任一个或多个信号有效时，都将通过或门输出引起 CPU 的外部中断请求端 INTR 有效，CPU 在满足条件时即进入中断操作。而问题在于，CPU 如何判断是哪一台设备申请了中断。为此，在接口电路中，将 A、B、C、D 同时也连接到 CPU 的数据总线(D_0～D_3 位)上，故可以读取这些数据，通过软件查询识别中断源，查询方式程序流程图如图 7-4 所示。

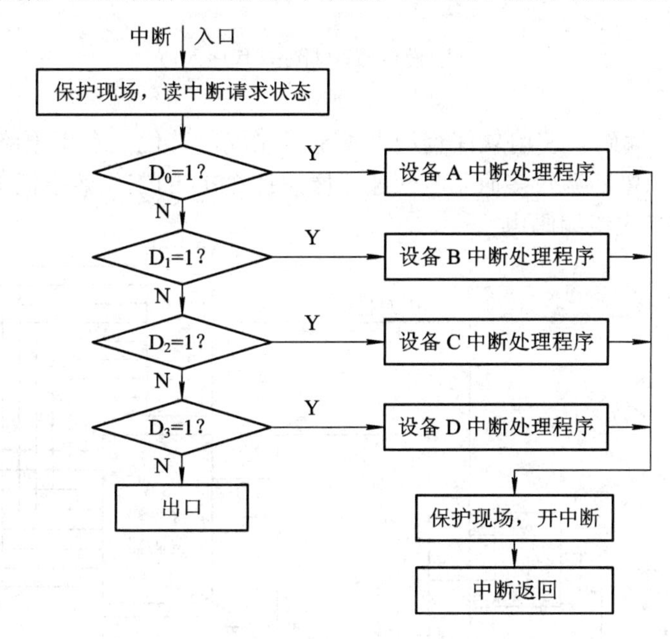

图 7-4　查询方式程序流程图

从流程图可以看出，查询方式实现首先判断设备 A 是否有中断请求，若设备 A 有中断请求，则执行设备 A 的中断服务程序；若设备 A 无中断请求，则依次按序判断设备 B、C、D。因此，查询方式不仅可以识别中断源，且在查询中断源的同时就确定了其优先权级别。图 7-3 中的中断源的优先级由高到低的顺序为 A→B→C→D。

查询方式参考程序段如下：

```
IN AL，IPORT              ；从输入接口读取 D0～D3
TEST    AL，01H           ；是设备 A 请求吗？
```

```
JNZ A                    ; 是，转设备 A 中断服务程序
TEST    AL，02H          ; 否，是设备 B 请求吗?
JNZ B                    ; 是，转设备 B 中断服务程序
TEST    AL，04H          ; 否，是设备 C 请求吗?
JNZ C                    ; 是，转设备 C 中断服务程序
TEST    AL，08H          ; 否，是设备 D 请求吗?
JNZ D                    ; 是，转设备 D 服务程序
A:  …                    ; 设备 A 中断处理程序入口
    …
    IRET                 ; 中断返回
B:  …                    ; 设备 B 中断处理程序入口
    …
    IRET                 ; 中断返回
C:  …                    ; 设备 C 中断处理程序入口
    …
    IRET                 ; 中断返回
D:  …                    ; 设备 D 中断处理程序入口
    IRET                 ; 中断返回
```

(2) 中断优先级编码。使用软件查询来确定优先权，其优点在于电路实现及软件编写简单，但其缺点是当中断源较多时，响应速度慢，且 CPU 的工作效率低下。图 7-5 是一种由硬件设置的中断优先级编码电路。

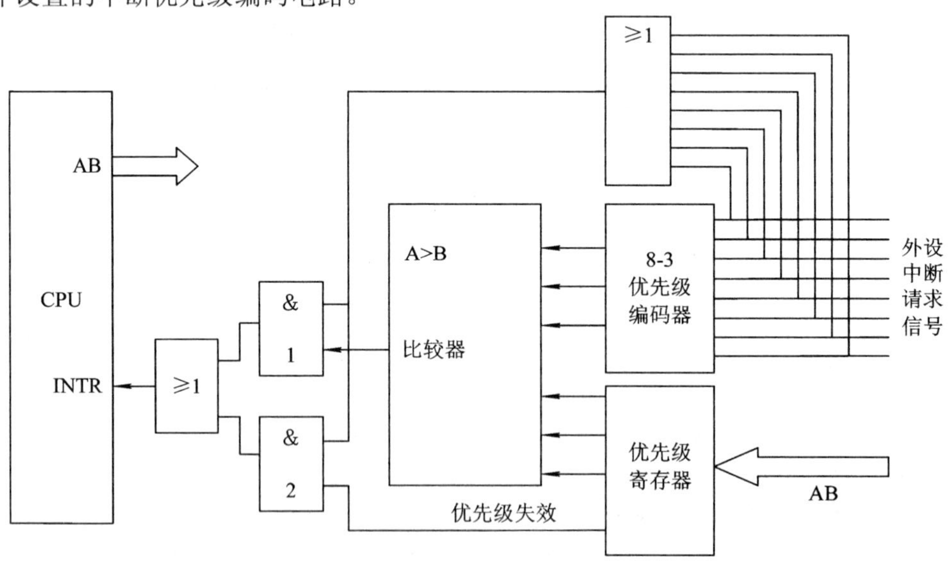

图 7-5　中断优先级编码器原理图

该电路可管理 8 级中断源，当任一中断源发出中断请求信号时，或门都将输出一有效信号至与门 1 和与门 2 的输入端，该信号能否触发 CPU 的 INTR 引脚，取决于与门的另一输入端信号电平。

电路中，8个中断请求信号并接在8-3优先级编码器，编码器自动对中断源按优先级从低到高编码，分别为000～111。当多个中断源同时申请中断时，优先级编码器则输出优先级最高的编码。与此对应的是由数据总线将正在执行中断服务的中断源的优先级送入优先级寄存器，二者经比较器比较，若$A_2A_1A_0>B_2B_1B_0$，说明当前申请中断的优先级高于正在进行的中断优先级，于是，比较器输出“1”，与门1开门，中断请求信号进入INTR，CPU暂停当前操作，响应当前级别高的中断请求。若$A_2A_1A_0 \leqslant B_2B_1B_0$，与门1仍关闭，则CPU不响应当前中断请求。若CPU正在执行的是主程序，则优先级失效信号为“1”，与门2开门，中断请求信号经与门2进入INTR。

$A_2A_1A_0$同时还可以用于区别8级中断处理程序的中断向量(即入口地址)。

3) 中断过程

中断过程主要包括：中断请求、中断判优、中断响应、中断处理(执行中断服务程序)及中断返回五个子过程。

中断请求及中断判优前面已作介绍，下面主要介绍中断响应和中断处理等过程。

(1) CPU中断响应的条件。CPU在接收到非屏蔽中断请求信号后，必须立即响应；但是CPU响应可屏蔽中断必须满足以下四个条件：

① 有中断请求信号。

② 中断请求没有被屏蔽。当中断接口电路中的中断屏蔽触发器未被屏蔽时，外设可通过中断接口电路发出中断申请。

③ 中断是开放的，即允许CPU响应中断。CPU内部有一个中断允许触发器，开中断可通过STI指令来设置，而关中断可以用CLI指令来设置。CPU中此触发器的状态可通过标志寄存器反映出来。

④ CPU执行的指令已结束。外设向CPU发出中断请求的时间是随机的，而CPU在每条指令的最后一个机器周期的最后一个T状态采样中断请求输入线INTR。

(2) 中断响应过程。中断响应过程是指在CPU同意响应中断请求后的处理过程。CPU进入中断响应周期时，将自动完成以下事件：

① 关中断，即CPU在中断响应过程中不再响应其他中断源的中断。

② 保存程序断点，即将被中断的程序的断点地址压入堆栈。

③ 保护现场，即将断点时的标志寄存器的内容压入堆栈。

④ 给出中断服务程序入口地址，并转入该服务程序。

(3) 中断处理。CPU通过执行中断服务程序来实现中断处理，虽然中断服务程序的功能各有不同，但所有的中断服务程序几乎都具有相同的结构形式(参见第5章图5-8)。

① 保护现场，可以通过一系列的PUSH指令将相关寄存器的内容压入堆栈保护。

② 若允许中断嵌套，则用STI指令来设置开中断，使中断允许标志IF=1。

③ 实现相应中断处理功能。

④ 用CLI指令来设置关中断，使中断允许标志IF=0，禁止其他中断请求进入。

⑤ 给出中断结束命令，使当前正在处理的中断请求标志位被清除，否则同级或低级中断的请求仍会被屏蔽掉。

⑥ 恢复中断时的现场，通过一系列的POP指令恢复CPU各寄存器的值。

⑦ 用中断返回指令IRET返回主程序，此时堆栈中保存的断点值和标志值分别装入IP、

CS 和 PSW。

进入中断服务程序时，TF 和 IF 被清除，不再响应其他外设的中断请求，所以要设置开中断，以允许中断进入，实现中断嵌套。恢复寄存器内容时，为了防止有中断进入破坏其内容，要执行关中断，然后在中断返回时，原来的标志状态 PSW 被恢复，使 IF=1，又再开中断，这样返回主程序后，中断请求得到允许。

2. 80x86 中断系统

1) 8086/8088中断源

8086 有一个强有力的中断系统，可以处理 256 种不同的中断，为了将这 256 种中断区分开，分别用 0～255 进行编号，这种编号叫中断类型号。根据引起中断的原因，8086 的 256 种中断可分为两大类：内部中断和外部中断。8086 中断系统如图 7-6 所示。

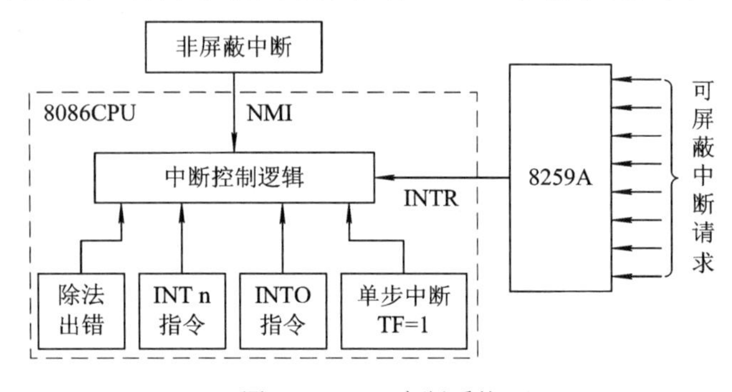

图 7-6　8086 中断系统

(1) 内部中断。内部中断又称为软件中断，都是不可屏蔽的。引起内部中断的原因通常有三种：由中断指令 INT 引起的中断；由 CPU 的某些运算错误引起的中断；由调试程序 debug 设置的中断。

① 由中断指令 INT n 引起的中断：CPU 执行一条 INT n 指令后会立即产生中断，并且调用相应的中断处理程序去完成中断服务，指令中的 n 就是此次中断的中断类型号。

② 溢出中断：溢出中断的类型号为 4，专用指令为 INTO。如果 CPU 在进行某些运算时，运算结果超过了允许的范围，就会将 OF 的值设置为 1，此时若下面紧跟一条 INTO 指令，就会产生一个类型号为 4 的溢出中断。如果 OF 的值为 0 或者 INTO 指令不起作用，都不会产生溢出中断。

③ 除法出错中断：当进行除法运算时，若除数为 0 或者商超过了寄存器所能表达的范围，称作除法出错。该事件就相当于一个中断源，会自动产生一个中断类型号为 0 的中断。

溢出中断和除法出错中断都是由 CPU 的某些运算错误引起的中断。

④ 单步中断：当标志位 TF 置“1”时，8086 CPU 处于单步工作方式，这时 CPU 在每条指令执行后会自动产生一个中断类型号为 1 的中断，单步方式主要用于程序调试。

(2) 外部中断。外部中断也称硬件中断，是由外部的硬件设备作为中断源发出请求信号引起的中断。外部中断又分成可屏蔽和非屏蔽中断两种。8086/8088 CPU 设置有两条外部中断请求线：非屏蔽中断请求线 NMI 和可屏蔽中断请求线 INTR。

① 非屏蔽中断：所谓非屏蔽中断就是 CPU 必须响应的中断，该中断不受中断允许标志位 IF 的限制。非屏蔽中断由中断源的中断请求信号以电压正跳变(即边沿触发)方式触发

CPU 引脚 NMI。这种中断一旦产生，在 CPU 内部直接产生中断类型号为 2 的中断。非屏蔽中断常用来通知 CPU 发生了突发性事件，如电源掉电、存储器读写出错、总线奇偶位出错等。不可屏蔽中断优先权高于可屏蔽中断。

② 可屏蔽中断：在 80x86 系统中，可屏蔽中断由外部设备的中断请求信号通过中断控制器 8259A 输出高电平触发 CPU 引脚 INTR。当中断允许标志位 IF＝1(即 CPU 开中断)时，CPU 才能响应 INTR 的中断请求。如果 IF＝0(即关中断)，即使 INTR 端有中断请求信号 CPU 也不会响应，这种情况称为中断屏蔽。

2) 中断向量表

由以上内容可知，计算机系统中的中断源既有系统引起的中断，也有外部设备引起的中断；既有软件中断，也有硬件中断；既有突发事件中断，也有一般端口请求中断；既有可屏蔽中断，也有非屏蔽中断等，8086/8088 系统提供支持最多 256 种不同的中断，分别用中断类型号 0～255(00H～FFH)进行区分。8086/8088 系统已对这 256 个中断类型进行了分配，见表 7-1。

表 7-1　中断类型号与向量存放地址对应表

中断类型号	中断向量存放起始地址	中断服务程序名称	中断类型号	中断向量存放起始地址	中断服务程序名称
00H	0000H	除法出错中断	10H	0040H	显示器驱动程序
01H	0004H	单步中断	11H	0044H	设备检测程序
02H	0008H	非屏蔽中断	12H	0048H	存储器检测程序
03H	000CH	断点中断	13H	004CH	软盘驱动程序
04H	0010H	溢出中断	14H	0050H	通信驱动程序
05H	0014H	屏幕打印中断	15H	0054H	盒式磁带驱动程序
06H	0018H	(保留)	16H	0058H	键盘驱动程序
07H	00lCH	(保留)	17H	005CH	打印机驱动程序
08H	0020H	日时钟中断	18H	0060H	磁带 BASIC
09H	0024H	键盘中断	19H	0064H	引导程序
0AH	0028H	(保留)	lAH	0068H	日时钟程序
0BH	002CH	同步通信中断	1BH	006CH	(保留)
0CH	0030H	异步通信中断	lFH	007CH	(保留)
0DH	0034H	硬盘中断	21H	0084H	DOS 系统功能调用
0EH	0038H	软盘中断	60～67H	0180～019CH	供用户定义的中断
0FH	003CH	打印中断	F1～FFH	03C4～03FCH	未用

对于每一个在用的中断源，或者说每一种类型的中断，都必须有相应的中断处理程序。中断服务程序的入口地址(在内存中存放的起始地址)称为中断向量。8086/8088 系统将所有的中断向量进行集中，依次存放在中断向量表中，所以中断向量表就是中断服务程序入口地址表。8086/8088 系统将中断向量表安排在内存的低地址区域，每个中断向量占用 4 个字节的存储单元，前两个字节(低位在前高位在后)存储中断服务程序入口地址的 16 位段内地址(即偏移量)，后两个字节(低位在前高位在后)存储中断服务程序入口地址的 16 位段基址，

256 种中断共占用了 256×4=1 K 字节的存储空间，存储地址为 00000H～003FFH。各个中断向量按照中断类型号由小到大的顺序，依次存放在中断向量表中。如图 7-7 所示。

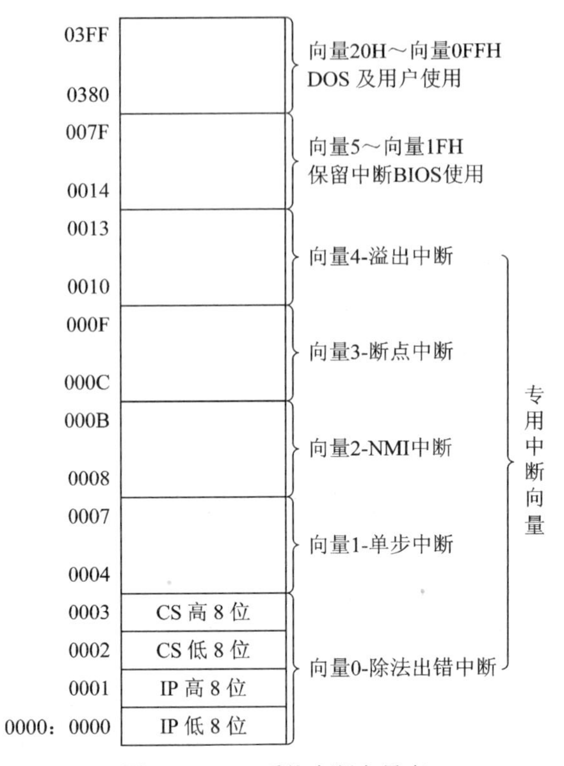

图 7-7　8086 系统中断向量表

中断类型号 n 与中断向量地址的关系式为

中断向量存放的起始地址 = 中断类型号 n × 4。

例如，某中断源向 CPU 发出类型号为 1AH 的中断，其中断向量在中断向量表中的首地址应为 0000：0068H(1AH×4=68H)。该中断向量在中断向量表中占用 4 个字节单元，CPU 找到该地址后，将对应 4 个内存字节单元中的前 2 字节单元送入 IP，后两字节单元的内容送入 CS 后，便由此转入执行该中断对应的中断服务程序。

再例如，内部溢出中断的中断类型号为 n=4，在发生溢出中断时，则将存储在中断向量表中地址为：4×4=0010H 开始的连续 4 个存储单元(0010H～0013H)的内容视为中断向量。

3) 80x86中断描述符

80386 及后续的微处理器系统中，对各级中断的管理采用了中断描述符 IDT 功能。最多有 256 个 IDT，可管理最多 256 个中断源。若微处理器工作在实地址方式，IDT 表就是 8086/8088 系统的中断向量表，其结构、内存位置及操作与前述基本相同；若微处理器工作在保护方式，IDT 表可位于内存的任何空间，它的起始地址可写入微处理器内部的中断描述符寄存器 IDIR。IDIR 的内容包括起始基地址及范围，有了它和中断向量，即可获取相应的中断描述符。

4) 中断类型号的获取

8086/8088 CPU 在响应中断后，必须获取该中断的中断类型号，然后在中断向量表中得到中断处理程序的入口地址，送入 CS:IP。

① 对于内部中断、异常处理和非屏蔽中断，系统自动产生中断类型号并转入相应的中断处理程序入口。

② 对于软件中断 INT n 指令，指令中 n 即为中断类型号。

③ 对于由 CPU 的引脚 INTR 引入的可屏蔽中断，其中断类型号通常由中断控制器芯片 8259A 在初始化编程时确定。

8086/8088 系统中断类型的优先级按从高到低可分为：内部中断和异常处理、软件中断、非屏蔽中断、可屏蔽中断。

5) 中断向量的设置

中断向量(中断服务程序的入口地址)在开机上电时，由程序装入内存指定的中断向量表中。系统配置和使用的中断所对应的中断向量由系统软件负责装入。若系统中未配置系统软件，就要由用户自行装入中断向量。所以用户在设计中断服务程序时要预先确定一个中断类型号，不论是采用软件中断还是硬件中断，都只能在系统预留给用户的类型号中选择。并且还要设置中断向量，即把中断向量放到中断向量表中，供 CPU 执行过程中访问。

设置中断向量主要有两种方法：一是通过指令来设置，一是利用 DOS 功能调用来设置。

【例 7-1】 用指令来设置中断向量，参考程序一：

```
        CLI                         ; 关中断
        MOV AX, 0                   ; 主程序中设置
        MOV ES, AX
        MOV DI, 0114H               ; 中断类型号 n*4 = 45H*4 = 0114H
        MOV AX, OFFSET INTRAD       ; 送中断子程序的偏移地址→AX
        CLD
        STOSW                       ; 偏移地址送到 [4n] 和 [4n+1] 单元
        MOV AX, SEG INTRAD
        STOSW                       ; 段地址送到 [4n + 2] 和 [4n + 3] 单元
        STI                         ; 开中断
        …
INTRAD: …                           ; 中断服务子程序，设定义其类型号为 45H
```

【例 7-2】 用指令设置中断向量，参考程序二：

```
        CLI                         ; 关中断
        PUSH    DS
        MOV AX, 0                   ; 主程序中设置
        MOV DS, AX
        MOV BX, 0114H
        MOV AX, OFFSET INTRAD       ; 送中断子程序的偏移地址→AX
        MOV [BX], AX                ; 偏移地址送到 [4n] 和 [4n + 1] 单元
        ADD BX, 2
        MOV AX, SEG INTRAD
        MOV [BX], AX                ; 段地址送到 [4n + 2] 和 [4n + 3] 单元
```

```
        POP DS
        STI                          ; 开中断
        …
INTRAD: …                            ; 中断服务子程序，设定义其类型号为 45H
```

【例 7-3】 利用 DOS 功能调用设置中断向量，参考程序如下：

```
        CLI                          ; 关中断
        PUSH    DS
        MOV AX, SEG INTRAD
        MOV DS, AX                   ; 中断向量段地址→DS
        MOV DX, OFFSET INTRAD        ; 中断向量偏移地址→DX
        MOV AL, N                    ; 中断类型号→AL
        MOV AH, 25H                  ; 功能号 25H→AH
        INT 21H
        POP DS
        STI                          ; 开中断
        …
INTRAD: …                            ; 中断服务子程序
```

【例 7-4】 设某中断源使用类型码为 n＝10H，其中断服务程序的入口地址(中断向量)为 20A0H:1234H，则该中断向量在中断向量表中的存放位置应为 0040H～0043H 四个存储单元(由于 10H×4＝40H)。其中前两个单元 0040H 和 0041H 应存放中断向量的偏移量 1234H，后两个单元 0042H 和 0043H 应存放中断向量的段基址 20A0H。如图 7-8 所示。

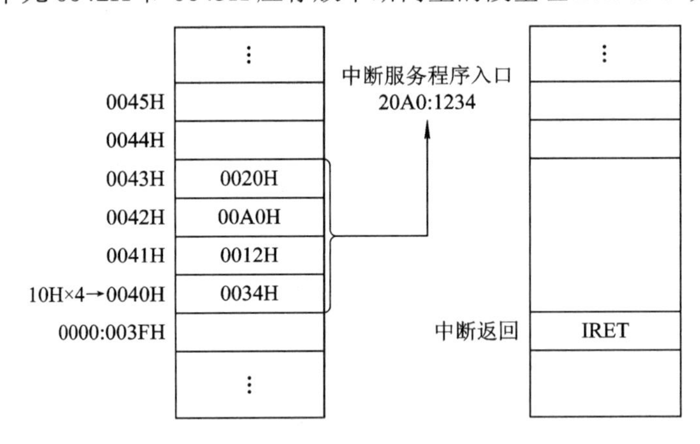

图 7-8　类型码 10H 的中断向量及中断服务程序入口示意图

7.1.2　8259A 中断控制器的功能

一般情况下，外部设备的中断请求必须通过 8086/8088 CPU 仅有的一个可屏蔽的中断请求输入端 INTR 引入。为了使多个外设能以中断方式请求 CPU 为其提供服务，且让 CPU 能够判断各个外设的优先级、设定其中断类型号，就必须设计硬件中断控制接口电路。8086/8088 系统采用专用的中断控制器芯片 8259A 实现外部中断与 CPU 的接口功能。

8259A 是一种可编程中断控制逻辑芯片，主要功能有：

① 一片 8259A 可通过编程管理 8 个中断源，具有 8 级优先权控制。

② 可通过级联多个 8259A，可扩展到最多用 9 片 8259A 管理 64 级中断源。

③ 对任何一级中断可实现单独屏蔽或允许。

④ 当 CPU 响应中断时，8259A 自动向 CPU 提供相应中断源的中断类型号。

⑤ 具有多种优先权管理模式，且这些管理模式多数能动态改变。

☞7.1.3　8259A 内部结构及引脚功能

8259A 的内部逻辑结构由数据总线缓存器、读/写控制逻辑、中断请求寄存器(IRR)、优先级分析器、中断服务寄存器(ISR)、中断屏蔽寄存器(IMR)和级联缓冲器/比较器等组成。8259A 逻辑结构如图 7-9 所示。

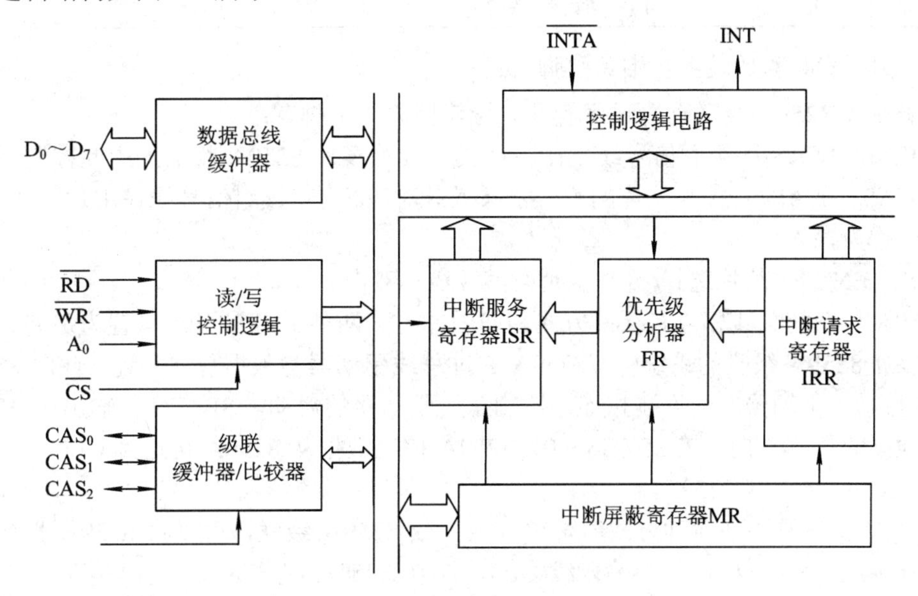

图 7-9　8259A 的逻辑结构

1. 数据总线缓冲器及相关引脚

8 位三态缓冲器，相关引脚 D_0～D_7 为双向数据线，与 CPU 的数据总线连接，作为 8259A 与 CPU 交换数据信息的通道。传送 CPU 的控制字、8259A 的状态信息及中断响应时 8259A 送出的中断类型号等信息。

2. 读/写控制逻辑及相关引脚

用于接收 CPU 在执行指令时产生的地址片选信息及读/写控制命令，与其相关的引脚有：

- $\overline{CS}$：片选输入信号，低电平有效。一般由 CPU 的高位地址线经译码输出作为片选控制信号。

- A_0：片内端口选择线，用于区分 8259A 内部的两个端口，通常连接 CPU 地址线的低位，A_0 为 0 的端口为偶端口，A_0 为 1 的端口为奇端口。

- $\overline{RD}$：读输入信号线，低电平有效。它通常与 CPU 的读控制信号 $\overline{RD}$ 连接。该信号线用于通知 8259A 把某个内部寄存器的内容或中断类型号送数据线 D_0～D_7，以供 CPU 读取。

● $\overline{WR}$：写输入信号线，低电平有效。它通常与 CPU 的写控制信号 $\overline{WR}$ 连接。该信号线用于通知 8259A 从数据线接收数据，并写入内部某个寄存器。

各输入信号组合形成的控制功能如表 7-2 所示。

表 7-2　8259A 输入信号组合功能表

$\overline{CS}$	$\overline{RD}$	$\overline{WR}$	A_0	功　能
0	1	0	0	CPU 向 8259A 写入 ICW_1、OCW_2、OCW_3
0	1	0	1	CPU 向 8259A 写入 ICW_2、ICW_3、ICW_4、OCW_1
0	0	1	0	CPU 从 8259A 读出 ISR、IRR、中断状态字
0	0	1	1	CPU 从 8259A 读出 IMR
1	X	X	X	高阻
X	1	1	X	非法

3．级联缓冲器/比较器及相关引脚

用于多片 8259A 级联时的联络信号，与其相关的引脚有：

● CAS_0～CAS_2：级联信号线，在主从式连接的多片 8259A 组成的中断控制系统中，主片的 CAS_0～CAS_2 直接和从片的 CAS_0～CAS_2 对应相连，该组信号线在主片中作为输出，在从片中作为输入。

● $\overline{SP}/\overline{EN}$：主从片选择/缓冲器允许信号线，双向。

8259A 与系统总线相连有缓冲方式和非缓冲方式两种。当 8259A 设置为缓冲方式连接时，在多片 8259A 级联的系统中，8259A 通过总线驱动器与数据总线相连，此时 8259A 的 $\overline{SP}/\overline{EN}$ 与总线驱动器的允许端相连，控制总线驱动器的启动，$\overline{SP}/\overline{EN}$ 作输出线($\overline{EN}$)，用于控制数据的传送方向。若 $\overline{SP}/\overline{EN}=0$，8259A 控制数据从 8259A 传送到 CPU，否则，控制数据从 CPU 传送到 8259A。

当 8259A 设置为非缓冲方式时，单片或少数 8259A 级联，可以将 8259A 直接与数据总线相连。此时的 $\overline{SP}/\overline{EN}$ 作为输入线($\overline{SP}$)，控制 8259A 是作为主片($\overline{SP}$ 接高电平)抑或从片($\overline{SP}$ 接低电平)。

4．中断请求寄存器(IRR)

IRR 是 8 位寄存器，用来存放从外设来的 8 个中断请求信号 IRQ_0～IRQ_7。当某个 IRQ 端有中断请求时，IRR 的相应位被置 1，当中断请求被响应时，IRR 的相应位被复位。

5．中断屏蔽寄存器(IMR)

IMR 是 8 位寄存器，用来存放 CPU 送来的各级中断请求的屏蔽信号，通过编程可以对 IMR 的内容进行设置。若 IMR 中的某位为 0，表示允许 IRR 寄存器中相应位的中断请求进入中断优先权判别器；若 IMR 中的某位为 1，则此位对应的中断请求被屏蔽，禁止此请求进入中断优先权判别器。其中各个中断屏蔽位是独立的。

6．中断服务寄存器(ISR)

ISR 是 8 位寄存器，用来记录 CPU 正在服务的中断源。ISR 中的 D_0～D_7 位分别对应 8 级中断请求输入端 IRQ_0～IRQ_7。若某一位为 1，表示当前 CPU 正在处理相应位的中断请求，允许多重中断时，ISR 多位同时被设置成 1。

7. 优先权判别器(PR)

优先权判别器用来管理和识别各个中断源的优先级别。PR 对保存在 IRR 寄存器中的中断请求进行优先级判别，将最高优先级的中断请求位送到中断服务寄存器 ISR 中去。当出现多重中断时，PR 判定其是否允许所出现的中断去打断正在处理的中断，让优先级更高的中断优先得到服务。

8. 控制逻辑电路及相关引脚

根据 IRR 的置位情况和 IMR 的设置情况，通过 PR 的判定，向 8259A 内部及其他部件发出控制命令。

与控制逻辑相关的引脚有：

- INT：8259A 向 CPU 发出的中断请求信号、输出、高电平有效。该信号与 CPU 的可屏蔽中断输入端 INTR 连接，以实现把 IRQ_0～IRQ_7 上的最高优先级请求传送到 CPU 的 INTR 引脚。

- $\overline{INTA}$：用来接收 CPU 给 8259A 的中断应答信号、输入、低电平有效。与 CPU 输出的中断应答信号 $\overline{INTA}$ 连接。该信号为连续两个负脉冲，在第二个负脉冲出现后，8259A 自动将所响应的外部中断源的中断类型号送入数据线 D_0～D_7，由 CPU 读取后，执行相应的中断服务程序。

控制逻辑电路内部含有 7 个可以编程的寄存器，其中 ICW_1～ICW_4 用来存放 8259A 的工作方式字；OCW_1～OCW_3 用来存放操作命令字。

☞7.1.4　8259A 的工作过程

8259A 的工作过程如下：

(1) 使用 8259A 之前，必须对 8259A 进行初始化。由 CPU 向 8259A 写入若干初始化命令，以规定 8259A 的工作状态等。

(2) 外部的中断请求由输入端 IRQ_0～IRQ_7 进入 8259A，一条或多条中断请求(IRQ_0～IRQ_7)变为高电平，使 IRR 相应位置“1”，表示在该位号对应的 IRQ_i 端有中断请求。

(3) 中断请求被锁存在中断请求寄存器 IRR 中的同时，会与中断屏蔽寄存器 IMR 的内容相“与”，即把有中断请求信号并且未被屏蔽的输入端送入判优电路。

(4) 优先级判定电路选出优先级最高的中断请求位，通过 INT 端送 CPU 请求中断服务，并将中断请求寄存器 IRR 相应位清 0，同时置位服务寄存器 ISR 的相应位。

(5) 如果此时 CPU 中的 IF=1，即 CPU 开中断接受中断请求，则在 CPU 完成当前指令后进入中断响应过程，CPU 以连续 2 个负脉冲(中断响应 $\overline{INTA}$ 周期)作为回答。

(6) 若 8259A 是主控的中断控制器，则在 $\overline{INTA}$ 周期的第 1 个负脉冲到来时，把级联地址从 CAS_2～CAS_0 输出；若 8259A 单独使用时，或是由 CAS_2～CAS_0 选择的从控制器，在第 2 个负脉冲到来时，将被响应中断源的 8 位中断类型号输出给数据总线。

(7) CPU 读取中断类型号，在中断向量表中找到中断向量，转移到相应的中断处理程序入口执行。如果要在 8259A 工作过程中改变它的操作方式，则必须在主程序或中断服务程序中向 8259A 发出操作命令字。

(8) 中断结束，CPU 向 8259A 输出中断结束(EOI)指令，使 ISR 对应位复位。

☞7.1.5　8259A 编程

通过两类命令字可以对 8259A 进行编程：初始化命令字(ICW)和操作命令字(OCW)。系统复位后，必须通过初始化程序对 8259A 设置初始化命令字。初始化后可通过设置操作命令字来定义 8259A 的操作方式，实现对 8259A 的状态、中断方式和优先级管理的控制。初始化命令字只发一次，操作命令字允许重新设置，以动态改变 8259A 的操作与控制方式。

1．8259A 的中断管理方式

1) 优先级设置方式

8259A 的中断优先级管理方式有多种，优先级既可以是固定的，也可以是循环改变的，灵活方便，具体方式有如下几种：

(1) 完全嵌套方式。完全嵌套方式也称一般完全嵌套方式或正常全嵌套方式，是 8259A 最常用的一种中断优先级管理方式。在这种方式下，优先级是固定的，各中断源的优先级排队顺序是：IRQ_0、IRQ_1、…、IRQ_7，即 IRQ_0 的优先级最高，IRQ_7 的优先级最低。在某中断源的中断服务程序完成之前，与它同级(多片级联时会有同级)或优先权更低的中断源的申请就会被屏蔽，只有优先权比它高的中断源的申请才是允许的(当然，CPU 是否响应还要取决于 CPU 是否处于开中断状态)。

(2) 特殊全嵌套方式。特殊全嵌套方式和完全嵌套方式只有一点不同：在特殊全嵌套方式下，当处理某一级中断时，如果有同级的中断请求，那么也会给予响应，从而实现一种对同级中断请求的特殊嵌套。

特殊全嵌套方式一般用在 8259A 的级联系统中，主片 8259A 编程设置为特殊全嵌套方式，当来自某一从片的中断请求正在处理时，除了对来自主片优先级高的其他引脚上的中断请求进行开放；另一方面，对来自同一从片的较高优先级请求也会开放。

(3) 优先级自动循环方式。在此方式中，优先级队列是变化着的。初始时，优先级的排队顺序是：IRQ_0、IRQ_1、…、IRQ_7，即 IRQ_0 的优先级最高，IRQ_7 的优先级最低。在一个设备受到中断服务以后，它的优先级自动降为最低，原来比它低一级的中断则变为最高级，依次排列。例如，在服务完 IRQ_4 之后，IRQ_4 自动循环到最低优先级，而 IRQ_5 成为最高优先级，这时中断源的优先级从高到低依次为 IRQ_5、IRQ_6、IRQ_7、IRQ_0、…、IRQ_4。这种方式一般用在系统中多个中断源优先级相同的场合。

(4) 优先级特殊循环方式。优先级特殊循环方式和优先级自动循环方式只有一点不同：在优先级特殊循环方式中，可以通过编程(设置 OCW_2)来规定初始时各中断源的排队顺序。例如：设定 IRQ_5 为最低优先级，那么当前各中断源的优先级从高到低依次为 IRQ_6、IRQ_7、IRQ_0、IRQ_1、…、IRQ_5。

2) 中断结束方式

当一个中断源得到响应时，8259A 会将中断服务寄存器 ISR 的相应位置成 1，表明正在为对应的外设进行服务，并同时为优先权判别器提供判别依据。中断服务结束时，应该采取某种措施将 ISR 中的这个位清 0，否则优先权判别器就不能正常工作。这个使 ISR 相应位复位的动作是结束中断处理的一个重要环节。有三种方法可以将 ISR 中的对应位清 0，具体如下：

(1) 普通 EOI 结束方式。该方式用于全嵌套方式下的中断结束。CPU 在中断服务程序结束时，在执行 IRET 指令返回主程序之前，向 8259A 发普通的中断结束命令，将中断服务寄存器中最高优先级对应的 ISR 位清 0。在全嵌套方式下，ISR 中最高优先级的 ISR 位，对应当前正在处理的中断(即最后一次被响应和处理的中断，将其清 0，就相当于结束了当前正在处理的中断。

(2) 特殊 EOI 结束方式。在优先级循环方式下，中断服务寄存器无法确定哪一级中断为最后响应和处理的，需采用特殊中断结束方式。CPU 在中断服务程序结束时，在执行 IRET 指令前，向 8259A 发特殊的中断结束命令，该命令指出了要清除 ISR 中的哪一位。

(3) 自动 EOI 结束方式。该方式在第二个 $\overline{\text{INTA}}$ 负脉冲的后沿即完成对应的 ISR 位的复位。这种方式是在中断响应后，而不是在中断处理结束后将 ISR 位清 0。所以，在中断处理过程中，8259A 就没有“正在处理”的标识。此时，若有新的中断请求出现，且 IF=1，则无论其优先级如何，都将得到响应。尤其是当某一中断请求信号被 CPU 响应后，如不及时撤销，就会再次被响应(即二次中断)。所以中断自动结束方式适合于中断请求信号的持续时间有一定的限制以及不会出现中断嵌套的场合。

3) 中断源屏蔽方式

8259A 的 8 个中断请求都可以根据需要单独屏蔽或允许，屏蔽是通过编程使得屏蔽寄存器 IMR 的相应位置 1 来实现的。8259A 有普通屏蔽方式和特殊屏蔽方式两种。

(1) 普通屏蔽方式。将中断屏蔽寄存器 IMR 中某一位或某几位置 1，即可将对应位的中断请求屏蔽掉。普通屏蔽方式的设置通过设置操作命令字 OCW_1 来实现。设置普通屏蔽方式既可以在主程序中完成，也可以在中断服务程序中完成，具体根据中断处理要求而定。

(2) 特殊屏蔽方式。某些场合下，希望动态地改变系统的优先级结构。例如，在执行中断服务程序某一部分时，希望禁止较低级的中断请求，但在执行中断服务程序的另一部分时，又希望能够开放比本身优先级低的中断。特殊屏蔽方式能对本级中断进行屏蔽，而允许优先级比它高或低的中断进入。特殊屏蔽方式总是在中断服务程序中使用，特殊屏蔽方式将中断屏蔽寄存器 IMR 的相应位置 1 的同时将中断服务寄存器 ISR 的相应位清 0，这样既屏蔽了当前正在处理的中断，又开放了较低级别的中断。

4) 中断请求引入方式

中断请求引入方式包括电平触发方式和边沿触发方式两种。

(1) 电平触发方式。在电平触发方式下，8259A 的 IRQ_n 上出现高电平，表示有中断请求。使用这种方式时，应注意及时撤出高电平，否则很可能引起不应该有的第二次中断。

(2) 边沿触发方式。在边沿触发方式下，8259A 的 IRQ_n 上出现从低电平跳变成高电平的上升沿时，表示有中断请求，而单纯的高电平不表示有中断请求。

2．初始化命令字

8259A 在开始工作之前，必须进行初始化编程。

初始化编程主要包括以下内容：

① 设置中断请求的触发方式(电平触发或边沿触发)；

② 设置 8259A 是单片工作方式还是多片级联工作方式、是主片还是从片；

③ 设置中断源的中断类型号(只需设置 IRQ_0 的中断类型号)；

④ 初始化命令字由初始化程序填写，在整个系统工作中保持不变。8259A 共有 4 个初始化命令字，它们必须按顺序填写，且 ICW_1 写在 8259A 偶地址端口中，其余 3 个写在 8259A 奇地址端口中。

1) ICW_1——芯片控制初始化命令字

ICW_1 写在偶地址端口(8259A 的 A0＝0 时)，在 IBM-PC/XT 机中，该寄存器的地址定义为 20H。其格式如图 7-10 所示。

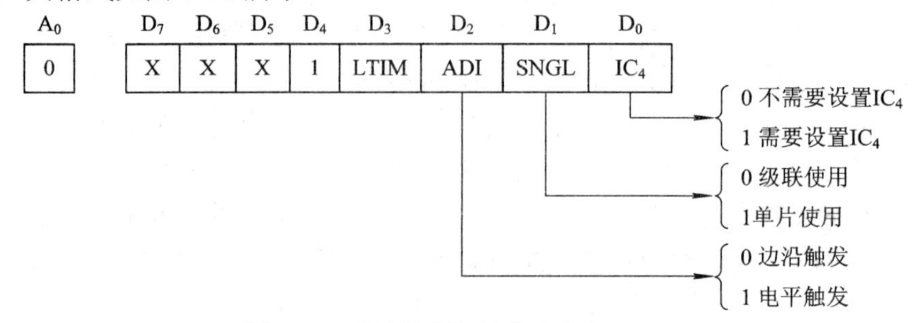

图 7-10　芯片控制初始化命令字 ICW1

- D_0 位(IC_4)：用来表示后面是否要设置 ICW_4。该位为 1，表示要写入 ICW_4 命令字；该位为 0，则不设置 ICW_4。由于 8086/8088 系统必须对 ICW_4 进行设置，故在该系统中，D_0＝1。
- D_1 位(SNGL)：用来表示本片 8259A 是否与其他片级联。该位为 1，表示系统仅用 1 片 8259A；该位为 0，表示系统用多片 8259A 组成级联方式。级联时，在初始化程序中应向 8259A 写入命令字 ICW_3。
- D_2 位(ADI)：在 8086/8088 系统中，该位不起作用，可任意选择为 1 或 0。
- D_3 位(LTIM)：用来设定中断请求信号触发方式。若 LTIM＝0，表示中断请求信号为上升沿触发有效；若 LTIM＝1，表示中断请求信号为高电平触发有效。
- D_4 位：命令字 ICW_1 的标志位。由于 ICW_1 和下面将要介绍的 OCW_2 和 OCW_3 共用片内偶地址(即 8259 片内 A_0＝0)，D_4 位用来区分是写入 ICW_1 还是写入 OCW_2 和 OCW_3。若 D_4＝1，表示写入的是初始化命字 ICW_1。
- D_7～D_5 位：系统中未使用，可任意选择为 1 或 0。

【例 7-5】 在 IBM-PC/XT 机中，8259A 初始化时设置 ICW_1 的值为 13H，表示系统中 8259A 是单片、边沿触发、需要设置 ICW_4。

对应的指令段为

```
MOVAL,  13H
OUT     20H, AL
```

注意：① 初始化 8259A 必须从 ICW_1 开始；② 写 ICW_1 意味着重新初始化 8259A；③ 写入 ICW_1 后，8259A 的状态如下：

- 清除 ISR 和 IMR(全 0)；
- 将中断优先级设成初始状态：IR_0 最高，IR_7 最低；
- 设定为一般屏蔽方式；
- 采用非自动中断结束方式；
- 状态读出逻辑预置为读 IRR。

2) ICW_2——中断类型号初始化命令字

ICW_2 写入 8259A 的奇地址(8259A 的 $A_0=1$)，用来设置与外部中断源相对应的中断类型号，在 IBM-PC/XT 机中，该寄存器的地址定义为 21H。其格式如图 7-11 所示。

- D_7～D_3 位：用来存放由 CPU 通过编程送入的中断类型号的高 5 位，对于 IRQ_0～IRQ_7 每一个中断源的中断类型号来说，高 5 位是相同的。
- D_2～D_0 位：用来产生 8 种代码分别表示 IRQ_0～IRQ_7 每一个中断源的中断类型号的低 3 位，由中断请求引脚决定，IRQ_0～IRQ_7 各引脚分别对应中断类型号的低 3 位为 000～111。

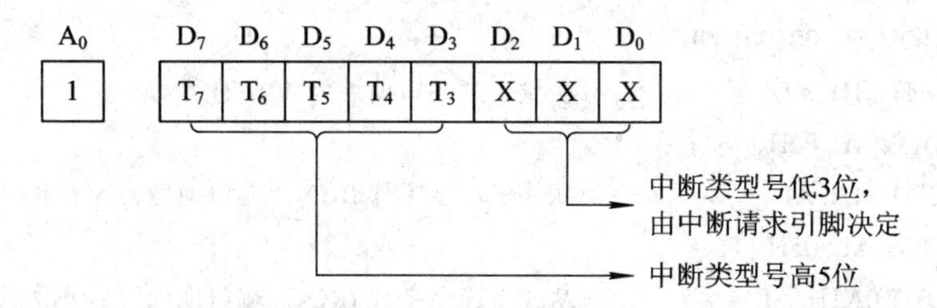

图 7-11　中断类型号初始化命令字 ICW_2

例如：设置 ICW_2 的高 5 位 D_7～D_3 为 00110B、低三位 D_2～D_0 为 000B，即 ICW_2 为 30H，则对应各中断请求引脚的中断类型号自动生成为

IRQ_7	IRQ_6	IRQ_5	IRQ_4	IRQ_3	IRQ2	IRQ_1	IRQ_0
↓	↓	↓	↓	↓	↓	↓	↓
37H	36H	35H	34H	33H	32H	31H	30H

【例 7-6】　在 IBM-PC/XT 机中，设置 ICW_2 的高 5 位为 00001，所以 8 个中断源的中断类型号为 08H～0FH。设置 ICW_2 的指令段为

```
MOV    AL, 08H
OUT    21H, AL
```

3) ICW_3——主/从片初始化命令字

当 ICW_1 的 $D_1=0$ 表示多片 8259A 级联时，初始化 ICW_3 才有意义，它写入 8259A 的奇地址(8259A 的 $A_0=1$)，在 IBM-PC/XT 机中，该寄存器的地址定义为 21H。

(1) 当 8259A 作主片时。8259A 作主片时的 ICW_3 的格式如图 7-12 所示。

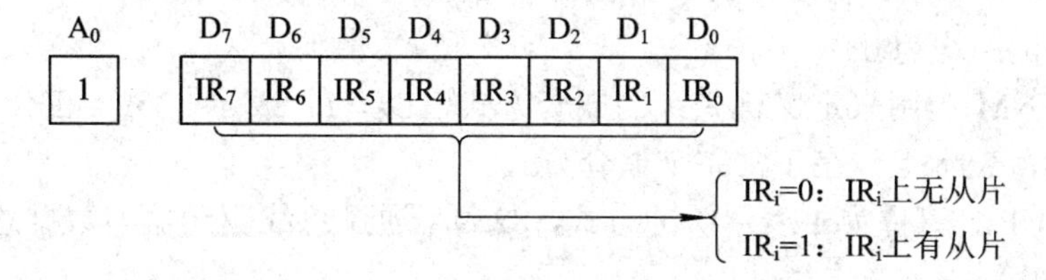

图 7-12　主片初始化命令字 ICW_3

D_7～D_0 位：对应该芯片引脚 IRQ_7～IRQ_0 的对外连接情况。若某位为 1，则表示 8259A 级联时该引脚接有从片；若某位为 0，表示该引脚未接从片。

(2) 当 8259A 作从片时。8259A 作从片时的 ICW_3 的格式如图 7-13 所示。

D_2～D_0 位：(ID_2～ID_0)它表示从片的 INT 引脚接在主片的 IRQ_0～IRQ_7 的哪一个输入引脚上。例如，当本片作为从片接在主片的 IRQ_1 时，则 ICW_3 的 D_2～D_0 位应为 001。D_7～D_3 位取 0。

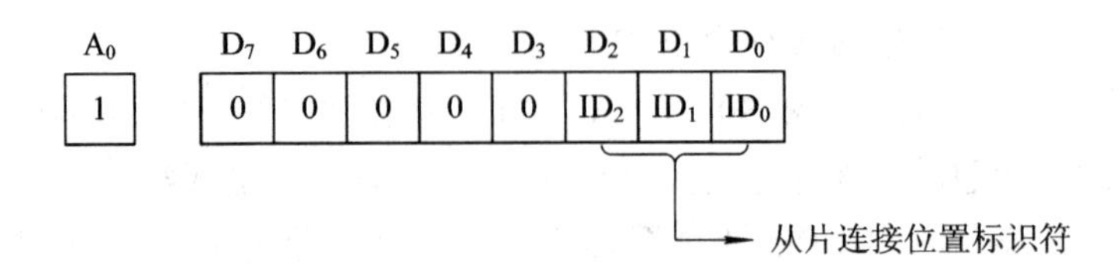

图 7-13　从片初始化命令字 ICW_3

【例 7-7】　某 8259A 主片的 IRQ_2 和 IRQ_5 引脚各连一个从片，3 片 8259A 设置 ICW_3 的指令为：

```
主片：    MOV AL, 00100100B
          OUT 21H, AL          ；假设主片端口地址为 20H,21H
从片 1：  MOV AL, 02H
          OUT 81H, AL          ；从片 1 连至主片 IRQ2，端口地址为 80H,81H
从片 2：  MOV AL, 05H
          OUT 0A1H, AL         ；从片 1 连至主片 IRQ5，端口地址为 A0H,A1H
```

4) ICW_4——方式控制初始化命令字

只有当 ICW_1 的 D_0 位 = 1 时才设置 ICW_4。ICW_4 写入奇地址。ICW_4 格式如图 7-14 所示。

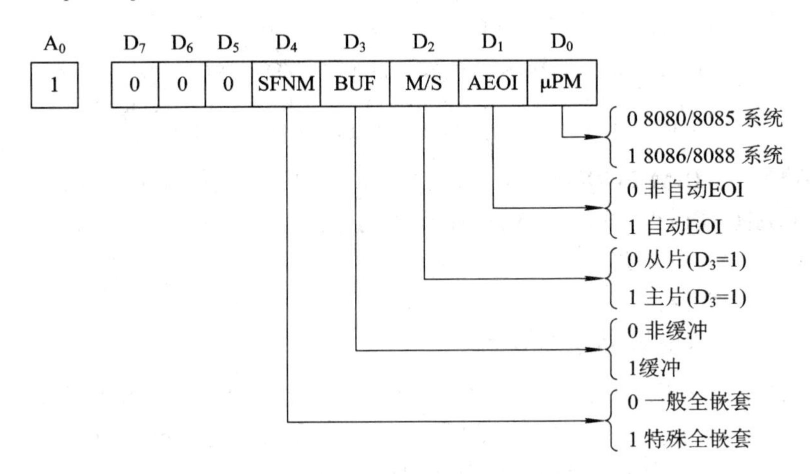

图 7-14　方式控制初始化命令字 ICW_4

- D_7～D_5 位：均为 0。
- D_4 位(SFNM)：用来定义优先级的嵌套方式，D_4 = 1，表示 8259A 工作在特殊完全嵌套方式；D_4 = 0，表示工作在正常完全嵌套方式。
- D_3 位(BUF)：该位为 1 表示缓冲方式，8259A 通过总线驱动器与数据总线相连；为 0 表示非缓冲方式。
- D_2 位(M/S)：用于确定主从控制器，该位为 1，表示该片是 8259A 主片；为 0 表示该片是 8259A 从片。非缓冲方式时(D_3 = 0)，该位不起作用。
- D_1 位(AEOI)：用于确定中断结束方式，该位为 1，表示工作在自动中断结束(AEOI)方式；该位为 0，表示工作在非自动中断结束方式。
- D_0 位(μPM)：用于确定 CPU 类型。该位为 1，表示 8086/8088 系统；为 0，表示 8080/8085 系统。

【例 7-8】　在 IBM-PC/XT 机中，设置 ICW_4 的指令段为

```
MOV AL, 09H        ; 8086/8088配置，正常全嵌套，非自动EOI
OUT 21H, AL
```

3．操作命令字

CPU 向 8259A 写完初始化命令字后，8259A 就可以开始工作，负责处理 I/O 设备向 CPU 提出的中断请求。为了进一步提高 8259A 的中断处理能力，需要动态改变 8259A 的工作状态，CPU 可以向 8259A 发出一些控制命令，这些控制命令称为操作命令字，8259A 可接受三种操作命令字，分别是 OCW_1、OCW_2 和 OCW_3。三个操作命令字设置次序没有严格的要求，但写入端口有严格的规定。

1) OCW_1——中断屏蔽操作命令字(8位D_7～D_0)

OCW_1 用来实现对中断源的屏蔽功能，其内容被直接置入中断屏蔽寄存器中。OCW_1 格式如图 7-15 所示。

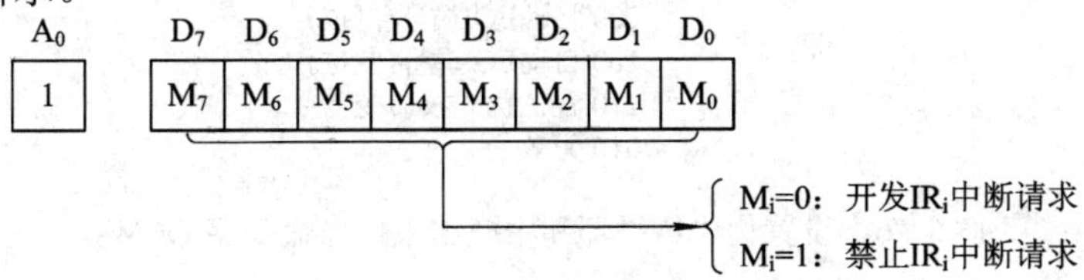

图 7-15　中断屏蔽操作命令字 OCW_1

OCW_1 写入 8259A 奇地址端口，用来设置或清除 IMR 各位，D_7～D_0 分别对应 IRQ_7～IRQ_0 的中断屏蔽位，若 $D_i=1$，则相应的 IRQ_i 的中断请求被屏蔽，若 $D_i=0$，则对应位的中断请求得到允许。

例如：$OCW_1=00000110B=06H$。表示 IRQ_2 和 IRQ_1 引脚的中断申请被屏蔽，其他引脚的中断请求得到允许。

【例 7-9】　在 PC/XT 机中，8259A 两个端口地址被定义为 20H 和 21H。若只允许键盘中断(从 IRQ_1 引入)，其他设备被屏蔽，可设置如下中断屏蔽字：

```
MOV AL, 11111101B
OUT 21H, AL
```

如果系统重新增设键盘中断，其他中断源保持原来状态，则可用下列指令实现：

```
IN AL, 21H
AND AL, 11111101B
OUT 21H, AL
```

2) OCW_2——设置优先级循环方式和中断结束方式的操作命令字

OCW_2 写入偶地址端口，其格式如图 7-16 所示。

$D_4D_3=00$，为 OCW_2 的特征位，以区别 ICW_1 和 OCW_3。

- $D_3D_2D_1$ 位($L_2L_1L_0$)：这 3 位只有当 SL＝1 时才有效，有两个作用，一是当 OCW_2 设置为特殊的 EOI 结束命令时，由这 3 位指出要清除 ISR 寄存器中的哪一位；另一个作用是当 OCW_2 设置为优先级特殊循环方式时，由这 3 位指出循环开始时哪个中断源的优先级最低，以上这两种情况都需要使 SL＝1，否则这 3 位无效。
- D_5 位(EOI)：中断结束命令位。在初始化 ICW_4 中定义为非自动中断结束方式时，就

需要 OCW_2 来控制结束。EOI＝1 表示中断结束命令。它使 ISR 中最高优先权复位；EOI=0 则不起作用。EOI 命令常用在中断服务程序中，中断返回指令前。

- D_6 位(SL)：选择指定 IRQ 级别位。SL＝1 时，操作在 L_2～L_0 指定的 IR 编码级别上执行；SL＝0 时，L_2～L_0 无效。
- D_7 位(R)：优先权循环位。R＝1 为循环优先权，R＝0 为固定优先权。

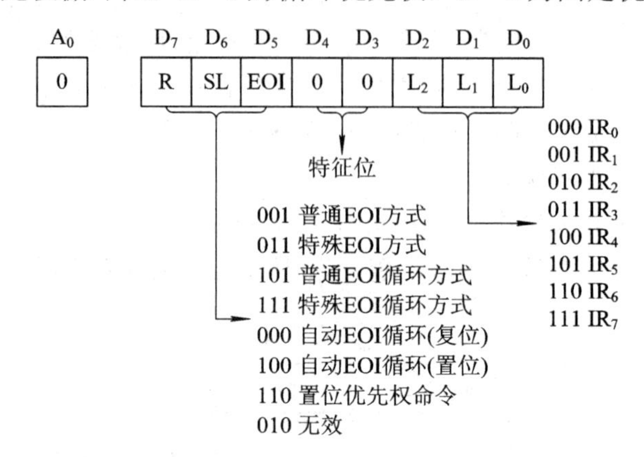

图 7-16　设置优先级循环和中断结束操作命令字 OCW_2

R、SL 和 EOI 这 3 位的不同组合决定 8259A 优先级循环方式和中断结束处理方式，如表 7-3 所示。

表 7-3　R、SL 和 EOI 各种组合代表的意义及应用

R	SL	EOI	操　　作
1	0	0	定义 8259A 采用自动 EOI 循环方式，在中断响应的第 2 个 $\overline{INTA}$ 周期清除 ISR 的相应位，并将本级赋予最低优先级，最高优先级赋予它的下一级。
0	0	0	取消自动 EOI 循环方式。
1	0	1	定义 8259A 采用普通 EOI 循环方式，中断结束时，将 ISR 中当前级别最高的位清 0，此级赋予最低优先级，最高优先级赋予它的下一级。
1	1	1	定义 8259A 采用特殊 EOI 循环方式，中断结束时，将 ISR 中 L_2～L_0 指定的位清 0，此级赋予最低优先级，最高优先级赋予它的下一级。
1	1	0	定义 8259A 采用优先级特殊循环方式，L_2～L_0 指定最低优先级，最高优先级赋予它的下一级。
0	0	1	定义 8259A 采用普通 EOI 方式，中断结束时，将 ISR 中当前级别最高的位清 0。
0	1	1	定义 8259A 采用特殊 EOI 方式，中断结束时，将 ISR 中 L_2～L_0 指定的位清 0。
0	1	0	无效

【例 7-10】　若要对 IRQ_4 采用特殊中断结束方式，对应的指令段是

```
MOV AL, 01100100B
OUT 20H, AL
```

【例 7-11】　若要采用普通中断结束命令，对应的指令段是

```
MOV AL, 20H
OUT 20H, AL
```

3) OCW_3——特殊屏蔽方式和中断查询方式操作命令字

OCW_3 写入偶地址端口，其格式如图 7-17 所示。

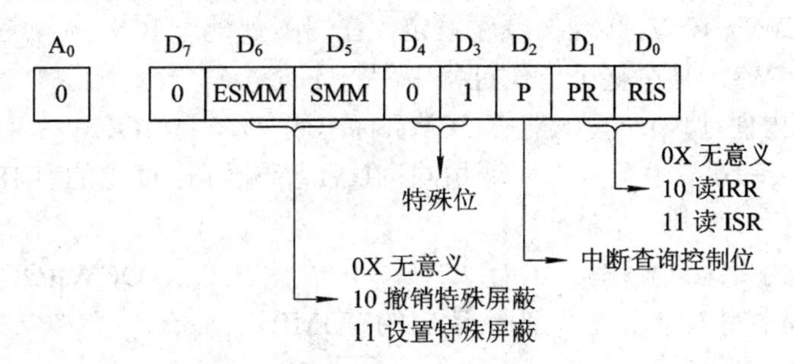

图 7-17　特殊屏蔽方式和中断查询方式操作命令字 OCW_3

$D_4D_3=01$，为 OCW_3 的特征位，以区别 ICW_1 和 OCW_2。

• D_6 位(ESMM)：允许或禁止 SMM 位起作用的控制位。$D_6=1$，SMM 位有效；$D_6=0$，SMM 无效。

• D_5 位(SMM)：设置特殊屏蔽方式选择位。当 $D_6D_5=11$ 时，选择特殊屏蔽方式；当 $D_6D_5=10$ 时，撤销特殊屏蔽方式，恢复为普通屏蔽方式。

• D_2 位(P)：查询命令位。$D_2=1$ 时，可使 8259A 与 CPU 的通信方式由中断方式改为查询方式。在查询方式下，CPU 不是靠接收中断请求信号来进入中断处理过程，而是靠发送查询命令，读取查询字来获得外部设备的中断请求信息。CPU 先送操作命令字 $OCW_3(P=1)$ 给 8259A，再送一条输入指令将一个 $\overline{RD}$ 信号送给 8259A，8259A 收到后将中断服务寄存器的相应位置 1，并将查询字送到数据总线，查询字反映了当前外设有无中断请求及中断请求的最高优先级是哪个，查询字为

A_0		D_7	D_6	D_5	D_4	D_3	D_2	D_1	D_0
0		IR	X	X	X	X	W_2	W_1	W_0

其中的 IR 表示是否有中断申请。IR=1 表示有中断请求，中断请求号为 R_2～R_0，R_2～R_0 组成的代码表示当前中断申请的最高优先级。此查询步骤可反复执行，以响应多个同时发生的中断。

• D_1 位(RR 位)：读寄存器命令位。RR=1 时允许读 IRR 或 ISR；RR=0 时禁止读这两个寄存器。

• D_0 位(RIS)：读 IRR 或 ISR 选择位。配合 RR 位区分从偶端口读出的内容，RR=1，RIS=0 时，可读取 IRR 的内容；RR=1，RIS=1 时，允许读取 ISR 的内容。

【例 7-12】　若要读取中断服务寄存器 ISR 的内容，对应的程序段是：

```
MOV AL, 00001011B
OUT 20H, AL              ; 设置 OCW3，允许读 ISR
IN AL, 20H               ; 读取 ISR
```

【例 7-13】　设 8259A 的偶地址端口为 80H、奇地址端口为 81H，CPU 需要了解哪几个中断源在申请中断。参考程序为

```
MOV AL, 0AH              ; 设置 OCW3，允许读 IRR
OUT 80H, AL
IN AL, 80H               ; 读取 IRR
```

在 8259A 初始化及对寄存器进行读写操作时应注意以下几点：

(1) 初始化 8259A 时，命令字 ICW_1、ICW_2 必须写入，ICW_3、ICW_4 根据需要确定是否写入。写入时，ICW_1～ICW_4 必须按顺序设定，在写入偶地址 ICW_1 后，下一个写入奇地址的命令字必然是 ICW_2，且在整个工作过程中保持不变。

(2) $A_0=0$(片内偶地址)：写入的有 ICW_1(标志码 $D_4=1$)、OCW_2(标志码 $D_4D_3=00$)、OCW_3(标志码 $D_4D_3=01$)，由于片内地址相同，由标志码区别；读出的有 IRR、ISR(由 OCW_3 的 D_1D_0 位区别)。

(3) $A_0=1$(片内奇地址)：写入的有 ICW_2、ICW_3、ICW_4、OCW_1(OCW_1 只能在初始化以后程序运行过程中写入，由此区别)；读出的有 IMR。

☞7.1.6　8259A 应用举例

8259A 在开始工作之前必须用初始化命令字建立 8259A 操作的初始状态，初始化命令字必须按照一定的顺序进行设置。8259A 初始化流程图如图 7-18 所示。

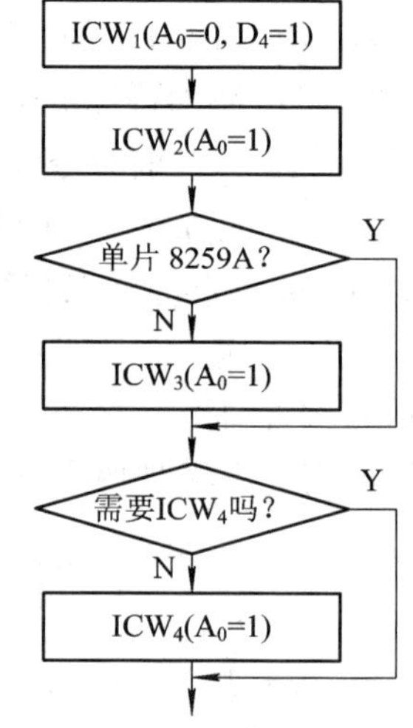

图 7-18　8259A 初始化流程图

其中，ICW_1 和 ICW_2 是必须要进行设置的，而 ICW_3 和 ICW_4 设置与否则要依据 ICW_1 的相关位来决定。如果 ICW_1 的 SNGL 位为 0，则需要设置 ICW_3，并且主从片都要设置。如果 ICW_1 的 IC_4 位为 1，则需要设置 ICW_4。

系统中的 8259A 不管是主片还是从片都要进行初始化，只有完成初始化，才能正式投入工作。而且一旦完成初始化后，若要改变某一个初始化命令字，则必须重新进行初始化编程，初始化命令字是不能单独进行设置的。

【例 7-14】　在 IBM PC/XT 机中，使用 1 片 8259A 可管理外部 8 级可屏蔽中断，参见图 7-19 中的 8259A 主片部分。系统分配给 8259A 的端口地址为 20H 和 21H，普通中断结束方式，采用固定优先级。8 级中断源 IRQ_0～IRQ_7 对应的中断的类型号为 08H～0FH。IBM PC/XT 外部中断源如表 7-4 所示。

表 7-4　IBM PC/XT 外部中断源

中断源	中断请求端	中断类型号
日时钟	IRQ_0	08H
键盘	IRQ_1	09H
未用	IRQ_2	0AH
串口 2	IRQ_3	0BH
串口 1	IRQ_4	0CH
硬盘	IRQ_5	0DH
软盘	IRQ_6	0EH
并口 1(打印机)	IRQ_7	0FH

8259A 的 IRQ_2 系统未使用，可留给用户使用。当系统有较多的中断源时，可利用 IRQ_2 扩展连接另一片 8259A，如图 7-19 所示。

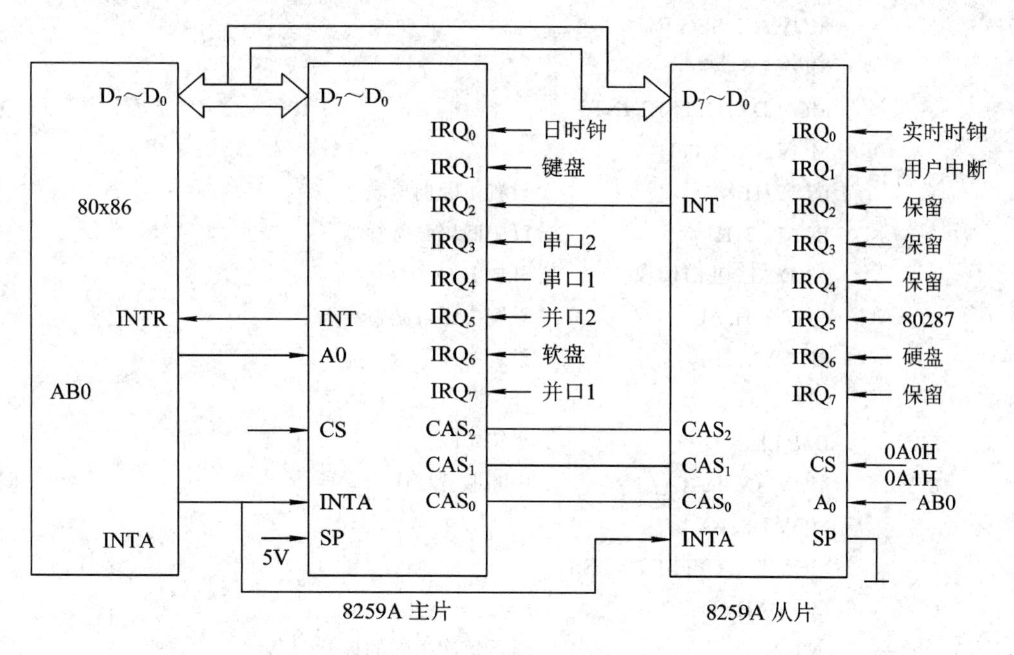

图 7-19　两片 8259A 中断控制系统

8259A 在 IBM-PC/XT 机的初始化程序：

```
MOV AL, 13H
OUT 20H, AL                ; 写入ICW1
MOV AL, 08H
OUT 21H, AL                ; 写入ICW2
MOV AL, 09H
OUT 21H, AL                ; 写入ICW4
```

在对 8259A 初始化写入 ICW_2 后就决定了 IRQ_0～IRQ_7 各中断源的类型号，同时也可以计算出各中断向量的地址，然后还需要将各中断服务程序的入口地址用程序送入中断向量表的相应存储单元中。

【例 7-15】 已知主机启动时 8259A 中断类型号的高 5 位已初始化为 00001，故 IRQ_0 的中断类型号为 08H(00001000B)；8259A 的中断结束方式初始化为非自动结束，即要在服务程序中发 EOI 命令；8259A 的端口地址为 20H 和 21H。8259A 的 IRQ_0 来自定时器 8253 的通道 0，每隔 55 ms 产生一次中断，编写实现通过 IRQ_0 中断 10 次显示 10 个“WELCOME!”的程序。

参考程序段如下：

```
DATA      SEGMENT
     MESS      DB "WELCOME!", 0AH,0DH, '$'
DATA      ENDS
CODE      SEGMENT
```

```
        ASSUME CS:CODE,DS:DATA”
START:  CLI                     ; 关中断
        MOV AX, SEG INT0
        MOV DS, AX
        MOV DX, OFFSET INT0
        MOV AX, 2508H
        INT 21H                 ; 设置中断向量表
        IN AL, 21H              ; 读中断屏蔽寄存器
        AND AL, 0FEH            ; 开放IRQ0中断
        OUT 21H, AL             ; 设置中断屏蔽寄存器
        MOV CX, 10              ; 设置中断次数
        STI                     ; 开中断
LL:     JMP LL                  ; 等待中断
INT0:   MOV AX, DATA            ; 中断服务程序
        MOV DS, AX
        MOV DX, OFFSET MESS
        MOV AH, 9
        INT 21H                 ; 显示每次中断的提示信息
        MOV AL, 20H
        OUT 20H, AL             ; 发出EOI结束中断
        DEC CX
        JZ EXIT
        STI
        IRET                    ; 中断返回
EXIT:   CLI
        MOV AH, 4CH
        INT 21H                 ; 关中断，返回DOS
CODE    ENDS
        END START
```

☞7.1.7　8259A在IBM-PC/AT中的应用

在IBM PC/AT机中，使用两片8259A可管理外部15级可屏蔽中断，如图7-19所示。

系统分配给主片8259A的端口地址为20H和21H，系统分配给从片8259A的端口地址为A0H和A1H；主片8259A的IRQ_0～IRQ_7对应的中断类型号为08H～0FH，从片8259A的IRQ_0～IRQ_7对应的中断类型号为70H～77H；从片的INT接主片的IRQ_2，主片和从片均采用边沿触发；采用全嵌套优先级排列方式，采用非缓冲方式，主片SP接+5 V，从片SP接地。

初始化程序如下：

```
; 初始化8259A主片
```

```
MOV AL，11H              ; ICW1，级连,需设 ICW3
OUT 20H，AL
MOV AL，08H              ; ICW2，设置起始中断类型号 08H
OUT 21H，AL
MOV AL，04H              ; ICW3，主片 IRQ2 接从片 INT
OUT 21H，AL
MOV AL, 01H              ; ICW4
OUT 21H, AL
; 初始化 8259A 从片
MOV AL，11H              ; ICW1
OUT 0A0H，AL
MOV AL，70H              ; ICW2 设置起始中断类型号为 70H
OUT 0A1H，AL
MOV AL，02H              ; ICW3 从片 INT 接主片 IRQ2
OUT 0A1H，AL
MOV AL，01H              ; ICW4
OUT 0A1H，AL
```

7.2　可编程 DMA 控制器 8237

Intel 8237 是一款 40 引脚双列直插式的高性能可编程 DMA 控制器，采用 +5 V 工作电源。主频为 5 MHz 的 8237 传送速率可达 1.6 MB/s。

DMA 控制器一方面可以控制系统总线实现 DMA 传送，另一方面又可以和其他接口一样，接受 CPU 对它的读/写操作，所以 8237 有两种不同的工作状态：主态方式和从态方式。

☞7.2.1　8237 的功能及内部结构

1．8237 的功能

8237 具有以下功能：

(1) 一片 8237 具有 4 个用于连接 I/O 设备进行数据传输的通道，可以连接 4 台外部设备。若需要更多的数据传送通道，可以把 8237 级联，以扩展更多的通道。

(2) 每个通道 DMA 请求可以设置为允许或禁止以及设置不同的优先权。

(3) 8237 有 4 种传送方式：单字节、数据块、请求和级联传送方式。

(4) 每个通道一次传送数据的最大长度为 64 KB，可以在存储器和外设之间进行数据传送，也可以在存储器的两个区域之间进行传送。

2．8237 的内部结构

8237 的内部由时序和控制逻辑、程序命令控制逻辑、优先级编码控制逻辑、I/O 缓冲器(地址、数据缓冲器)组及寄存器组等组成。8237 的逻辑结构及引脚如图 7-20 所示。

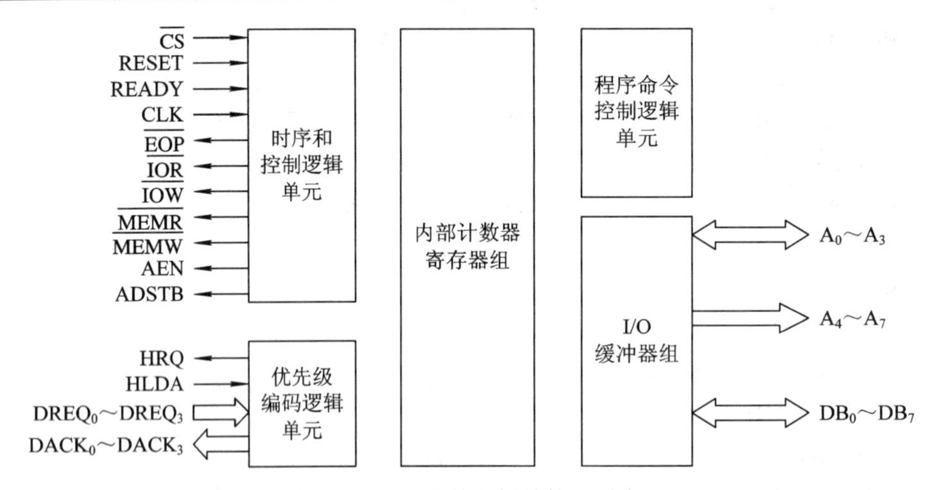

图 7-20　8237 的逻辑结构及引脚

1) 时序和控制逻辑单元

8237 处于从态时，这部分电路用于接收系统送来的时钟、复位、片选和读/写控制等信号，完成相应的控制操作；8237 处于主态时则向系统发出相应的控制信号。

2) 优先级编码逻辑单元

优先级编码逻辑单元可对同时申请 DMA 操作的多个通道进行优先级判优选择，DMA 控制器将自动优先响应优先级别高的通道的 DMA 操作申请。8237 有固定和循环两种优先级管理方式。不管采用哪种优先级管理方式，一旦某个优先级高的设备在服务时，其他通道的请求均被禁止，直到该通道的服务结束。

3) 内部计数器及寄存器组

内部计数器及寄存器组主要包括与 8237 控制功能、地址信息等相关的寄存器，包括状态寄存器、控制字寄存器、地址寄存器和字节计数器等。8237 有 4 个独立的 DMA 通道，每个通道都各有 4 个 16 位的寄存器，分别是基地址寄存器、基字节寄存器、当前地址寄存器和当前字节寄存器。另外，8237 内部还有 4 个通道共用的工作方式寄存器、命令寄存器、状态寄存器、请求寄存器、屏蔽寄存器和暂存寄存器等。通过对这些寄存器的编程，可以设置 8237 的工作方式、设置优先级管理方式以及实现存储器之间的传送等一系列的操作。

4) I/O缓冲器组

I/O 缓冲器组的功能是把 8237 的地址线(A_0～A_3、A_4～A_7)、数据线(DB_0～DB_7)和 CPU 的系统总线连接在一起。

5) 程序命令控制逻辑单元

程序命令控制逻辑单元的功能是对 CPU 送来的程序命令进行译码。在 DMA 请求服务之前(即芯片处于空闲周期)，通过 I/O 地址缓冲器送来的地址 A_3～A_0 分别对内部寄存器进行预置；在 DMA 服务期间(芯片处于操作周期)，对方式控制字的最低两位 D_1、D_0 进行译码，以确定 DMA 的操作通道。

PC 系统内的 8237 的通道 0、通道 2 和通道 3 被系统内部占用，分别被用于动态存储器刷新、外设控制器与存储器之间数据传送及硬盘控制器与存储器直接的数据传送。通道 1 留给用户作为外部设备的接口通道使用。

☞7.2.2　8237 芯片引脚功能

8237 引脚主要包括控制信息、地址信息和数据信息引脚。控制信息引脚集中在时序和控制逻辑单元和优先级编码逻辑单元；地址信息和数据信息引脚集中在地址、数据缓冲器组单元。

1. 时序控制信息引脚功能

• CLK：时钟信号输入端，用来控制 8237 内部操作定时和 DMA 的数据传输速率。8237 的时钟频率为 3 MHz，而 8237 的改进产品 8237-5 的时钟频率可达 5 MHz。

• $\overline{CS}$：片选输入端，低电平有效，$\overline{CS}=0$ 时选中本片。一般情况下，由 CPU 提供的部分高位地址线经译码输出选中该片。

• RESET：复位输入端，高电平有效。RESET = 1 时，8237 芯片禁止所有通道的 DMA 操作。复位后的 8237 必须重新初始化才能进入 DMA 操作。

• READY："准备就绪"信号输入端，高电平有效。READY = 1 时，表示存储器或外设准备就绪。在进行 DMA 操作时，由于所选择的存储器或外部设备端口的速度较慢，需要延长总线传送周期时，使 READY = 0，8237 则自动地在存储器读或存储器写周期中插入等待周期，直到存储器或端口准备就绪，发出状态信息使 READY = 1 后，使 DMA 恢复正常操作。

• AEN：地址允许输出信号，高电平有效。AEN = 1 时，使外部锁存器中锁存的高 8 位地址送到系统的地址总线，与 8237 芯片直接输出的低 8 位地址共同组成 16 位的内存偏移地址送入地址总线。同时，在 AEN 信号有效时也使得与 CPU 相连的地址锁存器失效。这样就保证了出现在地址总线上的信号来自 DMA 控制器，而不是 CPU。

• ADSTB：地址选通信号，高电平有效。该信号有效时，DMA 控制器把当前地址寄存器中的高 8 位地址通过 DB_7～DB_0 锁存到外部锁存器中。

• $\overline{MEMR}$：存储器读信号，低电平有效。主态时，与 $\overline{IOW}$ 配合把数据从存储器读出到外设中，或者实现存储器间的数据传送，把数据从源地址单元中读出。从态时该信号无效。

• $\overline{MEMW}$：存储器写信号，低电平有效。主态时，与 $\overline{IOR}$ 配合把数据从外设写入到存储器中，或者实现存储器间的数据传送，把数据写入目的地址单元中。从态时该信号无效。

• $\overline{IOR}$：I/O 读信号，低电平有效，双向。从态时，它是输入信号，CPU 利用此信号读取 8237 内部寄存器的状态；主态时，它是输出信号，与 $\overline{MEMW}$ 相配合，控制 I/O 设备端口数据传送给存储器。

• $\overline{IOW}$：I/O 写信号，低电平有效，双向。从态时，它是输入信号，CPU 利用它把信息写入 8237 内部寄存器，对 8237 进行初始化编程；主态时，它是输出信号，与 $\overline{MEMR}$ 互相配合，控制存储器存储单元数据传送给 I/O 设备端口。

• $\overline{EOP}$：传送过程结束信号，低电平有效，双向。在 DMA 传送时，当 DMA 控制器的任一通道中的当前字节计数器减为 0，再由 0 减为 FFFFH 而终止计数时，会在 $\overline{EOP}$ 引脚输出一个有效的低电平信号，作为 DMA 传送过程结束的信号。同时，8237 也允许从外部输入一个低电平的 $\overline{EOP}$ 来强制结束 DMA 传送。

• $DREQ_0$～$DREQ_3$：通道 0～通道 3 的 DMA 请求输入信号。在固定优先级情况下，DREQ0 优先级最高，$DREQ_1$～$DREQ_3$ 递减；在优先级循环方式下，某一通道不能独占最

高优先级，对于任何一通道在获取 DMA 响应后，立即为最低级，各个通道获取 DMA 响应的机会是均等的。

- $DACK_0$～$DACK_3$：DMAC 对各个通道请求的响应输出信号，其有效电平的极性由编程决定。
- HRQ：总线请求输出信号，高电平有效。该信号送到 CPU 的 HOLD 引脚，是向 CPU 申请获得总线控制权的 DMA 请求信号。当外设的 I/O 接口请求 DMA 传送时，就会使 DMA 控制器某一通道的 DREQ 信号有效，如果该通道未被屏蔽，则 8237 的 HRQ 引脚输出高电平，向 CPU 发出总线请求。
- HLDA：总线响应输入信号，高电平有效，是 CPU 对 HRQ 信号的应答信号。该信号和 CPU 的 HLDA 引脚相连。当 CPU 收到 8237 的 HRQ 信号以后，必须经过至少一个时钟周期后，使 HLDA 变为高电平，表示 CPU 已经把总线控制权交给了 8237，8237 收到此信号后，就可以进行 DMA 传送了。

2．地址、数据信息引脚

地址、数据信息引脚由 I/O 缓冲器引出，地址线为 16 位，数据线为 8 位。

- A_3～A_0：地址总线低 4 位，双向。从态时，它们为输入信号，用于寻址 8237 内部寄存器；主态时，它们为输出信号，用于提供要访问的存储单元的低 4 位地址。
- A_7～A_4：地址线，输出或浮空。主态时，用于输出存储单元低 8 位地址的高 4 位。从态时，浮空。
- DB_7～DB_0：8 位数据线，双向，与系统数据总线相连。从态时，CPU 可以使用 I/O 读命令从数据总线上读取 8237 的地址寄存器、状态寄存器、暂存寄存器和字节计数器的内容，CPU 还可以使用 I/O 写命令通过数据总线对各个寄存器进行编程。主态时，存储单元的高 8 位地址(A_{15}～A_8)经 8 位的 I/O 缓冲器从 DB_7～DB_0 引脚输出，在 ADSTB 信号的配合下，将 8 位地址锁存在外部的锁存器中，与 A_7～A_0 输出的 8 位地址一起构成 16 位的地址。当 8237 在存储器之间传送数据时，先把源存储器中读出来的数据，经过这些引脚送到 8237 的暂存器中，再经过这些引脚把暂存器中的数据写到目的存储单元中。

☞7.2.3　8237 工作方式

DMA 控制器 8237 提供四种工方式，分别是单字节传送方式、数据块传送方式、请求传送方式和级联传送方式。可编程使每个通道以其中一种方式进行工作。

1．单字节传送方式

在这种传送方式下，每进行一次 DMA 操作，只传送 1B 数据。在每次 DMA 操作传送一个字节数据后，当前字节计数器减 1、地址计数器加 1 或减 1，然后 8237 自动把总线控制权交给 CPU，让 CPU 占用至少一个总线周期，而后立即对 DMA 请求信号 DREQ 测试，若又有请求信号，8237 重新向 CPU 发出总线请求，获得总线控制后，再传送下一个字节数据，如此反复循环，直至字节计数器为 0，DMA 操作结束。

单字节传送方式的特点是：一次 DMA 传送只传送 1 B 数据，占用一个总线周期，然后释放系统总线。因此，这种方式又被称为总线周期窃取方式，每次总是窃取一个总线周期，完成 1B 数据传送之后立即归还总线。

2. 数据块传送方式

数据块传送方式下，一旦开始传送，就会一个字节接着一个字节连续进行传送，直到把整个数据块全部传送完毕，才交出系统总线控制权。如果需要提前结束传输过程，可通过外部输入一个有效的 $\overline{\text{EOP}}$ 信号来强制 8237 退出。

数据块传送方式的特点是：数据传输效率高，但整个数据块传送期间，CPU 失去总线控制权，因而别的 DMA 请求被禁止。

3. 请求传送方式

请求传送方式与数据块传送方式类似，只是在每传送一个字节后，8237 都对 DMA 请求信号 DREQ 进行测试，如检测到 DREQ 端变为无效电平，则马上暂停传输，但测试过程仍然进行，当 DREQ 又变为有效电平时，就在原来的基础上继续进行传输，直到传输结束。

4. 级联传送方式

级联传送方式可以使几个 8237 进行级联，构成主从式 DMAC 系统。级联时，从片的 HRQ 端和主片的 DREQ 端相连，从片的 HLDA 端和主片的 DACK 端相连，而主片的 HRQ、HLDA 和 CPU 系统连接。采用级联传送方式时，1 个主片最多允许和 4 个从片相连，若用 5 片 8237 所构成的二级级联系统，可得到 16 个 DMA 通道。编程时主片应设置为级联传送方式，从片不用设置成级联方式，但可以设置成其他三种工作方式之一。

☞7.2.4　内部计数器及寄存器组

内部计数器及寄存器组主要包括与 8237 控制功能、地址信息等相关的寄存器，即状态寄存器、控制字寄存器、地址寄存器和字节计数器等。8237 内部有 10 种可编程寄存器，共 25 个，如表 7-5 所示。

表 7-5　8237 的内部寄存器

名　称	位数	数量	功　能
当前地址寄存器	16	4	保存在 DMA 传送期间的地址值，可读/写
当前字节计数器	16	4	寄存当前字节数，初始值比实际值少 1，可读/写
基地址寄存器	16	4	寄存当前地址寄存器的初始值，只可写
基字节计数器	16	4	保存当前字节计数器的初值，只可写
工作方式寄存器	8	4	寄存相应通道的方式控制字，只可写
命令寄存器	8	1	寄存 CPU 发送的控制命令，只可写
状态寄存器	8	1	存放 8237 各通道的现行状态，只可读
请求寄存器	4	1	寄存各通道的 DMA 请求信号
屏蔽寄存器	4	1	寄存各通道请求信号的屏蔽状态
暂存寄存器	8	1	暂存传输数据，仅用于存储器到存储器的传送

1. 通道寄存器

通道 0～3 均具有相同结构的通道寄存器。

1) 工作方式寄存器(6+2位)

工作方式寄存器用于存放工作方式控制字，可通过编程写入，指定8237各通道自身的工作方式。在执行写入8位命令字之后，8237将根据D_1、D_0的编码自动地把方式寄存器的D_7～D_2位送到相应通道的方式寄存器中。8237各通道的方式寄存器是6位的，CPU不可寻址。

工作方式控制字格式如图7-21所示。

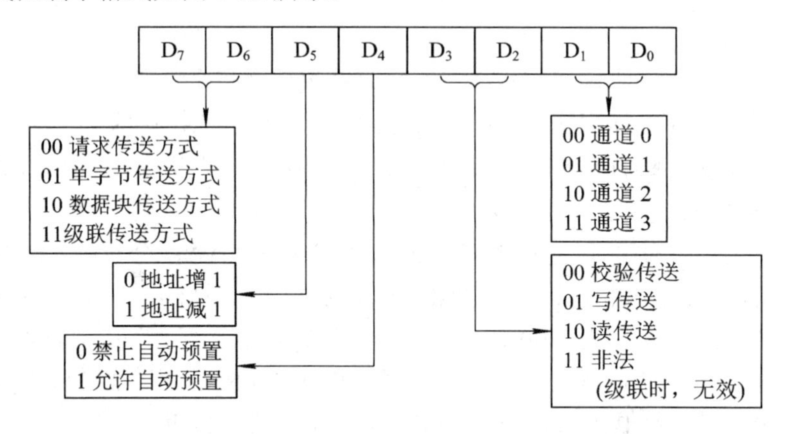

图7-21　8237工作方式控制字格式

- D_1D_0位：用于选择通道0～通道3。
- D_3D_2位：用于选择数据传输类型。8237共有三种数据传送类型：读传送、写传送和校验传送。$D_3D_2=10$时，选择读传送，将数据从存储器读出到I/O端口，8237发出$\overline{MEMR}$和$\overline{IOW}$；$D_3D_2=01$时，选择写传送，由I/O端口向存储器写入数据，8237发出$\overline{MEMW}$和$\overline{IOR}$；$D_3D_2=00$时，选择校验传送，这是一种伪传送，8237也会产生地址信息和$\overline{EOP}$信号，但不会发出对存储器和I/O设备的读写控制信号，这种功能一般是在对器件进行测试时才使用；$D_3D_2=11$时，无意义。
- D_4位：自动预置功能位。$D_4=1$，允许自动预置。这时，每当产生有效的$\overline{EOP}$信号后，该通道将自动把基地址寄存器和基字节计数器的内容分别重新置入当前地址寄存器和当前字节计数器中，达到重新初始化的目的。这样就既不需要CPU的干预，又能自动执行下一次DMA操作。$D_4=0$，禁止自动预置。
- D_5位：地址增减方式选择位。决定每传送1 B存储器的地址是增1还是减1，$D_5=0$时，地址增1；$D_5=1$时，地址减1。
- D_7D_6位：用于工作方式的选择。

2) 基地址和当前地址寄存器

每个通道都有一对16位的“基地址寄存器”和“当前地址寄存器”。基地址寄存器存放本通道DMA操作时存储器的初始地址，它是在初始化编程时写入的，同时也写入当前地址寄存器。在DMA操作期间，基地址寄存器内容保持不变，但当前地址寄存器的内容会在每传送一个数据时自动加1或减1。若选择方式控制字$D_4=1$，当$\overline{EOP}$有效时，基地址寄存器初始值便自动装入当前地址寄存器。对于同一通道的基地址和当前地址寄存器具有相同的写入端口地址，编程时写入相同的内容，但基地址寄存器的内容是不可读出的，却可以根据需要读出当前地址寄存器的内容。

3) 基字节和当前字节计数器

每个通道都有一对 16 位的"基字节计数器"和"当前字节计数器"。基字节计数器存放本通道 DMA 操作时传输字节数的初值，该初值比实际传送的字节数少 1，它是在初始化编程时写入的，同时也写入当前字节计数器。在 DMA 操作期间，基字节计数器内容保持不变，但当前字节计数器的内容会在每传送一个数据时自动减 1。若选择方式控制字 $D_4=1$ 时，当 $\overline{EOP}$ 有效时，基本字节计数器的初始值便自动装入当前字节计数器。对于同一通道的基字节和当前字节计数器具有相同的写入端口地址，编程时写入相同的内容，但基字节计数器的内容是不可读出的，却可以根据需要读出当前字节计数器的内容。

4) 请求寄存器(4位)

8237 内部有一个 4 通道共用的 4 位的 DMA 请求寄存器，每位对应一个通道。相应请求位置 1 时，表示对应通道产生了 DMA 请求，清 0 时，表示没有产生 DMA 请求。有两种方法可以设置请求寄存器的相应位，一种是采用硬件方法由外部送到 DREQ 线上的请求信号使相应位置 1，产生 DMA 请求。一种是采用软件方法使请求位置 1 或清 0，而且每个通道的请求位可以分别进行设置。可以通过设置请求字来设置这 4 个请求位，请求字的格式的如下：

X	X	X	X	X	D_2	D_1	D_0

D_1D_0 位可以为 00、01、10、11，分别表示选择：通道 0、通道 1、通道 2、通道 3。

D_2 位：设置中断请求位。可由软件置 $D_2=1$，产生相应通道 DMA 请求。

例如，软件产生通道 1 的 DMA 请求指令为

```
MOV AL, 00000101B
OUT 09H, AL          ; 请求寄存器的低 4 位为 1001B,参看表 7-6
                     ; 这里高 4 位片选地址为 0000B
```

5) 屏蔽寄存器(4位)

8237 内部有一个 4 通道共用的 4 位的屏蔽寄存器，每位对应一个通道。相应屏蔽位置 1 时，禁止对应通道的 DREQ 请求进入请求寄存器，即屏蔽该通道，屏蔽位复位时，允许 DREQ 请求。

对 8237 允许写入两种屏蔽字，使各屏蔽位置位或复位。两种屏蔽字写入不同的端口地址中。

(1) 通道屏蔽字。可用指令对屏蔽寄存器写入通道屏蔽字来对单个屏蔽位进行操作，使之置位或复位。通道屏蔽字和通道请求的格式类似，格式如下：

X	X	X	X	X	D_2	D_1	D_0

- D_1D_0 位可以为 00、01、10、11，分别表示选择：通道 0、通道 1、通道 2、通道 3。
- D_2 位：设置中断屏蔽位。可由软件置 $D_2=1$，屏蔽相应通道的 DMA 请求。

(2) 主屏蔽字。8237 还允许使用主屏蔽命令来设置通道的屏蔽触发器，主屏蔽字的格式和功能如下：

X	X	X	X	D_3	D_2	D_1	D_0

D_0～D_3位分别对应通道0～通道3。若某位为1，则表示相应通道的DREQ请求被屏蔽；若某位为0，则表示相应通道的DREQ请求没有被屏蔽。这样利用一条主屏蔽命令就可以一次完成4个通道屏蔽位的设置。

2. 通道共用寄存器

1) 命令寄存器(8位)

命令寄存器用于存放命令控制字，它可以设置8237的工作状态。

8237的4个DMA通道共用一个命令寄存器。由CPU通过执行初始化程序对它写入控制字，以实现对8237工作状态的设置。8237命令字格式如图7-22所示。

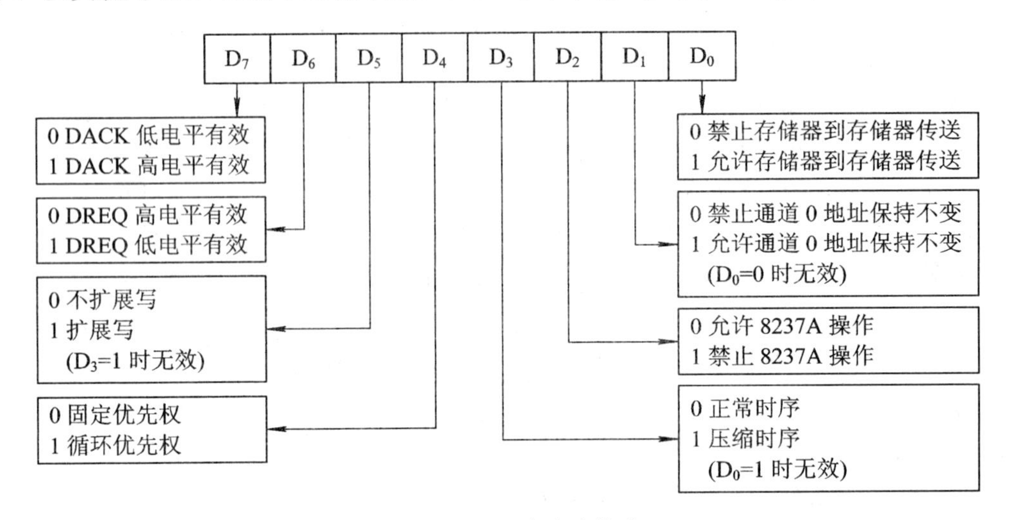

图7-22　8237命令字格式

- D_0位：用于控制是否工作在存储器到存储器传输方式。$D_0=1$时，允许存储器到存储器传输，并规定先用通道0从源地址存储单元读入数据字节，再放到暂存器中，然后由通道1把数据字节写到目的地址存储单元，接着两通道的地址分别加1或减1，通道1的字节计数器减1，直到传输完成；$D_0=0$时，禁止存储器到存储器传输。
- D_1位：用于执行存储器到存储器传送操作时，决定是否允许通道0的地址保持不变，所以只有在$D_0=1$时D_1位才有意义。$D_1=0$时，每传送一个字节，源地址(通道0)和目标地址均增加1或减少1，字节计数器自减1；$D_1=1$时，每传送一个字节，源地址(通道0)保持不变，目标地址均增加1或减少1，字节计数器自减1。在这种情况下，可以把存储器某一个字节单元的数据连续传送给整个目标存储单元。
- D_2位：用来启动和停止8237的工作。$D_2=0$时，启动8237工作。
- D_3位：选择工作时序，控制I/O端口与存储器之间的传送速度。$D_3=0$时为正常时序；$D_3=1$时为压缩时序。当$D_0=1$时，D_3无意义。
- D_4位：用于选择各通道DMA请求的优先级。$D_4=0$时，为固定优先级，即通道0优先级最高，通道1～3依次递减；$D_4=1$时，为循环优先级，即在每次DMA服务之后，各个通道优先级都发生变化。
- D_5位：在$D_3=0$(正常时序)时才有意义。$D_5=1$时，选择扩展的写信号，$D_5=0$时，选择不扩展的写信号。

- D_6 位：$D_6=0$ 时，DREQ 高电平有效；$D_6=1$ 时，DREQ 低电平有效。
- D_7 位：$D_7=0$，DACK 低电平有效；$D_7=1$，DACK 高电平有效。

2) 状态寄存器(8位)

状态寄存器高 4 位 D_7～D_4 的状态，分别表示当前通道 3～通道 0 是否有 DMA 请求。(有请求相应位为 1，否则为 0)。低 4 位 D_3～D_0 指出通道 3～通道 0 的 DMA 操作是否结束(DMA 操作结束相应位为 1，否则为 0)。

3) 暂存寄存器(8位)

在数据从存储器某个区域到另一区域传送期间，用来暂存从源地址单元读出的数据。当数据传送完成时，所传送的最后 1 B 数据可由 CPU 读出。用 RESET 信号可以清除暂存寄存器中的内容。

3．软件命令

8237 设置了 3 条软件命令，即主清除命令、清除字节指示器命令和清除屏蔽寄存器命令。这些软件命令只要对某个适当的地址进行写入操作就会自动执行相应的命令。

1) 主清除命令

主清除命令与在 RESET 引脚提供高电平具有相同的作用，都会对 8237 进行复位操作。执行该命令后，使得命令寄存器、状态寄存器、请求寄存器、暂存寄存器和字节计数器清 0，并使得屏蔽寄存器的各位置 1，使 8237 进入空闲周期，以便进行编程。此命令所写入的端口地址的低 4 位为 0DH。

2) 清除字节指示器命令

字节指示器又被称为先/后触发器或字节地址指示触发器。由于 8237 各通道的地址和字节计数器都是 16 位的，但 8237 的数据线只有 8 位，所以 CPU 需要访问两次这些寄存器需要。当字节指示器的值为 0 时，CPU 访问这些 16 位寄存器的低 8 位；当字节指示器的值为 1 时，CPU 访问这些 16 位寄存器的高 8 位。为了按正确的顺序访问这些寄存器，CPU 首先使用清除字节指示器命令来清除字节指示器，使 CPU 第一次先访问 16 位寄存器的低 8 位，第一次访问结束后，字节指示器的值自动置 1，这样 CPU 在第二次就能正确地访问到寄存器的高 8 位，而后字节指示器的值又自动清 0。此命令所写入的端口地址的低 4 位为 0CH。

3) 清除屏蔽寄存器命令

清除屏蔽寄存器命令将 4 个通道的屏蔽位全部清除，使各通道均能接受 DMA 请求。此命令所写入的端口地址的低 4 位为 0EH。

☞7.2.5　DMA 应用编程

进行 DMA 传送之前，CPU 要对 8237 进行初始化编程。对 8237 进行编程实际上就是利用 OUT 指令对相应通道或寄存器写入命令字或数据，使 DMA 控制器处于选定的工作方式，从而进行指定的操作。

1．8237 主要寄存器端口地址分配

表 7-6 给出了 8237 主要寄存器的端口地址分配及相应的读/写操作。

表 7-6　8237 内部寄存器相应的端口地址及操作

片内地址				寄　存　器	
A_3	A_2	A_1	A_0	($\overline{IOR}=0$、$\overline{IOW}=1$)读操作	($\overline{IOW}=0$、$\overline{IOR}=1$)写操作
0	0	0	0	读通道 0 当前地址寄存器	写通道 0 基址与当前地址寄存器
0	0	0	1	读通道 0 当前字节计数器	写通道 0 基字节与当前字节计数器
0	0	1	0	读通道 1 当前地址寄存器	写通道 1 基址与当前地址寄存器
0	0	1	1	读通道 1 当前字节计数器	写通道 1 基字节与当前字节计数器
0	1	0	0	读通道 2 当前地址寄存器	写通道 2 基址与当前地址寄存器
0	1	0	1	读通道 2 当前字节计数器	写通道 2 基字节与当前字节计数器
0	1	1	0	读通道 3 当前地址寄存器	写通道 3 基址与当前地址寄存器
0	1	1	1	读通道 3 当前字节计数器	写通道 3 基字节与当前字节计数器
1	0	0	0	读状态寄存器	写命令寄存器
1	0	0	1	—	写请求标志寄存器
1	0	1	0	—	写屏蔽标志寄存器
1	0	1	1	—	写方式寄存器
1	1	0	0	—	清除先/后触发器
1	1	0	1	读暂存器	写主复位命令
1	1	1	0	—	清屏蔽寄存器
1	1	1	1	—	写多通道屏蔽寄存器

2．8237 编程一般步骤

对 8237 进行初始化编程的步骤如下：

(1) 发出复位命令。

(2) 写工作方式控制字到方式寄存器。

(3) 写命令字到命令寄存器。

(4) 根据所选通道，写基地址和基字节数寄存器。

(5) 设置屏蔽 DMA 通道并写入屏蔽寄存器。

(6) 由软件请求 DMA 操作，则写入请求寄存器，否则由 DREQ 控制信号启动。

在 IBM-PC 机中，为了使 8237 控制器的 16 位地址线管理 1 MB 内存，设置了 4 位页面地址寄存器，作为 DMA 操作时的高 4 位地址，存储器每页容量为 64 KB，分为 0 页、1 页、2 页……。在 DMA 操作时，每次传送的数据长度必须在页内。通道 1～3 的页面地址寄存器的端口地址分别为 83H、81H 和 82H。在对 8237 初始化过程中，还要对使用的通道设置页面寄存器。

【例 7-16】　使用通道 1 连接的外设，采用 DMA 方式将其 512 B 的数据块传送到内存 2FFFH 开始的存储单元中，已知 8237 端口地址为 00～0FH，设增量传送，块传送，不自动初始化，DREQ 高电平有效，DACK 低电平有效，编写初始化程序。

设置工作方式控制字为：10000101B＝85H，设置命令字为：00000000B＝00H，参考初始化程序如下：

```
OUT 0DH, AL             ; 发复位命令
MOV AL, 85H
OUT 0BH, AL             ; 写入方式寄存器
MOV AL, 00H
OUT 08H, AL             ; 写入命令寄存器
MOV AL, 0FFH
OUT 02H, AL             ; 写入基地址低字节
MOV AL, 2FH
OUT 02H, AL             ; 写入基地址高字节
MOV AX, 512
OUT 03H, AL
MOV AL, AH
OUT 03H, AL             ; 写入字节数
MOV AL, 1
OUT 83H, AL             ; 设通道 1 页面地址
MOV AL, 01H
OUT 0EH, AL             ; 设通道 1 允许 DMA 请求
```

初始化程序执行后，可由硬件置 DREQ1 为高电平或由软件产生通道 1 的 DMA 请求，CPU 响应后由 DMAC 获得总线控制权，即可在 DMAC 控制下，完成数据块的传送。

7.3 本章要点

所谓可编程芯片，是指可以通过 CPU 写入芯片内部规定好的控制字或命令字或方式字等，设置芯片实现不同的操作、工作方式及命令形式等功能，本章介绍了两种可编程接口芯片：中断控制器 8259A 和 DMA 控制器 8237。

(1) 中断过程主要包括：中断请求、中断判优、中断响应、中断处理(执行中断服务程序)和中断返回五个子过程。

(2) 中断服务程序的入口地址称为中断向量，中断向量表是存放中断服务程序入口地址的一段存储区域。CPU 只有获取中断类型号，才能得到中断向量，执行中断处理程序。

(3) 8259A 是一种可编程中断控制器芯片，系统采用 8259A 实现外部中断与 CPU 的接口功能。一片 8259A 可管理 8 个中断请求，可通过多个 8259A 的级连，最高可扩展到允许 9 片 8259 级联，64 级中断请求优先权管理。

(4) 8259A 的初始化命令字寄存器 ICW_1～ICW_4，用于存放 CPU 通过指令送入 8259A 的初始化命令字；操作控制字寄存器 OCW_1～OCW_3，用于在初始化编程后，存放 CPU 在系统运行中通过指令送人 8259A 的工作命令字。

(5) 中断程序的设计包括加载程序的设计和中断服务程序设计。

(6) DMA 控制器 8237 有主态和从态两种不同的工作状态。在主态下可直接控制系统总线，在从态下与其他接口芯片一样，接受 CPU 对它的读/写操作。

(7) DMA 控制器 8237 含有 4 个独立的 DMA 通道，可以实现内存到接口、接口到内存以及内存到内存之间的高速数据传送。

(8) 8237 支持单字节传送、数据块传送、请求传送和级联传送等 4 种 DMA 传送方式。

思考与练习

1．问答题。

(1) 中断处理过程包括哪些部分？简述 80x86 采用 8259A 处理中断的工作过程。

(2) 8259A 的初始化命令字和操作命令字的主要区别是什么？

(3) 中断程序设计的主要步骤是什么？在编写中断服务程序时为什么要设置保护现场、开中断、关中断操作？

(4) 8237 在单字节 DMA 传输和块方式 DMA 传输时，有什么区别？

(5) 什么是 8237DMA 控制器的主态工作方式？什么是从态工作方式？

(6) 8237 可执行哪几条软件命令？

(7) 8237 具有几个 DMA 通道？每个通道有哪几种传送方式？什么叫自动预置？

2．写出分配给下列中断类型号在中断向量表中的物理地址。

(1) INT　12H;　　　　(2) INT　8

3．已知某系统采用 8259A 做中断控制系统，主片 IR_2 和 IR_5 分别接有一从片，中断优先权采用特殊全嵌套方式，试写出各中断源的优先权排队顺序。

4．若系统采用 8259A 作为中断控制器，采用循环优先权控制方式，若 IR_3 的中断源刚被服务过，则优先权队列为什么？

5．某中断源使用中断类型号为 n=60H，其中断处理程序的入口为 INT60H，编写程序段将其中断向量存放在中断向量表中。指出该中断源分别作为软中断或可屏蔽硬中断请求的控制方式。

6. 某 8086 系统采用两片 8259A 级联管理 15 级中断源。设主片的中断类型号为 08H～FH，端口地址为 20H、21H，从片的中断类型号为 80H～87H，端口地址为 0A0H、0A1H。从片 8259A 接在主片 8259A 的 IRQ_2，编写初始化程序。

7．设 8259A 端口偶地址为 38H、奇地址为 39H、单片 8259A、固定优先级、硬件中断边沿触发、中断类型号高 5 位为 11110B。由 IRQ_2 引入的中断处理程序入口为 INT_2，中断处理程序的功能是:连续读取存储单元起始地址为 2A00H 开始的 100 个字节单元的内容，写入到 3A00H 为起始地址的存储单元中去。试写出相应的初始化程序和中断服务子程序。

8．设 8259A 的操作命令字 OCW_2 中，EOI＝0，R＝1，SL＝1，L2L1L0＝011，试指出 8259A 的优先权排队顺序。

9．在两片 8259A 级联的中断系统中，主片的 IR_6 接从片的中断请求输出，请写出初始化主片、从片时，相应 ICW_3 的格式。

10. 若 8237A 的端口基地址为 000H，使用通道 2 连接的外设，采用 DMA 方式将其 1 KB 的数据块传送到内存 2000H 开始的存储单元中，设增量传送，块传送，不自动初始化，DREQ 高电平有效，DACK 低电平有效，试编写初始化程序。

第 8 章　可编程定时器/计数器芯片 8253

微机应用系统中经常要用到定时信号。例如，在计算机实时控制和处理系统中，主机需要每隔一定的时间对处理对象进行采样，之后再对获得的数据进行处理，这就要用到定时信号。实现定时可以采用软件和硬件两种方法。

软件定时就是让计算机执行一个程序段，这个程序段本身没有具体的执行目的，但由于执行每条指令都需要时间，则执行这个程序段本身就需要一个固定的时间。这种方法只需要选用合适的指令和循环次数就很容易实现，因此具有很好的通用性和灵活性，但要占用 CPU 的时间，降低了 CPU 的利用率。因此，这种方法适合于定时时间值不大、重复次数有限的场合。

硬件定时有不可编程和可编程两种。不可编程的定时电路采用中小规模集成电路来设计，这种定时电路在硬件连接好以后，定时值及定时范围不能由程序来修改，因此通用性和灵活性差。而可编程硬件定时则是用指令设置定时常数并启动定时，定时电路一旦启动后便与 CPU 并行工作。这种方法由于定时值的设置与更改方便，且定时功能不占用 CPU 的时间，因而得到广泛应用。Intel 系列的可编程间隔定时器(PIT，Programmable Interval Timer)8253 就是典型的可编程定时电路。其改进型为 8254。本章仅介绍 Intel 8253。

8.1　8253 性能、结构及引脚功能

☞8.1.1　8253 的基本性能

Intel 8253 芯片是一种可编程定时器/计数器电路。所谓定时器/计数器，其内部工作实质都是计数器。作为定时器使用时，是对内部时钟脉冲进行计数；作为计数器使用时，是对外部输入脉冲进行计数。8253 芯片广泛用于各种微机系统中，用户可通过编程选择定时/计数操作方式，使用方便灵活。

8253 的基本性能包括以下几个方面：

(1) 具有 3 个独立的 16 位可编程定时器/计数器通道，每个定时器/计数器通道的功能完全一样，既可作为定时器用，也可作为计数器用。

(2) 具有 6 种不同的工作方式。

(3) 由控制字可以方便实现按二进制计数或按十进制计数。

(4) 定时功能的实现是通过对标准时钟的计数来实现的，故定时精确度高

(5) 最高计数频率可达 2.6 MHz，可作为实时时钟、方波发生器、分频器等使用。

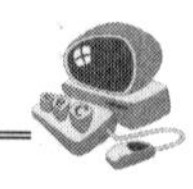

☞8.1.2　8253 的内部结构

8253 内部结构主要包括：三个完全独立的计数器通道、数据总线缓冲器、读/写控制逻辑及控制字寄存器，如图 8-1 所示。

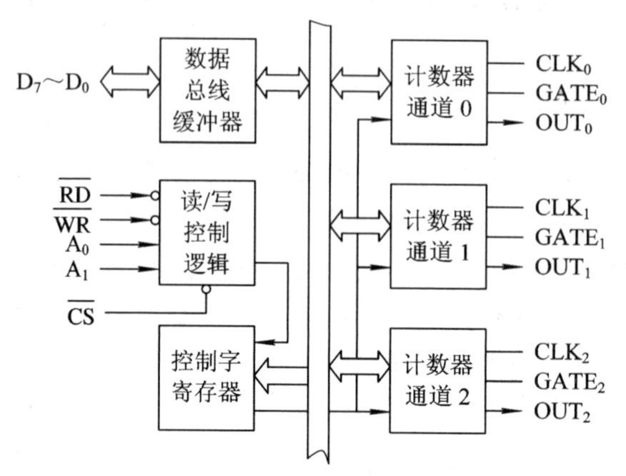

图 8-1　8253 的内部结构框图

1．计数通道

8253 有三个相互独立的可编程定时器/计数器通道，简称通道 0、通道 1 和通道 2。

1) 通道结构

每个通道由控制字寄存器、控制逻辑、计数初值寄存器、计数执行单元和计数输出锁存器等 5 个部分组成，通道 0、通道 1、通道 2 内部结构及功能完全相同，如图 8-2 所示。

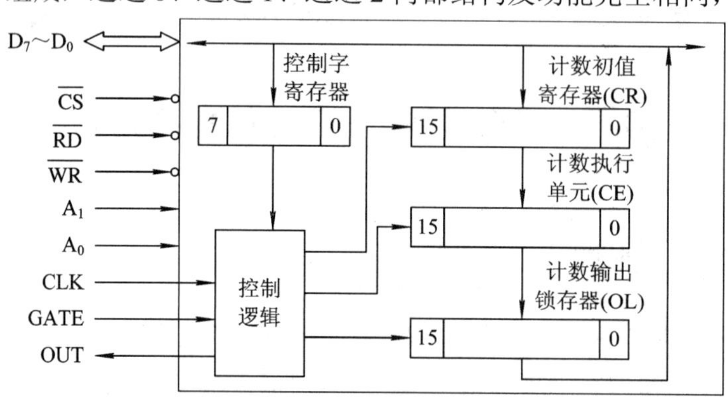

图 8-2　(计数)通道内部结构

(1) 控制寄存器：每个通道各有一个 8 位的控制字寄存器，该寄存器存放由 CPU 写入的通道工作方式控制字，以确定计数器通道的工作方式、计数制式等功能。

(2) 计数初值寄存器(CR)：16 位寄存器，用来存放计数器的计数初值。

(3) 计数执行单元(CE)：也称计数器，16 位，它从初值寄存器中获得计数初值后，在门控信号 GATE 的控制下，开始对计数初值进行减 1 计数。

(4) 计数输出锁存器(OL)：16 位只读寄存器，用以锁存当前计数值。OL 通常跟随计数执行单元内容的变化而变化，当接收到 CPU 发来的锁存命令时，就锁存当前的计数值而不跟随计数执行单元变化。直到 CPU 从中读取锁存值后，才恢复到跟随计数执行单元变化的状态。

(5) 控制逻辑：控制计数执行单元如何计数、何时输出的电路。

三个通道在工作时是完全独立的。

2) 通道功能

每个计数器各有三个相关引脚信号：

- CLK：计数器的时钟输入，用于输入计数脉冲或定时基准脉冲。
- GATE：计数器的门控信号输入，用于启动或禁止计数器的操作。
- OUT：计数器的输出，以相应的电平或输出脉冲波形指示计数的完成。

16 位的计数器可以设置为按二进制计数，也可以设置为按 BCD 码表示的十进制计数。按二进制计数时，最大计数数值为 $2^{16}=65\,536$；按 BCD 码计数时，最大计数数值为 10 000。

每个通道工作的实质是对含有初始值的计数器进行减 1 操作，直至计数为 0，之后发出控制命令。

当通道作为计数器使用时的工作过程如下：

(1) 设置计数初值。计数初值寄存器用来寄存需要计数的初值。

(2) 启动门控信号 GATE。当 GATE=1 时，启动计数单元开始计数；GATE=0 时，计数器停止计数。

(3) 对输入计数器的 CLK 脉冲计数。CLK 可以是一个非周期性事件计数信号，也可以是一个周期性事件计数信号。当启动计数器计数时，从接收第一个 CLK 脉冲输入开始，计数器便从初始值进行减 1 计数。

(4) 当计数器值减为零时，OUT 输出指示信号表明计数单元已为零，计数结束。

当通道作为定时器使用时，其电路组成、工作过程和作为计数器使用时完全一样。通道中的计数器仍然是对 CLK 脉冲进行计数。所不同的是，这里的 CLK 脉冲必须是由基准时间提供的一个周期性时钟脉冲，计数器对 CLK 脉冲计数值乘以脉冲的周期即为定时时间。所以在定时器工作方式下，必须有可靠的周期性计数脉冲，所需要的定时时间必须转换为对周期性 CLK 时钟脉冲的计数值：

$$\text{计数器初始值}=\frac{\text{需要定时时间}}{\text{CLK脉冲周期}}$$

该计数值作为计数器的计数初始值，当其被计数器减至 0 时，由 OUT 输出指示信号表明定时时间到。

在定时工作方式下，每当计数单元为零时，若设置计数初值寄存器(CR)的内容自动重新装入计数单元，继续反复执行定时操作，其输出端 OUT 将输出连续的方波，输出频率为

$$\text{输出频率}=\frac{\text{输入CLK时钟脉冲频率}}{\text{计数初值}}$$

综上所述，无论通道工作在计数方式还是定时方式，其工作过程是一样的，都是通过通道内进行减 1 计数的方式来实现计数功能或定时功能的。

2．与 CPU 连接的接口部分

1) 与CPU连接的接口部分结构

8253 与 CPU 连接的接口部分有数据总线缓冲器、读/写控制逻辑及控制字寄存器。这部分主要完成数据传送、逻辑控制等。

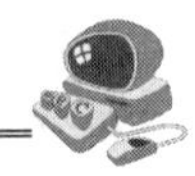

2) 功能

(1) 数据总线缓冲器是一个 8 位双向三态缓冲器，其 8 位数据线直接与 CPU 数据总线连接，CPU 与 8253 的所有信息(包括 CPU 写入 8253 的工作方式控制字、计数初值、读取通道当前的计数值)必须由此传送。

(2) 读/写控制逻辑电路主要用于：

• 接收 CPU 发出的地址信息，该信息经片选译码可确定是否选中该片；接收片内端口地址信号 A_1、A_0，以确定是片内的哪个端口。

• 接收 CPU 发出的读/写控制命令。

(3) 控制字寄存器用来接收 CPU 写入的控制字，以确定所选择的计数通道及工作方式。

☞8.1.3　8253 的引脚功能

8253 芯片共 24 根引脚线，双列直插式(DIP，Dual In-line Package)封装。引脚包括计数通道对外引脚、与 CPU 连接的数据线和控制信息引脚等，见图 8-3。

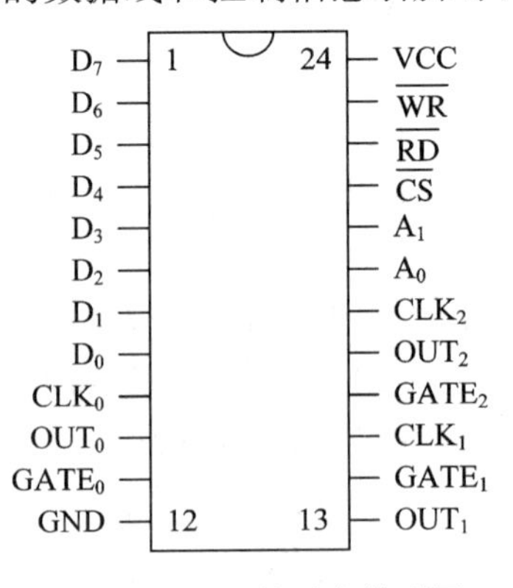

图 8-3　8253 的引脚排列图

1. 与 CPU 连接的引脚功能

(1) $D_7 \sim D_0$：8253 数据线，8 位，双向三态，一般连接 CPU 数据总线的低 8 位，是 CPU 与 8253 交换信息的唯一通道。

(2) $\overline{CS}$：片选信号，输入，低电平有效。$\overline{CS}=0$，表示当前 8253 芯片数据线 $D_0 \sim D_7$ 与 CPU 的数据总线接通，该 8253 被选中。$\overline{CS}$ 引脚由 CPU 发送到地址总线的信息(一般为端口的高端地址)经译码器产生的输出信号控制。

(3) $\overline{RD}$：读控制信号，低电平有效，输入。CPU 读取 8253 数据时，该信号必须为低电平。该引脚一般接 CPU 的 $\overline{RD}$，在执行 IN 指令时，CPU 的读控制引脚 $\overline{RD}$ 输出低电平控制该引脚有效。

(4) $\overline{WR}$：写控制信号，低电平有效，输入。CPU 写入 8253 计数初值或控制字时，该信号必须为低电平。该引脚一般接 CPU 的 $\overline{WR}$，执行 OUT 输出指令时，CPU 的写控制引脚 $\overline{WR}$ 将会输出低电平控制该引脚。

(5) A_1、A_0：片内端口地址选择信号，输入。8253 内部有 4 个端口(3 个计数通道和 1 个控制口)，用 A_1、A_0 两位代码不同的组合 00、01、10、11 分别表示计数通道 0、计数通道 1、计数通道 2 和控制字寄存器的端口地址。A_1、A_0 一般分别连接 CPU 地址总线的低两位。对于 8086 系统，当 8253 的数据线连接在 CPU 数据总线的低 8 位时，必须定义 8253 内部的 4 个端口地址均为偶地址。

8253 控制引脚的不同组合所实现的操作见表 8-1。

表 8-1　8253 控制引脚组合操作

$\overline{CS}$	A_1	A_0	$\overline{RD}$	$\overline{WR}$	读写操作
0	0	0	1	0	CPU 写入通道 0 计数初值
0	0	1	1	0	CPU 写入通道 1 计数初值
0	1	0	1	0	CPU 写入通道 2 计数初值
0	1	1	1	0	CPU 写入控制字寄存器控制字
0	0	0	0	1	CPU 读计数器 0 当前计数值
0	0	1	0	1	CPU 读计数器 1 当前计数值
0	1	0	0	1	CPU 读计数器 2 当前计数值
0	1	1	0	1	不能读控制口，呈高阻态
1	x	x	1	1	芯片数据线呈高阻态

2．计数器引脚功能

(1) CLK_0～CLK_2：计数输入引脚。作计数器使用时，分别为输入给通道 0、通道 1、通道 2 的计数脉冲；作定时器使用时，则为相应通道的周期性基准脉冲。

(2) OUT_0～OUT_2：分别为通道 0、通道 1、通道 2 的计数结束输出信号引脚。当相应通道的计数器的计数值减为 0 时，则相应引脚输出信号表示计数结束。该输出信号可以作为计数和定时控制，也可以作为计数脉冲的分频器等。

(3) $GATE_0$～$GATE_2$：分别为通道 0、通道 1、通道 2 的选通输入(门控输入)信号引脚，高电平有效，用于启动或禁止计数器的操作。当 GATE＝1 或处于处于上升沿时，启动计数单元开始计数；GATE＝0 时，计数器停止计数。

8.2　8253 控制字及工作方式

☞8.2.1　8253 控制字

8253 只有一个控制字，该控制字用于选择计数通道及其工作方式、计数数制及 CPU 访问计数器的顺序，由 CPU 编程写入控制字寄存器端口。

8253 控制字格式及含义如图 8-4 所示。

各位含义解释如下：

(1) D_7D_6 位：通道选择控制位，用于确定该控制字为哪一个通道的控制字。8253 只有一个控制字寄存器端口存放控制字，三个通道的控制字都要写入同一个端口，由 D_7D_6 位确定当前控制字写入哪一个通道。

(2) D_5D_4位：读写顺序控制位。$D_5D_4=00$时，将当前计数通道计数器的计数值锁存到计数输出锁存器中，以供CPU读取；$D_5D_4=01$时，只能读/写计数器低8位；$D_5D_4=10$时，只能读/写计数器高8位；$D_5D_4=11$时，先读/写计数器低8位，后读/写计数器高8位。

(3) $D_3D_2D_1$位：工作方式选择控制位，用来确定当前所选择的计数通道的工作方式。

(4) D_0位：计数数制控制位。$D_0=1$，计数器按BCD码进行减1计数；$D_0=0$，计数器按二进制进行减1计数。

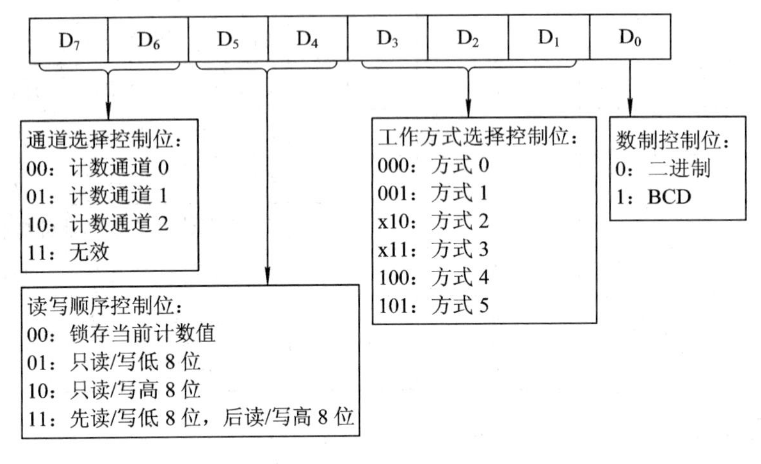

图8-4　8253控制字格式及含义

计数器工作过程：

① 在任何一种工作方式下，都必须先向8253写入控制字。

② 控制字同时还起复位作用，它使OUT变为规定状态，计数初值寄存器CR清零。

③ 向8253写入计数器初值到CR，并在下一个CLK将CR装入计数执行单元CE。

④ GATE为高电平或上升沿时，CE开始减1计数。

⑤ CE计数为0或等于1时，OUT线输出指示信号。

☞8.2.2　8253工作方式

8253的计数器有6种工作方式，在不同的方式下，计数器的启动方式、门控信号GATE的作用方式以及输出OUT的输出波形有各自的特点。

1．方式0——计数结束产生中断方式

其时序波形图如8-5所示，方式0的工作过程如下：

(1) 当写入控制字后，输出端OUT以低电平作为初始电平，并且在计数值达到0之前一直保持低电平。当计数达到0时，输出端OUT变为高电平，并保持到重新写入计数初值或复位时为止。

(2) 计数初值写入初值寄存器后，须在下一个时钟脉冲到来时，才能送到计数执行部件。若计数初值为N，则在门控信号一直维持高电平的情况下，输出端OUT要在初始值写入后再经过N+1个时钟，才升为高电平并结束计数过程，如图8-5(a)所示。

(3) 门控信号GATE用作允许或禁止计数的功能。当门控信号GATE为1时，开放计数；否则，禁止计数，此时计数器处于保持状态。方式0时GATE的波形如图8-5(b)所示。

(4) 在计数过程中，如果又有一个新的计数初值被写入计数器，则下一个时钟脉冲到来时，新的计数初值送到计数执行部件，并按新的初值开始计数，即改变计数值是立即有效的，如图 8-5(c)所示。

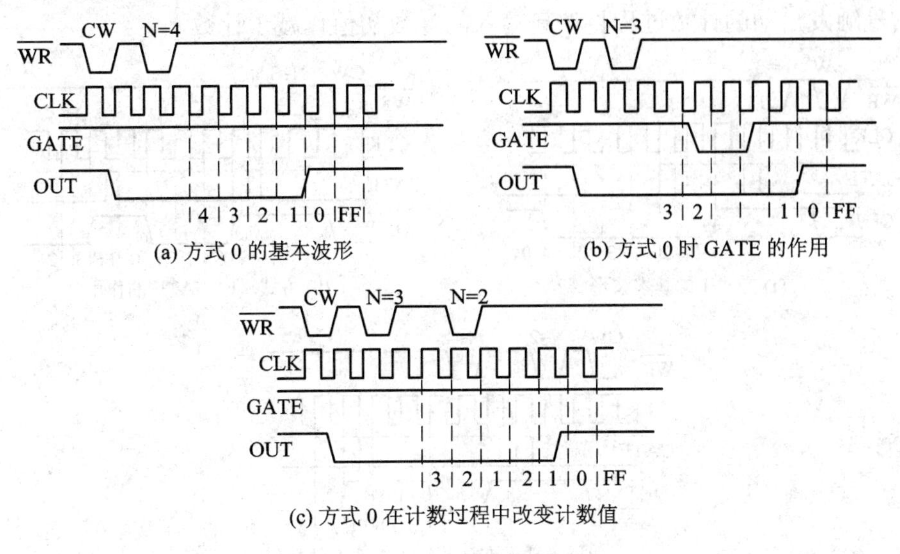

图 8-5　方式 0 的时序波形

实际应用中，常将方式 0 计数结束后输出端产生的上升沿作为中断请求信号。因此，方式 0 也称为计数结束产生中断方式。

方式 0 的特点：

- 计数器计数结束时，OUT 输出由低电平变为高电平，可作为中断请求信号。
- 计数过程由软件启动，即初始化程序在写入计数初值后开始计数。
- 只能是一次性计数。若要自动重复计数，则必须再次写入新的计数值。
- 写入控制字后，OUT 输出为低电平。

【例 8-1】 设 8253 计数器通道 0 工作于方式 0，用 BCD 计数，其计数值为 50，占用端口地址 40H～43H。

初始化程序段参考如下：

```
MOV AL，11H         ；设置控制字
OUT 43H，AL         ；写入控制字寄存器
MOV AL，50 H        ；设置计数初值
OUT 40H，AL         ；写入计数初值寄存器
```

2．方式 1——硬件可重触发单稳态触发器方式

其时序波形如图 8-6 所示。方式 1 的工作过程如下：

(1) 当写入控制字后，输出端 OUT 即以高电平作为初始电平。当计数初值装入初值寄存器后，要等到门控信号 GATE 上升沿到来时才启动计数过程。计数器在 GATE 上升沿到来后的下一个时钟周期开始计数，输出 OUT 变为低电平。

(2) 在整个计数过程中，OUT 都维持为低电平，直到计数到 0，输出变为高电平时为止。

(3) 计数器计数过程中或计数到 0 时，外部可发出门控信号进行再触发，即允许重复

触发，在再触发脉冲上升沿到来之后的下一个时钟周期，计数器将重新开始计数，此过程不必重新写入计数初值。

(4) 在计数过程中，如果写入新的计数初值，则当前计数过程及输出不受影响。下一个门控信号触发启动的计数过程将按新写入的计数初值作减 1 计数。

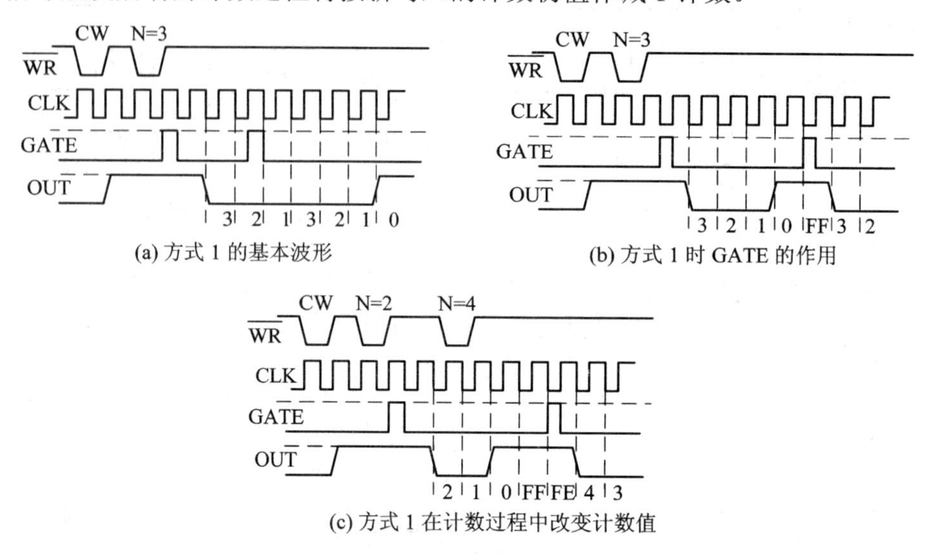

(a) 方式 1 的基本波形　(b) 方式 1 时 GATE 的作用

(c) 方式 1 在计数过程中改变计数值

图 8-6　方式 1 的时序波形

由于在方式 1 下计数器的计数过程是由外部门控信号触发而启动的，门控信号的上升沿使输出变为低电平，当计数到 0 时，输出端又自动回到高电平，所以这是一种单稳态工作方式。单稳态输出脉冲的宽度主要取决于计数初值，但计数过程中允许重复触发，在重复触发时，会使单稳态输出的脉冲宽度变宽。因此，方式 1 也称为硬件可重触发单稳态触发器方式。

方式 1 的特点：

- OUT 输出为一个单稳态负脉冲，其脉宽为计数初值 × CLK 时钟脉冲的周期。
- 计数过程由硬件启动，即由门控脉冲的上升沿触发。
- 在形成单稳态脉冲过程中，可以重触发。
- 写入控制字后，OUT 输出为低电平。
- 在微机实时控制系统中常用作监视时钟。
- 在计数过程中，多个 GATE 触发信号，产生一个 OUT 输出周期。

【例 8-2】　设计数器通道 1 工作于方式 1，按二进制计数，计数初值为 40H，设 8253 占用端口地址 40H～43H。初始化程序段参考如下：

```
MOV AL，52H        ；工作方式控制字
OUT 43H，AL
MOV AL，40H        ；送计数初值
OUT 41H，AL
```

3. 方式 2——脉冲速率发生器方式

方式 2 称为分频输出方式。其时序波形图如 8-7 所示。

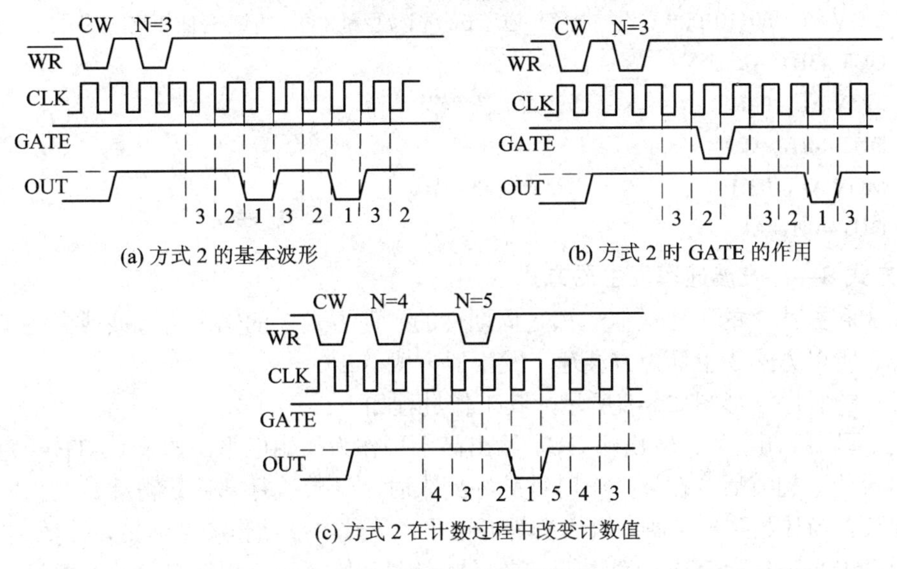

图 8-7　方式 2 的时序波形

方式 2 的工作过程如下：

(1) 当写入控制字后，输出端 OUT 即以高电平作为初始电平。当计数初值写入初值寄存器后，在下一个时钟脉冲，计数初值被送到计数执行部件，然后计数执行部件作减 1 计数。在计数过程中 OUT 始终保持为高电平，直至计数器减到 1 时，变为低电平，经过一个时钟周期，输出又恢复为高电平，且计数器开始重新计数。若计数初值为 N，则输出端在 N 个时钟周期里呈现一个输出周期，在此周期中，高电平占 N－1 个时钟周期，低电平占 1 个时钟周期。

(2) 计数过程可由门控信号控制。当门控信号 GATE＝1 时，计数进行；当 GATE＝0 时，计数器停止计数，在 GATE 变高后的下一个时钟脉冲使计数器恢复初值，重新开始计数。

(3) 计数过程中，如果送入新的计数初值，则对正在进行的计数过程及输出信号没有影响，但在下一个计数周期中，计数器将按新的计数值计数，即改变计数值是下次有效的。

计数器工作在方式 2 时，无需重新设置计数值，而能够连续工作，输出固定频率的脉冲。因此方式 2 可以作为一个脉冲速率发生器或用于产生实时时钟中断。

方式 2 的特点：

- OUT 输出为一个周期负脉冲信号，负脉冲宽度为一个 CLK 脉冲的周期。OUT 输出频率为 CLK 输入(N 个脉冲)的 1/N，故方式 2 为分频工作方式。
- 计数过程中不接收编程装入的新的计数初值。
- 计数初值寄存器(CR)的内容能自动地、重复地装入到 CE 中。
- 写入控制字后，OUT 为高电平。
- 既可软件启动(即在 GATE＝1 时，写入计数初值)，又可硬件启动。
- 方式 2 虽然可以作分频电路，但其输出是窄脉冲。
- 主要应用是作为分频器和时基信号。

【例 8-3】　设 8253 计数器 0 工作于方式 2，按二进制计数，计数初值为 0304H，8253 占用端口地址 40H～43H。初始化程序段参考如下：

```
MOV AL，00110100B；设控制字，通道0，先读/写高8位，再读/写低8位，方式2，二进制计数
OUT 43H，AL
MOV AL，04H          ；送计数值低字节
OUT 40H，AL
MOV AL，03H          ；送计数值高字节
OUT 40H，AL
```

4．方式 3——方波速率发生器方式

方式 3 和方式 2 的工作类似，都是周期性的。但方式 3 的输出为方波或者为基本对称的矩形波。所以方式 3 也称为方波速率发生器方式。

方式 3 的时序波形图如 8-8 所示，其工作过程如下：

(1) 当写入控制字后，输出端 OUT 输出高电平作为初始电平。如果 GATE 一直为高电平，则写入计数初值后，在下一个时钟脉冲到来时，计数执行部件获得计数初值，并开始作减 1 计数。当计数到一半时，输出变为低电平，计数器继续作减 1 计数，计数到终值时，输出变为高电平，从而完成一个周期。之后，自动开始下一个周期，由此不断进行下去，产生周期为 N 个时钟脉冲宽度的方波输出。

当计数初值为偶数时，输出端的高低电平持续时间相等，所以输出为完全对称的方波；当计数值 N 为奇数时，输出端的高电平持续时间比低电平持续时间多一个时钟周期，所以输出为接近方波的矩形波，而整个输出周期仍为 N 个时钟脉冲的周期。

(2) GATE＝1 时，计数进行；GATE＝0 时，计数停止。如果在输出 OUT 为低期间，GATE＝0，OUT 将立即变高，停止计数。当 GATE 变高以后，计数器将重新装入初值，开始新的计数。因此，计数过程也可以由门控信号来控制，即可以由硬件启动。

(3) 若在计数过程中写入新的计数初值，将不影响现行的计数过程。新的计数初值将在现行计数过程结束后装入计数器。但是，如果在写入新的计数初值后，又受到门控信号上升沿的触发，则将会结束当前输出周期，而在下一个时钟周期时，计数执行部件将获得新的初值，并按新值开始计数。

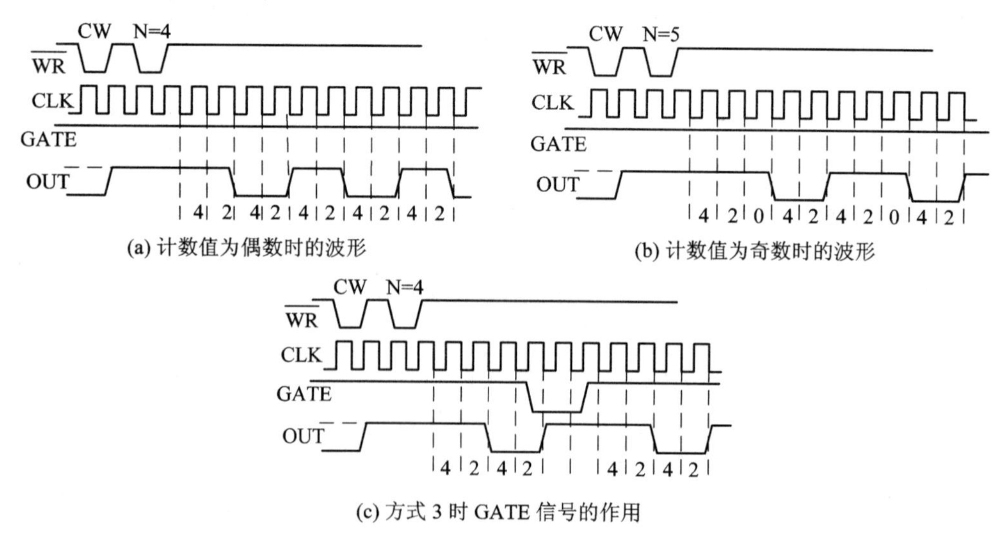

(a) 计数值为偶数时的波形　　(b) 计数值为奇数时的波形

(c) 方式 3 时 GATE 信号的作用

图 8-8　方式 3 的时序波形

方式 3 的特点：

- 改变计数初值，OUT 端将输出不同频率的方波。
- 既可软件启动，又可硬件启动。
- 主要应用是作为方波发生器和波特率发生器。

【例 8-4】　设 8253 计数器 2 工作在方式 3，按二-十进制计数，计数初值为 4，8253 占用端口地址 40H～43H。初始化程序段参考如下：

```
MOV AL，10010111B        ；计数器 2，只读/写低 8 位，工作方式 3，二-十进制
OUT 43H，AL              ；控制字送控制字寄存器
MOV AL，4                ；送计数初值
OUT 42H，AL
```

5．方式 4——软件触发选通方式

方式 4 在计数结束为 0 后产生负极性的选通脉冲，OUT 输出宽度为一个 CLK 时钟的低电平。方式 4 的时序波形图如图 8-9 所示，其工作过程如下：

(1) 当写入控制字后，输出端 OUT 输出高电平作为初始电平。写入计数初值后，经过一个时钟周期，计数执行部件获得计数初值，并开始作减 1 计数。当计数器计数到 0 时，输出变为低电平，此低电平持续一个时钟周期，又自动变为高电平，并一直维持为高电平。

(2) GATE＝1 时，进行计数；GATE＝0 时，停止计数，而输出维持当时的电平。只有在计数器的计数值减为 0 时，才使输出由高电平变为低电平，从而产生一个时钟周期的负脉冲。

(3) 如果在计数时又写入新的计数值，则在下一个时钟周期时，此计数值被写入计数执行部件，并且按新的初值开始计数。

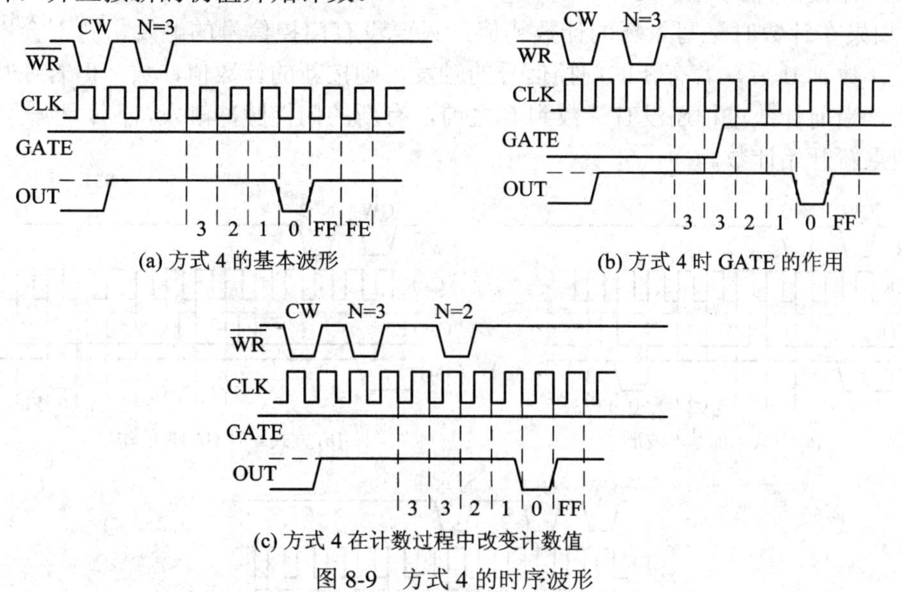

(a) 方式 4 的基本波形　(b) 方式 4 时 GATE 的作用

(c) 方式 4 在计数过程中改变计数值

图 8-9　方式 4 的时序波形

当 8253 计数通道工作在方式 4 时，计数器主要通过写入初始值这个软件操作来启动计数器工作，产生一个负脉冲作为选通信号，所以方式 4 称为软件触发选通方式。

方式 4 的特点：

- 计数过程由软件启动，即在写入计数初值或新的计数初值后开始计数。

- 只能是一次性计数，不能自动循环计数。
- 写入控制字后，OUT 输出为高电平。
- 该方式可以实现定时和对 CLK 脉冲的计数功能，输出的负脉冲可作为选通信号使用。

【例 8-5】　设 8253 计数器 1 工作于方式 4，按二进制计数，计数初值为 3，8253 占用端口地址 40H～43H。初始化程序段参考如下：

```
MOV AL，58H          ; 设置控制字寄存器
OUT 43H，AL          ; 送控制字
MOV AL，3            ; 置计数初值
OUT 41H，AL          ; 送计数初值
```

6. 方式 5——硬件触发选通方式

方式 5 为硬件触发选通信号方式，即在 GATE 的上升沿出现后的下一个 CLK 脉冲的下降沿，将计数初值装入计数器并开始对其后的 CLK 脉冲计数，计数结束后，OUT 输出低电平，宽度为一个时钟脉冲周期。

方式 5 的时序波形图如 8-10 所示，其工作过程如下：

(1) 当写入控制字后，输出端 OUT 输出高电平作为初始电平。写入计数初值后，必须有门控信号 GATE 的上升沿到来，计数器才启动计数过程。当计数到 0 后，输出变为低电平，经过一个时钟周期，输出恢复为高电平，并一直维持高电平，且停止计数。要等到下一个门控信号 GATE 的上升沿的触发才能重新启动计数过程。

(2) 如果在计数过程中，有 GATE 的上升沿到来，则计数器将重新获得计数初值后按初值作减 1 计数，直到减为 0。

(3) 如果在计数时又写入新的计数初值，只要没有门控信号的触发，就不会影响计数过程。当计数到 0 后，若有新的门控信号的触发，则按新的计数值计数。但若在写入了新的初值后，当前计数过程还没有计数到 0 之前，有新的门控脉冲触发，则计数器将按新的计数初值重新开始计数。

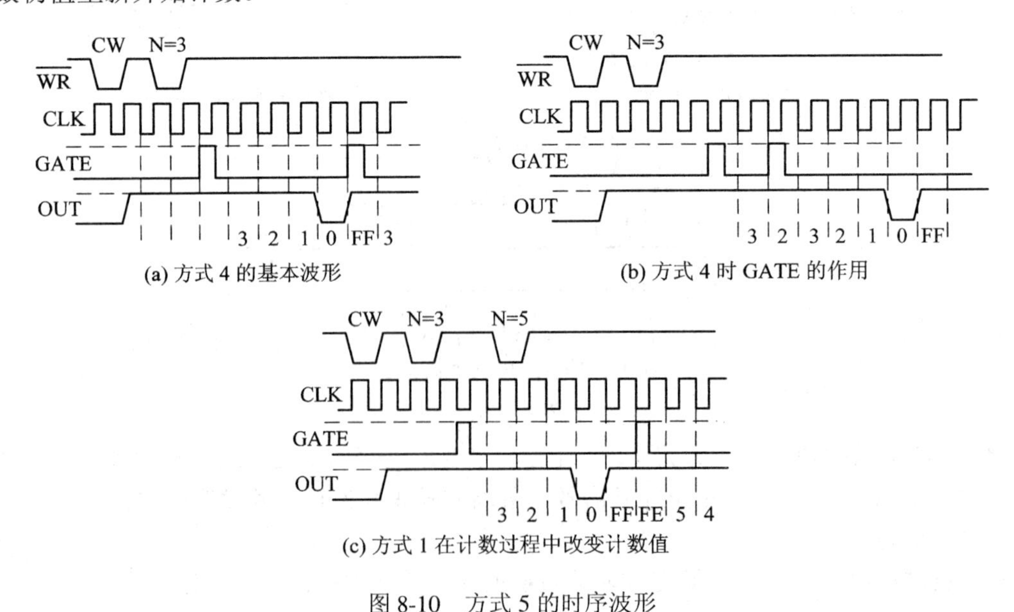

图 8-10　方式 5 的时序波形

从输出信号的波形看，方式 5 与方式 4 都是产生一个负脉冲作为选通信号。但方式 5 的计数过程是由硬件电路产生的门控信号触发而启动的，因而方式 5 称为硬件触发选通方式。

方式 5 的特点：

- 计数过程由门控信号输入端 GATE 的上升沿触发启动，即由硬件触发后开始计数。
- 只要 GATE 不出现上升沿，则在计数过程结束前，计数器不会因其他情况停止计数。
- 只能是一次性计数，不能自动循环计数。
- 可以实现定时和对 CLK 脉冲的计数功能，输出的负脉冲可作为选通信号使用。

【例 8-6】 设 8253 的通道 1 工作于方式 5，按二进制计数，计数初值为 4000H，8253 占用端口地址 40H～43H。初始化程序段参考如下：

```
MOV AL，01101010B          ；通道 1，只读写高字节，方式 5，二进制计数
OUT 43H，AL
MOV AL，40H                ；计数初值写入高字节，低字节默认为 0
OUT 41H，AL                ；送计数初值
```

以上介绍了 8253 的 6 种工作方式，每个计数器可通过控制字任选一种工作方式。计数器各种工作方式的工作过程概括如下：

① 在任何一种工作方式下，都必须先向 8253 写入控制字。

② 写入控制字的同时，使 OUT 输出变为各工作方式规定的电平，CR 清零。

③ 在写入控制字后的任何时间，都可以向 8253 写入计数器初值到 CR，并在下一个 CLK 将 CR 装入 CE。

④ GATE 为高电平或出现上升沿时，开始计数。

⑤ 计数为 0 时，OUT 输出指示信号，停止计数或自动重复计数。

表 8-2 给出了 8253 各种工作方式下的功能、控制及输出的关系。

表 8-2　8253 不同工作方式下的功能、控制及输出

工作方式	功能	OUT 初始电平	计数器启动方式	GATE 信号	OUT 输出
0	计数结束发中断请求	低电平	软件启动单次计数	高电平	当计数结束时，OUT 为高电平
1	可重触发单(稳态)脉冲输出	高电平	硬件启动单次计数	上升沿	输出一个宽度为 n 个 CLK 脉冲周期的负脉冲
2	对 CLK 脉冲分频输出	高电平	软件/硬件启动重复计数	高电平	每当 CE 为 1 时，输出一个宽度为一个 CLK 脉冲周期的负脉冲
3	方波速率发生器	高电平	软件/硬件启动重复计数	高电平	输出周期性对称方波或近似对称方波
4	软件触发脉冲方式	高电平	软件启动单次计数	高电平	当计数结束时，OUT 输出一个宽度为一个 CLK 脉冲周期的负脉冲
5	硬件触发脉冲方式	高电平	硬件启动单次计数	上升沿	当计数结束时，OUT 输出一个宽度为一个 CLK 脉冲周期的负脉冲

☞8.2.3　8253 编程

1．初始化

使用 8253 时，首先要对芯片进行初始化编程：先写入某一计数通道的控制字，然后写入通道的计数初值。需要指出的是，在初始化编程时，某一计数器的控制字和计数初值是通过两个不同的端口地址写入的。计数初值是由各个通道的端口地址写入的，而所有计数器的控制字都是通过同一控制端口写入的，并存入各通道对应的寄存器中。

8253 初始化编程步骤及注意事项如下：

(1) 首先根据所选择各计数器的工作方式，确定各计数器的控制字，并将其写入 8253 的控制端口。

(2) 写入方式控制字之后，任何时间都可以按照控制字 D_5D_4 位的规定，把所设计的各计数器的计数初值写入相应计数器通道端口中。

① 计算计数初值。

通道作为计数器使用时，直接写入需要计数的初值即可。

通道作为定时器使用时，计数初值＝定时时间/CLK 脉冲周期。

通道作为分频或输出方波使用时，计数初值＝CLK 脉冲频率/OUT 输出频率。

② 计数初值与相应的控制字 D_5D_4 位的关系。

- 若计数初值 N 为二进制数(控制字 $D_0=0$)，计数范围是：0000H～FFFFH。

当 N≤FFH 时，仅需 1 字节(8 位计数)，控制字位 D_5D_4 置为 01；当 N＞FFH 时，则需 16 位计数，控制字位 D_5D_4 置为 11。

- 若计数初值为 BCD 码(控制字 $D_0=1$)，计数范围是：0～9999。

当 N≤99 时，仅需 1 字节(8 位计数)，控制字位 D_5D_4 置为 01；当 N＞99 时，需用 16 位计数，控制字位 D_5D_4 置为 11。

【例 8-7】　设 8253 的通道 0、通道 1、通道 2 工作方式及要求如下：

通道 0 工作在方式 0，按二进制计数，计数初值为 8FH；

通道 1 工作在方式 1，按 BCD 码计数，计数初值为 1234_{BCD}；

通道 2 工作在方式 3，已知计数脉冲 CLK_2 的频率为 2.5 MHz，要求 OUT_2 输出频率为 1 kHz，按 BCD 码计数。

分配给 8253 的端口地址为 02A0H、02A2H、02A4H、02A6H。

设定计数初值及控制字：

通道 0 计数初值为 8FH，8 位计数，控制字为 00010000B = 10H；

通道 1 计数初值为 1234H，16 位计数，控制字为 01110011B = 73H；

通道 2 计数初值 $= 2.5 \times 10^6/1000 = 2500 =$ 9C4H，控制字为 10110110B = 0B6H。

初始化程序参考如下：

```
MOV DX, 02A6H          ; 通道 0
MOV AL, 10H
OUT DX, AL
MOV AL, 8FH
```

```
MOV DX, 02A0H
OUT DX, AL
MOV DX, 02A6H              ; 通道 1
MOV AL, 73H
OUT DX, AL
MOV DX, 02A2H
MOV AL, 34H
OUT DX, AL
MOV AL, 12H
OUT DX, AL
MOV DX, 02A6H              ; 通道 2
MOV AL, 0B6H
OUT DX, AL
MOV DX, 02A4H
MOV AL, 0C4H
OUT DX, AL
MOV AL, 09H
OUT DX, AL
```

2．读计数器当前值

在 8253 计数过程中，可以通过 CPU 读指令读取当前计数器的计数值，以供检测。

8253 有两种动态读取计数值的方法。

1) 直接用输入指令读取计数器端口以取得当前计数值

使用这种方法的前提是在读取数据之前必须用门控脉冲或者外部逻辑禁止所选择的计数器的 CLK 脉冲输入，即令计数器先停止计数然后再读出。这是因为 8253 计数器是 16 位的，要分两次读，并且读入之后总要把数据存在某一个存储单元或者寄存器中，从而造成了两次读数之间必然有段时间间隔。而在这段时间里，计数值可能已经变化了，读出来的数据就可能不正确。因此，这种读数方法要求先停止计数，并要求内部和外部、软件和硬件相配合，有时会给使用带来一定的困难。

2) 用锁存命令锁存计数器的当前计数值

计数器锁存命令用一字节的最高两位 D_7D_6 指定要锁存的计数器通道号，D_5D_4 必须为 00，作为锁存命令的标志，其他各位可以为任意值。计数器锁存命令是控制字的一种特殊形式，所以要写入控制端口。这个命令一经写入，就立即把当前计数值锁存到锁存寄存器，而计数器可以继续工作。此后，CPU 通过和上面一样的方法读计数值，但由于计数值是从锁存寄存器中读取的，所以是一个稳定的值。

如在例 8-7 中对 8253 初始化后，要读取通道 1 当前计数值，将该值存放在 CPU 寄存器 BX 中，则可编程如下：

```
MOV DX, 02A6H
MOV AL, 40H          ; 设通道 1 控制字 40H 锁存当前计数值
```

```
OUT DX, AL
MOV DX, 02A2H
IN AL, DX                ; 读取当前计数值低 8 位
MOV BL, AL
IN AL, DX                ; 读取当前计数值高 8 位
MOV BH, AL
```

8.3　8253 应用

【例 8-8】　将 8253 计数器通道 2 的输出端 OUT_2 接一发光二极管，要求编程完成使发光二极管以点亮 2 s、熄灭 2 s 的间隔工作。设 8253 各通道端口地址设为 F8H、FAH、FCH 和 FEH。

根据要求，8253 的计数通道 2 应输出一个周期为 4 秒，占空比为 1∶1 的方波信号。若外部输入时钟信号的频率为 2 MHz，则图中计数器 1 的时钟输入信号的频率为 1 MHz。由于一个计数通道的最大定时值为 65 536，因此仅用一个计数器达不到定时时间 4 s 的要求。这里采用计数通道级联的方法，将计数器 1 的输出 OUT_1 作为计数器 2 的时钟输入 CLK_2，如图 8-11 所示。

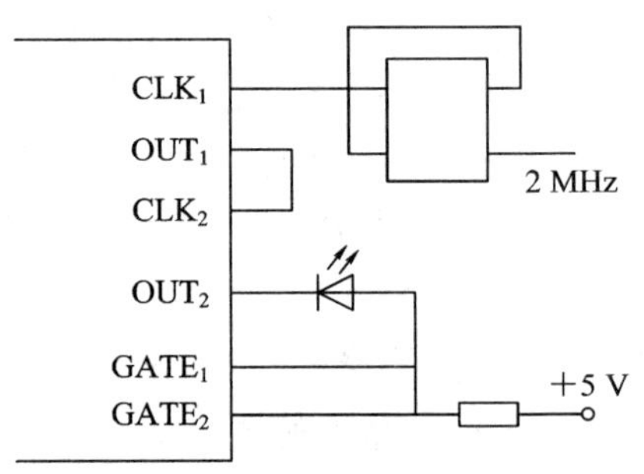

图 8-11　8253 应用实例 1 图

若设 8253 计数器 1 工作于方式 2(脉冲速率发生器方式)，计数初值设为 4000，计数器 2 工作于方式 3(方波速率发生器方式)，计数初值设为 1000，则计数器 1 的输出端 OUT_1 输出周期为 4 ms 的脉冲信号，计数器 2 的输出端 OUT_2 输出周期为 4 s 的方波。

计数器 1 的控制字为：01110101B=75H；

计数器 2 的控制字为：10110111B=0B7H。

对 8253 的初始化编程如下：

```
MOV AL，75H              ; 计数器 1 控制字
OUT 0FEH，AL
MOV AL，00H              ; 计数器 1 计数初值低 8 位
OUT 0FAH，AL
MOV AL，40H              ; 计数器 1 计数初值高 8 位
OUT 0FAH，AL
MOV AL，0B7H             ; 计数器 2 控制字
OUT 0FEH，AL
MOV AL，00H              ; 计数器 2 计数初值低 8 位
OUT 0FCH，AL
MOV AL，10H              ; 计数器 2 计数初值高 8 位
OUT 0FCH，AL
```

【例 8-9】 在图 8-12 所示硬件连接中，8253 应用于 A/D 转换子系统中，由计数器通道 0 的输出提供可编程的采样控制信号。借助于 8253 的三个计数器，不仅可以编程设定采样的频率，而且还可以设定采样信号的持续时间。设计数器 0、计数器 1 和计数器 2 分别工作于方式 2、方式 1 和方式 3，这三个计数器的计数初值分别设为 L、M 和 N。时钟频率为 F。

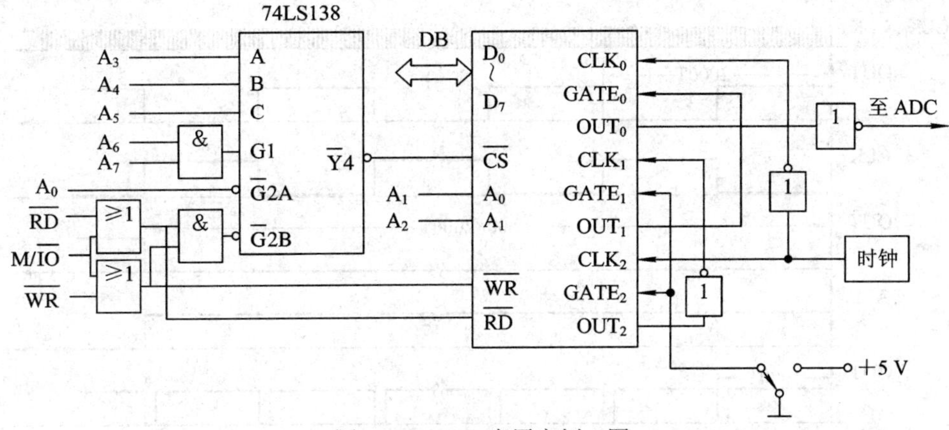

图 8-12　8253 应用实例 2 图

计数器通道 0 工作于方式 2，输出脉冲的频率为 F/L，用于控制 A/D 转换器的采样频率。计数器通道 2 工作于方式 3，输出频率为 F/N 的周期信号，作为计数器通道 1 的时钟输入，因此计数器通道 1 的时钟 CLK_1 的频率为 F/N，且由于计数器通道 1 工作在方式 1，其输出端 OUT_1 产生宽度为 M × N/F 的负脉冲，该信号作为计数器通道 0 的门控信号，可用于控制采样信号的持续时间。当对图 8-12 中 8253 各计数器通道初始化后，将继电器或手动开关合上，A/D 转换器便按 F/L 的采样频率工作，每次采样的持续时间为 M × N/F。

由图可知，8253 端口地址为 0E0H、0E2H、0E4H 和 0E6H。若设初始计数值 L、M 和 N 分别为 1000，500，2000。外接时钟频率 F 为 2.5 MHz，则其初始化程序段参考如下：

```
MOV AL，00110101B          ；计数器通道 0 方式控制字
OUT 0E6H，AL
MOV AL，00H                ；计数器通道 0 计数初值 1000_BCD
OUT 0E0H，AL
MOV AL，10H
OUT 0E0H，AL
MOV AL，01110010B          ；计数器通道 1 方式控制字
OUT 0E6H，AL
MOV AL，0F4H               ；计数器通道 1 计数初值 500=1F4H
OUT 0E2H，AL
MOV AL，01H
OUT 0E2H，AL
MOV AL，10110111B          ；计数器通道 2 方式控制字
OUT 0E6H，AL
MOV AL，00H                ；计数器通道 2 计数初值，2000_BCD
```

```
OUT 0E4H，AL
MOV AL，20H
OUT 0E4H，AL
```

图 8-13 所示为本例的波形图。

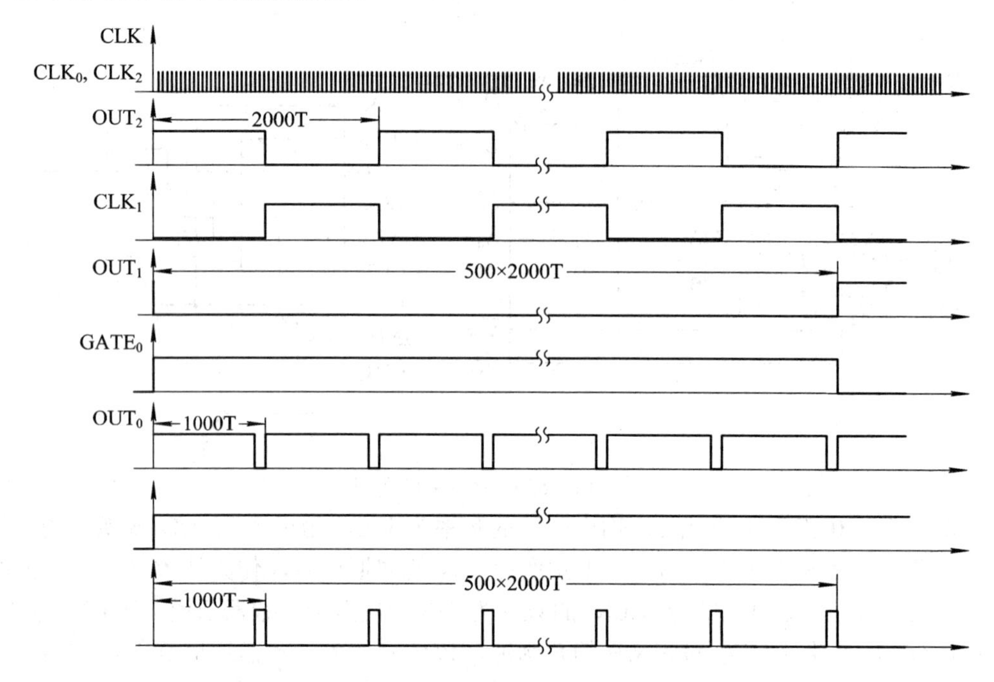

图 8-13　图 8-12 中 8253 各通道波形

8.4 本章要点

(1) 8253 具有 3 个完全独立的 16 位可编程定时器/计数器通道，每个通道具有 6 种不同的工作方式，可以实现对系统及外部设备的定时控制及计数控制。

(2) 各通道由控制字寄存器、控制逻辑、计数初值寄存器、计数执行单元、计数输出锁存器等 5 个部分组成。各通道工作的实质是对含有初始值的计数器进行减 1 计数直至其值为 0。

(3) 计数输入引脚 CLK 作计数器使用时，输入的是计数脉冲；作定时器使用时，则为相应通道的周期性基准脉冲；选通输入(门控输入)信号引脚 GATE 可以根据不同的工作方式设置为高电平或上升沿有效，用于启动或禁止计数器的动作。

(4) 8253 只有一个控制字，用于选择计数通道及其工作方式、计数制式及 CPU 访问计数器的顺序，由 CPU 编程写入控制端口。控制字同时还起到复位作用，它使 OUT 变为规定状态并使 CR 清零。

(5) 8253 计数器工作过程：首先向 8253 写入控制字，然后再向 8253 指定通道写入计数器初值，在 GATE 信号的控制下，开始计数；根据不同工作方式，当计数到 0 或 1 时，OUT 输出指示信号，停止计数或自动重复计数。

(6) 各通道完全独立工作，可以选择 6 种工作方式中的任何一种。方式 0 为计数结束产生中断方式；方式 1 为硬件可重触发单稳态触发器方式；方式 2 为脉冲速率发生器方式；方式 3 为方波速率发生器方式；方式 4 为软件触发选通方式；方式 5 为硬件触发选通方式。

(7) 8253 编程包括初始化编程、读计数器当前值。初始化编程只需写入方式控制字和计数初始值即可。8253 计数过程中，可以通过读指令读取当前计数器的计数值，以供检测。

思考与练习

1．8253 具有哪些基本功能？为什么说 8253 定时器/计数器工作的实质是减 1 计数器？

2．分别指出 8253 的 6 种不同的工作方式的特点。它们主要应用在哪些方面？

3．简述 8253 工作在方式 1 的工作过程。

4．8253 初始化编程步骤包括哪些内容？

5．在设置 8253 计数初值时应注意哪些问题？

6．8253 某通道 CLK 时钟频率为 2.5 MHz，该通道最长定时时间是多少？

7．利用 8253 的计数器通道 2 周期性地每隔 10 ms 产生一次中断，已知 CLK 频率为 2 MHz。试选择工作方式，并编写出相应的初始化程序。

8．设 8253 三个计数器通道的端口地址分别为 200H、201H、202H，控制寄存器端口地址为 203H。试编写程序片段，读出计数器通道 2 的内容，并把读出的数据装入寄存器 AX。

9．设 8253 的计数器通道 0 工作在方式 1，计数初值为 2050H；计数器通道 1 工作在方式 2，计数初值为 3000H；计数器通道 2 工作在方式 3，计数初值为 1000H。如果三个计数器通道的 GATE 都接高电平，三个计数器通道的 CLK 都接 2 MHz 时钟信号，试画出 OUT_0、OUT_1、OUT_2 的输出波形。

10．某系统中 8253 芯片的通道 0 至通道 2 和控制端口的地址分别为 FFF0H～FFF6H，定义通道 0 工作在方式 2，$CLK_0 = 2$ MHz，要求输出 OUT_0 为 1 kHz 的速率波；定义通道 1 工作在方式 0，其 CLK_1 输入外部计数事件，每计满 1000 个向 CPU 发出中断请求。试写出 8253 通道 0 和通道 1 的初始化程序。

11．设 8253 计数器通道 0 工作于方式 0，用 BCD 计数，其计数值为 500，设 8253 占用端口地址为 0370H～0373H。编写初始化程序。

12．设 8253 计数器通道 1 工作于方式 4，按二进制计数，计数初值为 99H，设 8253 占用端口地址为 40H～43H，编写初始化程序。

13．某系统中 8253 通道 2 工作在方式 3，已知计数脉冲 CLK_2 的频率为 1 kHz，要求 OUT_2 输出频率为 100 Hz，按 BCD 码计数，系统分配给 8253 的端口地址为 0A0H、0A2H、0A4H、0A6H。

(1) 设定计数初值及控制字。

(2) 编写初始化程序。

14．用 8253 通道 0 的 $GATE_0$ 作控制信号，在延时 10 ms 后，使 OUT_2 输出一负脉冲。已知计数脉冲 CLK_2 的频率为 2.5 MHz，系统分配给 8253 的端口地址为 0A0H、0A2H、0A4H、0A6H。

(1) 设定计数初值及控制字。

(2) 编写初始化程序。

15．设 8253 的通道 2 工作在计数方式，外部事件从 CLK_2 引入，通道 2 每计若干个脉冲便向 CPU 发出中断请求，CPU 响应这一中断后继续写入计数值，重新开始计数，保持每 1 s 向 CPU 发出一次中断请求。假设条件如下：

(1) 8253 的通道 2 工作在方式 4；

(2) 外部计数事件频率为 1 kHz；

(3) 中断类型号为 54H；

(4) 8253 的通道 0 至通道 2 和控制端口地址分别为 FFF0～FFF6H；

(5) 用 8212 芯片产生中断类型号。

试编写程序完成题目要求，并画出硬件连接图。

16．某接口原理图如图 8-14 所示。要求发光二极管 V_1 在 S_1 启动后亮 3 s 就熄灭；发光二极管 V_2 亮 2 s、灭 2 s，交替进行。编写简化汇编语言源程序。

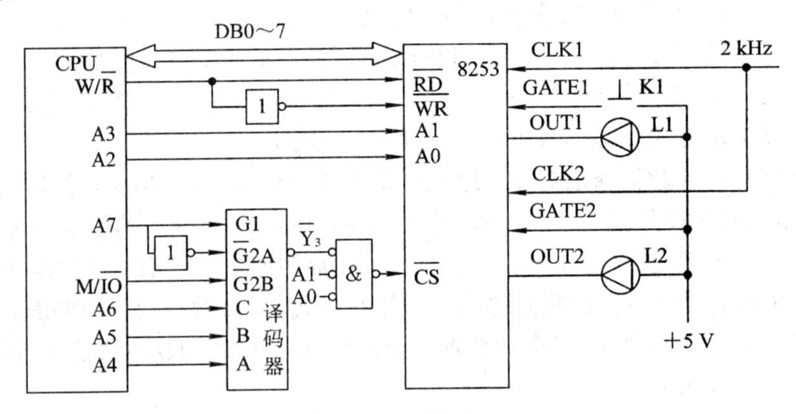

图 8-14　习题 16 图

17．设有某微机控制系统，采用定时器 8253 产生定时中断信号。CPU 响应中断后便执行数据采集、数字滤波和相应的控制算法，以控制输出。如图 8-15 所示，采用两个计数器串联的方法实现定时控制。一旦定时时间到，OUT_1 信号由高变低，经反向送 8259A 的 IR_2。IR_2 的中断类型码为 0AH，中断处理程序首地址存储在 28H～2BH。8253 端口地址为 230H～233H。试编制 8253 的初始化及设置中断处理程序首地址程序段。

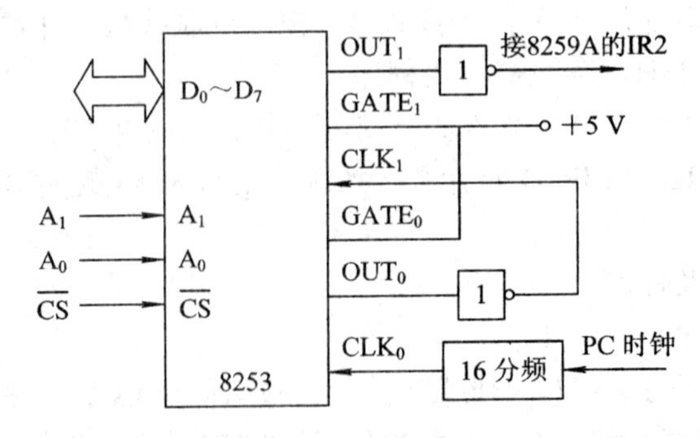

图 8-15　习题 17 图

第 9 章　并行通信接口技术

本章介绍并行通信的基本概念及常用可编程并行接口芯片 8255A 的结构、控制字、工作方式及应用。

9.1　并行通信及接口基本概念

1．概述

并行通信方式是指在计算机与其外设之间使用多条数据线同时传输多位二进制数据(每一数据位数据独自占用一根数据线)的一种数据传送方式。

在计算机系统中，并行通信一次可以传输 8 位、16 位或 32 位数据。并行通信的特点是传输速度快，具有 N 位数据线，其数据传输率是串行通信(见第 10 章)数据传输率的 N 倍。但由于并行传输线为多条位线密集并排在一起，不适合远距离传送，因此，并行通信仅应用在传输距离较短且数据传输速度要求较高的场合，如计算机与打印机、显示器、硬盘之间的通信。实现计算机与外部设备进行并行通信的电路称为并行接口(电路)。

并行输出接口通常用于连接外围设备或进行瞬态量输入，故应具备锁存功能。当应用系统 I/O 端口数量较少而且功能单一时，接口电路只需要完成简单的 I/O 数据操作，可采用 I/O 数据缓冲器、锁存器等构成简单的 I/O 接口芯片，这种芯片所实现的功能及控制信号等是固定的。

图 9-1 为简单并行 I/O 接口芯片组成的接口电路。

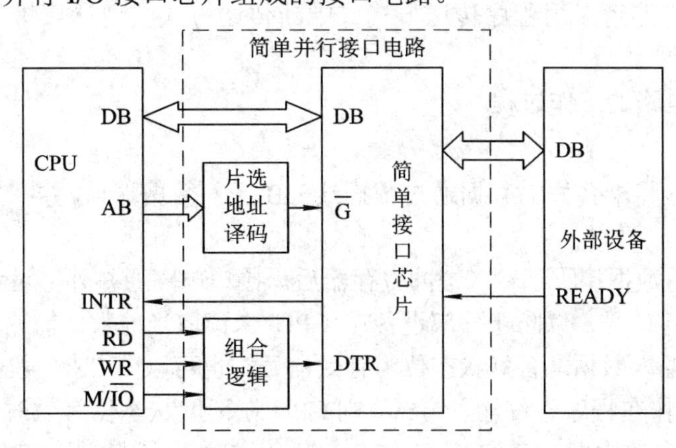

图 9-1　简单并行 I/O 接口电路

简单并行 I/O 接口芯片主要是完成数据的锁存、输入输出缓冲等功能。其主要引脚线是数据线及 2～3 根使能控制线。在图 9-1 中，所选芯片内的 $\overline{G}$ 引脚为低电平时该芯片工作，

其数据线 DB 与 CPU 的数据线 DB 为接通状态，而 DTR 为 1 时表示 CPU 通过芯片把数据传送给外部设备，DTR 为 0 时表示 CPU 通过芯片读取外部设备的数据。

在一般情况下，可以根据用户的需要，使用可编程并行接口芯片设计并行接口电路。由可编程接口芯片实现的接口电路，其功能、状态、控制逻辑电平等可以通过用户程序进行控制，可以设计为单向输入、单向输出、双向功能或多通道接口电路，使用非常方便。由可编程并行接口芯片组成的并行接口电路如图 9-2 所示。

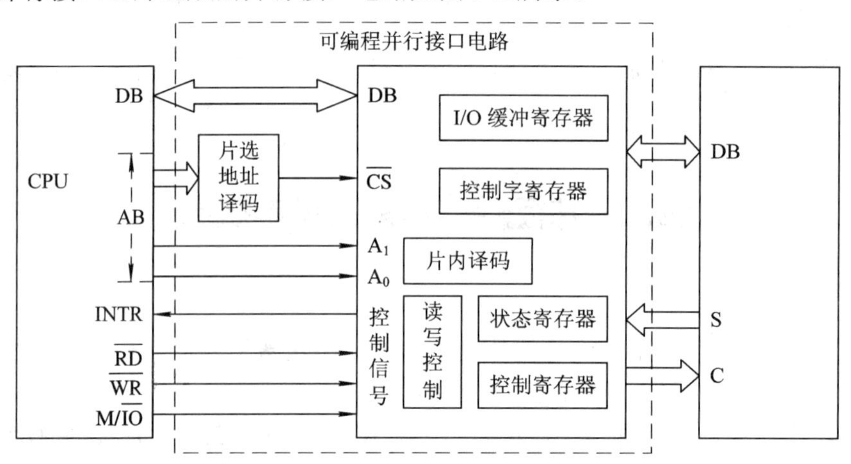

图 9-2　可编程并行 I/O 接口电路

2. 并行接口电路的特点

(1) 并行接口电路设有片选信号和片内端口地址的选择信号，如图 9-2 中片选信号 $\overline{CS}$ 由接口电路设计译码器输出控制，片内地址选择信号 A_1 和 A_0 则为芯片内部译码，用于选择片内不同的端口操作。

(2) 并行接口电路与外部设备的连接部分设有用于联络的应答信号，如图 9-2 中外部设备的信号端 S(状态信号)和 C(控制信号)。

(3) 可编程实现几个 I/O 通道端口与外部设备间的信息传输功能与方式。

(4) 并行接口电路可以用程序传送方式或中断传送方式实现计算机与外部设备间交换信息。

3. 并行接口电路的工作过程

1) 输入过程

(1) 由外部设备将准备好的数据通过数据线 DB 送入数据端口，并产生数据准备好状态信号。

(2) 接口电路将数据接收到输入缓冲寄存器后，接口电路通知外部设备(输入数据有效)，等待外部设备的应答信号，以防止外部设备在 CPU 未读取当前数据前输入下一数据；同时置状态寄存器中的输入数据准备好状态位为有效信号，也可以向 CPU 发出中断请求信号。

(3) 若 CPU 工作在程序查询输入方式，则 CPU 在读取状态位有效时，执行输入操作指令读取当前数据线上的数据；若 CPU 工作在中断传送输入方式，则 CPU 接收中断请求信号 INTR 后，在满足中断响应环境下，执行中断处理程序读取当前数据线上的数据。

(4) CPU 读取数据后，自动清除输入数据准备好状态位，并置输入应答信号为无效，

外部设备在收到输入应答无效信号后，可以输入下一个数据。

2) 输出过程

(1) 接口电路中输出缓冲寄存器为空时，表示可以接收 CPU 输出数据的状态位为有效状态，该状态位可以通过 CPU 程序查询，其有效状态也可以作为向 CPU 发出的中断请求信号。

(2) 若 CPU 工作在程序查询输入方式，则 CPU 在读取状态位有效时，执行输出操作指令将数据写入输出缓冲寄存器；若 CPU 工作在中断传送输入方式，则 CPU 接收中断请求信号 INTR 后，在满足中断响应环境下，执行中断处理程序将数据写入输出缓冲寄存器。

(3) 当输出缓冲寄存器获取 CPU 写入的数据后，自动清除输出缓冲器为空的状态位，以防止 CPU 再次写入数据，并置一输出有效信号通知外部设备。

(4) 外部设备接收到输出有效命令信号后启动接收数据。接收数据后，置输出缓冲寄存器为空的状态位为有效状态，CPU 可以输出下一个数据，重复执行(1)。

9.2　简单并行 I/O 接口芯片

对于简单外设的输入/输出，可以用简单的 I/O 接口电路。本节介绍几个常用简单 I/O 接口芯片。

1. 并行输出接口芯片

常用的 8 位输出接口芯片有 74LS273、74LS377 等锁存器芯片。

1) 74LS273

74LS273 是带清除端的 8 位 D 触发器，上升沿触发，具有锁存功能。图 9-3 为 74LS273 的引脚图和功能表。

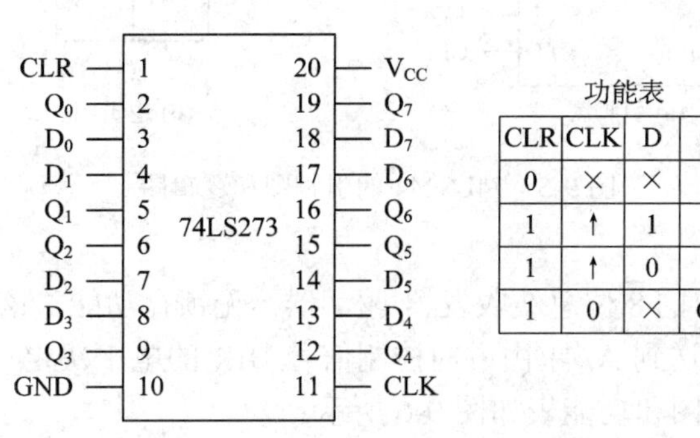

CLR	CLK	D	Q
0	×	×	0
1	↑	1	1
1	↑	0	0
1	0	×	Q_0

图 9-3　74LS273 的引脚图和功能表

由 74LS273 功能表可知：芯片的 D_0～D_7 为数据输入线，一般与 CPU 的数据线或地址线连接，Q_0～Q_7 为输出线。当引脚 CLR=0 时，芯片不工作且输出为 0；当 CLR=1 且在 CLK 的上升沿时，输出信号即为输入信号状态；当 CLR=1 且 CLK=0 时，即使输入信号发生变化，输出信号因被锁存，不会改变。

2) 74LS377

74LS377 是带有输出允许控制的 8 位 D 触发器，上升沿触发，其引脚图和功能表如图 9-4 所示。

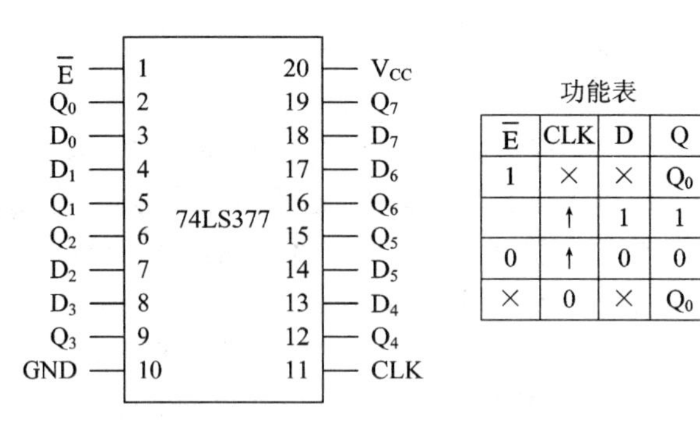

功能表

$\overline{E}$	CLK	D	Q
1	×	×	Q_0
	↑	1	1
0	↑	0	0
×	0	×	Q_0

图 9-4　74LS377 的引脚图和功能表

2．并行输入接口芯片

扩展 8 位并行输入口常用的三态门电路有 74LS244、74LS245 等。

1) 74LS244

74LS244 是一种三态输出的 8 位总线缓冲驱动器，无锁存功能，其引脚图和逻辑图如图 9-5 所示。8 位信号被分为两组，1A1～1A4 到 1Y1～1Y4 的传输为第 1 组，由 $\overline{1G}$ 端控制，而 2A1～2A4 到 2Y1～2Y4 的传输为第 2 组，由 $\overline{2G}$ 端控制。

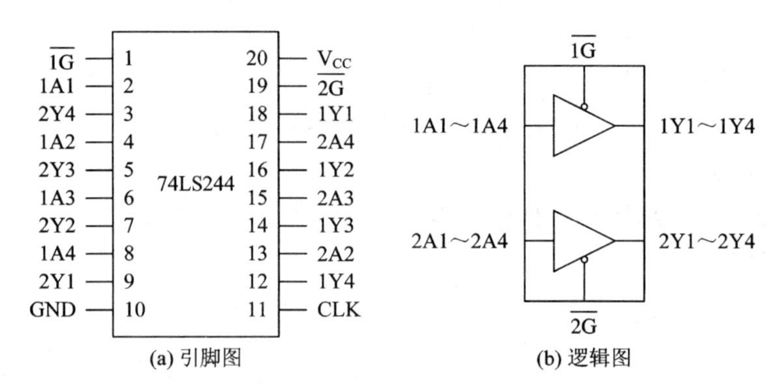

图 9-5　74LS244 的引脚图和逻辑图

2) 74LS245

74LS245 是三态输出的 8 位总线收发器/驱动器，无锁存功能。该电路可将 8 位数据从 A 端送到 B 端或由 B 端送到 A 端(由方向控制信号 DIR 的电平决定)，也可禁止传输(由使能信号 $\overline{G}$ 控制)，其引脚图和功能表如图 9-6 所示。

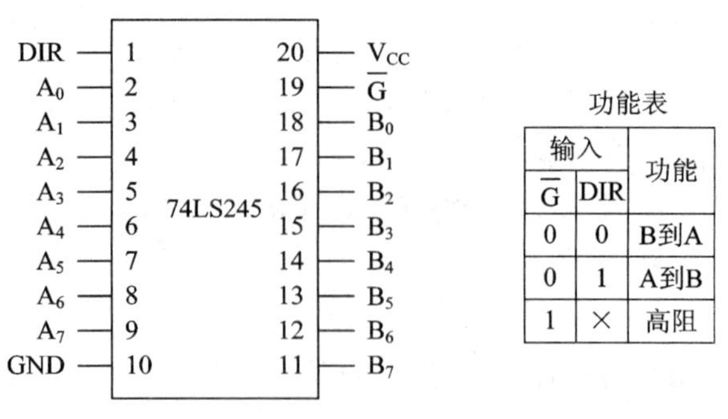

功能表

输入		功能
$\overline{G}$	DIR	
0	0	B到A
0	1	A到B
1	×	高阻

图 9-6　74LS245 的引脚图和功能表

9.3　可编程并行接口芯片 8255A

Intel 系列的可编程并行接口芯片(Programmable Peripheral Interface)8255A 是通用并行 I/O 接口芯片。该芯片广泛用于几乎所有系列的微型机系统中，用户可编程选择多种操作方式，其通用性强，使用灵活。8255A 为 CPU 与外设之间的并行输入/输出通道，CPU 可通过它直接与外设相连接。

☞9.3.1　8255A 基本性能

8255A 的基本性能包括以下方面：

(1) 具有三个相互独立的、带有锁存或缓冲功能的输入/输出端口：端口 A、端口 B、端口 C。

(2) A、B、C 三端口可以联合使用，具有三种可编程工作方式：基本 I/O 方式、选通 I/O 方式、双向选通 I/O 方式。

(3) 支持无条件传送方式、程序查询方式和中断传送方式，完成 CPU 与外部设备之间的数据传送。

(4) 可以编程实现对通道 C 某一位的输入/输出，具有比较方便的位操作功能。

☞9.3.2　8255A 的结构及其引脚功能

8255A 作为主机与外设的连接芯片，内部提供有与 CPU 相连的三个总线接口，即数据线接口、地址线接口、控制线接口，有与外设连接的接口(A、B、C 口)。由于 8255A 可编程控制，因而还提供有逻辑控制部分。8255A 内部结构主要包括：输入/输出数据端口 A、端口 B 和端口 C；内部 A 组控制和 B 组控制；读/写控制逻辑电路；数据总线缓冲器。8255A 的内部结构如图 9-7 所示。

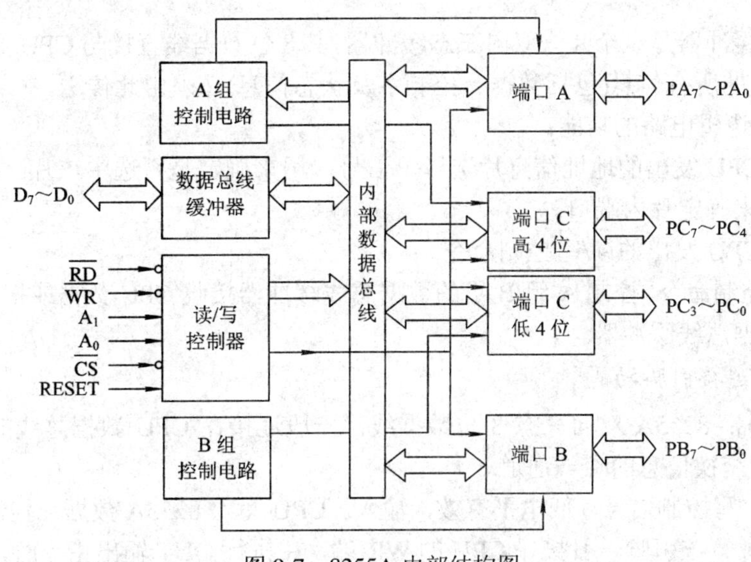

图 9-7　8255A 内部结构图

8255A 具有 24 条输入/输出引脚，是 40 脚双列直插式大规模集成电路，其引脚分布如图 9-8 所示。

8255A 的内部结构可归类为三个部分：与 CPU 连接的接口部分、与外部设备连接的接口部分及内部控制逻辑部分。图 9-9 为 8255A 与系统的连接图，下面分别介绍各部分结构及引脚功能。

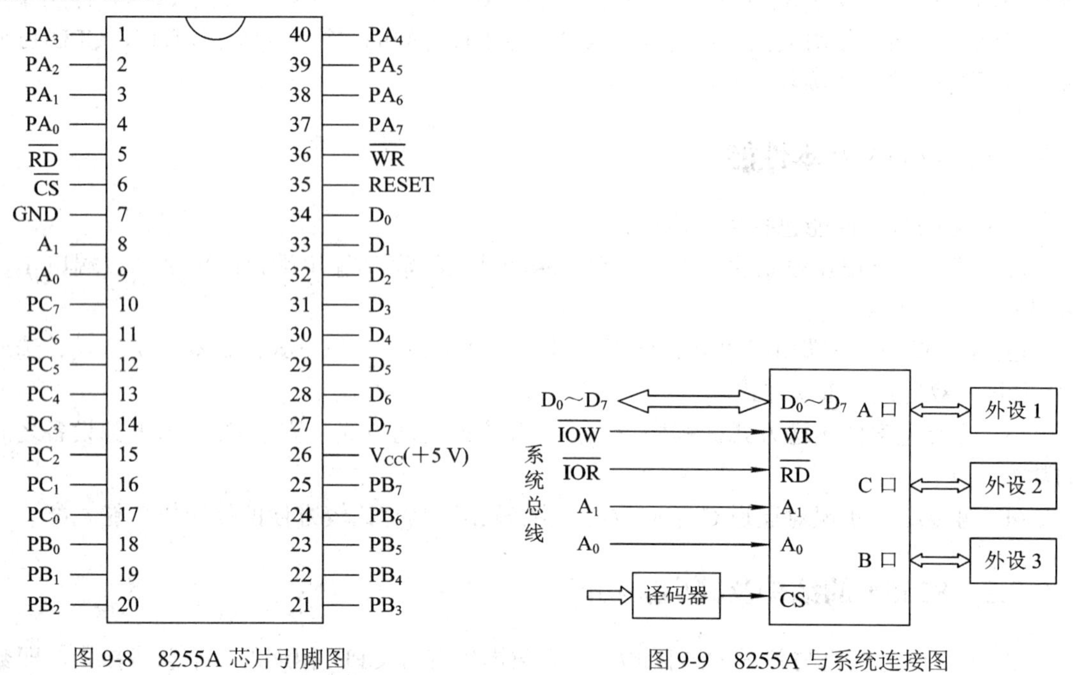

图 9-8　8255A 芯片引脚图

图 9-9　8255A 与系统连接图

1．与 CPU 连接的接口部分

1) 与CPU连接的接口部分结构

与 CPU 连接的接口部分有数据总线缓冲器、读/写控制逻辑。这部分主要完成数据传送及逻辑控制。

数据总线缓冲器是一个 8 位双向三态缓冲器，其 8 位数据线直接与 CPU 数据总线连接，CPU 与 8255A 的所有信息(包括数据、控制字及状态信息)必须由此传送。

读/写控制逻辑电路的功能：

(1) 接收 CPU 发出的地址信息片选译码信号，用来确定是否选中该片；接收片内端口地址信号，用来确定片内端口。

(2) 接收 CPU 发出的读/写控制命令。

(3) 发出控制命令，控制 A 组/B 组的数据总线缓冲器接收 CPU 数据或把外部设备输入的信息送入数据总线缓冲器。

2) 与CPU连接引脚功能

(1) D_7～D_0：8255A 双向三态 8 位数据线，一般连接在 CPU 数据总线的低 8 位，是 CPU 与 8255A 交换信息的唯一通道。

(2) $\overline{WR}$：写控制信号，低电平有效，输入。CPU 写入 8255A 数据或控制字时，该信号必须为低电平。该引脚一般接在 CPU 的 $\overline{WR}$ 端，在执行 OUT 输出指令时，CPU 的写控

制引脚 $\overline{WR}$ 将会输出低电平。

(3) $\overline{RD}$：读控制信号，低电平有效，输入。CPU 读取 8255A 数据时，该信号必须为低电平。该引脚一般接在 CPU 的 $\overline{RD}$ 端，在执行 IN 输入指令时，CPU 的读控制引脚 $\overline{RD}$ 将会输出低电平控制该引脚有效。

(4) $\overline{CS}$：片选信号，低电平有效，输入。$\overline{CS}=0$，表示当前 8255A 芯片数据线 D_0～D_7 与 CPU 的数据总线接通，8255A 被选中。$\overline{CS}$ 引脚由 CPU 发送到地址总线的信息经译码器产生的输出信号控制。

(5) A_1、A_0：片内端口地址选择信号，输入。8255A 内部有 4 个端口(3 个数据端口和一个控制端口)，用 A_1、A_0 两位代码不同的组合：00、01、10、11，分别表示端口 A、端口 B、端口 C、控制端口的地址。

A_1、A_0 一般分别连接在 CPU 地址总线的低两位。对于 8086 系统，当 8255A 的数据线连接在 CPU 数据总线的低 8 位时，由于低 8 位数据线必须对应访问偶地址端口，所以，必须定义 8255A 内部的 4 个端口地址均为偶地址。为此，A_1 和 A_0 应分别连接在 CPU 地址总线的 A_2 位和 A_1 位，且置地址总线的 $A_0=0$，这样就可使 8255A 的 4 个端口的地址为 4 个连续的偶地址。8255A 控制引脚的不同组合所实现的操作见表 9-1。

表 9-1　8255A 控制引脚组合操作

$\overline{CS}$	A_1　A_0	$\overline{RD}$	$\overline{WR}$	读/写操作
0	0　0	1	0	CPU 写入端口 A 数据
0	0　1	1	0	CPU 写入端口 B 数据
0	1　0	1	0	CPU 写入端口 C 数据
0	1　1	1	0	CPU 写入控制字寄存器数据
0	0　0	0	1	CPU 读端口 A 数据
0	0　1	0	1	CPU 读端口 B 数据
0	1　0	0	1	CPU 读端口 C 数据
1	x　x	x	x	8255A 的 D_7～D_0 呈高阻态
0	1　1	0	1	非法

例如：设地址总线为 A_{15}～A_0，其中 A_{15}～A_3 为 8255A 的片选地址，其值全为 1 且 $A_0=0$ 时使 $\overline{CS}=0$，选中该 8255A，CPU 地址线的 A_2 和 A_1 分别接该 8255A 的 A_1 和 A_0 端。所以 8255A 的端口 A 地址为 0FFF8H，其他 3 个端口地址依次递增 2，分别为 0FFFAH、0FFFCH 和 0FFFEH。

设端口 A 为输入口，端口 B 为输出口，则对应的输入和输出指令如下：

```
MOV DX, 0FFF8H
IN AL, DX                ; 从 A 口输入数据
MOV DX, 0FFFAH
OUT DX, AL               ; 向 B 口输出数据
```

程序执行后，CPU 读取 8255A 数据端口 A 的内容到 AL 中，将 AL 的内容输出到数据端口 B。

2. 与外设接口部分

8255A 内部包括三个 8 位的输入/输出端口：端口 A、端口 B、端口 C。这些端口既可以独立使用，也可以组合成具有控制状态信息的 A 组或 B 组使用。

1) 与外部设备连接的接口部分结构

(1) 端口 A：数据输入/输出双向端口。输入端口内含一个 8 位的数据输入锁存器；输出端口内含一个 8 位的数据输出锁存器/缓冲器。

该端口作为输入端口时，对输入数据具有锁存功能；作为输出端口时，对 CPU 写入的数据具有锁存功能。

该端口可以工作于三种方式中的任何一种。

(2) 端口 B：数据输入/输出双向端口。输入端口内含一个 8 位的数据输入缓冲器；输出端口内含一个 8 位的数据输出锁存器/缓冲器(同端口 A)。

该端口作为输入端口时，对输入数据不具有锁存功能；作为输出端口时，对 CPU 写入的数据具有锁存功能。

该端口可以工作于方式 0 和方式 1。

(3) 端口 C：具有 I/O 口、状态口及置位/复位功能。

- 可作为数据输入/输出双向端口。输入端口内含一个 8 位的数据输入缓冲器；输出端口内含一个 8 位的数据输出锁存器和缓冲器(同端口 A)。

该端口作为输入端口时，对输入数据不具有锁存功能；作为输出端口时，对 CPU 写入的数据具有锁存功能。

在方式字控制下，端口 C 可分为两个 4 位的端口(端口 C 上 4 位和下 4 位)，每个 4 位端口都有 4 位的锁存器，可以分别定义输入或输出端口，以方便用户自行定义各个位的使用。

端口 C 不能工作于方式 1 和方式 2，只能工作于方式 0。

- 在端口 A 和端口 B 工作在方式 1 或方式 2 时，芯片内部定义端口 C 部分位用来作端口 A 与端口 B 的控制信号和状态信号。

具有端口 C 作为控制信息的端口 A 和端口 B，分别称为 A 组和 B 组。

- 具有置位/复位功能。可以通过控制字对端口 C 的每一位进行置位/复位操作，实现位控功能。

2) 与外部设备连接引脚功能

① PA_7～PA_0：端口 A 数据线，8 位，双向。

② PB_7～PB_0：端口 B 数据线，8 位，双向。

③ PC_7～PC_0：端口 C 数据线，8 位，双向。

在需要联络信号与外部设备交换信息时，PC_7～PC_3 作为联络信号与数据端口 A 组成 A 组端口；PC_2～PC_0 作为联络信号与数据端口 B 组成 B 组端口。

3. 内部控制逻辑

(1) 内部控制逻辑由 A、B 两组控制逻辑电路组成，主要作用是根据 CPU 发送的控制字控制 A 组端口和 B 组端口的工作方式。

(2) 内部控制逻辑还可接收 CPU 编程的控制字，根据控制字的要求对 C 口按位进行置

位或复位。

☞9.3.3　8255A 控制字及工作方式

8255A 各端口可以有 0、1 和 2 三种不同的工作方式和输入、输出及位控三种工作状态。要想灵活方便地选择 8255A 的工作方式和工作状态，就需要由 CPU 编程设定其控制字，并将其写入芯片的控制端口。

由 CPU 编程写入 8255A 控制端口控制字的程序称为 8255A 的初始化程序。

8255A 定义了两种控制字：

(1) 工作方式控制字。

(2) 专用于端口 C 的置位/复位控制字。

由于两个控制字都必须写入同一个控制口，所以控制字规定由最高位 D_7 位来区分工作方式控制字($D_7=1$)还是置位/复位控制字($D_7=0$)。

8255A 的三种工作方式为：方式 0，基本 I/O 方式；方式 1，选通 I/O 方式；方式 2，双向选通 I/O 方式。

1．8255A 控制字

1) 工作方式控制字(8位)

工作方式控制字用来定义 8255A 端口的工作方式和输入/输出工作状态。

工作方式控制字各位的定义如图 9-10 所示。

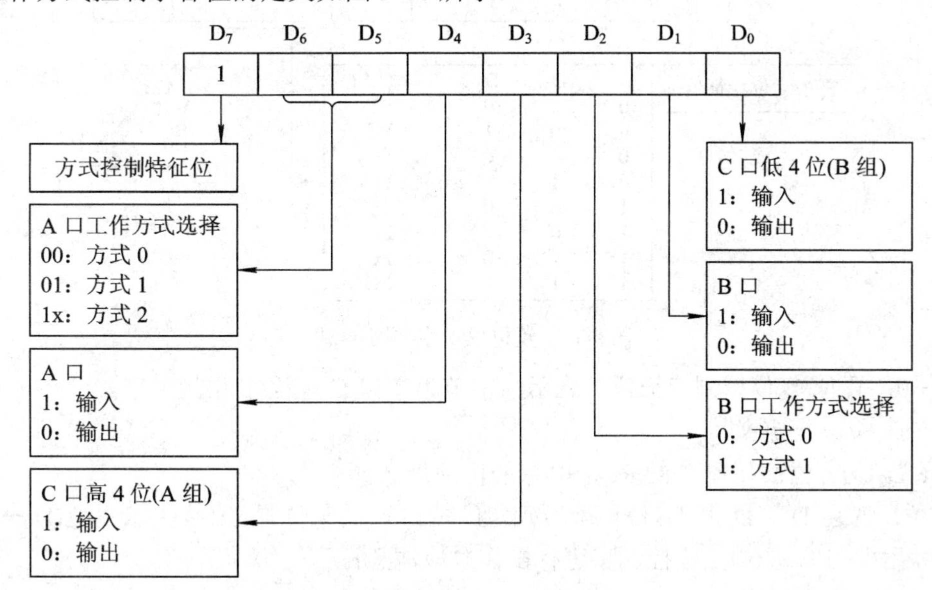

图 9-10　工作方式控制字格式

$D_7=1$：方式控制特征位，表示该字节为工作方式控制字。

D_6～D_3 位为 A 组控制位，D_2～D_0 为 B 组控制位。其中，D_6～D_5 决定端口 A 的工作方式，它可以选择为工作在方式 0(=00)或方式 1(=01)或方式 2(=10 或=11)；D_4 决定端口 A 的传输方向：输入(=1)或输出(=0)。当选择端口 A 工作于方式 2 时，D_4 位无意义。D_3 决定端口 C 高四位(PC_7～PC_4)的方向。当端口 A 工作于方式 1 或方式 2 时，此 4 位部分或全部

被用来做联络信号线，不可以用作输入/输出或位控信号线。D_2 位决定端口 B 的工作方式，它可以选择为工作在方式 0(=0)或方式 1(=0)。D_1 决定端口 B 的传输方向：输入(=1)或输出(=0)。D_0 决定端口 C 低四位(PC_3～PC_0)的传输方向：输入(=1)或输出(=0)。当端口 B 工作于方式 1 或端口 A 工作于方式 2 时，此 4 位部分被用来做联络信号线，不可以用作输入/输出或位控信号线。端口 C 只能工作在方式 0。

【例 9-1】 已知 8255A 端口 A 的地址为 4A00H，四个端口都使用偶地址连接，若希望端口 A 为输入口，工作于方式 1，端口 B 为输出口，工作于方式 0，端口 C 高 4 位输入，低 4 位输出，设置 8255A 工作方式控制字并编写初始化程序。

由题意可知 8255A 中端口 A、端口 B、端口 C 和控制口的地址分别为 4A00H、4A02H、4A04H 和 4A06H。控制字应选择为：10111000B＝0B8H，则初始化程序为

```
MOV   DX, 4A06H
MOV   AL, 0B8H
OUT   DX, AL
```

2) 端口C置位/复位控制字

在很多控制系统中，常需要进行位控操作，设置端口 C 置位/复位控制字，可以对端口 C 的各个位进行控制。

置位/复位控制字格式如图 9-11 所示。

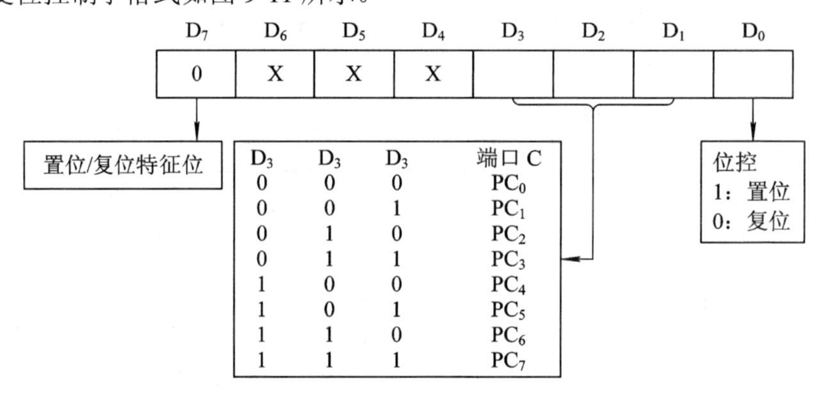

图 9-11　置位/复位控制字格式

D_7＝0：置位/复位控制特征位，表示该字节为端口 C 置位/复位控制字。

D_6～D_4 位：无定义。

D_3、D_2、D_1 位：端口 C 的 PC_7～PC_0 的位地址选择。

D_0 位：对由 D_3、D_2 和 D_1 位地址所确定的端口 C 的某位置位(D_0=1)或复位(D_0=0)。

在使用端口 C 置位/复位控制字进行操作时应注意：

(1) 一个控制字只能对端口 C 的其中一位的输出信号进行位控。若要输出两个位信号，则需要设置两个这样的控制字。

例如：将 C 口中 PC_3 置“1”，PC_5 置“0”，则对应的两个 C 口置位/复位控制字是：00000111B 和 00001010B，且要分两次送到 8255A 的控制口。

(2) 控制字尽管是对端口 C 的各个位进行置 1 和置 0 操作的，但此控制字必须写入控制口，而不是写入端口 C。

【例 9-2】　已知 8255A 端口地址为 4A00H、4A02H、4A04H 和 4A06H，设置端口 C 的 PC_7 引脚输出高电平 1，对外部设备进行位控。

置位/复位控制字为：00001111B＝0FH，操作程序为

```
MOV DX, 4A06H
MOV AL, 0FH
OUT DX, AL
```

【例 9-3】　已知 8255A 端口地址为 4A00H、4A02H、4A04H 和 4A06H，设置端口 C 的 PC_5 引脚输出高电平、PC_3 引脚输出低电平、PC_7 引脚输出连续的 100 个方波脉冲信号。

操作程序为

```
        MOV  DX, 4A06H
        MOV  AL, 0BH          ; 置 PC5=1
        OUT  DX, AL
        MOV  AL, 06H          ; 置 PC3=0
        OUT  DX, A L
        MOV  CX, 64H          ; 循环 100 次
NEXT:   MOV  AL, 0FH          ; 置 PC7=1
        OUT  DX, AL
        CALL  DELAY           ; 延时
        MOV  AL,0EH           ; 置 PC7=0
        OUT  DX, AL
        CALL  DELAY
        LOOP  NEXT            ; 未循环完，转 NEXT
        …
DELAY:  PUSH CX               ; 保护 CX 的值
        MOV   BL,10H
LOP1:   MOV   CX,0FFH
LOP2:   NOP
        NOP
        LOOP LOP2
        DEC   BL
        JNZ   LOP1
        POP CX                ; 恢复 CX 的值
        RET
```

2．8255A 工作方式

1) *方式0*

方式 0 为 8255A 基本 I/O 方式。它适用于工作在无需握手信号的简单输入/输出应用场合。

在该工作方式下，端口 A、端口 B 与端口 C 的两个部分(高四位和低四位)都可以作为

输入或输出数据传送，不使用联络信号，也不使用中断。CPU 对端口的访问一般采用无条件传输方式，若使用端口 C 的两部分分别作为 A 组和 B 组的控制及状态线，与外设的控制和状态端相连，则 CPU 可以采用程序查询方式与外部设备交换信息。在方式 0 下，所有端口输出均有锁存缓冲功能。

【例 9-4】 已知 8255A 的 A_1、A_0 引脚分别连接系统总线的 A_1、A_0，端口地址分别为 80H、81H、82H、83H。欲使端口 A 工作在方式 0 输出，端口 B 工作在方式 0 输入，端口 C 高 4 位输出，低 4 位输入。

根据题意，工作方式控制字应为：10000011B＝83H，将其送入控制口(地址也为 83H)即可完成初始化，参考程序为

```
MOV AL，83H
OUT 83H, AL
```

2) *方式1*

方式 1 也称选通输入/输出方式。在方式 1 下，输入口或输出口都要在选通信号(应答)控制下实现数据传送，端口 A 或 B 可用作数据口，但要借用端口 C 的部分引脚作为选通与应答联络信号，因为 8255A 内部未设专用状态字或与外部设备之间的控制信息。端口 C 的部分引脚由 8255A 内部定义，用作选通应答信号或中断请求信号。A 口借用 C 口的一些信号线用作控制和状态线，形成 A 组；B 口借用 C 口的一些信号线用作控制和状态线，形成 B 组。端口 A 和端口 B 无论作输入口还是输出口均具有锁存缓冲功能。

在方式 1 下，CPU 可以通过程序查询方式或中断方式进行数据传送。

(1) 方式 1 的端口输入。在方式 1 下，端口 A、端口 B 用作输入口时，对端口 C 的引脚定义及状态字如图 9-12 所示。

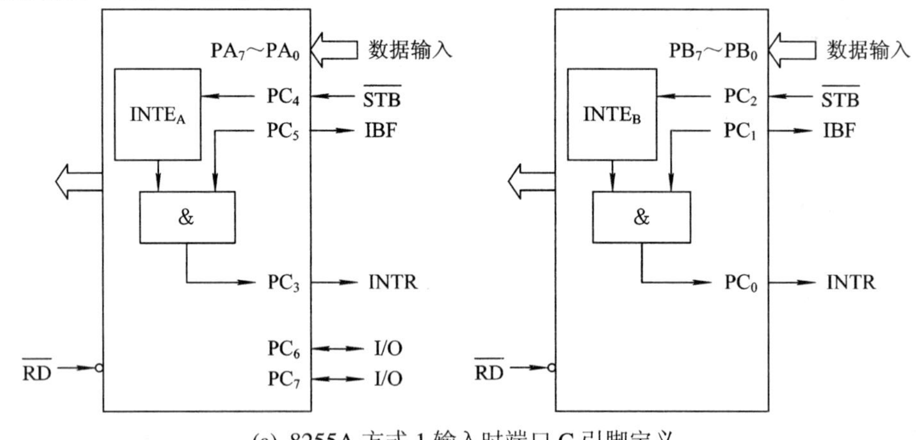

(a) 8255A 方式 1 输入时端口 C 引脚定义

PC_7	PC_6	PC_5	PC_4	PC_3	PC_2	PC_1	PC_0
I/O	I/O	IBF_A	$INTE_A$	$INTR_A$	$INTE_B$	IBF_B	$INTR_B$

(b) 8255A 方式 1 输入状态字

图 9-12 8255A 以方式 1 输入时端口 C 的引脚定义及状态字

$\overline{STB}$：选通信号，输入，低电平有效，A 组和 B 组各设置一个。当外部输入设备将数

据送入端口 A 或端口 B 时，该信号作为外部设备发给 8255A 的通告信号。

该信号在端口 A 输入时经端口 C 的 PC_4 引脚输入；在端口 B 输入时经端口 C 的 PC_2 引脚输入。

IBF：输入缓冲区满信号，输出，高电平有效，A 组和 B 组各设置一个。当 8255A 的输入锁存器接收到数据时，IBF = 1。该信号作为 8255A 对外部设备的应答信号，同时也可供 CPU 查询。当 IBF = 1 时，CPU 即可执行输入指令读取 8255A 对应的端口 A 或端口 B 的数据。该引脚在 $\overline{STB}$ 的下降沿置位，在 $\overline{RD}$ 的上升沿(读周期结束)复位。该信号在端口 A 输入时由端口 C 的 PC_5 引脚输出；在端口 B 输入时由端口 C 的 PC_1 引脚输出。

INTR：用作 8255A 向 CPU 发出的中断请求信号，输出，高电平有效，A 组和 B 组各设置一个。当外设的数据送入 8255A 的输入锁存器，使 IBF、$\overline{STB}$ 和 INTE(中断允许)为高电平时，INTR = 1，向 CPU 申请中断。或者说，在中断允许的前提下，输入选通信号($\overline{STB}$ 为高)结束时，外设已经将数据送入 8255A 的输入锁存器，这时 8255A 向 CPU 提出中断请求，CPU 采用中断传送方式来读取位于 8255A 对应端口输入锁存器中的数据。该信号在端口 A 输入时由端口 C 的 PC_3 引脚输出；在端口 B 输入时由端口 C 的 PC_0 引脚输出。

INTE：中断屏蔽/允许信号，高电平有效，片内控制逻辑，A 组和 B 组各设置一个。该信号为高电平时，片内发出中断请求的与门处于开门状态，此时与门的输出(INTR)只受与门另一输入端 IBF 信号的控制；该信号为低电平时，片内发出中断请求的与门关闭，这时与门的输出(INTR)和与门输入端 IBF 信号无关。由图 9-12 可以看出，INTE 是由内部的中断控制触发器发出的允许中断或屏蔽中断的信号。INTE 没有外部引出端，它只能利用 C 口的按位置位/复位的功能来使其置 1 或清 0，端口 A 的 INTE 由 PC_4 控制，端口 B 的 INTE 由 PC_2 控制。需要指出的是，在方式 1 输入时，PC_4 和 PC_2 的置位/复位操作分别用于控制 A 口和 B 口的中断允许信号，这是 8255A 的内部状态操作，这一操作不影响 C 口相同位 PC_4 和 PC_2 引脚的逻辑状态，因为在此方式下，引脚 PC_4 和 PC_2 是外部设备输入给 A 口和 B 口的数据选通输入信号。

方式 1 端口输入的中断传输时序如图 9-13 所示。

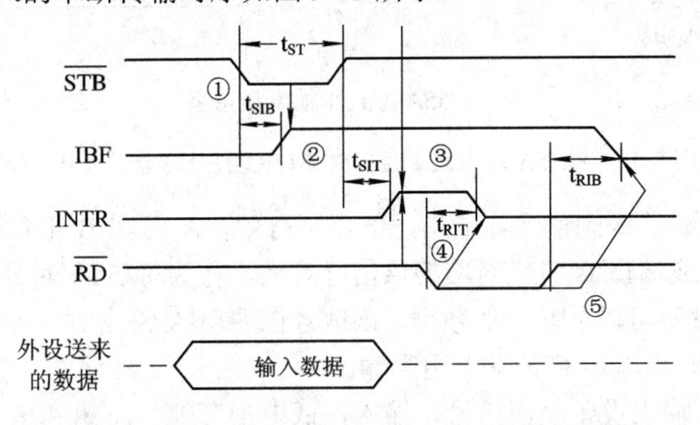

图 9-13　8255A 方式 1 端口输入的中断传输时序

工作过程如下：

① 当外设送来的输入数据出现之后，选通信号 $\overline{STB}$ 有效，输入数据锁存到 8255A 的输入锁存器中。

② 经过 t_{STB} 时间后，输入缓冲区满信号 IBF 有效，通知外设输入缓冲区已满。

③ 再经过 t_{SIT} 时间后，中断请求信号 INTR 有效，CPU 响应中断，通过 IN 指令使读信号 $\overline{RD}$ 有效。

④ $\overline{RD}$ 信号有效后，经 t_{RIT} 时间，中断请求信号 INTR 变低，清除中断。

⑤ 数据已经读到 CPU 内部，经 t_{RIB} 时间后，输入缓冲区满信号 IBF 变低，表示缓冲区已空，从而可以开始下一个数据输入过程。

对于 8255A，选通信号的宽度 t_{ST} 最小为 500 ns，t_{SIB}、t_{SIT}、t_{RIB} 最大为 300 ns，t_{RIT} 最大为 400 ns。

在方式 1 下，没有定义端口 C 的引脚 PC_6、PC_7，它们可以作为 I/O 引脚正常使用。

(2) 方式 1 的端口输出。端口 A、端口 B 用作方式 1 输出口时，对端口 C 的引脚定义及状态字如图 9-14 所示。

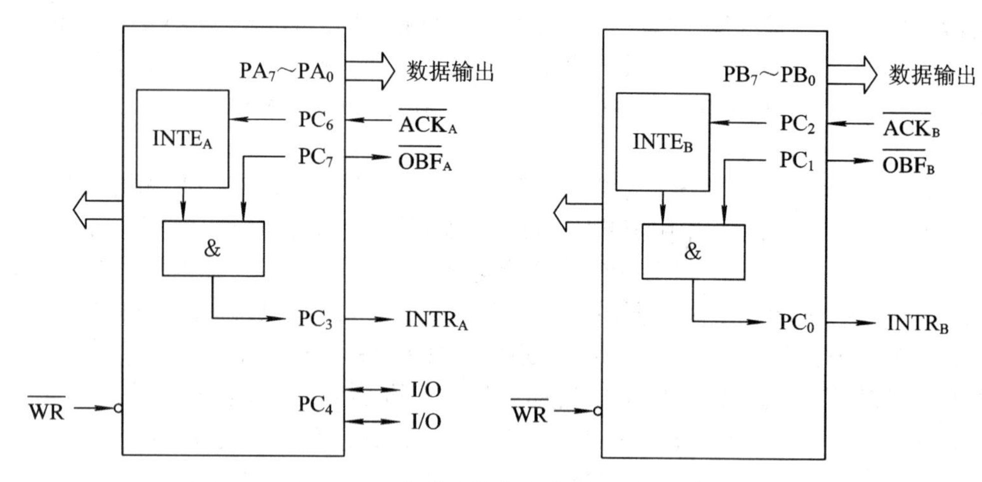

(a) 8255A 方式 1 输出时端口 C 引脚定义

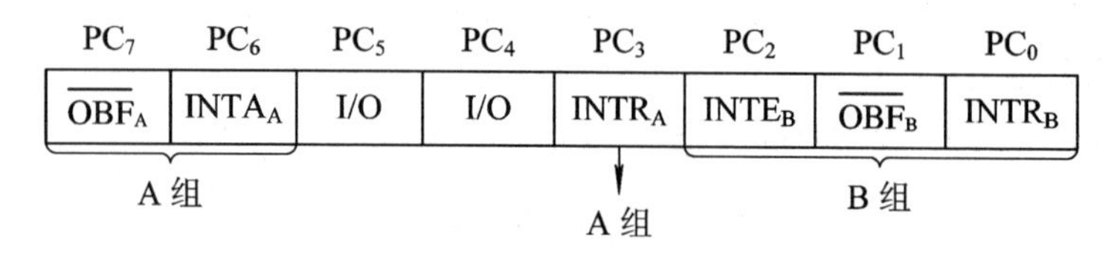

PC_7	PC_6	PC_5	PC_4	PC_3	PC_2	PC_1	PC_0
$\overline{OBF_A}$	$INTA_A$	I/O	I/O	$INTR_A$	$INTE_B$	$\overline{OBF_B}$	$INTR_B$

(b) 8255A 方式 1 输出状态字

图 9-14　8255A 以方式 1 输出时端口 C 的引脚定义及状态字

- $\overline{OBF}$：输出缓冲区满信号，输出，低电平有效，A 组和 B 组各设置一个。当 CPU 将数据送入端口 A 或端口 B 时，对应的该信号有效，作为 8255A 对外部设备的启动控制信号，这时，外部设备可以从端口取数据。该信号在端口 A 输出时由端口 C 的 PC_7 引脚输出；在端口 B 输出时由端口 C 的 PC_1 引脚输出。
- $\overline{ACK}$：外部输出设备响应信号，输入，低电平有效，A 组和 B 组各设置一个。当外部设备取走数据时，此信号作为发给 8255A 的应答信号，同时置 $\overline{OBF}=1$。该信号在端口 A 输入时由端口 C 的 PC_6 引脚输入；在端口 B 输入时由端口 C 的 PC_2 引脚输入。
- INTR：用作 8255A 向 CPU 发出的中断请求信号，输出，高电平有效，A 组和 B 组各设置一个。当外部设备取走数据，使 8255A 的输出锁存器为空且 8255A 内部允许中断

请求，即 $\overline{OBF}$ 和 INTE 同时为高电平时，该引脚为高电平，8255A 可以向 CPU 申请中断。CPU 可以采用中断传送方式向 8255A 写入下一个数据。

该信号在端口 A 输出时经端口 C 的 PC_3 引脚输出；在端口 B 输出时经端口 C 的 PC_0 引脚输出。

- INTE：中断屏蔽/允许信号，其逻辑功能和含义同方式 1 输入方式。它也是只能利用 C 口的按位置位/复位功能来使其置 1 或清 0。端口 A 的 INTE 由 PC_6 控制，端口 B 的 INTE 由 PC_2 控制。需要指出的是，在方式 1 输出时，PC_6 和 PC_2 的置位/复位操作分别用于控制 A 口和 B 口的中断允许信号，这是 8255A 的内部操作。尽管 PC_6 和 PC_2 分别为端口 A 和端口 B 的 $\overline{ACK}$ 信号，但 INTE 不受 $\overline{ACK}$ 信号的影响。

方式 1 端口输出中断传输时序如图 9-15 所示。

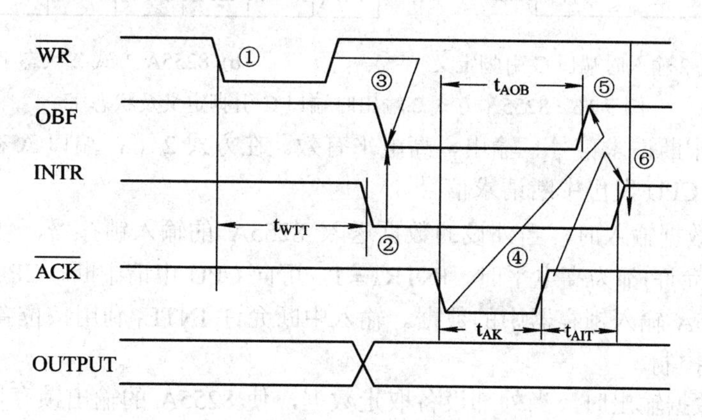

图 9-15　8255A 方式 1 输出中断传输时序

工作过程如下：

① 当 8255A 的输出缓冲器为空时，向 CPU 发出中断请求，CPU 响应中断，通过 OUT 指令将 CPU 中的数据输出到 8255A 的输出缓冲器，$\overline{WR}$ 信号变低。

② 经 t_{WIT} 时间后清除中断请求信号 INTR。

③ 稍后，输出缓冲区满 $\overline{OBF}$ 有效，通知外设可以从 8255A 输出缓冲区取走数据。

④ 外设接收到数据后，发回应答信号 $\overline{ACK}$。

⑤ $\overline{ACK}$ 信号有效后，经 t_{AOB} 时间，$\overline{OBF}$ 无效，表示输出缓冲区空。

⑥ $\overline{ACK}$ 回到高电平后，经 t_{AIT} 时间，INTR 有效，向 CPU 申请中断，请求发送下一个数据。

3) 方式2

方式 2 也称双向选通输入/输出方式，该方式仅适用于端口 A。

在方式 2 下，端口 A 的 PA_7～PA_0 作为双向的数据总线，外设既能通过端口 A 发送数据，又能接收数据；端口 A 在输入和输出时均具有锁存功能；CPU 可以通过程序查询方式或中断方式进行数据传送。

端口 C 的 5 条引脚由 8255A 定义用作位控应答信号或中断请求信号。其引脚定义及状态字如图 9-16 所示。

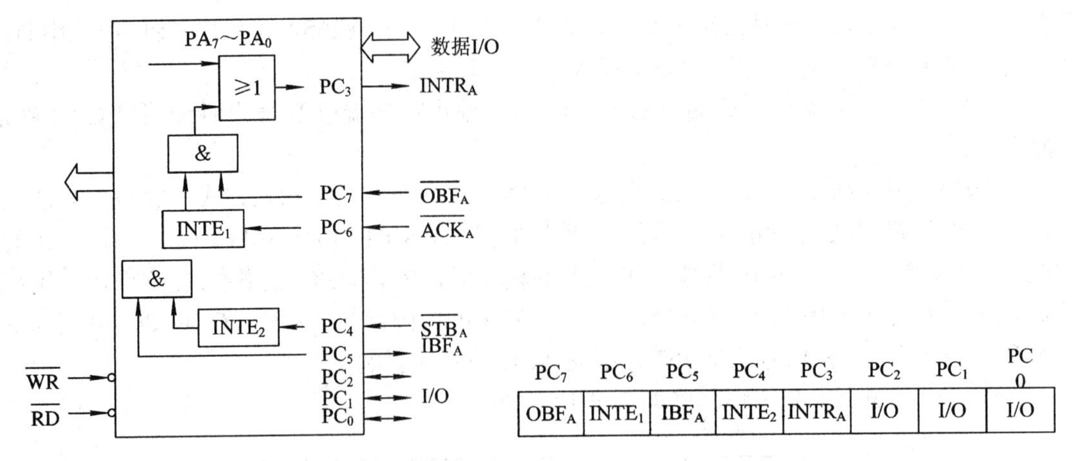

(a) 8255A 方式 2 输入时端口 C 引脚定义　　(b) 8255A 方式 2 状态字

图 9-16　8255A 方式 2 输出时端口 C 引脚定义及状态字

● $INTR_A$：中断请求信号、输出、高电平有效。在方式 2 下，端口 A 在输入或输出时均使用该引脚向 CPU 发出中断请求信号。

端口 A 作数据输入时，当外设的数据送入 8255A 的输入锁存器，使 IBF、$\overline{STB}$ 和 $INTE_1$(输入中断允许)都为高电平时，$INTR_A = 1$，可向 CPU 申请中断，CPU 采用中断传送方式来读取 8255A 输入锁存器中的数据。输入中断允许 $INTE_1$ 利用按位置位/复位的功能使 PC_6 置 1 进行控制。

端口 A 作数据输出时，当外部设备取走数据，使 8255A 的输出锁存器为空且 $INTE_2$(输出中断允许)为高电平时，$INTR_A = 1$，8255A 向 CPU 申请中断，CPU 可以采用中断传送方式向 8255A 写入下一个数据。输出中断允许 $INTE_2$ 利用按位置位/复位的功能使 PC_4 置 1 来进行控制。

方式 2 的中断传输时序如图 9-17 所示。

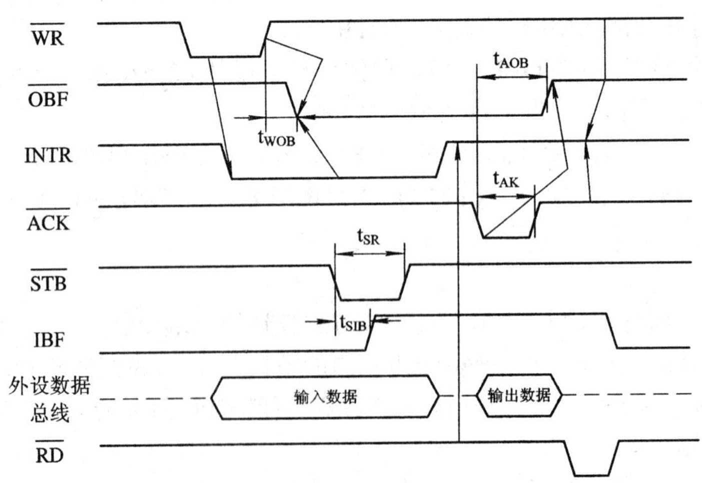

图 9-17　8255A 方式 2 的中断传输时序

工作过程如下：(可将方式 2 看成方式 1 输出和方式 1 输入的结合。当端口工作在方式 2 时，输入过程和输出过程的顺序或次数是任意的。)

(1) 输出过程。CPU 响应中断，通过输出指令向 8255A 写入一个数据，$\overline{WR}$ 信号变低。中断请求信号 $INTR_A$ 变低。经 t_{WOB} 时间后，输出缓冲区满信号 $\overline{OBF_A}$ 有效，通知外设可以从 8255A 输出缓冲区中取走数据。外设接收到数据后，发回应答信号 $\overline{ACK}$。$\overline{OBF_A}$ 无效，表示输出缓冲区空，从而可以开始下一个数据的传送过程。

(2) 输入过程。当外设来的输入数据出现之后，选通信号 $\overline{STB_A}$ 有效，输入数据锁存到 8255A 的输入锁存器中。输入缓冲区满信号 IBF_A 有效，通知外设输入缓冲区已满，中断请求信号 INTR 有效，CPU 响应中断，通过 IN 指令使读信号 $\overline{RD}$ 有效，将数据读到 CPU 的寄存器中，随后，输入缓冲区满信号 IBF_A 变低，表示输入缓冲区已空，从而可以开始下一个数据的输入过程。

在方式 2 下，不影响端口 B 及 PC_0～PC_2 的工作方式选择。端口 C 其他引脚的定义同方式 1。

从以上 8255A 的三种工作方式可以看出：在方式 0 下，三个端口可以任意选择作输入口或输出口，由于芯片内部没有定义控制和状态信号，用户可以任意自行设定端口 C 各位的含义；在方式 1 下，定义了端口 C 的某些位作为控制及状态信息，该方式只适用于端口 A 和端口 B 作为选通输入口或输出口的情况；方式 2 仅适用于端口 A 为双向选通输入/输出的情况，在该方式下定义了端口 C 的某些位作为控制及状态信息，而端口 B 的工作方式不受影响。三个端口相互独立又有关联，可以单独使用互不影响，也可以配合使用。用户可以根据设计需要通过编程选择任一工作方式及 I/O 状态。

表 9-2 列出了各端口各种工作方式下的功能。

表 9-2　8255A 各端口工作方式

端口	方式 0 输入	方式 0 输出	方式 1 输入	方式 1 输出	方式 2(A 组)
PA_7～PA_0	IN	OUT	IN	OUT	IN/OUT
PB_7～PB_0	IN	OUT	IN	OUT	方式 0/1
PC_0	IN	OUT	$INTR_B$	$INTR_B$	I/O
PC_1			IBF_B	$\overline{OBF_B}$	I/O
PC_2			$\overline{STB_B}$	$\overline{ACK_B}$	I/O
PC_3			$INTR_A$	$INTR_A$	$INTR_A$
PC_4			$\overline{STB_A}$	I/O	$\overline{STB_A}$
PC_5			IBF_A	I/O	IBF_A
PC_6			I/O	$\overline{ACK_A}$	$\overline{ACK_A}$
PC_7			I/O	$\overline{OBF_A}$	$\overline{OBF_A}$

注意：在方式 1、方式 2 下，C 口的状态信息与引脚信号的区别。例如，方式 1 输入时，PC_4 和 PC_2 是接收外部设备发出的联络信号 $\overline{STB}$；而作为状态信号的 $INTE_A$ 和 $INTE_B$，则表示中断允许触发器的状态。

3．8255A 初始化编程

8255A 在使用前必须进行初始化编程，即将相关的方式控制字和 C 口置位/复位控制字写入 8255A 控制端口，以设定接口芯片的工作方式、中断允许控制和芯片的接口功能。注意：两种不同类型的控制字要写入同一个控制端口。

初始化程序的步骤为：先确定 8255A 控制端口地址，根据要求设计好工作方式控制字，写入控制端口。若选择方式 1 或方式 2，需设置中断允许置位/复位控制位，并将其写入 8255A 的控制口。

注意，不同的工作方式、不同的端口，其中断允许控制位不一定相同。例如，工作在方式 1 下，A 口输入时的中断允许控制位为 PC_4，允许中断的控制字应为 00001001B；工作在方式 2 下，A 口输出时的中断允许控制位为 PC_6，允许中断的控制字应为 00001101B。

9.3.4　8255A 应用举例

【例 9-5】　用 LED 显示开关状态。在很多应用系统中，用 LED 作状态指示器具有电路简单、功耗低、寿命长、响应速度快等特点。LED 显示器是由若干个发光二极管组成显示字段的显示器件，应用系统中通常使用 7 段 LED 显示器，如图 9-18 所示。

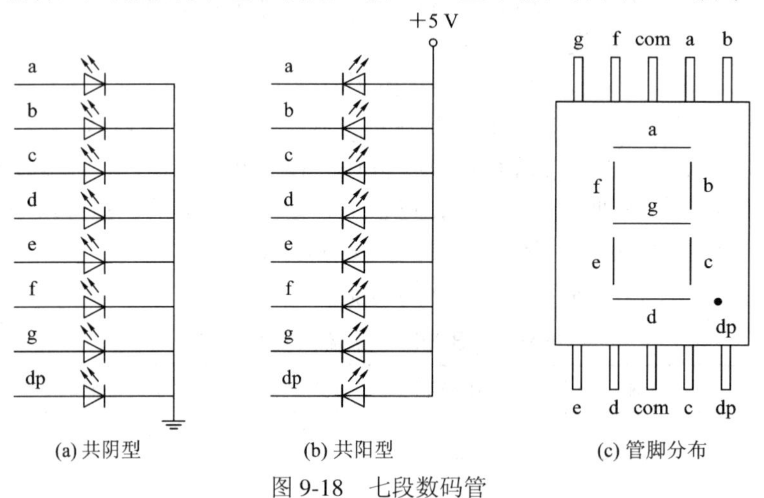

图 9-18　七段数码管

以共阳极为例，各 LED 公共阳极接电源，如果向控制端 dp、g、f、…、b、a 送入 11000000B 信号，则该显示器显示“0”字型。控制显示各数码加在数码管上的这种二进制数据称为段码，显示各数码的共阴和共阳七段 LED 数码管所对应的段码见表 9-3。

表 9-3　七段 LED 数码管的段码

显示数码	共阴极段码	共阳极段码	显示数码	共阴极段码	共阳极段码
0	3FH	C0H	8	7FH	80H
1	06H	F9H	9	6FH	90H
2	5BH	A4H	A	77H	88H
3	4FH	B0H	b	7CH	83H
4	66H	99H	c	39H	C6H
5	60H	92H	d	5EH	A1H
6	70H	82H	E	79H	86H
7	07H	F8H	F	71H	8EH

下面用 8255A 作为 LED 数码管及 4 位开关与 CPU 的接口，要求按照开关的二进制编

码状态，显示相应的数码，如图 9-19 所示。

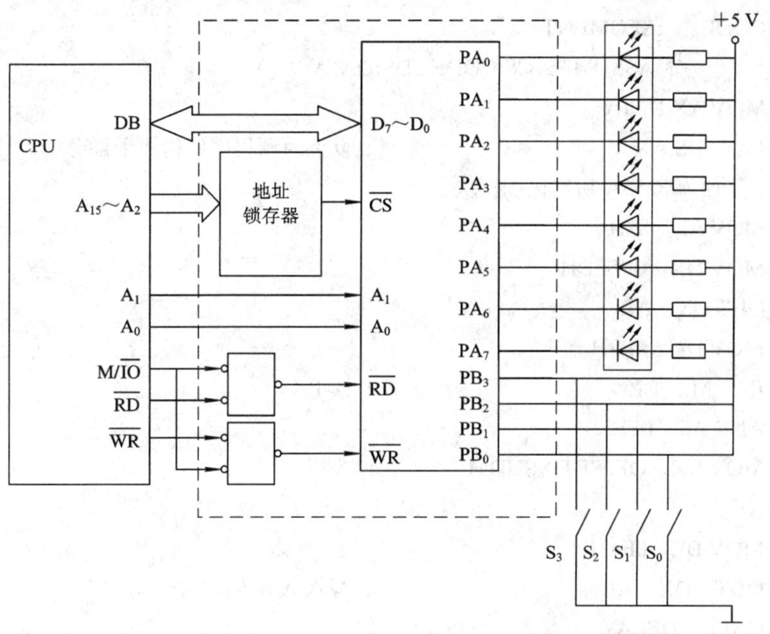

图 9-19　CPU 通过 8255A 连接开关与 LED 显示器

设当开关 S_3、S_2、S_1、S_0 未合上时，各开关控制的位线为高电平 1；开关接通时，各开关控制的位线为低电平 0。各开关状态、数字及 LED 段码的关系如表 9-4 所示。

表 9-4　开关状态、数字及 LED 段码的关系

S_3	S_2	S_1	S_0	数字	共阳极段码	S_3	S_2	S_1	S_0	数字	共阳极段码
0	0	0	0	0	C0H	1	0	0	0	8	80H
0	0	0	1	1	F9H	1	0	0	1	9	90H
0	0	1	0	2	A4H	1	0	1	0	A	88H
0	0	1	1	3	B0H	1	0	1	1	B	83H
0	1	0	0	4	99H	1	1	0	0	C	C6H
0	1	0	1	5	92H	1	1	0	1	D	A1H
0	1	1	0	6	82H	1	1	1	0	E	86H
0	1	1	1	7	F8H	1	1	1	1	F	8EH
0	0	0	0	0	C0H	1	0	0	0	8	80H
0	0	0	1	1	F9H	1	0	0	1	9	90H

例如，当 S_2 未合上，S_3、S_1、S_0 均合上接通时状态为 0100，表示数字 4，对应的共阳极段码应为 99H。

设 8255A 端口地址为 0FFFAH、0FFFBH、0FFFCH、0FFFDH，则参考控制程序如下：

```
DATA    SEGMENT
XSHDM   DB 0C0H, 0F9H, 0A4H, 0B0H, 99H, 92H, 82H, 0F8H, 80H
        DB 98H, 88H, 83H, 0C6H, 0A1H, 86H, 8EH
CNT     DB 10 DUP(?)
```

```
DATA    ENDS
CODE    SEGMENT
        ASSUME  CS:CODE , DS:DATA
START:  MOV AX,DATA
        MOV DS,AX                   ；以上为源程序结构通用部分
        ；下面为 8255A 初始化程序块
        MOV AL，82H
        MOV DX，0FFFDH
        OUT DX，AL
  LOP:  MOV DL，0FBH
        IN   AL，DX                 ；读 B 口
        AND AL，0FH
        MOV BX，OFFSET XSHDM
        XLAT
        MOV DL，0FAH
        OUT  DX，AL                 ；写入 A 口
        CALL  DELAY
        JMP  LOP
        MOV AH,  4CH
        INT  21H
DELAY   PROC
        MOV DX，0500H
LOP1:   MOV CX,0FFH
LOP2:   NOP
        NOP
        LOOP  LOP2
        DEC  DX
        JNZ  LOP1
        RET
        DELAY  ENDP
        CODE   ENDS
        END START
```

【例 9-6】 通过 8255A 设计一个简单的模拟交通灯系统。

设有一个十字路口，东西南北四个方向的每个路口有红黄绿三个灯，初始为南北路口绿灯亮，东西路口红灯亮，南北方向通车；延时一段时间后，南北路口绿灯熄灭，黄灯开始闪烁，闪烁 8 次以后，南北路口红灯亮，同时东西路口绿灯亮，东西方向通车；延时一段时间后，东西路口绿灯熄灭，黄灯开始闪烁，闪烁 8 次以后，再切换到南北路口方向，之后重复上述过程。8255A 模拟交通灯系统原理如图 9-20 所示。8255A 的 PB_4～PB_7 对应黄灯，PC_0～PC_3 对应红灯，PC_4～PC_7 对应绿灯。8255A 工作于方式 0,并置为输出。由于各发光二极管为反向驱动，使其点亮应使 8255A 相应端口置 1。

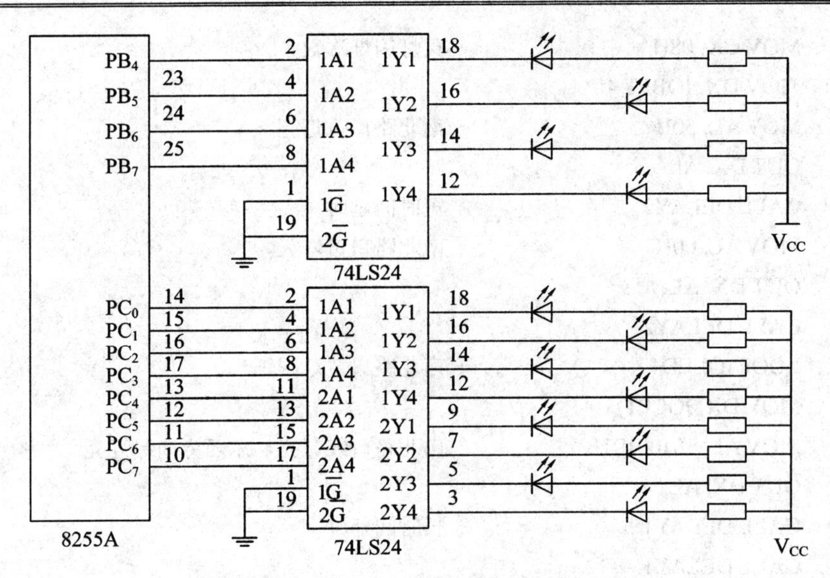

图 9-20　8255A 模拟交通灯系统

设 8255A 端口地址为 0FFFAH、0FFFBH、0FFFCH、0FFFDH。参考控制程序如下：

```
        CODE SEGMENT
        ASSUME CS:CODE
        IOCONPT EQU 0FFFDH        ；定义 8255A 各端口地址
        IOAPT    EQU 0FFFAH
        IOBPT    EQU FFFBH
        IOCPT    EQU 0FFFCH
        ORG 10E0H
START:  MOV DX,IOCONPT            ；控制口地址
        MOV AL, 80H               ；定义控制字：端口 B、C 均为方式 0 输出
        OUT DX, AL
        MOV DX, IOBPT             ；端口 B 地址
        MOV AL, 00H               ；黄灯灭
        OUT DX, AL
        MOV DX, IOCPT             ；端口 C 地址
        MOV AL, 0FH               ；全部红灯亮，绿灯灭
        OUT DX, AL
        CALL DELAY1
IOLED0: MOV AL,01011010B          ；南北路口绿灯点亮，东西路口红灯点亮
        MOV DX, IOCPT
        OUT DX, AL
        CALL DELAY1               ；延时
        CALL DELAY1
        MOV   AL,00001010B        ；南北路口绿灯熄灭
        OUT DX, AL
```

```
        MOV CX, 08H             ; 黄灯闪烁次数
IOLED1: MOV DX, IOBPT
        MOV AL, 50H             ; 南北路口黄灯亮
        OUT DX, AL
        CALL DELAY2             ; 短时间延时
        MOV AL, 00H             ; 南北路口黄灯灭
        OUT DX, AL
        CALL DELAY2
        LOOP IOLED1             ; 南北路口黄灯闪烁
        MOV DX, IOCPT
        MOV AL, 10100101B       ; 南北路口红灯亮，东西方向绿灯亮
        OUT DX, AL
        CALL DELAY1             ; 长时间延时
        CALL DELAY1
        MOV AL, 00000101B
        OUT DX, AL
        MOV CX, 8H
IOLED2: MOV DX, IOBPT           ; 东西路口黄灯闪烁 8 次
        MOV AL, 0A0H
        OUT DX, AL
        CALL DELAY2
        MOV AL, 00H
        OUT DX, AL
        CALL DELAY2
        LOOP IOLED2
        MOV DX, IOCPT
        MOV AL, 0FH
        OUT DX, AL
        CALL DELAY2
        JMP IOLED0              ; 不断重复上述过程
DELAY1: PUSH AX                 ; 延时子程序 1
        PUSH CX
        MOV CX, 0030H
DELY2:  CALL DELAY2
        LOOP DELY2
        POP CX
        POP AX
        RET
DELAY2: PUSH CX                     ; 延时子程序 2
        MOV CX,8000H
```

```
DELA1:   LOOP DELA1
         POP CX
         RET
         CODE ENDS
         END   START
```

【例 9-7】 通过 8255A 与打印机连接。

设已知 8255A 端口地址为 02A00H、02A01H、02A02H、02A03H，8255A 端口 A 工作于方式 0，输出，作为外部设备打印机与 CPU 的接口，如图 9-21 所示。

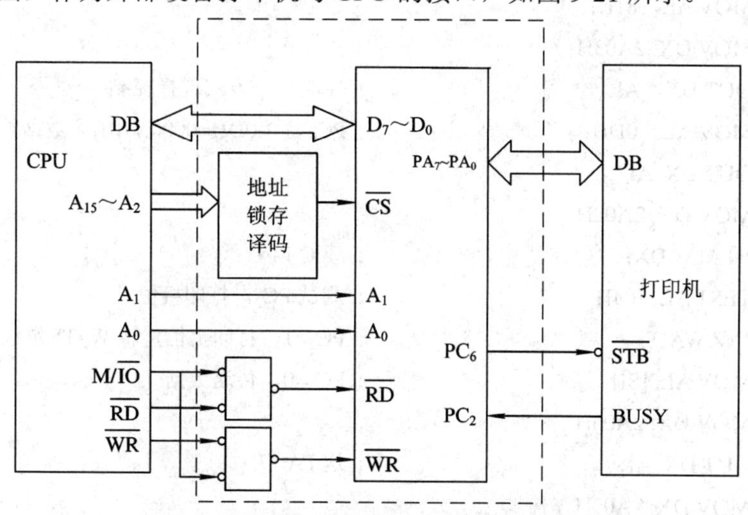

图 9-21　CPU 通过 8255A 与打印机连接

CPU 地址线的 A_{15}～A_2 作为片选地址，A_1、A_0 作为 8255A 的片内端口地址选择。8255A 的 A_1、A_0 引脚分别连接系统总线的 A_1、A_0(这里没有限制奇偶地址)。设打印机的 $\overline{STB}$ 信号为数据选通信号，BUSY 信号为工作状态信号。其时序工作过程如下：

① CPU 需要执行打印操作时，首先 CPU 通过 8255A 的 PC_2 引脚查询测试打印机输出状态引脚信号 BUSY。BUSY=1 时，打印机处在工作忙状态；BUSY=0 时，打印机处于准备好状态。

② 当 BUSY=0 时，CPU 执行输出指令，把需要打印的数据送入数据总线后，CPU 通过 8255A 的 PC_6 引脚发出的负脉冲控制打印机的数据选通信号。

③ 打印机接收到数据选通信号后，置 BUSY=1，CPU 暂不能输出下一个数据，同时打印机接收数据总线上的数据。

④ 打印机完成数据操作后，BUSY=0，CPU 重复以上操作。

源程序如下：

```
DATA    SEGMENT
SRC1    DB  "HELLO WORLD … END"      ; 数据段内要打印的数据
CNT     EQU  $－SRC1                 ; CNT 为要打印的数据的长度
DATA    ENDS
STACK   SEGMENT PARA   STACK   'STACK'
BUF     DB 100 DUP(?)
```

```
        STACK    ENDS
        CODE     SEGMENT   PARA   PUBLIC' 'CODE''
                 ASSUME CS:CODE, DS:DATA, SS:STACK
START:  MOV AX, DATA
        MOV DS, AX                     ; 以上为源程序结构通用部分
        LEA SI, SRC1                   ; 下面为 8255A 初始化及打印程序块
        MOV CX,CNT
        MOV AL，81H;
        MOV DX, 2A03H
        OUT DX，AL                      ; 控制口←方式选择控制字
        MOV AL，0DH;                    ; PC6 置 1,0DH=0000,1101,无数据输出
        OUT DX, AL
WAIT：  MOV DX, 2A02H
        IN AL，DX;                      ; 读 C 口
        TEST AL，04H                    ; 测试 PC2，打印机忙否
        JNZ WAIT                       ; PC2=1，打印机忙，转 WAIT 继续测试
        MOV AL, [SI]                   ; PC2=0，传送数据
        MOV DX, 2A00H
        OUT DX, AL                     ; 送 PA 口
        MOV DX, 2A03H
        MOV AL, 0CH
        OUT DXH, AL                    ; 置 PC6=0，通知打印机取数据
        NOP
        NOP
        NOP
        INC AL
        OUT DX,   AL                   ; 置 PC6=1
        INC SI
        LOOP WAIT
        MOV AH, 4CH
        INT 21H
        CODE     ENDS
        END START
```

9.4　本章要点

(1) 并行通信方式使用多条数据线同时传输多位二进制数据。实现计算机与外部设备进行并行通信的电路称为并行接口电路。

(2) 8255A是通用可编程并行I/O接口芯片，具有三个相互独立、带有锁存或缓冲功能的输入/输出端口，三个端口既可以单独使用，也可以联合使用；支持无条件传送方式、程序查询方式和中断传送方式完成CPU与外部设备之间的数据传送；可通过编程实现对通道C某一位的输入/输出，具有比较方便的位处理操作。

(3) 8255A定义了两种控制字，即工作方式控制字和专用于端口C的置位/复位控制字。由于两个控制字都必须写入同一个控制口，控制字规定由最高位D_7位来区分工作方式控制字($D_7=1$)和置位/复位控制字($D_7=0$)。

(4) 8255A具有三种可编程工作方式：基本I/O方式(方式0)、选通I/O方式(方式1)、双向选通I/O方式(方式2)。端口A可以工作于三种方式中的任何一种；端口B只能工作于方式0和方式1；端口C在端口A和端口B工作在方式1或方式2时，芯片内部定义部分位作端口A与端口B的控制信号和状态信号；端口C可通过编程实现对通道C某一位的置位/复位操作。在方式0、方式1和方式2下，均可使用查询方式，但方式0需要用户自己通过C口设置联络信号。而方式1和方式2由8255A内部为其规定C口某些位作为联络信号。

(5) 8255A在使用前必须进行初始化编程。

思考与练习

1．问答题

(1) 并行通信的概念是什么？常见的并行输入、输出接口芯片有哪些？

(2) 8255A定义了哪两种控制字？各控制字的格式是什么？

(3) 指出8255A有哪些工作方式？端口A、B、C分别允许工作在什么方式？

(4) 对8255A进行初始化，需要做哪些工作？其作用是什么？

2．编写程序实现8255A的PC_3和PC_5端口输出连续的方波信号。

3．编写程序实现8255A的A口的PA_7～PA_0分别控制8个发光二极管轮流点亮。要求：8255A工作在方式0，端口地址为3F0H～3F3H，发光二极管采用共阳极连接。

4．设8255A的地址为80H～83H，要求：A组设置为方式1且端口A为输入口；PC_6作为输出；B组设置为方式1且端口B作为输入口。编写初始化程序。

5．某系统8255A的端口地址为0A0H～0A6H，要求A口工作在方式0输入，B口工作在方式1输入；若与端口A连接的外设输入的数据为00H，则PC_6输出1，否则输出0。

(1) 使用74LS138译码器画出系统接口图。

(2) 编写控制程序。

6．某系统8255A的端口地址为0F0H～0F6H，要求A口做输入口，8个开关S_7～S_0分别接PA_7～PA_0，B口做输出口，PB_7～PB_0分别接发光二极管LED_7～LED_0。实现不断检测开关的通断状态的功能，并随时用发光二极管上显示开关状态：开关断开，相应的LED点亮；开关闭合，LED熄灭。

(1) 使用74LS138译码器画出系统接口图。

(2) 编写控制程序。

第 10 章 串行通信接口技术

本章首先介绍串行通信的基本概念，然后介绍可编程串行接口芯片 8251A 的结构、控制方法、工作方式及应用，最后介绍几种常用串行通信标准总线及接口技术。

10.1 串行通信的基本概念

前面已经讨论过，在 CPU 与外部设备(或计算机与计算机之间)的信息通信有并行通信和串行通信两种。采用并行通信方式时，数据的所有二进制位同时被传输，而采用串行通信时，数据各位的传输则是通过一根传输线被逐位按顺序传输的。

并行传输方式虽然传输速度快，但使用的通信线多，如果要并行传输 8 位数据，就至少需要 8 根数据线，因为还要加上一些控制信号线。如果要传送距离较远，则采用串行通信，这样可以减少传输线，降低通信成本。

采用串行通信的另一种理由是：一些外设(如调制解调器、鼠标器、某种类型的打印机或绘图仪等)本身需要用串行方式来通信。

与并行通信方式相比，串行通信方式有如下优势：

① 传输距离长，可达数千公里。

② 长距离内串行数据传输速率会比并行数据传输速率快，串行通信的通信时钟频率较并行通信容易提高。

③ 抗干扰能力强，串行通信中各信号线之间的相互干扰可以完全忽略。

④ 信息传输费用低。

在串行通信时，被传输的数据或信息必须按照约定的格式进行编码。在单根数据线上，逐位按顺序传输，发送完一个字符后，再发送下一个。反过来接收方也要一位一位地接收。发送方在发送前需要把原来的并行数据转换为串行数据，而接收方则要在接收完一个数据后，将之从串行格式转换为并行格式，以便交由 CPU 作进一步的处理。

虽然串行通信相对并行通信在原理上比较复杂，但随着 CPU 处理能力的极大提高并结合串行通信的优势，它在计算机通信中得到了广泛应用。

☞10.1.1 串行通信的制式

在串行通信中，数据是由发送方通过通信线路传送到接收方的。按照数据线、收发方的设置形式及数据的传送方向，串行通信可分为单工、半双工和全双工等三种制式，如图 10-1 所示。

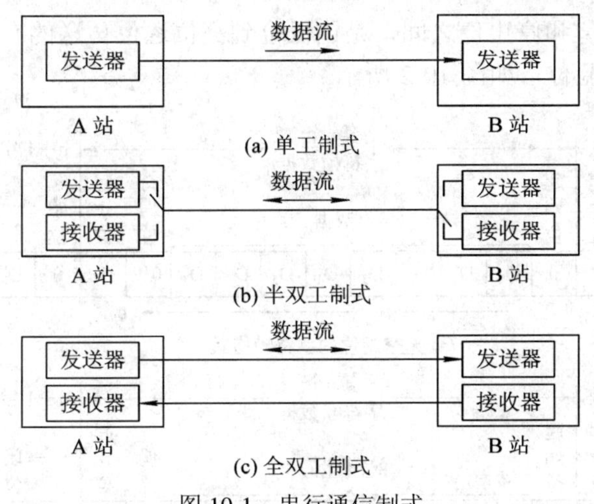

图10-1　串行通信制式

1. 单工(Simplex)制式

采用单工制式时，只允许数据向一个方向传送，即一方只能发送，另一方只能接收，不能反方向传送，如图10-1(a)所示。它是一种单向通信方式，如有线广播。

2. 半双工(Half Duplex)制式

采用半双工方式时，允许数据双向传送。但由于只有一根传输线，在同一时刻只能一方发送，另一方接收，不能同时收发，如图10-1(b)所示。

无线电对讲机就是用这种制式进行传输的一个例子。一个人在讲话的时候，另一个人只能听着，因为一方在发送信息时，接收方的发送电路是断开的。

3. 全双工(Full Duplex)制式

采用全双工制式时，允许数据同时双向传送。由于有两根传输线，在A站将数据发送到B站的同时，也允许B站将数据发送到A站，即在同一时刻，数据能在两个方向上传送，如图10-1(c)所示。电话系统就是一个采用全双工制式进行通信的例子。

计算机的主机与显示终端(由带键盘的CRT显示器构成)进行通信时，通常也采用这种制式。一方面，键盘上敲入的字符可以送到主机的内存中，另一方面主机内存的信息也可以送到显示终端。在键盘上敲入一个字符后，并不立即显示出来，而是等计算机收到该字符后，再送给终端显示。这样，对主机而言，前一个字符的回送过程和后一个字符的输入过程是同时进行的，并通过不同的线路进行传输，也就是说，系统工作于全双工制式下。

☞10.1.2　异步通信和同步通信

串行通信有两种基本通信方式：异步通信(Asynchronous)方式和同步通信(Synchronous)方式。个人计算机系统的串行通信通常采用异步通信方式。

1. 异步通信方式

异步通信中，数据通常以字符(或字节)为单位组成数据帧进行传送。一般情况下，一帧信息以起始位和停止位来实现收发同步。起始位表示数据帧开始传送，停止位表示数据

帧传送结束，在起始位和停止位之间，是由低位到高位逐位传送的有效数据位，必要时有效数据位后跟奇偶校验位，如图 10-2 所示。

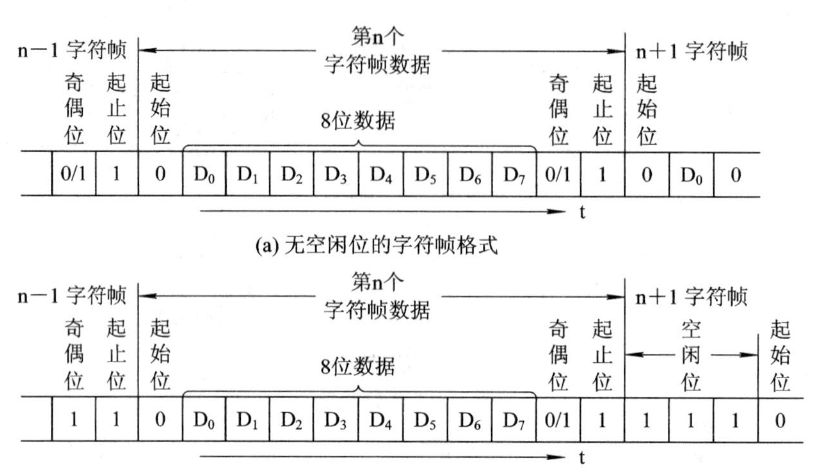

图 10-2　异步通信的字符帧格式

不发送数据时，数据信号线总是呈高电平，处于 MARK 状态，又称为空闲状态。下面介绍一个字符帧数据中的各组成部分。

1) 起始位

起始位位于数据帧开头，占 1 位，低电平“0”有效，标志传送数据的开始，它表示发送端开始向接收设备发送一帧数据。传输开始时，接收设备不断检测串行通信线的逻辑电平，当检测到从“1”至“0”的跳变后，接收设备便启动内部计数器开始计数。当计数到一个二进制数据位宽度的一半时，再一次采样信号线，若其仍为低电平，则确认是一个起始位，即一帧数据的传输开始了。

2) 数据位

数据位是真正要传送的字节字符，紧跟在起始位之后，根据情况可将其定义为 5 位、6 位、7 位或 8 位中的一种。以位周期(即波特率的倒数，其概念见本节)为间隔，由低位到高位依次先后传送。接收设备则按序逐一移位接收所规定的数据位和奇偶校验位，拼装成一个字节信息。若所传数据为 ASCII 字符，则常设置为 7 位数据位。

3) 奇偶校验位

奇偶校验位位于数据位之后，仅占 1 位，用于校验串行发送数据的正确性。可根据需要选择使用偶校验(数据位加本位中“1”的个数是偶数)或者奇校验(“1”的个数是奇数)。

4) 停止位

停止位位于数据帧末尾，高电平“1”有效，占 1 位、1.5 位(这里的一位对应于一定的发送时间，故有半位)或 2 位，用于向接收端指示一帧数据已发送完毕。接收设备在一帧数据规定的最后一位应接收到停止位“1”，若没有收到，则设置“数据帧传送错误”标志。只有在既无数据帧错误又无校验错误情况下，接收的数据才被认为是正确的。

一帧数据接收完毕后，接收设备又继续测试信号线，等待起始信号“0”的到来。

异步通信中，接收设备在收到起始位信号之后，只要在 5～8 个数据位的传输时间内能和发送设备保持同步就能正确接收。有时为了使收发双方有一定的操作间隙，可以根据需要在相邻数据帧之间插入若干空闲位，空闲位和停止位都是高电平，表示线路处于等待状态。在具有空闲位的数据帧传送过程中(见图 10-2(b))，即使接收设备与发送设备两者的时序略有偏差，数据帧之间的停止位和空闲位将为这种偏差提供一种缓冲，不会因累积效应而导致错位。因此，发送端和接收端可以由各自的时钟来控制数据的发送和接收，时钟信号不必要求同步。加入空闲位是异步通信的特征之一。

有了数据帧的格式规定后，发送端和接收端就可以连续协调地传送数据。也就是说，接收端会知道发送端何时开始发送及何时结束发送。前已述及，不发送数据时，信号线为高电平，当接收端检测到通信线上发送过来的低电平“0”时，就知道发送端已开始发送；每当接收端接收到数据帧中的停止位时，就知道一帧数据已发送完毕。

异步通信不需要传送同步脉冲，字符帧数据的有效长度可从 5 位到 8 位自主设定，且对硬件要求较低，因而在数据传送量不很大、要求传送速率不高的远距离通信场合得到了广泛应用。但由于异步通信每帧数据都必须有起始位和停止位，所以传送数据的速率受到限制，一般为 50～9600 b/s(位/秒)。假设要传输一个 7 位 ASCII 字符，实际发送时加上起始位、校验位和停止位至少要传送 10 位数据，传输效率只有 70%。为了提高串行数据的传送速率和效率，可以采用同步通信方式。

2. 同步通信方式

同步通信中，将要传送的数据打包成块，每个数据块传送开始时，采用 1 个或 2 个同步字符作为起始标志。接收端则不断对传输线采样，把采样到的字符与双方约定的同步字符相比较。只有比较成功后，接收端才开始把后面接收到的数据块加以处理并存储，而数据块的长度一般不受限制。同步通信方式中的数据格式如图 10-3 所示。

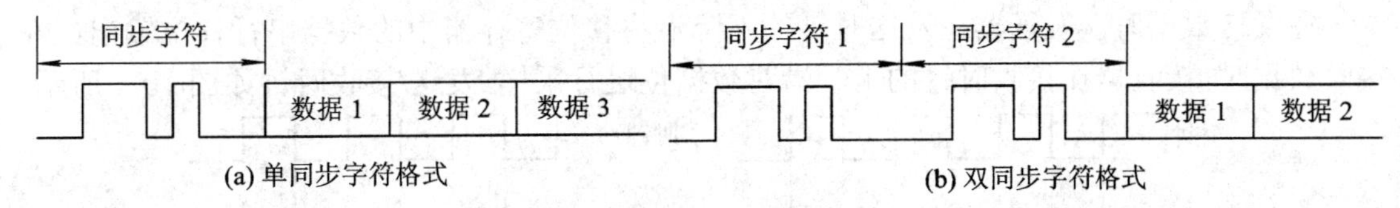

图 10-3　同步传送的数据格式

同步字符可以使用统一标准格式，单个同步字符常采用 ASCII 码中规定的 SYN(即 16H)代码，双同步字符一般采用国际通用标准代码 EB90H。同步通信一次可以连续传送若干个字节数据，每个数据不需起始位和停止位，数据之间不留间隙，因而数据传输速率高于异步通信，通常可达 56 000 b/s。由于同步通信要求用准确的时钟来实现发送端与接收端之间的严格同步，为了保证数据传输正确无误，发送方除了发送数据外，还要同时把时钟传送到接收端。同步通信常用于传送数据量大、传送速率要求较高的场合。

10.1.3　波特率和发送/接收时钟

1．波特率

串行通信的数据是按位进行传送的，每秒钟传送的二进制数码的位数称为波特率(Baud Rate，也称比特数)，单位是位/秒，常标为波特，或 b/s(bit per second)。

波特率是串行通信的重要指标，用于衡量数据传输的速率。国际上规定了标准波特率系列为 110 b/s、300 b/s、600 b/s、1200 b/s、1800 b/s、2400 b/s、4800 b/s、9600 b/s 和 19200 b/s。

每位的传送时间常被称为位时间，用 Td 表示，它是波特率的倒数，即 $\text{Td}=\dfrac{1}{\text{波特率}}$。

例如，波特率为 110 b/s 的通信系统，其位时间应为

$$\text{Td}=\frac{1}{110}\ \text{s}\approx 0.0091\ \text{s}=9.1\ \text{ms}$$

接收端和发送端的波特率分别设置时，必须保持相同。

例如，某串行异步通信过程中，设定数据传输率为 960 帧/秒，每帧数据包括 1 个起始位、7 个数据位、1 个校验位和 1 个停止位共 10 位，则其波特率为

$$960\times 10=9600\ \text{b/s}\ (\text{或记作 9600 波特})$$

其位时间为

$$\text{Td}=\frac{1}{9600}\ \text{s}\approx 0.10417\ \text{ms}$$

【例 10-1】 在串行通信中，设异步传送波特率为 4800 b/s，每个数据帧占 10 位，计算传输 2 K 个数据帧所需时间 t。

位时间：Td = 1/4800 s

需传送的总位数：2 K × 10 = 20 480 bit

所需总时间：t = (1/4800) × 20 480 = 4.27 s

2. 发送/接收时钟

在串行通信过程中，二进制数据序列以数字信号波形的形式出现。无论发送或是接收，都必须有时钟信号对传送的数据进行定位。

在发送数据时，发送器在发送时钟的下降沿将移位寄存器中的数据串行移位输出；在接收数据时，接收器在接收时钟的上升沿对数据位进行采样。发送/接收时钟如图 10-4 所示。

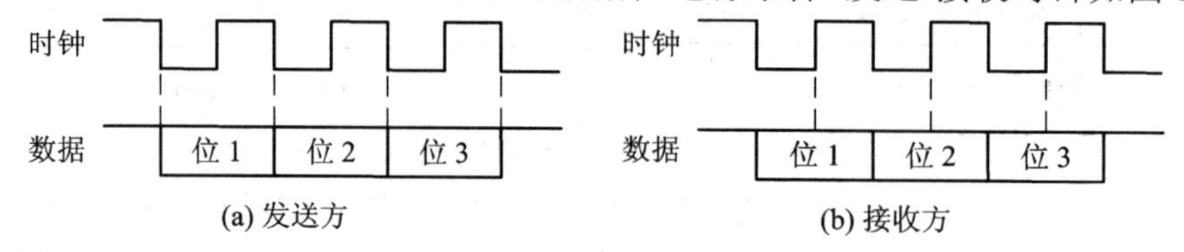

图 10-4　发送/接收时钟

为保证传送数据准确无误，发送/接收时钟频率应大于或等于波特率，两者的关系为

$$\text{发送/接收时钟频率} = n\times \text{波特率}$$

式中，n 称为波特率因子，对于串行异步传送方式，常取值 1、16 或 64，而对于串行同步传送方式，则必须取 n = 1。

数据传输时，每一位的传送时间 Td 与发送/接收时钟周期 Tc 之间的关系为

$$\text{Td} = n\text{Tc}$$

☞10.1.4　校验码

当串行通信用于远距离传送时，不可避免会存在不同程度的噪声或干扰，可能造成传

送出错。为保证通信质量，需要对传送的数据进行校验。常用的校验方法有奇偶位校验和循环冗余码校验等。

1. 奇偶位校验

所谓奇偶位校验法，是指在发送时，在每个字符(或字节)之后附加一位校验位，这个校验位可以置为“0”或“1”，以便使校验位加上所发送的字符(或字节)中“1”的总个数为奇数(或偶数)，称为奇校验(或偶校验)。

系统若采用奇校验(偶校验)，则发送方数据位连同校验位在内的“1”的个数必须为奇数(或偶数)。例如采用奇校验，若数据位为偶数个“1”，则校验位应置为“1”；若数据位为奇数个“1”，则校验位应置为“0”。

在接收时，接收方按照发送方所确定的奇偶性，对接收到的每一个字符进行校验，检查所接收的字符(或字节)连同奇偶校验位中“1”的个数是否符合规定。若不符合，就说明传送过程中受到干扰，数据发生了错误，即发生奇偶校验错。此时，接收器会向 CPU 发中断请求，或给状态寄存器的相应位置位，供 CPU 查询，进行相应出错处理。

系统可根据需要采用奇校验或者偶校验。几乎所有的通用异步接收/发送器(UART，Universal Asynchronous Receiver-Transmitter)或通用同步异步接收/发送器(USART，Universal Synchronous-Asynchronous Receiver-Transmitter)电路中都包括奇偶校验电路，可通过编程来选择使用奇校验或偶校验。

奇偶位校验是对一个字符(或字节)校验一次，只能提供最低级的错误检测，通常只用于异步通信中。

2. 循环冗余码校验

奇偶校验码作为一种检错码虽然简单，但是漏检率很高。在计算机网络和数据通信中用得较广泛的检错码，则是一种漏检率较低且也便于实现的循环冗余码(CRC，Cyclic Redundancy Code)。其原理是在发送端按某种算法产生一个多余的码，附加在信息位后面一起发送到接收端，接收端收到的信息按发送端形成循环冗余码相同的算法进行校验，如果发现错误，则向 CPU 发中断请求或通知发送端重发。

冗余码的算法通常是一个多项式，因此也称为多项式码。在这种校验体系中，信息字段和校验字段的长度都可以任意选定。

1) 生成CRC的基本原理

任意一个由二进制位串组成的代码都可以和一个系数仅为 0 和 1 取值的多项式一一对应。例如，代码 1010111 对应的多项式为 $x^6+x^4+x^2+x+1$，而多项式为 $x^5+x^3+x^2+x+1$ 对应的代码为 101111。

CRC 码字多项式 V(x)的生成公式为

$$V(x) = x^R m(x) + r(x) \tag{10-1}$$

其中：m(x)为信息码的 K 次多项式(设信息字段的长度为 K+1 位)；R 为生成多项式 g(x)的阶次(设生成码字段的长度为 R+1 位)，g(x)定义为

$$g(x) = g^R x^R + g^{R-1} x^{R-1} + \cdots + g^2 x^2 + gx + g \tag{10-2}$$

目前广泛使用的生成多项式 g(x)主要有以下四种：

① CRC_{12}：$g(x) = x^{12} + x^{11} + x^3 + x^2 + 1$

② CRC_{16}：$g(x) = x^{16} + x^{15} + x^2 + 1$(IBM 公司)

③ CRC_{16}：$g(x) = x^{16} + x^{12} + x^5 + 1$(国际电报电话咨询委员会(CCITT))

④ CRC_{32}：$g(x) = x^{32} + x^{26} + x^{23} + x^{22} + x^{16} + x^{11} + x^{10} + x^8 + x^7 + x^5 + x^4 + x^2 + x + 1$

式(10-1)中的 r(x)为 R−1 次校验多项式(即校验冗余码字段的长度为 R 位)，显然 CRC 码字多项式 V(x)的阶次为 N = K + R。也就是说，CRC 码字由 K + 1 位的信息码加上 R 位的校验冗余码组成，共 K + R + 1 位。

发送方通过指定的 g(x)产生 CRC 码字，接收方则通过该 g(x)来验证收到的 CRC 码字。借助于多项式模二除法，其余数为校验字段。

校验冗余码的计算方法是：先将信息码后面补 0，补 0 的个数是生成多项式最高次幂；将补零之后的信息码用模二除法(非二进制除法)除以 g(x)对应的二进制码(注意除法过程中所用的减法是模二除法，即没有借位的减法，也就是异或运算)。当被除数逐位除完时，得到比除数少一位的余数，该余数即为冗余码，将其添加在信息位后便构成 CRC 码字。

【例 10-2】 假设信息码字为 11100011，生成多项式 $g(x) = x^5 + x^4 + x + 1$，计算 CRC 码字。

生成多项式是 $g(x) = x^5 + x^4 + x + 1$，也就是说其二进制生成码为 6 位的 110011，其最高次是 5，故需在信息码字后补 5 个 0，变为 1110001100000。用 1110001100000 模二除法除以 110011，得 5 位的余数为 11010，即为所求的冗余校验码，计算过程见图 10-5(a)。

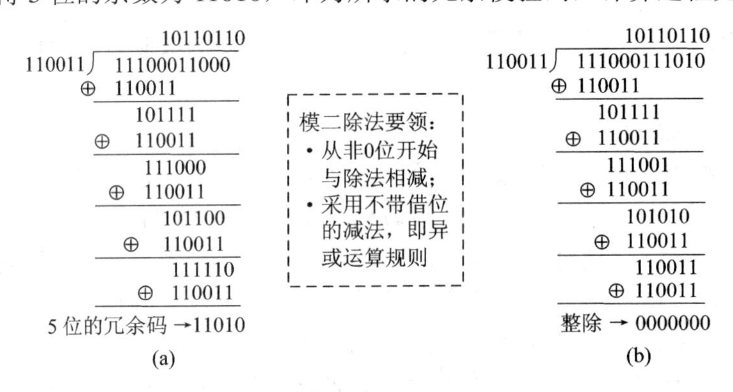

图 10-5 模二除法算式

因此，发送方发送出去的 CRC 码字为 1110001111010(原始信息码字 11100011 末尾加上冗余校验位 11010)。接收端收到码字后，采用同样的算法进行验证，也就是将收到的码字用模二除法除以 g(x)对应的生成码 110011，若余数是 0，则认为码字在传输过程中没有出错，否则传输出错，计算过程见图 10-5(b)。

2) CRC的特点

如果生成多项式选择得当，CRC 将是一种很有效的差错校验方法。理论上可以证明循环冗余校验码的检错能力有以下特点：

① 可检测出所有奇数个错误。

② 可检测出所有双比特的错误。

③ 可检测出所有小于等于校验位长度的连续错误。

④ 以相当大的概率检测出大于校验位长度的连续错误。

从算法的复杂度来看，CRC 校验方法的通信速度显然不如奇偶校验方法快。

☞10.1.5　串行通信传输通道的配置

CPU 内部直接处理和传送的是并行数据，而串行通信与外部设备是通过一根输出线逐位输出或输入数据，所以必须通过串行通信接口实现数据格式的转换，即发送方应把从 CPU 系统总线传输来的并行数据转换为一位位串行信号发出；接收方应把从外部输入设备接收到的一位位串行信号转换为并行数据再经系统总线送入 CPU。

在微型计算机内部，通常使用串行通信接口芯片 Intel 8251A 来完成这种数据格式的转换。8251A 是一种通用同步异步接收/发送器芯片，它不仅包括并行数据与串行数据之间的相互转换功能，还包括可编程控制逻辑及检测串行通信在传送过程中可能发生错误的逻辑部件等，我们将在下一节讨论。

实现串行通信接口的核心部件是移位寄存器，该寄存器在发送端为并行输入/串行输出移位寄存器，在接收端为串行输入/并行输出移位寄存器。

在串行通信中，数据传输率、通信设备、传输距离、传输线及各种干扰直接影响通信线路上的数据帧波形。为了保证数据传输的正确性，需要采取相应措施(如校验数据帧技术等)。

在远距离传送过程中，有时需要通过使用电话网线路介质来进行串行通信。由于每一路电话线的模拟信号频带较低，而串行信号是传输率较高的数字电平信号，为了保证数据传送的可靠性，需要将串行输出的二进制信号转换为电话线上的模拟信号，这一过程称为调制(Modulating)。反之，在接收端则需要将从电话线上接收到的模拟信号转换为二进制串行信号，这一过程称为解调(Demodulating)。实现调制和解调功能的设备称为调制解调器 MODEM(Modulator-Demodulator)。

在不同情况下，串行通信传输通道的配置是不同的。

1) 近距离直接串行通信的配置

近距离直接串行通信的配置是指传输距离在 15 m 以内，不需要进行信号转换的串行通信的配置。常用在两台 PC 或 PC 与串行通信标准接口设备之间的通信。近距离直接串行传输示意图如图 10-6 所示。

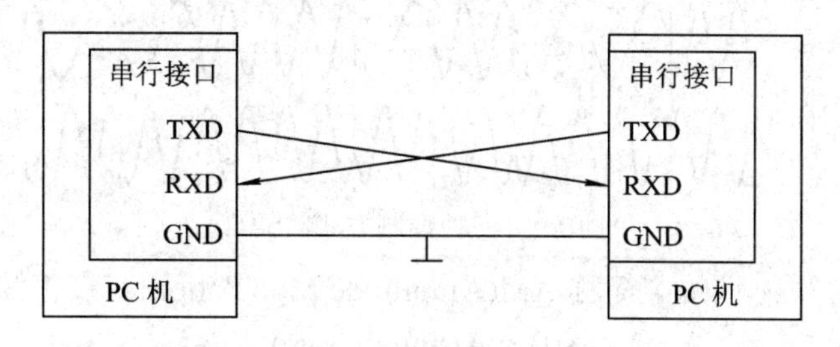

图 10-6　近距离直接串行传输示意图

2) 需要电平转换串行通信的配置

RS-232C(见 10.3 节)是 PC 标准配置的一种通用串行通信标准接口。它采用负逻辑信号定义规则，用 −5～−15 V 表示逻辑高电平“1”，用 +5～+15 V 表示逻辑低电平“0”，而采用正逻辑电平的 TTL、MCS-51 单片机等则用 +5 V 表示逻辑高电平“1”，用 0 V 表示逻辑

低电平“0”。因此，两者不能直接相连。当负逻辑的RS-232C接口要与正逻辑的串行口通信时，必须进行电平转换。这种串行通信的配置如图10-7所示。

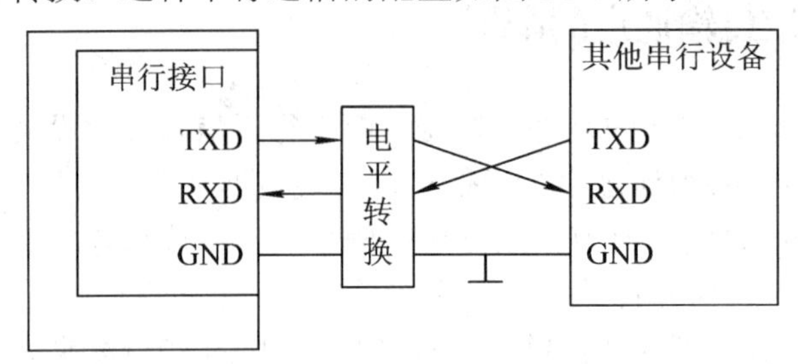

图10-7　需要电平转换串行传输通信示意图

用于电平转换的集成电路很多，最常用的是MAX232(见10.3节)。

3) 远距离调制与解调串行通信的配置

在远距离使用调制解调器进行串行通信时的配置如图10-8所示。

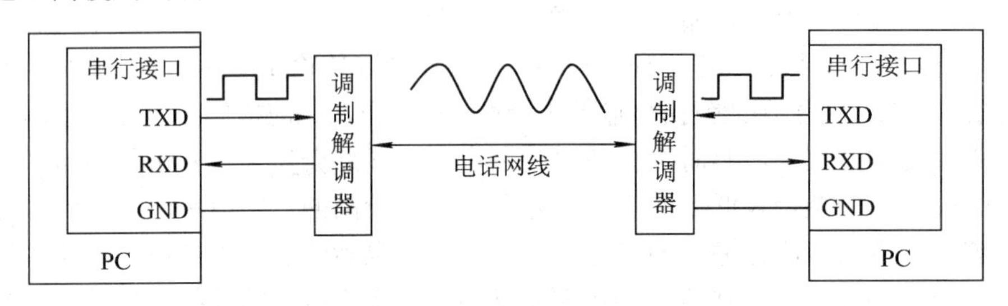

图10-8　远距离调制与解调传输

调制的主要形式有幅度(Amplitude)调制(简称调幅)、频率键移(FSK，Frequency-Shift Keying，简称调频)、相位键移(PSK，Phase-Shift Keying，简称调相)和多路载波(Multiple Carrier)等几种。前三种调制方式的波形如图10-9所示。

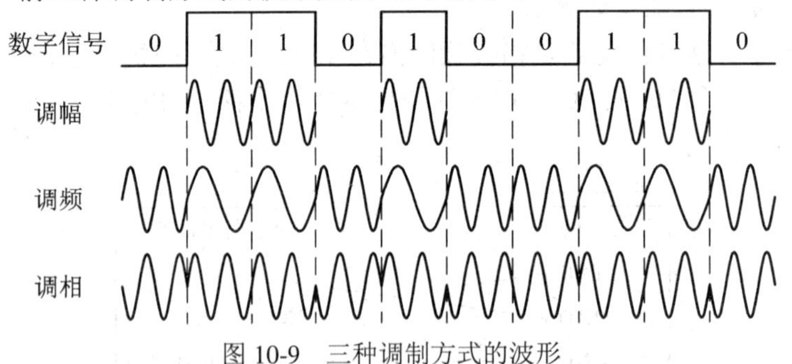

图10-9　三种调制方式的波形

(1) 幅度调制，俗称调幅，简称AM(Amplitude Modulation)。设正弦型载波为

$$s(t) = A\sin(\omega_c t + \varphi_c)$$

其中，A为载波的幅度；ω_c为载波的频率；φ_c为载波的初始相位。调幅是指正弦型载波的幅度A随调制信号变化的过程，它用改变A的方法来表示数字信号的0和1。常用的调幅方法是：当接通频率为387 Hz的正弦波时表示数字1，断开时表示数字0。调幅的另一种方法是：调幅时总有正弦波输出，一种输出幅度表示数字0，另一种表示数字1。调幅方式仅用于非常低速的反向通道传输，或与其他类型调制方法(如调相)协同使用。

调幅也称为幅度调制半调技术，是半调输出技术中的一种。如在图像处理过程中，通过调整输出黑点的尺寸来显示不同的灰度。如早期报纸上的图片便是通过用大小不同的墨点来表示灰度图像。当在一定距离观察时，一个小的点可以产生亮灰度的视觉效果，而一个大的点可以产生暗灰度的视觉效果。

(2) 频率键移调制，也称为调频，是一种常用的调制方法，它用一种频率信号表示数字 0，另一种频率信号表示数字 1。为了实现全双工通信，常用 4 种不同频率表示不同方向上的 2 种不同数字。如在贝尔公司发布的“Bell 103A，300bd FSK MODEM”标准中就规定，在一个方向上用 2025 Hz 的频率表示数字 0，用 2225 Hz 的频率表示数字 1；在另一个方向上用 1070 Hz 的频率表示数字 0，用 1270 Hz 的频率表示数字 1。采用这种简单的 FSK 调制方法，只局限于以 1200 Bd 速率在 2 芯电话线上进行半双工通信，或以 1200 Bd 速率在 4 芯电话线上进行全双工通信。

有关相位键移和多路载波调制的概念请参阅有关通信技术的文献，本文不再赘述。

在远距离串行通信系统中，由于多个计算机或相关设备连接在同一个通信线路上，因此还需要采用一种称做“信道复用”的技术，该技术主要有如下两种：

(1) 时分多路复用(TDM，Time Division Multiplexing)，它将一条物理传输线路按时间分成若干时间片轮换地为多个信号所占用，每个时间片由复用的一个信号占用。

(2) 频分多路复用(FDM，Frequency Division Multiplexing)，它利用频率调制原理，将要同时传输的多个信号进行频谱搬移，使它们互补重叠地占数据信道频带的不同频率段，然后经发送器从同一信道上同时或不同时地发送出去。

计算机串行数据通信及其接口设备通常为时分多路复用系统。

10.2　可编程接口芯片 8251A

8251A 是 Intel 公司开发的一种可编程通用串行同步异步接收/发送器接口芯片。通过编程，可灵活方便地控制它工作在需要的方式，包括设置其数据格式、数据传输率及状态等。

8251A 芯片支持串行通信协议，由硬件完成串行通信的基本过程，可以大大减轻 CPU 的负担。8251A 被广泛应用于串行通信系统及计算机网络中。

☞10.2.1　8251A 的基本特性

8251A 的基本特性主要包括以下几个方面：

(1) 8251A 具有独立的双缓冲结构发送器和接收器，能将 CPU 以并行方式送来的 8 位数据变换成逐位输出的串行信号，也能将从串行输入设备读取的串行数据变换成并行数据传送给 CPU，可以选择为单工、半双工或全双工制式进行通信。

(2) 8251A 可以直接与计算机系统总线连接，片内可供 CPU 访问的 I/O 端口地址有 2 个，CPU 可以方便地通过程序设置其通信方式或查询其当前工作状态。

(3) 8251A 可编程选择其工作于同步或者异步传送方式。对于同步传送方式，既可以设定为内同步方式也可以设定为外同步方式，可选择 1 个或 2 个同步字符。如果发送时出

现数据位有滞后等现象，可以在内同步方式时自动插入 1～2 个同步字符。可选择所传输的字符的数据位数为 5～8 位。最高数据传输率为 64 kb/s。对于异步传送方式，可选择所传输的字符的数据位数为 5～8 位，停止位为 1、1.5 或 2 位，最高波特率为 19.2 kb/s；时钟频率为波特率的 1、16 或 64 倍。8251A 能检查假启动位，产生中止符，并能自动检测和处理中止符，也可以自动产生起始和停止位。

(4) 无论工作在同步方式，还是异步方式，8251A 均具有检测奇偶校验错、溢出错和帧错误的功能。

(5) 8251A 可提供一些基本的控制信号，可以方便地与 MODEM 连接。

☞10.2.2　8251A 的结构及外部引脚

8251A 内部结构图和外部引脚图分别如图 10-10 和图 10-11 所示。其内部主要由数据总线缓冲器、接收缓冲器、接收控制电路、发送缓冲器、发送控制电路、读/写控制逻辑和调制解调器(MODEM)控制电路等组成，内部总线实现各部件之间的通信。

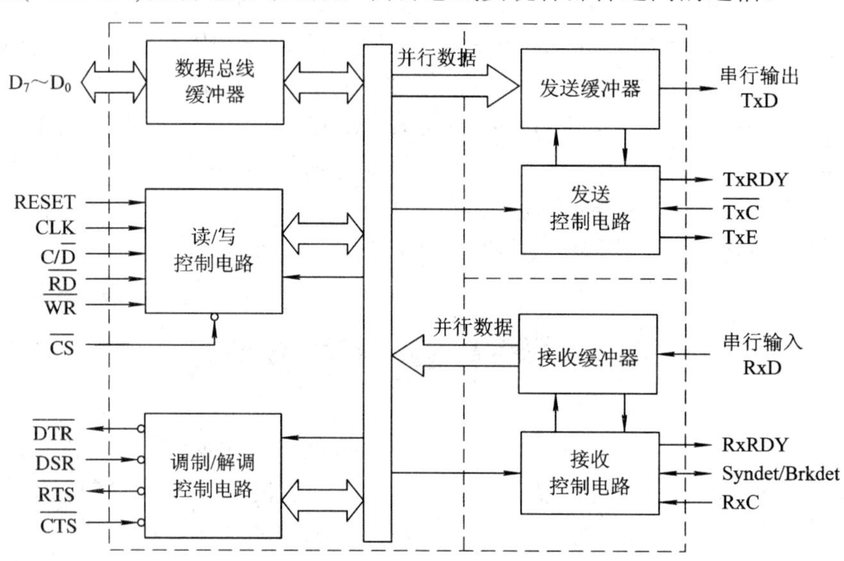

图 10-10　8251A 内部结构图

引脚名	引脚号	引脚号	引脚名
D_2	1	28	D_1
D_3	2	27	D_0
RxD	3	26	V_{CC}
GND	4	25	$\overline{RxC}$
D_4	5	24	$\overline{DTR}$
D_5	6	23	$\overline{RTS}$
D_6	7	22	$\overline{DSR}$
D_7	8	21	RESET
$\overline{TxC}$	9	20	CLK
$\overline{WR}$	10	19	TxD
$\overline{CS}$	11	18	TxE
C/$\overline{D}$	12	17	$\overline{CTS}$
$\overline{RD}$	13	16	Syndet/Brkdet
RxRDY	14	15	TxRDY

8251A

图 10-11　8251A 引脚排列图

8251A 内部各部件可归类为以下三个部分。

1．与 CPU 接口的部件

与 CPU 接口的部件是数据总线缓冲器和读/写控制逻辑。

1) 数据总线缓冲器

数据总线缓冲器的作用是实现 8251A 和计算机系统数据总线(8 位)的连接。设置从 D_0 到 D_7 共 8 根引脚，双向，可与 8088 CPU 的 8 位数据总线直接相连。与 8086 CPU 相连时，通常接其 16 位数据总线的低 8 位。

2) 读/写控制逻辑

CPU 在执行 I/O 指令时，将通过读/写控制逻辑来实现选中 8251A、控制数据总线缓冲器工作状态、选中 8251A 内部的寄存器等功能。若执行输入指令，则 8251A 提供的输入数据通过总线缓冲器发送到系统数据总线上供 CPU 读取；若执行输出指令，则 CPU 送到系统总线上的输出数据通过总线缓冲器进入 8251A 内部数据总线上。

需要指出的是，CPU 与 8251A 之间通信的数据不仅包括 CPU 通过 8251A 与外部设备之间的通信数据，也包括 8251A 内部的控制字，命令字和状态字等信息。

CPU 通过数据总线缓冲器和读/写控制逻辑向 8251A 写入(输出)工作方式控制字和命令控制字，用以对该芯片进行初始化；CPU 通过数据总线缓冲器和读/写控制逻辑读入 8251A 工作时的状态信息，用于查询 8251A 的工作状态。

CPU 通过读/写控制逻辑连接 8251A 的连线主要包括以下几个：

(1) $\overline{CS}$：片选信号，输入，低电平“0”有效。$\overline{CS}=0$，表示当前 8251A 芯片数据线 D_0～D_7 与 CPU 的数据总线相连通，可以进行数据通信。$\overline{CS}$ 引脚由 CPU 的地址总线经译码器产生的输出信号来控制。

(2) $C/\overline{D}$：控制/数据端口选择信号，输入。当 $C/\overline{D}=1$ 时，表示当前数据总线上传送的是写给 8251A 的控制字或读取 8251A 的状态字；当 $C/\overline{D}=0$ 时，表示当前数据总线上传送的是 CPU 与外部设备交换的数据。8251A 用该引脚区分其内部仅有的两个端口：控制状态端口和数据端口，所以又称为片内地址选择输入线。

对于 8086 系统而言，当 8251A 的数据线连接在 CPU 数据总线的低 8 位时，由于低 8 位数据线必须对应访问偶地址端口，所以，须定义 8251A 内部的两个端口均为偶地址；当 8251A 的数据线连接在 CPU 数据总线的高 8 位时，由于高 8 位数据线必须对应访问奇地址端口，所以，须定义 8251A 内部的两个端口均为奇地址。

例如，将 8251A 的引脚 $C/\overline{D}$ 连接在 CPU 地址总线的 A_1 引脚线上，且置地址总线的 A_0=0，便可使 8251A 的两个端口地址均为偶地址，而且是相连的两个偶地址。假设 CPU 的地址总线 $A_{15}\cdots A_3A_2A_0=1111\ 1111\ 1111\ 110$ 时，使某 8251A 的 $\overline{CS}=0$，则当 $A_1=0$ 时，选中的端口地址为 FFFCH，对应该 8251A 的数据端口；而当 $A_1=1$ 时，选中的端口地址为 FFFEH，对应该 8251A 的控制状态端口。

执行如下指令：

```
MOV DX, 0FFFCH
IN AL, DX
```

后，CPU 将会读取该 8251A 数据端口的内容到累加器 AL 中。

③ $\overline{RD}$：读控制信号，低电平有效，输入。CPU 读取 8251A 数据时，该信号必须为低电平。在执行 IN 指令时，CPU 读控制引脚输出的低电平应直接控制该引脚。

④ $\overline{WR}$：写控制信号，低电平有效，输入。CPU 写入 8251A 数据或控制字时，该信号必须为低电平。在执行 OUT 指令时，CPU 的写控制引脚输出的低电平应直接控制该引脚。

表 10-1 列出了 8251A 端口读/写控制操作关系。

表 10-1　8251A 端口读/写控制操作关系

CS	C/$\overline{D}$	$\overline{RD}$	$\overline{WR}$	读/写操作
0	0	0	1	CPU 读 8251A 数据端口
0	0	1	0	CPU 写 8251A 数据端口
0	1	0	1	CPU 读状态控制字
0	1	1	0	CPU 写控制字
1	任意	任意	任意	数据总线高阻

⑤ CLK：时钟输入信号，是芯片内部相关部件或电路提供时钟。在异步传送方式下，该时钟频率必须大于 $\overline{RxC}$ 或 $\overline{TxC}$ 频率的 4.5 倍；在同步传送方式下，该时钟频率必须大于 $\overline{RxC}$ 或 $\overline{TxC}$ 频率的 30 倍。

⑥ RESET：复位信号，高电平有效，输入。该引脚上出现 6 倍时钟周期宽度的高电平时芯片即可复位。复位后，芯片处于空闲(Idle)状态，直至 CPU 重新对其进行初始化编程。在使用指令对 8251A 写入复位命令字后，也能使它进入空闲状态。

2．与外部设备接口的部件

8251A 中与外设接口的部件包括：发送缓冲器、发送控制电路和接收缓冲器、接收控制电路。

1) 接收缓冲器与接收控制电路

接收缓冲器由接收移位寄存器、串/并变换电路和同步字符寄存器等构成，在接收时钟 $\overline{RxC}$ 的控制下，它逐个从 RxD 引脚接收外部设备输入的串行数据，并将此数据按照指定格式经接收移位寄存器和串/并变换电路转换为并行数据，再通过内部总线送到接收数据缓冲器中。接收数据的速率取决于 $\overline{RxC}$ 的时钟频率。

接收数据的同时接收控制电路会进行检验，发现错误，在状态寄存器中保存出错信息。当检验无错误时，才把并行数据放入数据总线缓冲器中，并发出接收器就绪信号(RxRDY=1)。

(1) 异步方式。当接收器成功地接收到起始位后，8251A 便接收数据位、校验位和停止位，接着将转换后的并行数据通过内部总线送入数据缓冲器，RxDRY 线输出高电平，CPU 可以到数据总线上读取数据。此时的接收时钟 $\overline{RxC}$ 的频率可以是波特率的 1、16 或 64 倍，或者说波特率系数可以是 1、16 或 64。使用波特率系数高的时钟频率，能使接收移位寄存器在位信号的中间同步，而不是在信号的起始边沿同步，这样将减少信号噪声在信号起始处引起读数据错误的机会。

当 CPU 发出允许接收数据的命令时，接收缓冲器就一直监视着 RxD 上的信号电平。

无信号时，RxD为高电平，一旦检测到低电平，就启动接收控制逻辑电路中的内部计数器，对时钟频率进行计数。假设波特率系数为16，则计数器计到8时，再次检测到RxD引脚上还是低电平，就确认接收到了一个有效起始位，而不是干扰信号。在这以后，8251A每隔16个时钟周期，就对RxD采样一次，采样过程如图10-12所示。

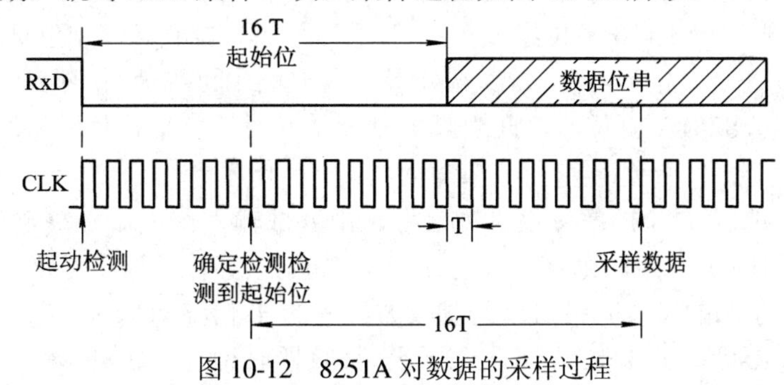

图10-12 8251A对数据的采样过程

(2) 同步方式。同步方式下要检测同步字符，只有确认已经达到同步，接收器才可开始串行接收数据，待一组数据接收完毕，便把移位寄存器中的数据并行置入接收缓冲器中。同步方式有内同步和外同步两种情形。

工作于内同步方式时，CPU发出允许接收数据和进入搜索状态的命令，接收缓冲器就一直监测RxD引脚，把接收到的每一位数据送入移位寄存器，并与同步字符寄存器的内容进行比较。若两者不同，则继续接收数据和进行移位比较等操作；若两者相同，则将Synset引脚置为高电平，表示已实现同步过程。如果8251A被编程为采用双同步字符工作，则需搜索到两个同步字符后，才认为已实现同步。

工作于外同步方式时，则由外部电路来检测同步字符。外部检测到同步字符后，就从同步输入端Syndet输入一个高电平，通知8251A，当前已检测到同步字符，8251A就会立即脱离对同步字符的搜索过程。只要Syndet上的高电平能维持一个$\overline{RxC}$时钟周期，8251A便认为已经达到同步。实现同步之后，接收器才能接受同步数据。首先，接收器利用时钟信号对RxD线进行采样，然后把采来的数据送到移位寄存器中，每当接受到的数据位数达到一个字符所规定的位数时，就将移位寄存器里的内容经内总线送到输入缓冲器中，同时使RxRDY引脚输出高电平，表示已收到一个可用字符。

与接收端有关的引脚信号如下：

① RxD(Receiver Data)：数据接收线，输入。在接收时钟信号$\overline{RxC}$的上升沿从此引脚采样按位输入的串行数据。

② RxRDY(Receiver Ready)：接收器准备好信号，输出，高电平有效。RxRDY=1，表示接收缓冲寄存器中已接收到一个数据字符，用于通知CPU执行读取操作。当CPU读取接收缓冲器中数据后，使RxRDY=0。此信号通常可作为中断请求信号来使用。

③ Syndet/Brkdet(Sync Detect/Break Detect)：同步检测/中止检测双功能信号，输入或输出，高电平有效。

• 对于同步方式，是同步检测端Syndet。采用内同步或外同步时其含义又有所不同：若采用内同步方式，Syndet端为输出信号。当从RxD端上收到同步字符时，Syndet=1，表示已达到同步，表示从RxD接收到的后续位是有效数据。若采用外同步方式，Syndet

端为输入信号。当外部检测电路获取同步字符后，则置其为 1，表示已达到同步，接收器可以开始接收有效数据。

● 对于异步方式，是中止信号检测端 Brkdet，输出。Brkdet 用于检测串行输入 RxD 端是工作状态还是中止状态。由于系统规定“中止字符”由连续的“0”组成，所以当从 RxD 端上连续收到 2 个由全 0 数位组成的字符(包括起始、校验和停止位)时，8251A 则从 Brkdet 端输出高电平 1，指示当前 RxD 端处于数据中止或间断状态。只有当从 RxD 端收到一个“1”信号或 8251A 复位时，此引脚才复位，变成低电平。此引脚信号可作为状态位，由 CPU 读出。

④ $\overline{\text{RxC}}$ (Receiver Clock)：接收时钟信号，由外部输入。该信号决定 8251A 接收数据的速率。若采用同步方式，则该频率等于接收数据的频率；若采用异步方式，由软件定义(工作方式控制字)的接收时钟可以是接收波特率的 1 倍($\overline{\text{RxC}}<64$ kHz)、16 倍($\overline{\text{RxC}}<312$ kHz)或 64 倍($\overline{\text{RxC}}<615$ kHz)。一般情况下，接收器时钟与发送器时钟可以为同一个时钟信号源。

2) 发送缓冲器与发送控制电路

当 CPU 要通过 8251A 向外发送数据时，如果发送器准备就绪，则由其发送控制电路向 CPU 发出 TxRDY=1 有效信号(通常采用中断方式)，然后 CPU 执行 OUT 指令将要发送的数据发送到 8251A 的发送数据缓冲器，并锁存到发送缓冲器中。发送缓冲器接收 CPU 输出的 8 位并行数据，加上适当的字符格式信号后，将此数据经发送移位器转换为串行数据从发送缓冲器的 TxD 引脚发送出去。

● 对于异步方式，发送控制器能按照程序规定的字符格式，给发送数据加上起始位、奇偶校验位和停止位，然后从起始位开始，经移位寄存器移位后，逐位将数据从 TxD 端发送出去。发送速率取决于 $\overline{\text{TxC}}$ 引脚上连接的发送时钟频率。其频率可以是发送波特率的 1 倍、16 倍或 64 倍。

● 对于同步方式，发送器在发送数据字符之前，先送出 1 个或 2 个同步字符，然后逐位输出串行数据。在此方式下，字符之间是不允许存在间隙的，若由于某种原因(如出现高优先级的中断)迫使 CPU 在发送过程中停止发送字符，则 8251A 将不断自动地插入同步字符，直到 CPU 送来新的字符后，再重新输出数据。同步传输时，数据传输率等于 $\overline{\text{TxC}}$ 的时钟频率。

与发送端相关的引脚包括以下四个：

① TxD(Transmitter Data)：数据发送端，输出。该引脚在发送时钟信号 $\overline{\text{TxC}}$ 的下降沿按位发送串行数据流。

② TxRDY(Transmitter Ready)：发送器准备好信号，高电平有效，输出。该引脚有效的条件是：只有当状态字的 D_0 位(TxRDY)为 1(表示发送缓冲器为空)、命令字的 D_0 位(TxEN)为 1(表示允许发送)且 $\overline{\text{CTS}}$ 为 0(表示接收设备已准备好接收)时，该引脚才输出有效电平 1，CPU 才可以向 8251A 写入下一个数据。

注意：引脚信号 TxRDY 与状态 TxRDY 是有区别的(见 8251A 状态字的介绍)。

③ TxE(Transmitter Empty)：发送缓冲器空信号，高电平有效，输出。发送缓冲器空时，TxE=1；发送缓冲器满时，TxE=0。当 TxE=1 时，TxRDY 才有可能是 1，CPU 可以

向 8251A 的发送缓冲器写入数据。

④ $\overline{\text{TxC}}$ (Transmitter Clock)：发送器时钟信号，外部输入。对于同步方式，输入给 $\overline{\text{TxC}}$ 的时钟频率应等于发送数据的波特率；对于异步方式，由软件定义(工作方式控制字)的发送时钟可以是发送波特率的 1 倍($\overline{\text{TxC}}<64$ kHz)、16 倍($\overline{\text{TxC}}<312$ kHz)或 64 倍($\overline{\text{TxC}}<615$ kHz)。

3．与调制解调器接口的控制部件

使用 8251A 实现远程串行通信时，8251A 通过内部“调制/解调控制电路”可以直接与调制解调器(MODEM)建立通信联络控制，经标准电话线传输数据。

8251A 提供 4 个与 MODEM 连接的引脚信号，其电平与 RS-232C 兼容。这 4 种信号与异步 MODEM 相连时，可实现异步方式的远程串行通信，其传输频率可以是传输波特率的 1 倍、16 倍或 64 倍；与同步 MODEM 相连时，可实现同步方式的远程串行通信，其传输频率与传输波特率相同。接在 $\overline{\text{TxC}}$ 和 $\overline{\text{RxC}}$ 上的时钟频率可以由波特率产生器提供，也可以由系统的 CLK 经 8253 分频后形成。

通常，将 MODEM 和其他用于远程发送串行数据的设备称为数据通信设备(DCE，Data Communication Equipment)，将用于收发数据的终端和计算机称为数据终端设备(DTE，Data Terminal Equipment)。

8251A 与 MODEM 接口的控制信号如下：

① $\overline{\text{DTR}}$ (Data Terminal Ready)：数据终端准备就绪信号，低电平有效，输出。$\overline{\text{DTR}}=0$，表示接收方(CPU)已准备好接收数据。该引脚输出信号可由软件定义，命令控制字中的 D_1 位(DTR)=1 时，则 $\overline{\text{DTR}}$ 输出 0。

注意：$\overline{\text{DTR}}$ 引脚信号和命令控制器的 D_1 位(即 DTR)的区别。

② $\overline{\text{DSR}}$ (Data Set Ready)：数据装置准备就绪信号，低电平有效，输入。$\overline{\text{DSR}}=0$，表示 MODEM(或外部设备)向 CPU 传送的数据已准备好，并置位 8251A 状态寄存器的 D_7 位(DSR=1)。CPU 可以通过 IN 指令读入 8251A 状态寄存器内容，检测 D_7 位(DSR)状态，当 DSR=1 时，表示 MODEM(或外部设备)数据已准备好。

注意：$\overline{\text{DSR}}$ 引脚信号和状态控制器的 D_7 位(即 DSR)的区别。

③ $\overline{\text{RTS}}$ (Request to Send)：请求发送信号，低电平有效，输出。$\overline{\text{RTS}}=0$，通知 MODEM(或外部设备)，CPU 发送来的数据已准备好。该引脚输出信号可由软件定义，命令控制字中 D_5 位(RTS)=1 时，则输出 $\overline{\text{RTS}}=0$。

注意：$\overline{\text{RTS}}$ 引脚信号和状态控制器的 D_5 位(即 RTS)的区别。

④ $\overline{\text{CTS}}$ (Clear to Send)：清除发送信号，低电平有效，输入。当 MODEM 接收到 8251A 的 $\overline{\text{RTS}}$ 有效信号后，若 MODEM 已作好接收来自 CPU 数据的准备，则通过此引脚回应，使 $\overline{\text{CTS}}=0$。只有在命令控制字中的位 TxEN=1 且 $\overline{\text{CTS}}=0$ 时，8251A 发送器才可串行发送数据。

☞10.2.3　8251A 控制字及初始化编程

我们已经了解到，8251A 可以工作在多种不同的串行通信方式、操作时序及工作状态。这些功能或方式需要由 CPU 执行相应的程序来设定。为此，我们需理解并掌握 8251A 内

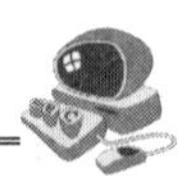

部的控制字、状态字及数据格式等，以编写合理的 8251A 初始化及应用程序。本小节介绍 8251A 在设计时定义的三种控制字：方式选择控制字、操作命令控制字和状态控制字。

1. 8251A 的控制字

1) 方式选择控制字(8 位)

方式选择控制字用以确定 8251A 的工作方式、传送速率及数据通信格式等。该控制字必须在 8251A 复位操作后紧接着从控制口写入，写入后不能被读出。

方式选择控制字各位的定义如图 10-13 所示。

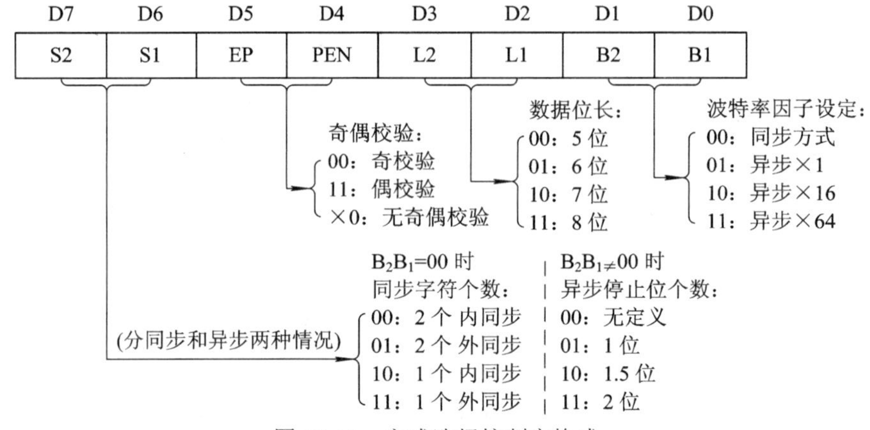

图 10-13　方式选择控制字格式

● B_2B_1(D_1D_0 位)：不仅可以确定 8251A 的通信方式(00 为同步通信，否则为异步通信)，还可以设置其异步方式下的波特率因子，确定数据异步传输的速率。波特率因子，也就是 $\overline{TxC}$ 和 $\overline{RxC}$ 信号与波特率之间的相乘系数，可以设定为 1、16 或 64，分别表示前者是后者的 1 陪、16 陪或 64 倍。例如，设收发频率是 19 200 Hz，波特率因子是 16，则波特率为 19200/16 = 1200 b/s。

● L_2L_1(D_3D_2 位)：用来定义数据字符的长度，数据字符的长度可以是 5 倍、6 倍、7 倍或 8 位。

● EP 和 PEN(D_5 位和 D_4 位)：用来决定是否要设置奇偶校验位，以及是奇校验还是偶校验。

● S_2S_1(D_7D_6 位)：在同步方式和异步方式下有不同的含义。若为异步方式(B_2B_1 为非 00 的情况)，此两位用于确定停止位的位数；若为同步方式(B_2B_1 为 00 的情况)，此两位用于确定同步字符的个数或区分是内同步还是外同步。

【例 10-3】　将 8251A 设置为工作在异步传输方式，波特率因子为 64，采用偶校验，1 个停止位，7 个数据位。已知其控制口的地址为 2FFAH，收发时钟频率为 614.4 kHz，试求上述通信的波特率。

根据图 10-13 可设定方式选择控制字为 0111 1011B = 7BH。

由于其收发时钟频率为 614.4 kHz，故数据通信的波特率等于 614.4 k/64 = 9600 b/s。

写入 8251A 方式寄存器的初始化程序指令段为

```
MOV DX, 2FFAH
MOV AL, 7BH
OUT DX, AL
```

2) 操作命令控制字

操作命令控制字用来在通信过程中指定 8251A 芯片要进行的操作(如发送、接收、内部复位、检测同步字符等)或设置其某种状态(如置位 DTR 等)。

与方式选择控制字类似，操作命令控制字也是要写入 8251A 芯片内的控制端口，因为 8251A 片内只有一个控制端口。这两个控制字中都没有设置标志位来让 8251A 识别，为此，在初始化 8251A 时，必须规定其写入顺序，即操作命令控制字必须在方式选择控制字之后写入，而方式选择控制字则在 8251A 复位后立即写入。操作命令控制字只能写入，不能读出。

8251A 在设置方式选择控制字或在同步方式中设置了同步字符后，任何时候都可以写入操作命令控制字。8251A 可以根据操作命令控制字规定的工作状态对芯片进行各种操作或改变对应寄存器中相应位的内容。写入操作命令控制字后，8251A 要检查状态控制寄存器的 IR 位，以确定是否为内部复位。若 IR＝1，则 8251A 认为下一个送来的控制字是方式选择控制字。

操作命令控制字各位的定义如图 10-14 所示。

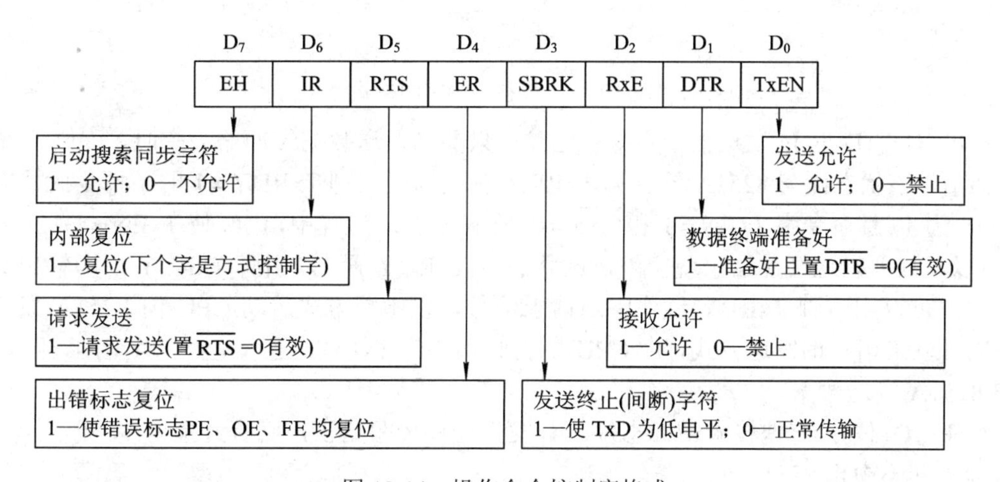

图 10-14　操作命令控制字格式

- TxEN(D_0 位)：用来控制允许(＝1)或禁止(＝0)发送端 TxD 向外部设备发送串行数据。
- RxE(D_2 位)：用来控制允许(＝1)或禁止(＝0)接收端 RxD 接收外设送来的串行数据。
- DTR(D_1 位)：用来控制与 MODEM 连接的输出引脚 $\overline{\text{DTR}}$ 。DTR＝1，表示接收方已准备好接收数据，使 $\overline{\text{DTR}}$ 引脚输出“0”；DTR＝0，使 $\overline{\text{DTR}}$ 引脚输出“1”。
- RTS(D_5 位)：用来控制与 MODEM 连接的输出引脚 $\overline{\text{RTS}}$ 。RTS=1，表示发送方请求发送信号，使 $\overline{\text{RTS}}$ 引脚输出“0”；RTS＝0，使 $\overline{\text{RTS}}$ 引脚输出“1”。
- SBRK(D_3 位)：用来控制发送端 TxD 发送中止(间断)字符输出连续 0(SBRK＝1)，抑或进行正常通信(SBRK＝0)。
- ER(D_4 位)：当置 ER＝1 时，8251A 将清除状态控制寄存器字中的 D_3、D_4 和 D_5 位(即 PE、OE 和 FE，见下面的状态字定义格式)。
- IR(D_6 位)：当置 IR＝1 时，控制使 8251A 内部复位，用于紧接着给 8251A 送入一个方式选择控制字。

• EH(D_7 位)：仅用于同步通信方式。当置 RxE＝1(允许接收位)时，必须使 EH＝1、ER＝1，才能使接收器搜索同步字符。置 EH＝1，令 8251A 开始搜索 RxD 引脚输入的同步字符。

3) 状态控制字

8251A 的当前工作状态由其内部的状态控制寄存器记录，CPU 在任意时刻可用 IN 指令从控制口读取它。然后根据其当前工作状态，编程让 CPU 向 8251A 发出各种适当的操作命令(字)。该寄存器的内容只能读取，不能写入。

状态控制字各位的定义如图 10-15 所示。

D_7	D_6	D_5	D_4	D_3	D_2	D_1	D_0
DSR	Syndet/Brkdet	FE	OE	PE	TxE	RxRDY	TxRDY
数据转置准备好标志	同引脚定义	帧校验错误	溢出错误标志	奇偶校验错误标志	同引脚定义	同引脚定义	发送器准备好标志

图 10-15　状态控制字的格式

• TxRDY(D_0 位)：发送器准备好标志位。只要当发送数据缓冲器为空时，该位就置 1，否则置 0。该状态位与 8251A 的引脚 TxRDY 有区别：引脚 TxRDY＝1 的条件是此状态位 TxRDY 为 1，且命令字 TxEN＝1 和 $\overline{CTS}$＝0。在正常发送过程中，已经使 TxEN＝1 且 $\overline{CTS}$＝0，所以，只要发送缓冲器出现空闲，则状态位 TxRDY 置 1，引脚 TxRDY 立即输出高电平。用户可以用引脚 TxRDY 线作中断请求信号，以中断方式启动 CPU 向 8251A 发送数据。也可以采用查询发送方式，由 CPU 检测此状态位 TxRDY 是否空闲。若空闲，则 CPU 可向 8251A 发送数据。

• PE(D_3 位)：奇偶校验错标志位。若发生奇偶校验错误，则置此位为 1，否则为 0。此位为 1 并不中止 8251A 的工作。

• OE(D_4 位)：溢出错标志位。若发生溢出错误(如若 CPU 尚未将输入缓冲器中的前一个字符取走，新的字符又被送入了缓冲器)，则置此位为 1，否则为 0。此位为 1 并不中止 8251A 的工作。

• FE(D_5 位)：帧校验错标志。仅用于异步传输方式，若发生数据帧未检测到停止位，则置此位为 1，否则为 0。此位为 1 并不中止 8251A 的工作。

• DSR(D_7 位)：数据准备好标志位。用来反映外设送给引脚 $\overline{DSR}$ 的状态。若外部设备数据装置准备好，则输入给引脚 $\overline{DSR}$ 低电平，状态位 DSR＝1，否则 DSR=0。

当向 8251A 方式命令字并使 ER 位置 1 时，则 PE、OE 和 FE 这三个标志被清 0。状态位 TxEMPTY(D_2 位)、RxRDY(D_1 位)、Syndet/Brkdet(D_6)与相应引脚定义相同。

4) 8251A 初始化编程

根据 8251A 的结构原理和三种控制字定义规范，可以为 8251A 编写初始化程序，将其设定为同步工作方式或异步工作方式，并规定工作参数。在 8251A 开始工作前或者复位后，必须对其进行初始化编程。

8251A 初始化编程流程如图 10-16 所示。

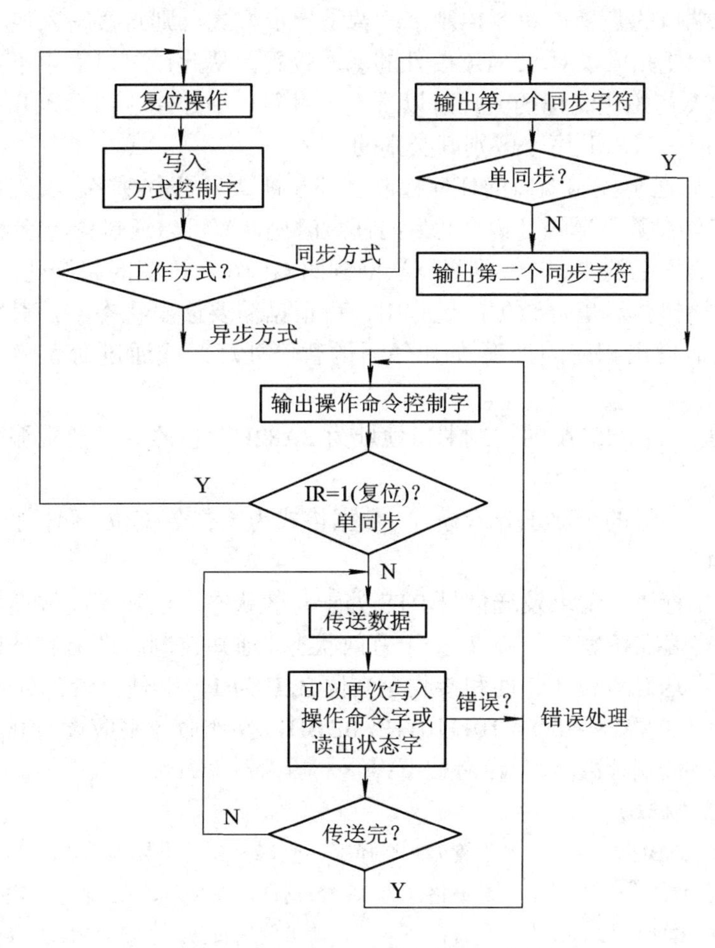

图 10-16　8251A 初始化编程流程图

从前面的介绍可以看出，8251A 内部可供用户访问的寄存器共有 7 个，而 8251A 芯片只为编程提供了 2 个端口地址，分别用于访问其中的控制寄存器和数据寄存器。为此，在写入 8251A 控制字时必须遵循芯片硬件逻辑设计的有关约定，按照规定的先后顺序来进行设置。8251A 内部的这 7 个寄存器的名称、功能及端口分配简述如下：

① 方式选择寄存器：控制端口，$C/\overline{D}=1$，写入方式控制字。

② 操作命令寄存器：控制端口，$C/\overline{D}=1$，写入命令字。

③ 工作状态寄存器：控制端口，$C/\overline{D}=1$，读取状态字。

④ 同步字符寄存器 1：控制端口，$C/\overline{D}=1$，写入单同步字符或双同步字符的第 1 个。

⑤ 同步字符寄存器 2：控制端口，$C/\overline{D}=1$，写入双同步字符的第 2 个。

⑥ 数据发送缓冲寄存器：数据端口，$C/\overline{D}=0$，写入输出字符。

⑦ 数据接收缓冲寄存器：数据端口，$C/\overline{D}=0$，读出输入字符。

在写入方式选择控制字前，必须对 8251A 执行复位操作。可以用硬件方法实现复位操作，即给 RESET 引脚输入一复位信号(高电平)，也可以用软件方法实现复位操作，即设置操作命令控制字的 $D_6=1$。系统加电时，8251A 会被自动复位。

写入方式选择控制字后，若是同步工作方式，还须写入控制端口 1 个或 2 个同步字符，之后再写入控制端口的是操作命令控制字；若是异步方式，则直接写入控制端口的是操作命令控制字。至此便完成了对 8251A 硬件的基本设置，从此便可以着手于数据收发代码的编写了。从 8251A 初始化编程的流程可以看出，对同一个控制端口写入几个不同的控制字时，8251A 是按照其写入顺序来区别其类别的。

基本设置之后送至控制端口的任何控制字都会被认为是命令字。我们可以通过命令字改变 8251A 的工作参数。也就是说，此后的任意时刻，都可以通过命令字对 8251A 进行软件复位。若置该命令字的 $D_6 = 1$，则又一次回到图 10-16 流程图的起始处。

在使用数据端口传送串行数据的过程中，可根据需要读出状态字，对数据的传输过程进行检测，必要时做出相应的处理(如出错后的暂停处理，或通过命令字中止数据的传输过程)。

【例 10-4】　设 8251A 的控制端口地址为 2A82H，按照如下要求编写初始化程序的基本设置部分。

(1) 具有联络信号的全双工异步模式，数据格式为 7 位数据位，偶校验，1.5 个停止位，波特率因子为 64。

(2) 清除出错标志，请求发送信号 RTS 处于有效状态，通知调制解调器和外设将要发送信息，令数据终端准备好信号 DTR 处于有效状态，通知调制解调器和外设数据终端准备好接收数据，令发送允许位 TxEN 和接收允许位 RxE 为 1，即使二者都处于有效状态。

由题可得，方式控制字应为 10111011B=0BBH，操作命令字应设为 00110111B=37H。

初始化程序的基本设置部分参考如下：

```
MOV DX, 2A82H
MOV AL, 0BBH          ; 设置方式选择字，使 8251A 处于异步模式，波特率因子为 64
OUT DX, AL            ; 数据格式为 7 个数据位，偶校验，1.5 个停止位
MOV AL, 37H           ; 设置命令字，置请求发送有效，数据终端准备好信号有效
OUT DX，AL            ; 置发送标志允许，接收允许标志为 1
```

【例 10-5】　设 8251A 的控制端口地址为 82H。初始化使其工作在内同步传送方式，2 个同步字符，7 位数据位，同步字符为 32H，奇校验，且要求：清除错误标志、数据终端和接收允许位均处于有效状态。

由题意可得，方式控制字应为 00011000 = 18H，操作命令字应为 10010110 = 96H。

初始化程序的基本设置部分参考如下：

```
MOV AL, 18H       ;
OUT 82H, AL       ; 写入方式控制字
MOV AL, 32H
OUT 82H, AL       ;
OUT 82H, AL       ; 写入 2 个同步字符
MOV AL, 96H
OUT 82H, AL       ; 写入操作命令字
```

说明：上例初始化程序中首先写入控制端口的是方式选择控制字 18H。其中定义了同步字符的个数，所以程序紧接着写入的是 2 个同步字 32H。之后便是命令字 96H。命令字

中不包含复位命令，则初始化程序的基本设置部分到此结束，下面就可以使用数据端口传送数据了。

对 8251A 进行初始化编程还需注意以下几个方面：

① 当计算机系统接通电源时，8251A 能够通过硬件电路自动进入复位状态，但不能保证总是正确地复位。抑或当由两个独立程序来控制同一个 8251A 时，可能会出现一个初始化程序等待输入同步字符时，另一个程序中又传来了内部复位命令的情况。由于两个程序共用控制端口，这个内部复位命令将被视为一个同步字符，这样便出现了控制错误。其解决办法是，在发出复位操作命令前先发出三个“0”给 8251A 的控制端口，再发送复位命令字。

② 操作命令控制字是芯片进行操作或改变操作时必须写入的内容。每次写入命令字后，8251A 都要检查 IR 位是否有内部复位，如有复位，8251A 应重新设置方式选择控制字。

③ 对 8251A 的控制端口进行一次写入操作后，要有一个写入恢复时间。若 CLK 引脚上输入的时钟周期为 T，则须经过 16 个时钟周期(16T)后才能写入第二个字，即两次写入之间必须延时 16 个时钟周期才能保证可靠写入。通常的做法是，编写一个如下的宏代换指令 REVTIME 放在两个 OUT 指令之间：

```
REVTIME MACRO
        MOV CX, 2           ; 4 个时钟周期
DO:     LOOP DO             ; 5 个或 17 个时钟周期
        ENDM
```

也就是说，我们须将上面例 10-3(例 10-4 类似)的初始化程序做如下修改才能保证 8251A 被正确地初始化：

```
        MOV DX, 2A82H       ; 控制端口地址
        MOV AL, 0
        OUT DX, AL          ; 写入第一个“0”
        REVTIME             ; 延时
        OUT DX, AL          ; 写入第二个“0”
        REVTIME             ; 延时
        OUT DX, AL          ; 写入第三个“0”
        REVTIME             ; 延时
        MOV AL, 40H
        OUT DX, AL          ; 写入复位字
        REVTIME             ; 延时
        MOV AL, 0BBH        ; 设置方式选择控制字, 使 8251A 处于异步模式, 波特率
                            ; 因子为 64
        OUT DX, AL          ; 数据格式为 7 个数据位, 偶校验, 1.5 个停止位
        MOV AL, 37H         ; 设置命令字, 置请求发送有效, 数据终端准备好信号有效
        REVTIME             ; 延时
        OUT DX，AL          ; 置发送标志允许, 接收允许标志为 1
```

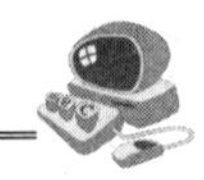

☞10.2.4　8251A 应用举例

串行通信主要应用于远距离通信。但是，由于串行通信硬件结构较为简单，且随着计算机工作速度的提高，在近距离通信中串行通信也得到了较广泛的应用。如两台近距离计算机之间的通信、计算机与工业控制中常用的 PLC、单片机开发实验装置以及电子设计自动化(EDA)开发装置的通信(程序调试、下载)等均可采用串行(RS-232C 或 USB 总线)通信。

下面以两片 8251A 实现两台 PC/XT 计算机之间的串行(RS-232)通信为例，说明 8251A 在实际通信中的应用。

1．串行通信要求及参数

要求实现甲、乙两机近距离串行异步通信，全双工传送方式，8 位数据位，2 位停止位，无校验位，数据传输率为 480 帧/秒(波特率为 $11 \times 480 = 5280$ b/s)，波特率因子为 64。

甲机 CPU 分配给其 8251A 的端口地址为 04F8H～04FBH，乙机 CPU 分配给其 8251A 的端口地址为 2000H～2003H。甲机需发送数据是数据段以 SRC_1 为起始地址的连续 256 个存储单元的字节数据；乙机把接收的数据存储在数据段以 DST_2 为起始地址的存储单元中。

2．接口电路连接

两机串行通信接口电路连接如图 10-17 所示。

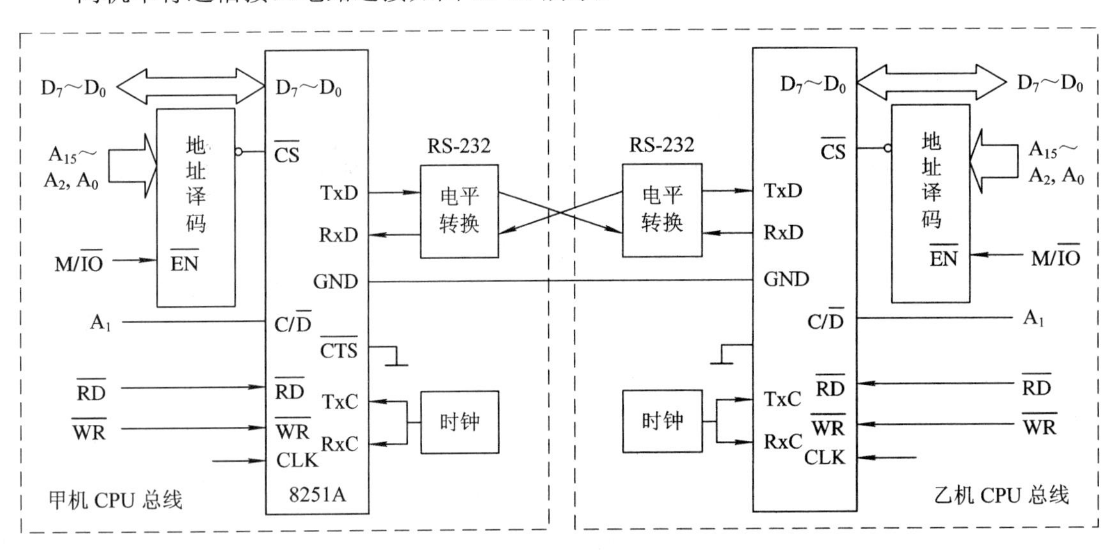

图 10-17　两机串行通信接口电路

(1) 采用 RS-232C 接口标准和 8251A 实现接口功能，故将发送端 8251A 的串行输出端 TxD 的 TTL 电平转换成 RS-232C 电平进行传送；将接收端 RS-232C 的电平转换成 8251A 接收端 RxD 的 TTL 电平进行接收。

(2) 两台计算机的串行接口之间采用无联络信号的全双工连接，只需要将其串行数据发送端和串行数据接收端互相连接，并且地线连在一起，就可以实现两机串行通信。注意，尽管使用了无联络信号的传输方式，但两机 8251A 的 $\overline{CTS}$ 端必须接地。

(3) 采用适当的地址译码器连接各自 CPU 的地址线，分配彼此 8251A 的端口地址：甲机 8251A 的控制端口地址为 04FAH，数据端口地址为 04F8H；乙机 8251A 的控制端口地址为 2002H，数据端口地址为 2000H。

这里选用 CPU 提供的偶地址作为端口地址(若是 8086 CPU，则必须为偶地址)，故 CPU 地址总线 A_1 的接 8251A 的 $C/\overline{D}$ (作片内端口选择)、A_{15}～A_2 和 A_0 作为 CPU 对 8251A 的片选信号。

(4) 8251A 的数据线 A_7～A_0 连接 CPU 数据总线 A_7～A_0。

(5) 与 8251A 连接的 CPU 的控制线主要有 $\overline{RD}$、$\overline{WR}$、$M/\overline{IO}$ 等。

(6) 8251A 没有内置的时钟发生器，必须由外部产生建立时钟信号，通常由 8253 芯片分频产生的时钟连接 TxC、RxC。

3. 数据传输程序的编制

串行通信的两机可以同时作为数据发送方(运行发送程序)以及数据接收方(运行接收程序)，将发送程序和接收程序分别编写，可运行同样的接收或发送程序(注意两机端口地址是可以不同的)。

甲机发送程序为

```
        DATA    SEGMENT
        SRC1    DB 'HELLO WORLD XXXX....'       ; 数据段内要传送的数据串
        CNT     DB 10 DUP(?)
        DATA    ENDS
        STACK   SEGMENT PARA STACK 'STACK'
        BUF     DB 100 DUP(?)
        STACK   ENDS
        CODE    SEGMENT
        ASSUME  CS:CODE, DS:DATA, SS:STACK
        REVTIME MACRO                   ; 延时宏定义
        MOV CX, 2                       ; 4 个时钟周期
DO:     LOOP DO                         ; 5 个或 17 个时钟周期
        ENDM
START:  MOV AX, DATA
        MOV DS, AX
        MOV AX, STACK
        MOV SS, AX
        MOV SP, LENGTH BUF              ; 以上为源程序结构通用部分
;下面为 8251A 初始化程序块
        MOV DX,04FAH                    ; DX←8251A 控制口地址(甲机)
        MOV CX, 3                       ; 为防止内部复位控制错误
LOP:    MOV AL,0                        ; 先发出三个数据 0
        OUT DX,AL                       ; 传送给 8251A 的控制端口
        REVTIME                         ; 延时
        LOOP    LOP
        MOV AL,40H                      ; 操作命令控制字(复位命令)
```

```
        OUT DX,AL               ; 发内部复位命令
        REVTIME
        MOV AL,0CFH             ; 方式控制字
        OUT DX,AL               ; 控制口←方式控制字
        REVTIME
        MOV AL,37H              ; 命令字
        OUT DX,AL               ; 控制口←命令字
;下面为串行发送程序块
        MOV SI, OFFSET SRC1     ; SI←数据串起始段内偏移地址
        MOV CX,00FFH            ; CX←数据串长度
LOP1:   MOV DX, 04FAH
        IN AL,DX                ; 读 8251A 状态字
        TEST AL,30H             ; 测试状态字 D5、D4 位是否有 1 出现
        JNZ LOP2                ; 有 1 则出错转 LOP2
        TEST AL,01H             ; 检测状态位 D0 是否为 1
        JZ LOP1                 ; D0=0, 则发送器未准备好，转 LOP1 继续
        MOV DX, 04F8H           ; 发送器准备好，置 DX←数据端口地址
        MOV AL,[SI]             ; 取一个数据
        OUT DX ,AL              ; 通过数据口发送数据
        INC SI                  ; 地址指针指向下一个数据
        DEC CX                  ; 数据串长度自减 1
        JNZ LOP1                ; CX≠0 未传送完转 LOP1 继续
LOP2:   MOV AH, 4CH             ; 数据出错或数据传送完返回系统
        INT 21H
CODE    ENDS
        END START
```

乙机接收程序为

```
        DATA    SEGMENT
        DST2    DB 300 DUP (?)  ; 数据段内要传送的数据串
        CNT     DB 10 DUP(?)
        DATA    ENDS
        STACK   SEGMENT PARA STACK 'STACK'
        BUF     DB 100 DUP(?)
        STACK   ENDS
        CODE    SEGMENT
        ASSUME  CS:CODE, DS:DATA, SS:STACK
        REVTIME MACRO           ; 延时宏定义
        MOV CX, 2               ; 4 个时钟周期
DO:     LOOP DO                 ; 5 个或 17 个时钟周期
        ENDM
```

```
START:  MOV AX, DATA
        MOV DS, AX
        MOV AX, STACK
        MOV SS, AX
        MOV SP, LENGTH BUF          ; 以上为源程序结构通用部分
;下面为 8251A 初始化程序块
        MOV DX, 2002H               ; DX←8251A 控制口地址(乙机)
        MOV CX, 3                   ; 为防止内部复位控制错误
LP:     MOV AL, 0                   ; 先发出三个数据 0
        OUT DX, AL                  ; 传送给 8251A 的控制端口
        REVTIME                     ; 延时
        LOOP LP
        MOV AL, 40H                 ; 操作命令控制字(复位命令)
        REVTIME                     ; 延时
        OUT DX, AL                  ; 发内部复位命令
        REVTIME                     ; 延时
        MOV AL, 0CFH                ; 方式控制字
        OUT DX, AL                  ; 控制口←方式控制字
        REVTIME                     ; 延时
        MOV AL, 16H                 ; 命令字
        OUT DX, AL                  ; 控制口←命令字
;下面为串行接收程序块
        MOV DI, OFFSET DST2         ; SI←接收起始段内偏移地址
        MOV CX, 00FFH               ; CX←数据串长度
LP1 :   MOV DX, 2002H
        IN AL, DX                   ; 读 8251A 状态字
        TEST AL, 30H                ; 测试状态字 D5、D4 位是否有 1 出现
        JNZ LP2                     ; 有 1 则出错转 LP2
        TEST AL, 02H                ; 检测状态位 D1 是否为 1
        JZ LP1                      ; D1=0，则接收器未准备好，转 LP1 继续
        MOV DX, 2000H               ; 接收器准备好，置 DX←数据端口地址
        IN AL, DX                   ; 通过数据端口接收数据
        MOV [DI], AL                ; 存入数据区
        INC SI                      ; 地址指针指向下一个存放单元
        DEC CX                      ; 数据串长度自减 1
        JNZ LP1                     ; CX≠0 未传送完转 LP1 继续
LP2:    MOV AH, 4CH                 ; 数据出错或数据传送完返回系统
        INT 21H
        CODE    ENDS
        END START
```

10.3　串行通信标准总线

所谓总线，就是能够在计算机内部、计算机与外设、计算机各部件之间或计算机之间有效传输各种信息的通道。总线分为内总线、系统总线和外总线等。按照计算机通信方式的不同，总线也可分为并行总线和串行总线。

为了使用方便，须对总线进行详细和明确的规范要求，即设定总线标准。这些总线标准是计算机及板卡生产厂家、接口电路设计者都必须遵守的。标准总线一般应包括机械结构规范(尺寸、总线插头等)、功能规范(确定各引脚信号定义等)、电气规范(规定信号的高低电平、动态转换时间、负载能力以及最大额定值等)。本节主要介绍几种常用的串行异步通信标准总线，主要包括 RS-232C、RS-422/485、USB、IEEE 1394 等。

☞10.3.1　RS-232C 总线标准

RS-232C 是使用较早，在异步串行通信中应用较广的一种总线标准，由美国电子工业协会(EIA，Electronic Industries Association)于 1962 年公布，1969 年最后修订而成，曾经是 PC 配置的标准接口。“RS”是英文 Recommended Standard(推荐标准)的缩写，“232”是标识号，“C”表示修改次数。

RS-232C 适用于短距离或带调制解调器的通信场合。若设备之间的通信距离不大于 15 米，可以用 RS-232C 电缆直接连接。对于大于此距离的长距离通信，需要采用调制解调器才能实现。RS-232C 的传输速率最大为 20 kb/s。

RS-232C 标准总线为 25 条信号线，采用一个 25 脚的连接器，一般使用标准的 D 型 25 芯插头座(DB-25)。连接器的 25 条信号线包括一个主通道和一个辅助通道。大多数情况下，RS-232C 接口主要使用主通道，对于一般的双工通信，通常仅需使用 RxD、TxD 和 GND 三条信号线，因此 RS-232C 又经常采用 D 型 9 芯插头座(DB-9)。RS-232C 标准插头座外形如图 10-18 所示。

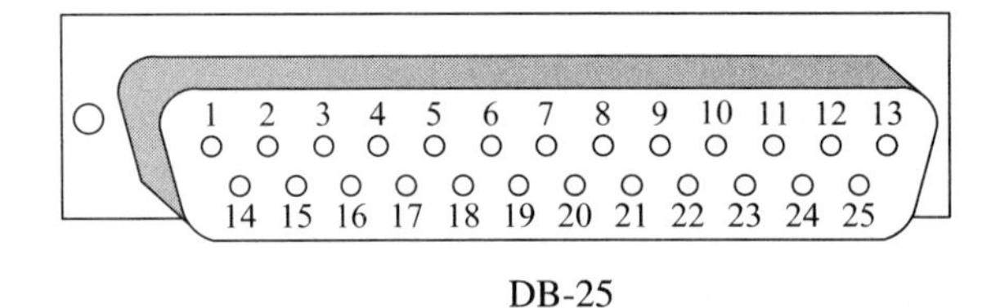

DB-25

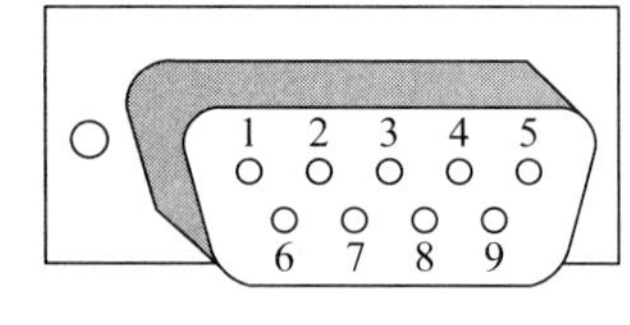

DB-9

图 10-18　RS-232C 标准插头座外形

DB-25 和 DB-9 型 RS-232C 接口连接器的引脚信号定义见表 10-2。

RS-232C 采用负逻辑，即逻辑 1 用−5～−15 V 表示，逻辑 0 用+5～+15 V 表示。因此，RS-232C 不能和 TTL 电平直接相连。若要将之与正逻辑的串行接口电路连接，必须进行电平转换。目前，RS-232C 与 TTL 之间电平转换的集成电路很多，最常用的是 MAX232。

MAX232 是 MAXIM 公司生产的包含两路接收器和驱动器的专用集成电路，用于完成 RS-232C 电平与 TTL 电平的转换。MAX232 内部有一个电源电压变换器，可以把输入的

+5 V 电压变换成 RS-232C 输出电平所需的 ±10 V 电压。所以，采用此芯片接口的串行通信系统只需单一的 +5 V 电源即可。对于没有 ±12 V 电源的场合，MAX232 因其适应性更强而被广泛使用。

表 10-2 RS-232C 信号引脚定义

引 脚		定 义	引 脚		定 义
DB-25	DB-9		DB-25	DB-9	
1		保护接地(PE)	14		辅助通道发送数据
2	3	发送数据(TxD)	15		发送时钟(TxC)
3	2	接收数据(RxD)	16		辅助通道接收数据
4	7	请求发送(RTS)	17		接收时钟(RxC)
5	8	清除发送(CTS)	18		未定义
6	6	数据准备好(DSR)	19		辅助通道请求发送
7	5	信号地(SG)	20	4	数据终端准备就绪(DTR)
8	1	载波检测(DCD)	21		信号质量检测
9		供测试用	22	9	回铃音指示(RI)
10		供测试用	23		数据信号速率选择
11		未定义	24		发送时钟(TxC)
12		辅助载波检测	25		未定义
13		辅助通道清除发送			

MAX232 的引脚结构如图 10-19 所示。MAX232 芯片内部有两路发送器和两路接收器。两路发送器的输入端 T_{1IN}、T_{2IN} 引脚为 TTL/CMOS 电平输入端，可接直接 MCS-51 单片机的 TxD；两路发送器的输出端 T_{1OUT}、T_{2OUT} 为 RS-232C 电平输出端，可直接接 PC 机 RS-232C 接口的 RxD。两路接收器的输出端 R_{1OUT}、R_{2OUT} 为 TTL/CMOS 电平输出端，可直接接 MCS-51 单片机的 RxD；两路接收器的输入端 R_{1IN}、R_{2IN} 为 RS-232C 电平输入端，可直接接 PC 机 RS-232C 接口的 TxD。实际使用时，可以从两路发送/接收器中任选一路作为接口，但要注意发送、接收端子必须对应。PC 通过 MAX232 的接口与单片机通信原理如图 10-20 所示。

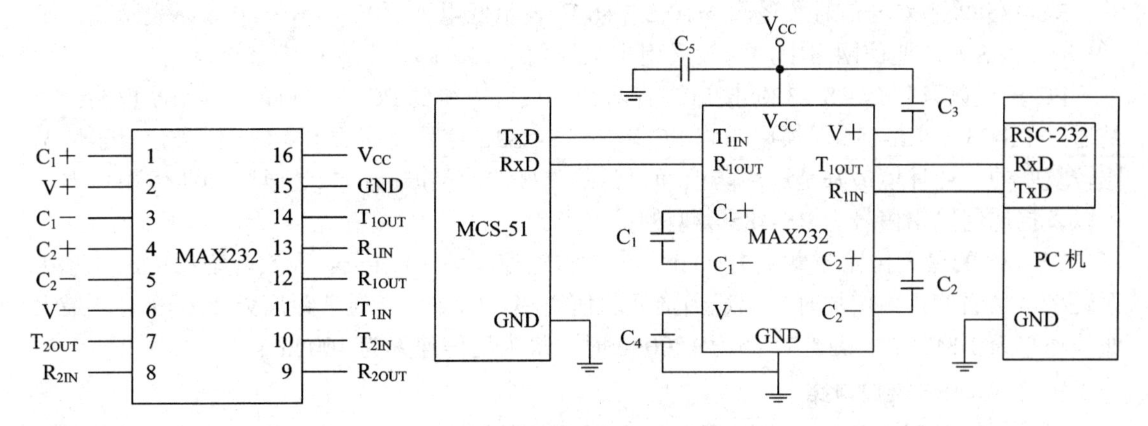

图 10-19 MAX232 的引脚结构　　　　图 10-20 PC 通过 MAX232 与单片机通信原理图

☞10.3.2　RS-422/485 总线标准

RS-232C 虽然推出较早且应用广泛，但其数据传输速率慢，通信距离短。为了满足现代通信传输数据速率越来越快和通信距离越来越远的要求，EIA 随后推出了 RS-422 和 RS-485 串行总线标准。

1. RS-422 总线标准

RS-422 总线标准的全称是“平衡电压数字接口电路的电气特性”，它定义了接口电路的特性，加上一根信号地线，共 5 根线。RS-422 采用差分接收、差分发送工作方式，不需要数字地线。它使用双绞线传输信号，根据两条传输线之间的电位差值来决定逻辑状态。其接口电路采用高输入阻抗(4 kΩ)接收器和比 RS-232C 驱动能力更强的发送驱动器，发送端的最大负载能力是 10 × 4 k +100 Ω(终接电阻)。由于可以在相同的传输线上连接多个接收节点，所以 RS-422 支持点对多的双向通信，最多可接 10 个节点，其中一个是主设备(Master)，其余为从设备(Salve)，在从设备之间不能通信。RS-422 可以全双工工作，通过两对双绞线可以同时发送和接收数据。

RS-422 接口由于采用单独的发送和接收通道，因此不必控制数据方向，各装置之间任何必需的信号交换均可以按软件方式(XON/XOFF 握手)或硬件方式(一对单独的双绞线)进行。其最大传输距离为 4000 英尺(1219 m)，最大传输速率为 10 Mb/s。其平衡双绞线的长度与传输速率成反比，在 100 kb/s 速率以下，才可能达到最大传输距离。只有在很短的距离下才能获得最高传输速率。一般 100 m 的双绞线上所能获得的最大传输速率仅为 1 Mb/s。

RS-422 需要在传输电缆的最远端接一个终接电阻，要求其阻值约等于传输电缆的特性阻抗。在短距离传输(一般在 300 m 以下)时可不接终接电阻。

2. RS-485 总线标准

RS-485 是 RS-422 的变形，是一种多发送器的电路标准，有两线制和四线制两种接线方式，四线制只能实现点对点的通信方式，较少采用，目前多采用两线制接线方式，这种接线方式为总线式拓扑结构，在同一总线上最多可以挂接 32 个负载设备，负载设备可以是被动发送器、接收器或收发器。当用于多站点网络连接时，可以节省信号线，便于高速远距离传输数据。RS-485 采用半双工工作制式，在某一时刻，一条总线发送数据，另一条总线接收数据。

RS-485 采用差分信号负逻辑，+0.2～+6 V 表示低电平“0”，−6～−0.2 V 表示高电平“1”。在 RS-485 通信网络中，一般采用主从通信方式，即一个主机带多个从机。

PC 机默认只带有 RS-232C 接口。有两种方法可以得到 PC 上位机的 RS-485 电路：一是通过 RS-232C/RS-485 转换电路将 PC 串口 RS-232C 信号转换成 RS-485 信号，对于情况比较复杂的工业环境最好是选用防浪涌、带隔离栅的此类产品；二是通过 PCI 多串口卡，可以直接选用输出信号为 RS-485 类型的扩展卡。

RS-485 的最大传输距离为 1200 m，最大传输速率为 10 Mb/s。在实际应用中，为减少误码率，当通信距离增加时，应适当降低通信速率。例如，当通信距离为 120 m 时，最大通信速率为 1 Mb/s；当通信距离为 1200 m 时，最大通信速率为 100 kb/s。

3. MAX485 接口电路

MAX485 是用于 RS-422/485 通信的差分平衡收发器，由 MAXIM 公司生产。其芯片内

部包含一个驱动器和一个接收器，适用于半双工通信。MAX485 采用 8 引脚封装，其引脚配置如图 10-21 所示。

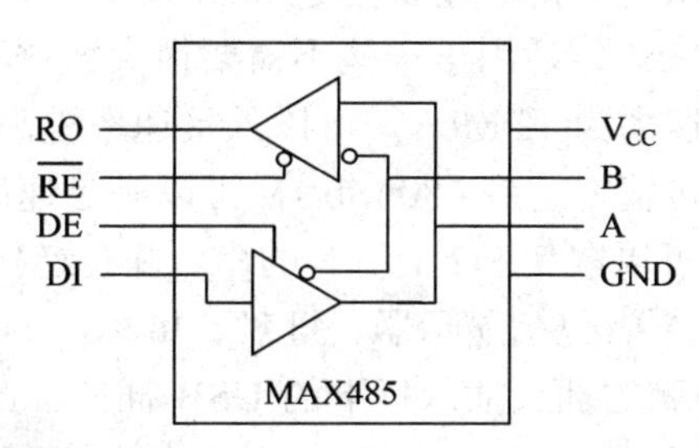

图 10-21　MAX485 引脚图

MAX485 接口电路的主要特性包括：

① 传输线上可连接 32 个收发器。

② 具有驱动过载保护功能。

③ 最大传输速率为 2.5 Mb/s。

④ 共模输入电压范围为 −7～+12 V。

⑤ 工作电流范围为 120～500 μA。

⑥ 供电电源为 +5 V。

MAX485 的主要功能见表 10-3。

表 10-3　MAX485 功能表

驱 动 器				接 收 器		
输入端 DI	使能端 DE	输出		差分输入 VID = A − B	使能端 $\overline{RE}$	输出端 RO
		A	B			
H	H	H	L	VID > 0.2 V	L	H
L	H	L	H	VID < −0.2 V	L	L
X	L	高阻	高阻	X	H	高阻

注：H—高电平；L—低电平；X—任意

MCS-51 单片机与 MAX485 的典型连接如图 10-22 所示。若是 PC，可以用地址线 A_0 替代 P1.0 作为控制信号。$A_0=1$，驱动器工作；$A_0=0$，接收器工作。

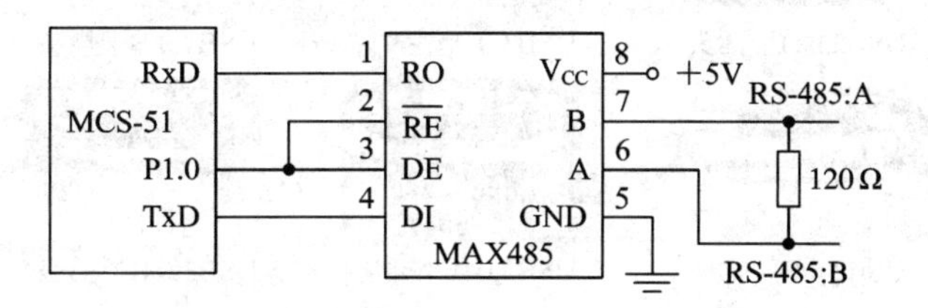

图 10-22　MCS-51 单片机与 MAX485 的典型连接图

☞10.3.3　通用串行总线(USB)

通用串行总线(USB，Universal Serial Bus)是由 Intel、Compaq、Digital、IBM、Microsoft、NEC、Northern Telecom 等 7 家世界著名的计算机和通信公司共同推出的一种新型接口标准。

它基于通用连接技术，实现外设的简单快速连接，还可以为外设提供电源，不像普通串并口设备那样需要单独的供电系统。传输速度快是USB技术的突出特点之一。USB 1.1版本在低速模式下的速率为1.5 Mb/s，适用于一些不需要很大数据吞吐量和很高速度的设备，如鼠标等；在全速模式下的速率为12 Mb/s，可以外接速率更高的外设。USB 2.0版本中，增加了一种高速方式，数据传输率达到480 Mb/s，可以满足速度更高的外设的需要。

USB是一种万能插口，可以取代PC上所有的串、并行连接器插口，且可以带电插拔。用户可以将几乎所有的外设装置(包括显示器、键盘、鼠标、调制解调器、可编程控制器、单片机开发装置及数码相机等)的插头插入标准的USB插口。此外，USB有很强的连接能力，它采用树形结构，最多可连接127个节点。使用USB接口，不仅成本低，而且节省空间。USB 2.0以前版本的USB连接电缆仅有4根芯线。USB接口引脚的定义见表10-4所示。

表10-4　USB接口引脚的定义

管　脚	名　称	描　述	注　　释
1	Vcc	+5 Vcc	由计算机输出 +5 V直流电压
2	D_-	Data−	数据线
3	D_+	Data+	数据线
4	GND	Ground	接地端

USB 3.0版本是最新的USB规范，被认为是超速(Super Speed)USB接口。从键盘到高吞吐量磁盘驱动器，各种器件都能够采用这种低成本接口进行平稳运行的即插即用连接，用户基本不用花太多心思在上面。USB 3.0在保持与USB 2.0的兼容性的同时，还提供了下面的几项增强功能：

① 超高速传输速率。实际传输速率大约是3.2 Gb/s，理论上的最高速率是5.0 Gb/s (USB 2.0则为480 Mb/s)。

② 引入全双工数据传输，改为9根芯线。比此前版本的USB多出来的5根线路中，有2根用来发送数据，2根用来接收数据，另1根则是地线。也就是说，USB 3.0可以同步全速地进行读/写操作。此前版本的USB仅有4根芯线，只能支持半双工数据传输。

USB接头的形状如图10-23所示。

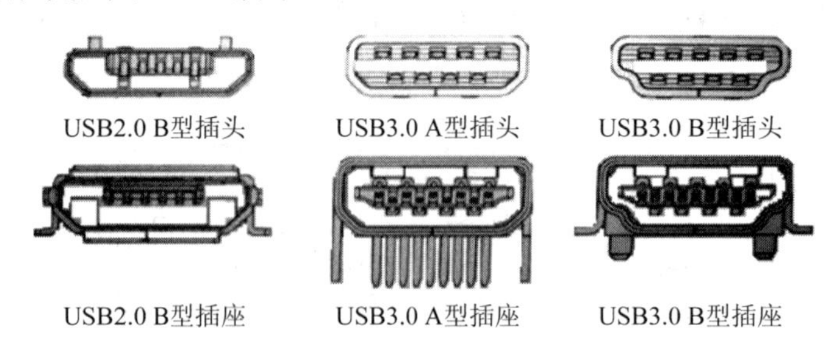

图10-23　几种USB接头形状

③ 更好的电源管理功能。USB 3.0并没有采用设备轮询，而是采用中断驱动协议。因此，在有中断请求数据传输之前，待机设备并不耗电。简而言之，USB 3.0支持待机、休眠和暂停等状态。

④ 能够使计算机主机为外设或器件提供更大的功率，从而实现用USB接口为充电电

池、LED 照明和迷你风扇等提供电源。USB 3.0 标准要求接口供电能力为 1 A，而 USB 2.0 为 0.5 A。

⑤ 能够使计算机主机更快速地识别与之连接的外设或器件。

⑥ 新的协议使得数据处理的效率更高。

☞10.3.4　通用串行标准总线 IEEE 1394

IEEE 1394，俗称“火线接口(FireWire Interface)”，是由苹果公司领导的开发联盟开发的一种高速度传送接口。其数据传输率一般为 800 Mb/s，主要用于视频的采集，在 Intel 高端主板与数码摄像机(DV)上较常见。“火线(FireWire)”是苹果公司的商标。Sony(索尼)的产品称这种接口为 iLink。

IEEE 1394 的特点主要包括：

(1) 高速率。1995 年推出时，IEEE 1394 的规定速率为 100 Mb/s 到 400 Mb/s，至 2002 年改进到 IEEE 1394b 时，其速率已高达 800 Mb/s 到 3.2 Gb/s。其实 400 Mb/s 就可以满足几乎所有的要求。

(2) 利用等时性传输来保证实时性。在这一点上，SSA、Fiber Channel 及 Ultra SCSI 也都与 IEEE 1394 具有同样的性能。

(3) 采用细缆，便于安装。由 4 根信号线与 2 根电源线构成的细缆使安装变得十分简单，而且价格也比较便宜。但接点间距只有 4.5 m，似乎略显不足。

(4) IEEE 1394 总线与 USB 总线的不同之处在于它是一个对等的总线，也就是说，任何一个总线上的设备都可以主动地发出请求。而 USB 总线上的设备，则都是等待主机发送请求，然后做出相应的动作。因而采用 IEEE 1394 的设备更加智能化一些，复杂一些，成本也就高一些。

(5) 能带电插拔。增删新装置时，不必关闭电源，操作非常简单。

(6) 即插即用。增加新装置不必设定 ID，可自动予以分配，接上就可以用。

IEEE 1394 既是新一代接口，又是新一代总线；既是计算机外设接口标准，又是家电接口标准。作为用户友好的多媒体连接方式，它可广泛地用于家庭、办公室及移动环境。作为面向音频/视频的低费用数字接口，数字电视、多媒体、CD-ROM(MMCD-ROM)家庭网络等新的音频/视频产品是 IEEE 1394 最初的市场。IEEE 1394 还将逐渐改善现存的 SCSI 扫描设备、CD-ROM、磁带机、打印机等，从而在根本上消除家庭走向多媒体的障碍。

IEEE 1394 的原始设计是为了以其高速传输率，容许用户在电脑上直接通过接口来编辑电子影像档案，以节省硬盘空间。但随着硬盘价格愈来愈低，加之 USB 开发更为便宜，USB 似乎正在取代 IEEE 1394 成为了外接电脑硬盘及其他周边装置的最常用界面。

10.4　本章要点

(1) 串行通信时，所有的数据信息都是在一根传输线上传送的。串行通信有两种基本通信方式：异步通信和同步通信。PC 系统的串行通信常采用异步通信。

(2) 在异步通信中，数据通常以字符(或字节)为单位组成数据帧进行传送。一帧信息以起始位和停止位来完成收发同步；在同步通信中，每个数据块传送开始时，采用一个或两个同步字符作为起始标志。

(3) 串行通信可分为单工、半双工和全双工三种方式。

(4) 串行通信中每秒钟传送的二进制数码的位数称为波特率(Baud Rate，也称比特数)，单位是 b/s(bit per second)，即位/秒。为保证传送数据准确无误，发送/接收时钟频率应大于或等于波特率。

(5) 8251A 是一种通用串行同步、异步接收/发送器(USART)接口芯片，可通过编程设置各种不同的串行通信方式、操作时序及工作状态等。CPU 通过设定 8251A 内部已经定义好的控制字，来完成所需要的通信方式等。

(6) 开始数据发送与接收之前，由 CPU 写入 825lA 一组控制命令字称为初始化程序。8251A 定义了三种控制字：方式选择控制字、操作命令控制字和状态控制字。同一个控制端口写入几个不同的控制字，根据其写入的顺序，由其硬件区别不同的含义。

(7) 常用的标准异步串行通信总线有 RS-232C、RS-422/485、USB、IEEE 1394 通用接口等几类。

思考与练习

1．解释串行通信、异步传送、同步传送。

2．什么叫异步串行通信？与同步通信的主要区别是什么？

3．为什么 RS-485 总线比 RS-232C 总线具有更高的传输速率和更远的通信距离？

4．简述 8251A 工作于异步方式接收数据的过程。

5．操作命令控制字中的 DTR(D_0位)与引脚 $\overline{\text{DTR}}$ 区别和联系是什么？

6．8251A 的方式选择控制字、操作命令控制字、状态控制字的作用分别是什么？

7．设异步传输时，每个字符对应 1 个起始位，7 个信息位，1 个奇偶校验位和 1 个停止位，如果波特率为 9600 b/s，每秒能传输的最大字符数为多少个？

8．要求 8251A 工作于异步方式，波特率系数为 16，字符长度为 7 位，奇校验，2 个停止位。工作状态要求：复位出错标志，使请求发送信号 RTS 有效，使数据终端准备好信号 DTR 有效，发送允许 TxEN 有效，接受允许 RxE 有效。设 8251A 的两个端口地址分别为 0C0H 和 0C2H，编写初始化程序。

9．设 8251A 工作于同步方式，规定 2 个同步字符，采用偶校验，使用 7 位 ASCLL 字符；采用内同步方式，出错标志位复位，允许发送，允许接收，数据终端准备就绪，不送空白字符。已知 8251A 的端口地址为 50H、51H，编写初始化程序。

10．某系统用 8251A 串行发送文字资料，若文字资料有 6000 个字符，异步传送，字符长度为 7 位，采用偶校验，1 位停止位，波特率系数为 16，波特率为 1200 b/s，问发送该文字资料需要的时间是多少秒？$\overline{\text{TxC}}$ 的时钟频率应为多少？8251A 的方式选择控制字是什么？设 8251A 控制口地址为 0F2H，写出 8251A 的初始化程序。

第 11 章　数模/模数转换及其接口

目前，计算机已广泛深入应用于生产过程的数据采集、实时控制、智能数字测量仪表及智能电器等许多领域。在生产过程(自然界)中，许多变化的信息如：温度、压力、流量、液位、产品的成分含量、电压及电流等，都是连续变化的物理量。所谓连续，是指一方面这些量是随时间连续变化的，另一方面其数值也是连续变化的。记录这种连续变化的物理量通常称为模拟量，而计算机接收、处理和输出的只能是离散的、二进制表示的数字量。为此，在计算机应用系统中，通常首先必须将需要输入的这些模拟量转换为数字量(称作模/数转换或 A/D 转换)；而计算机输出的数字量(控制信号)则通常需要转换为模拟量(称作数/模转换或 D/A 转换)，以实现对外部执行部件的控制。

图 11-1 为典型计算机应用系统结构图，其工作过程简述如下：

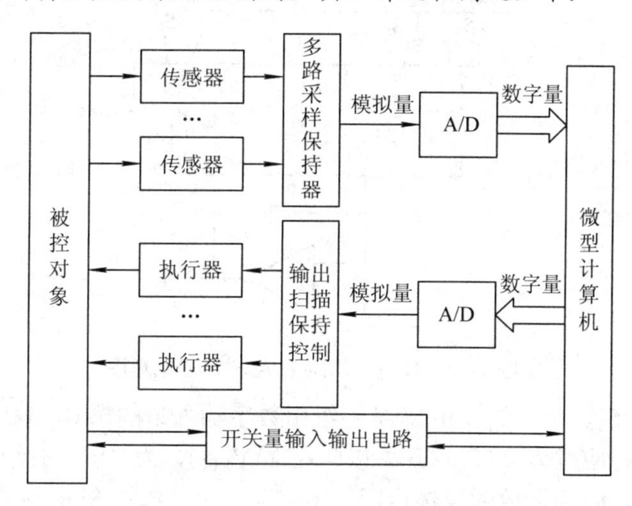

图 11-1　典型计算机闭环控制应用系统

在测控系统中，被控对象中的各种非电量的模拟量(如温度、压力、流量等)，必须经传感器转换成规定的电压或电流信号，如把 0～500℃温度转换成 4～20 mA 标准直流电流输出等。在应用程序的控制下，多路采样开关分时地对多个模拟量进行采样、保持、并送入 A/D 转换器进行模/数转换。A/D 转换器将某一时刻的模拟量转换成相应的数字量，并将之输入计算机。计算机根据程序所实现的功能要求，对输入的数据进行运算处理后，由输出通道的 D/A 转换器，将计算机输出的数字信号形式的控制信息转换为相应的模拟量，该模拟量通过保持器控制相应的执行机构，对被控对象的相关参数进行调节，这样周而复始，从而控制被调参数按照程序给定的规律变化。

A/D 和 D/A 转换器是自动化系统和数字测量技术中的重要部件，各半导体厂家推出了

各种型号的 A/D、D/A 转换芯片。对于应用系统设计者，只需按照设计要求合理地选用商品化的 A/D、D/A 转换器，了解其功能和接口方法并正确使用即可。本章从应用的角度出发，介绍了几种常用的 D/A、A/D 转换器及其与微型计算机接口应用技术。

11.1 D/A 转换器

D/A 转换器在测控系统中将计算机输出的数字量控制信号转换成模拟信号，用于驱动外部执行机构。

11.1.1 D/A 转换器的基本原理

D/A 转换器的基本功能是将一个用二进制表示的数字量转换成相应的模拟量。实现这种转换的基本方法是：对应二进制数的每一位产生一个相应的电压(电流)，而这个电压(电流)的大小则正比于相应的二进制的位权。

图 11-2 是一种权电阻网络数/模转换器的简化原理图。

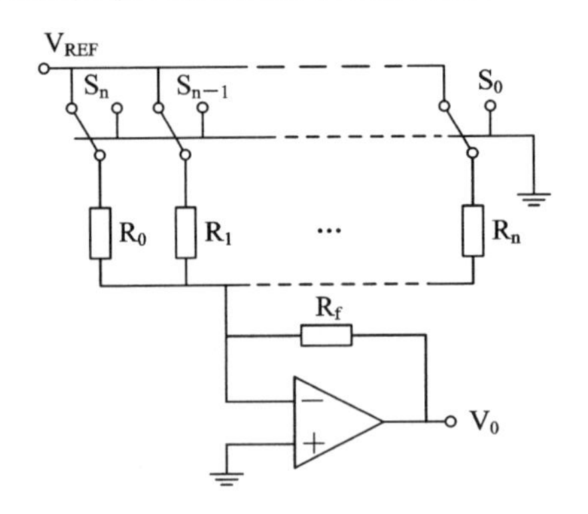

图 11-2　权电阻网络 D/A 转换器原理图

图 11-2 中 S_0、S_1、…、S_{n-1} 和 S_n 是一组由数字输入量的第 0、1、…、n－1 和 n 位来控制的电子开关，相应位为“1”时开关接向左面(V_{REF})，为“0”时接向右面(地)。V_{REF} 为高精度参考电压源，R_f 为运放的反馈电阻，R_0、R_1、…、R_{n-1} 和 R_n 为“权”电阻，取值为 R，2R，4R，8R，…，2^{n-1}R，2^nR，运算放大器的输出(反相加法运算)为

$$
\begin{aligned}
V_o &= -V_{REF}R_f\sum_{i=0}^{n}\frac{D_i}{R_{n-i}} = -V_{REF}R_f\left(\frac{D_0}{R_n}+\frac{D_1}{R_{n-1}}+\frac{D_2}{R_{n-2}}+\cdots+\frac{D_n}{R_0}\right)\\
&= -V_{REF}R_f\left(\frac{D_0}{2^nR}+\frac{D_1}{2^{n-1}R}+\frac{D_2}{2^{n-2}R}+\cdots+\frac{D_n}{R}\right)\\
&= -V_{REF}\frac{R_f}{2^nR}\left(2^nD_n+\cdots+2^2D_2+2^1D_1+2^0D_0\right)\\
&= -V_{REF}\frac{R_f}{2^nR}D
\end{aligned}
$$

其中，$D=2^{n}D_{n}+\cdots+2^{2}D_{2}+2^{1}D_{1}+2^{0}D_{0}$。在 R_i、R_f 和 V_{REF} 一定时，其输出取决于二进制数的值 D。但在制造时要保证各加权电阻的倍数关系比较困难。在实际应用中则大量采用图 11-3 所示的 R-2R 电阻 T 型网络。

在图 11-3 中，仅有 R、2R 两种电阻，因此制造方便，同时可将反馈电阻 R_f 也集成在同一块集成芯片上，并使 $R_f=R$，则满足此条件的输出电压为

$$V_o=-V_{REF}\sum_{i=0}^{n}\frac{D_i}{2^{n-i}}=-\frac{V_{REF}}{2^{n}}D$$

由此看出，V_0 只与 V_{REF} 和各位的权值有关，与电阻无关，从而可以大大提高转换精度。

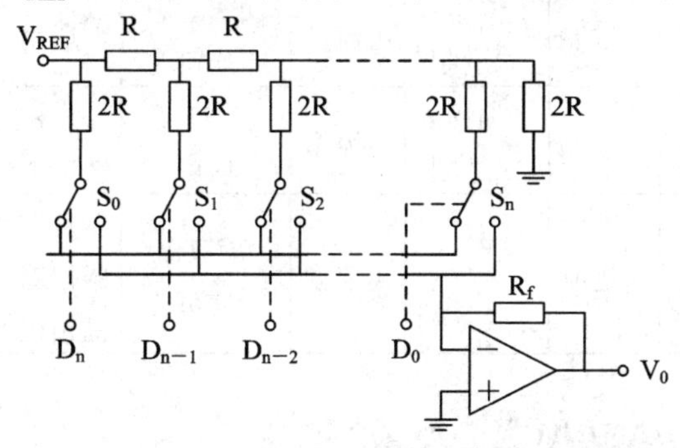

图 11-3　R-2R 电阻 T 型网络 D/A 转换器原理图

☞11.1.2　D/A 转换器的主要参数

D/A 转换器的主要参数有以下几个。

1．分辨率

分辨率是指数字量最低有效位(LSB)对应的模拟量值。D/A 能够转换的二进制的位数越多，分辨率越高，一般为 8 位、10 位、12 位等。N 位 D/A 转换器的分辨率为 $\frac{\text{输出电压量程}}{2^N}$。

例如，8 位 D/A 转换器，若转换后的电压相应为 0～5 V，则它能输出可分辨的最小电压为(5 – 0)/256 ≈ 19.53 mV。

2．转换时间

转换时间是指 D/A 转换器完成一次转换所需的时间，即从数字输入信号变化开始，直到转换输出一个稳定的模拟量所需的时间。转换时间一般在几十纳秒～几微秒之间。

3．线性度

线性度是指 D/A 转换模拟输出偏离理想输出的最大值。理想的转换关系是线性的。

4．输出电平

输出电平输出模拟信号有电流型和电压型两种。电流型输出电流在几毫安到几十毫安；输出电压一般在 5～10 V 之间，有的高电压型可达 24～30 V。

5．转换精度

转换精度表明 D/A 转换的精确程度，它可分为绝对精度和相对精度。绝对精度是指转

换输出实际值与理想值之差，一般应低于数字量最低有效位的一半。相对精度是指绝对精度相对于满量程的百分比。

常用 D/A 转换器芯片参数及特点见表 11-1。

表 11-1 常用 D/A 转换器芯片参数和特点

芯片	参数						特点
	缓冲能力	分辨率	输入码制		类型	输出极性	
			单极性	双极性			
DAC1408	无数据锁存	8 位	二进制	偏移二进制	电流型	单/双极均可	价格便宜，性能低需外加电路
DAC0832	有二级锁存	8 位	二进制	偏移二进制	电流型	单/双极均可	适用于多模拟量同时输出的场合
AD561	无锁存功能	10 位	二进制	偏移二进制	电流型	单/双极均可	与 8 位 CPU 相连时必须外加两级锁存
AD7522	双重缓冲	10 位	二进制		电流型	单/双极均可	具有双缓存易于与 8/16 位微处理器相连，有串行输入可与远距离微机相连使用

☞11.1.3 8 位集成 D/A 转换器 DAC0832

DAC0832 是美国数据公司研制的 8 位双缓冲集成 D/A 转换芯片。该芯片具有极好的温度跟随性，输入方式灵活，输出漏电流低及功耗低等特点。

1. DAC0832 的内部结构

DAC0832 采用先进的 CMOS 工艺制造，双列直插式封装，转换速度为 1μs，可直接与微机接口。DAC0832 的内部结构如图 11-4 所示。

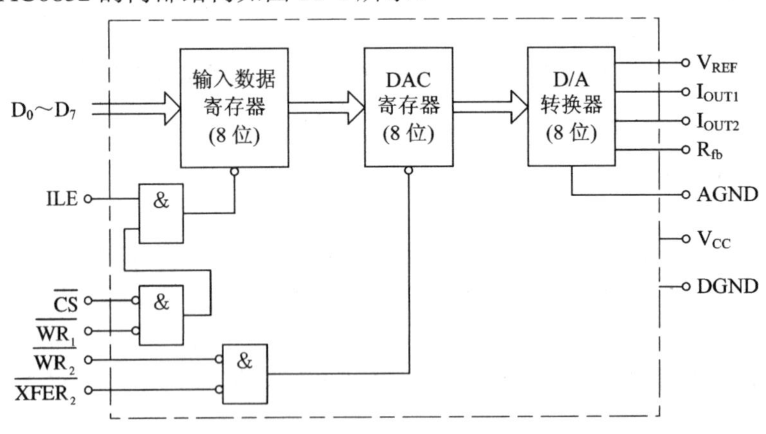

图 11-4 DAC0832 内部结构

DAC0832 片内有 R-2R 电阻 T 型网络，用以对参考电压提供的两条回路分别产生两个输出电流信号 I_{OUT1} 和 I_{OUT2}。DAC0832 采用 8 位 DAC 寄存器两次缓冲方式，输入的数字量在进入输入数据寄存器(锁存)后，又送入 8 位 DAC 寄存器中，这样可以在 D/A 输出的同时，接收下一个输入的数据，以便提高转换速度；也可以实现多片 D/A 转换器的同步输出。每个输入的数据为 8 位，可以直接与微机 8 位数据总线相连，控制逻辑为 TTL 电平。

2. DAC0832 引脚

DAC0832 引脚分布如图 11-5 所示，各引脚可分为如下 5 类。

1) 数据输入端

D_0～D_7：8 位，接收 CPU 送来的数据。

2) 输入寄存器控制

- ILE：数据锁存允许信号，高电平有效，输入。
- $\overline{CS}$：片选(输入寄存器选择)信号，低电平有效，输入。
- $\overline{WR}_1$：输入寄存器写选通信号，低电平有效，输入。

3) DAC寄存器控制

- $\overline{WR}_2$：DAC 寄存器的写选通信号，低电平有效，输入。
- $\overline{XFER}$：数据传送信号，低电平有效，输入。该信号与 $\overline{WR}_2$ 的逻辑与运算结果作为 DAC 寄存器工作的控制信号。

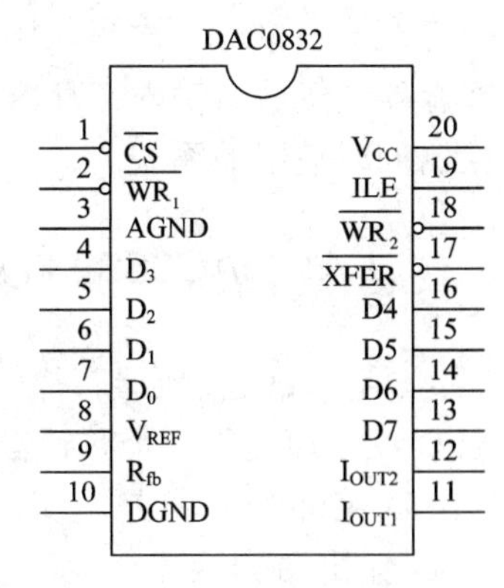

图 11-5　DAC0832 引脚

4) 输出模拟信号相关引脚

- I_{OUT1}：电流输出 1，其电流值为输入数字量为 1 的各位输出电流之和，随输入数字量的变化而线性变化。
- I_{OUT2}：电流输出 2；其电流值为输入数字量为 0 的各位输出电流之和，随输入数字量的变化而线性变化。

R_{fb}：反馈信号输入端，反馈电阻在片内，为外接运算放大器提供反馈回路。

5) 其他引脚

V_{REF}：基准电源输入端，一般取 −10～+10 V。

V_{CC} 电源输入端，一般取 +5～+15 V 之间。

AGND：模拟地。

DGND：数字地。

3. DAC0832 的工作方式

通过对芯片内部的输入寄存器及 DAC 寄存器的不同的控制方式，DAC0832 具有三种工作方式。

1) 直通方式

在直通方式下，DAC0832 的两个寄存器一直处于直通状态。为此，应使控制信号：$\overline{CS}=0$，ILE=1，$\overline{WR}_1=0$，$\overline{WR}_2=0$，$\overline{XFER}=0$。该方式下输入的数据不需要任何控制信号，直通方式适用于一些简单系统中。

2) 单缓冲方式

在单缓冲方式下，DAC0832 的两个寄存器中的一个工作在直通状态，另一个工作在受控状态，或者同时控制输入寄存器和 DAC 寄存器。CPU 对工作在受控状态下的寄存器执行一次写入操作，即可完成 D/A 转换。这种方式适用于只有一路模拟输出或多路模拟量不需要同步输出的系统。

例如，若使输入寄存器工作在受控状态，DAC 寄存器为直通状态，则 $\overline{WR_2}$ 和 $\overline{XFER}$ 应为有效低电平；而 ILE 或 $\overline{CS}$ 应接收 CPU 写入控制信号。

3) 双缓冲方式

在双缓冲方式下，输入寄存器和 DAC 寄存器都工作在受控状态。CPU 需要分别对两个寄存器各执行一次写入操作，才能完成 D/A 转换。即 CPU 首先将输入数字量写入输入寄存器，然后将输入寄存器的内容写入 DAC 寄存器。该方式适用于需要多个 DAC0832 转换器同时使用的系统。

☞11.1.4　DAC0832 应用接口及编程

DAC0832 转换器芯片的数据线和控制线等与 CPU 数据总线和有关控制总线相连，CPU 把 D/A 芯片视作一个并行输出端口。

DAC0832 本身是电流输出型，当 D/A 转换结果需电压输出时，可在 DAC0832 的 I_{OUT1}、I_{OUT2} 输出端加接一个运算放大器，将电流信号转换成电压输出。输出电压可为单极性输出，也可为双极性输出。

1. DAC0832 工作于单缓冲、单极性输出方式

DAC0832 工作于单缓冲、单极性输出方式与 CPU 的连接如图 11-6 所示。

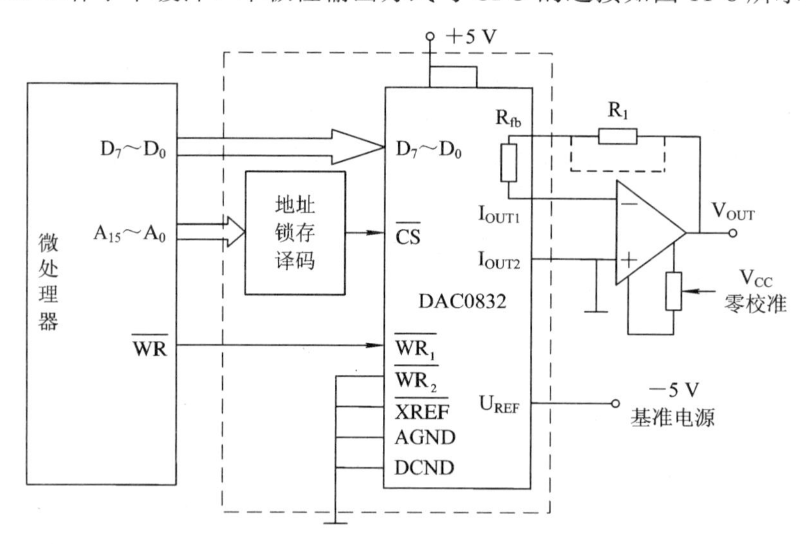

图 11-6　DAC0832 工作于单缓冲、单极性输出方式与 CPU 的连接图

在图 11-6 中，将 V_{CC} 和 ILE 并接于 +5 V，输入寄存器的控制信号 $\overline{WR_1}$ 接微处理器的 $\overline{WR}$ 引脚、$\overline{CS}$ 片选端接地址译码器的输出端，故在 CPU 执行 OUT 写入指令时，输入寄存器控制信号为有效电平，输入寄存器接收 CPU 写入的数据，实现一级缓冲；DAC 寄存器的控制信号 $\overline{WR}_2$ 和 $\overline{XFER}$ 均接地(低电平)，故 DAC 寄存器工作在直通状态。

CPU 对 DAC0832 执行一次写操作，则把数字量直接写入输入寄存器，通过工作在直通状态下的 DAC 寄存器，进入 D/A 转换器，其模拟输出随之变化。DAC0832 的输出经运算放大器转换成电压输出 V_{OUT}。V_{REF} 接标准电源，输出电压与输入数字量 N(D_0～D_7)的关系为

$$V_{OUT} = -\frac{N}{255} \times V_{REF}$$

当 V_{REF} 接 +10 V 或 −10 V 时，V_{OUT} = 0～−10 V 或 0～+10 V；当 V_{REF} 接 +5 V 或 −5 V 时，则 V_{OUT} = 0～−5 V 或 0～ +5 V；

在图 11-6 接口电路中，设 DAC0832 片选地址为 A_{15}～A_0 = 0111 1111 1111 1111 = 7FFFH，则有：

当 N = 00000000B = 00H = 0 时，V_{OUT} = 0(起始零点)，设置起始零点程序如下：

```
MOV DX, 7FFFH
MOV AL, 0
OUT DX, AL
```

程序执行后，若 V_{OUT} 偏离零点，可通过调节零校准电位器使其为 0。

当 N = 11111111B = 0FFH = 255 时，V_{OUT} ≈ (5 − 0) V = 5 V(满量程)，设置满量程输出程序如下：

```
MOV DX, 7FFFH
MOV AL, 0FFH
OUT DX, AL
```

程序执行后，若 V_{OUT} 偏离 5 V 可通过调节增益校准电阻 R_1，使其为 5 V。由于 DAC0832 芯片内部反馈电阻 R_{fb} 能够满足增益精度的要求，所以，在实际电路中不需要串接增益校准电阻 R_1，图中 R_1 两端的虚线表示可以短接。

当 N = 10000000B = 80H = 128 时，V_{OUT} = 2.5 V。

【例 11-1】　在图 11-6 接口电路中，V_{REF} = −5 V，设 DAC0832 的地址为 7FFFH，将存储器数据段 2000H 字节单元的内容转换为 0～5 V 模拟量输出。

参考程序如下：

```
START:  MOV DX, 7FFFH        ; 0832 口地址
        MOV BX, 2000H
        MOV AL, [BX]
        OUT DX, AL           ; 写数据到 0832
```

【例 11-2】　在图 11-6 接口电路中，V_{REF} = −5 V，设 DAC0832 的地址为 7FFFH，使 V_{OUT} 输出 0～5 V 锯齿波电压。

参考程序如下：

```
START:  MOV DX, 7FFFH        ; 0832 口地址
        MOV AL, 0FFH
LOP:    INC AL
        OUT DX, AL
        JMP LOP
```

【例 11-3】　在图 11-6 接口电路中，V_{REF} = −5 V，设 DAC0832 的地址为 7FFFH，使 V_{OUT} 输出 0～5 V 方波电压。

参考程序如下：

```
START:  MOV DX, 7FFFH        ; 0832 口地址
```

```
LOP:    MOV AL, 00H
        OUT DX, AL
        CALL DELAY
        MOV AL, 0FFH
        OUT DX, AL
        CALL    DELAY
        JMP LOP
DELAY:  ...                      ; 延时子程序
        ...
        ...
        RET
```

2. DAC0832 工作于单缓冲、双极性输出方式

DAC0832 工作于单缓冲、双极性方式与 CPU 的连接如图 11-7 所示。

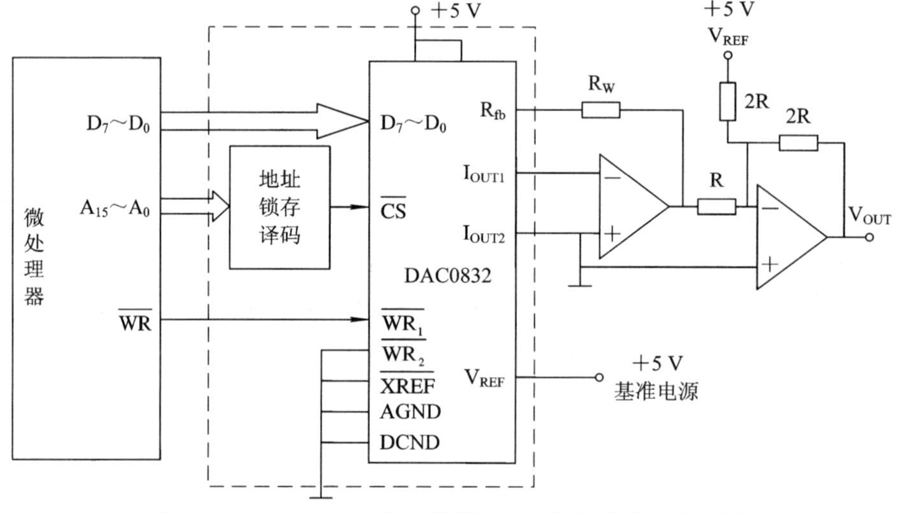

图 11-7　DAC0832 工作于单缓冲、双极性输出的连接图

所谓双极性，是指 V_{OUT} 输出为对称的正、负电压。双极性输出时，DAC0832 需要外接两个运算放大器。双极性输出电压 V_{OUT} 与输入数字量 $N(D_0 \sim D_7)$的关系为

$$V_{OUT} = \frac{N-128}{128} \times V_{REF}$$

在图 11-7 接口电路中，$V_{REF} = +5\ V$，设 DAC0832 片选地址为 7FFFH，则有：

当 N = 00H 时，$V_{OUT} = -5\ V$；当 N=0FFH 时，$V_{OUT} = +5\ V$；则输出电压量程为 $5\ V - (-5\ V) = 10\ V$；当 $N = 256/2 = 128 = 80H$ 时，$V_{OUT} = 0\ V$。

设置零点输出的参考程序为

```
MOV DX, 7FFFH
MOV AL, 80H
OUT DX, AL
```

设置起始点(−5 V)输出的参考程序为

```
MOV DX, 7FFFH
MOV AL, 00H
OUT DX, AL
```

设置最大值(+5 V)输出的参考程序为

```
MOV DX, 7FFFH
MOV AL, 0FFH
OUT DX, AL
```

11.2 A/D 转换器

A/D 转换器将需要计算机处理的模拟信号转换成 n 位数字信号，该数字信号通过数据线输入计算机。在测控系统中，A/D 转换器主要用于外部模拟量的数据采集。

☞11.2.1 A/D 转换器的基本原理

根据 A/D 转换器的原理，可将 A/D 转换器分成两大类：一类是直接型 A/D 转换器，其输入的模拟电压被直接转换成数字代码，不经任何中间变量；另一类是间接型 A/D 转换器，在其工作过程中，首先把输入的模拟电压转换成某种中间变量(时间、频率、脉冲宽度等等)，然后再把这个中间变量转换为数字代码输出。

A/D 转换器的种类很多，但目前应用较广泛的主要有三种类型。逐次逼近式 A/D 转换器(直接型)、双积分式 A/D 转换器和 V/F 变换式 A/D 转换器(间接型)。

1．逐次逼近式 A/D 转换器

逐次逼近式 A/D 转换器是一种速度较快精度较高的转换器，其转换时间大约在几微秒至几百微秒。

逐次逼近式 A/D 转换器的原理如图 11-8 所示。

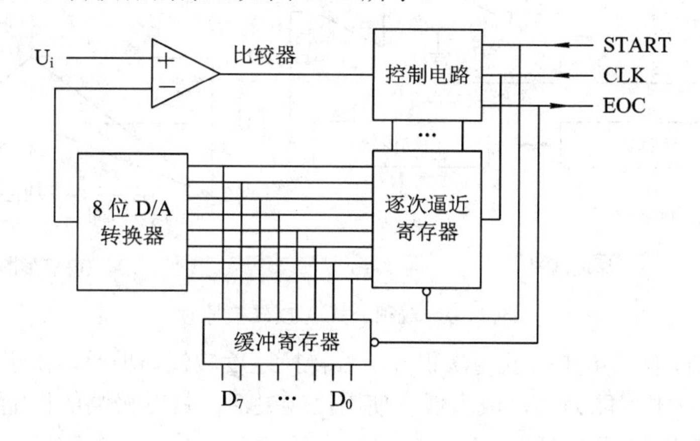

图 11-8　逐次逼近式 A/D 转换原理图

逐次逼近式的转换方法是用一系列的基准电压同输入电压比较，以逐位确定转换后数据的各位是 1 还是 0，确定次序是从高位到低位进行。它由电压比较器、D/A 转换器、

控制逻辑电路、逐次逼近寄存器和输出缓冲寄存器组成。

在进行逐次逼近转换时，首先逐次逼近寄存器最高位(D_7)置 1，送入 8 位 D/A 转换器，其输出电压 U_o 称为第一个基准电压(为最大允许电压的 1/2)，将 U_o 与输入电压 U_i 送入比较器进行比较，如果比较器输出为低，说明输入信号电压 $U_i<U_o$，则最高位 D_7 清 0；反之如果比较器输出为高，则最高位保持 1 不变。然后再置逐次逼近寄存器次高位(D_6)为 1，经 D/A 转换器得到输出电压 U_o 称为第二个基准电压值(为最大允许电压的 1/4)，再次和 U_i 进行比较，若 $U_i<U_o$，则次高位 D_6 清 0；反之 D_6 保持 1 不变……。通过多次比较，就可以使基准电压逐渐逼近输入电压的大小，最终使基准电压和输入电压的误差最小，同时由多次比较也确定了 D_0～D_7 各位的值，最后将该 8 位数字量通过缓冲寄存器输出。

逐次逼近法也称为二分搜索法或对半搜索法。这种类型的 A/D 转换器转换速度较快，精度较高，但易受干扰。

2．双积分式 A/D 转换器

双积分式 A/D 转换器由电子开关、积分器、比较器、计数器和控制逻辑等部件组成，如图 11-9(a)所示。

双积分式 A/D 转换采用的是一种间接 A/D 转换技术。首先将模拟电压转换成积分时间，然后用数字脉冲计时的方法转换成计数脉冲数，最后将表示模拟输入电压大小的脉冲数转换成所对应的二进制或 BCD 码输出。

在进行一次 A/D 转换时，电子开关先把 U_x 采样输入到积分器，积分器从零开始进行固定时间 T 的正向积分，时间 T 到后，电子开关将与 U_x 极性相反的基准电压 V_{REF} 输入到积分器进行反相积分，到输出为 0 V 时停止反相积分。

积分器输出波形如图 11-9(b)所示。由图可以看出：反相积分时积分器的斜率是固定的，U_x 越大，积分器的输出电压也越大，反相积分时间越长。计数器在反相积分时间内所计的数值就是与输入电压 U_x 在时间 T 内的平均值对应的数字量。

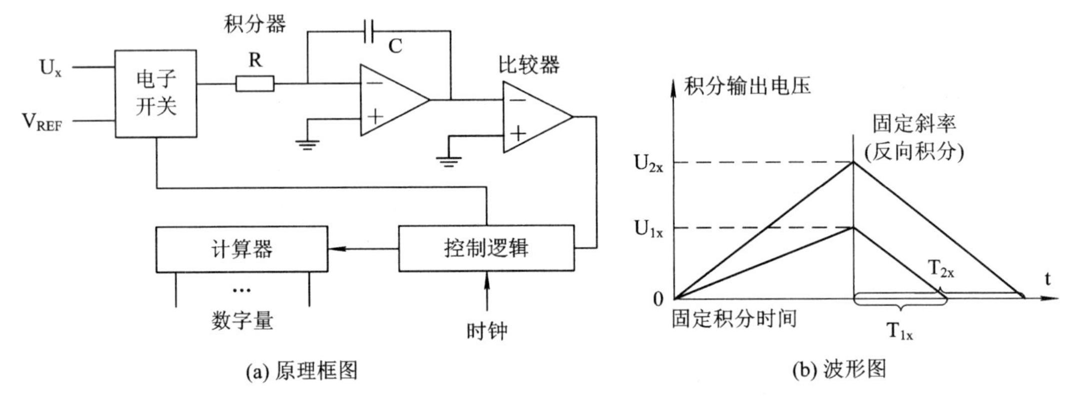

(a) 原理框图　　(b) 波形图

图 11-9　双积分式 A/D 转换原理

由于这种 A/D 要经历正、反两次积分，故转换速度较慢。但是，由于双积分 A/D 转换器外接器件少，抗干扰能力强，成本低，使用比较灵活，具有极高的性能/价格比，故在一些非快速过程中应用十分广泛。

3．V/F 变换式 A/D 转换器

V/F 变换式 A/D 转换器是由电压–频率转换器构成的 A/D 转换器。

该转换器由计数器、定时门控制电路等组成，其原理是将输入模拟电压 U_i 首先转换为与之成线性正比关系的脉冲频率 F。然后，该脉冲频率 F 在单位定时时间的控制下由计数器对其计数，使计数器的计数值正比于输入电压 U_i，从而实现 A/D 转换。

☞11.2.2　A/D 转换器的主要技术指标

A/D 转换器的主要技术指标如下：

1．分辨率

分辨率表示转换器对微小输入量变化的敏感程度，通常用转换器输出数字量的位数来表示。例如，对 8 位 A/D 转换器，其数字输出量的变化范围为 0～255，当输入电压的满刻度为 5 V 时，数字量每变化一个数字所对应输入模拟电压的值为 5 V/255≈19.6 mV，其分辨能力即为 19.6 mV。当检测输入信号的精度较高时，需采用分辨率较高的 A/D，目前常用的 A/D 转换集成芯片的转换位数有 8 位、10 位、12 位和 14 位等。

2．量程

量程即所能转换的输入电压范围，如 0～5 V、0～10 V、-5～5 V 等。

3．精度

精度有绝对精度和相对精度两种表示方法。常用数字量的位数作为度量绝对精度单位，如精度为 ± 1/2LSB 等，而用百分比来表示满量程时的相对误差，如 ± 0.05%。需要说明的是，精度和分辨率是不同的概念。精度指的是转换后所得结果相对于实际值的准确度，而分辨率是指转换后的数字量每变化 1LSB 所对应输入模拟量的变化范围。

4．转换时间

A/D 转换时间指的是从发出启动转换命令到转换结束获得整个数字信号为止所需的时间间隔。

☞11.2.3　A/D 转换器的外部特性

各种集成 A/D 转换芯片的封装不尽相同，性能各异。但从原理和应用的角度来看，所有 A/D 转换器芯片一般都具有控制信号线，如图 11-10 所示。

各引脚含义如下：

- 启动转换信号线(START)：输入信号，它接收由 CPU 发出的控制信号，该信号有效时，A/D 转换器启动转换。
- 转换结束信号线(EOC)：输出信号，当 A/D 转换完成时，由此线发出结束信号，可利用它向 CPU 发出中断请求，CPU 也可查询该线判断 A/D 转换是否结束。
- 片选信号线($\overline{CS}$)：与其他接口芯片作用相同。

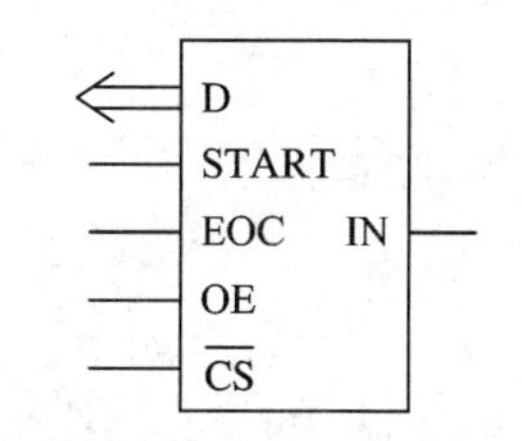

图 11-10　A/D 常用控制信号线

☞11.2.4　集成 8 位 A/D 转换器 ADC0809

ADC0809 具有 8 个通道模拟输入(IN_0～IN_7)，可在程序控制下对任意通道进行 A/D 转换，输出 8 位二进制数字量(D_7～D_0)。

1. ADC0809 的结构

ADC0809 的结构框图如图 11-11 所示。

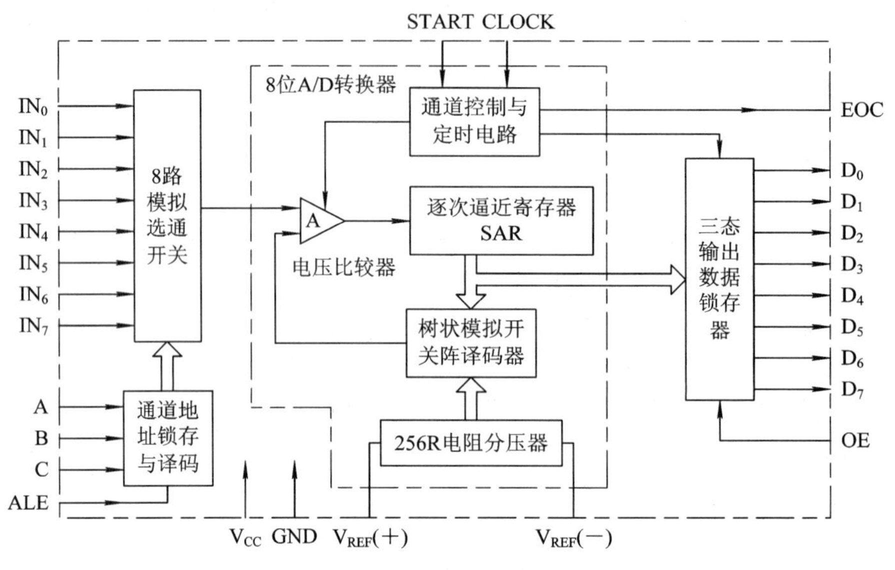

图 11-11 ADC0809 的结构框图

芯片的主要部分是一个 8 位逐次逼近式 A/D 转换器。为了能实现 8 路模拟信号的分时采样，片内设置了 8 路模拟选通开关以及相应的通道地址锁存及译码电路。转换的数据送入三态输出数据锁存器。

2. ADC0809 引脚

ADC0809 引脚见图 11-12。

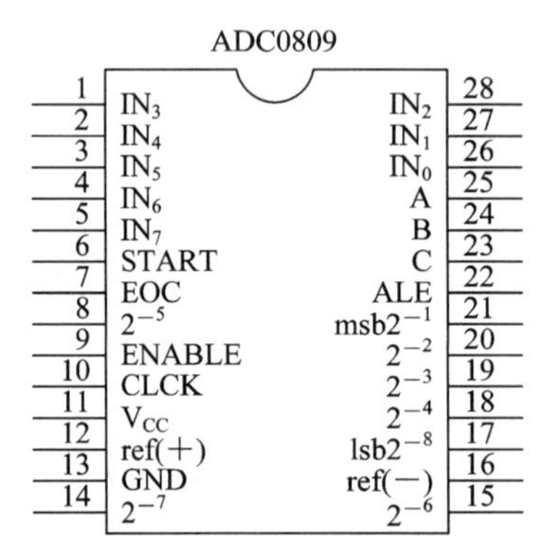

图 11-12 ADC0809 引脚图

各引脚的含义如下：

- IN_0～IN_7：8 路模拟量输入通道，在多路开关控制下，任一时刻只能有一路模拟量实现 A/D 转换。ADC0809 要求输入模拟量为单极性，电压范围 0～5 V，如果信号过小还需要进行放大。对于信号变化速度比较快的模拟量，在输入前应增加采样保持电路。
- A、B、C：8 路模拟开关的三位地址选通输入端，用来选通对应 IN_0～IN_7 的模拟输入通道，每一路模拟输入通道对应一个口地址。其地址码与输入通道对应关系如表 11-2 所示。

表 11-2　ADC0809 地址码与输入通道对应关系

地　址　码			对应输入通道
C	B	A	
0	0	0	IN_0
0	0	1	IN_1
0	1	0	IN_2
0	1	1	IN_3
1	0	0	IN_4
1	0	1	IN_5
1	1	0	IN_6
1	1	1	IN_7

- ALE：地址锁存允许，输入，其上升沿可将地址选择信号 A、B、C 锁入地址寄存器。
- START：启动转换信号，输入。其上升沿用以清除 A/D 内部寄存器，其下降沿用以启动内部控制逻辑，启动 A/D 转换工作。

可以将 ALE 和 START 两个信号端连接在一起，当输入一个正脉冲时，便立即启动 A/D 转换。

- EOC：转换结束状态信号，输出。EOC=0，正在进行转换；EOC=1，转换结束。
- 2^{-1}～2^{-8}(即 D_7～D_0)：8 位数据输出端，三态，可直接连接 CPU 的数据总线。2^{-1}～2^{-8} 分别表示 D_7～D_0 各位对应的输入量程的倍率。例如，D_7=1 时，则被转换的模拟量是输入量程的 1/2；D_0=1，则表示被转换的模拟量是输入量程的 1/256。
- ENABLE(output enable)：输出允许控制端(常简化表示为 OE)。为 1 时，输出转换后的 8 位数据；为 0 时，数据输出端为高阻态。
- CLK：时钟信号。ADC0809 内部没有时钟电路，所需时钟信号由外界提供。输入时钟信号的频率决定了 A/D 转换器的转换速度。正常工作的时钟频率范围为 10～1280 kHz，典型值为 640 kHz。
- ref(+)，ref(−)($V_{REF}(+)$和 $V_{REF}(-)$)：是内部 D/A 转换器的参考电压(基准电压)输入线。要求 $V_{REF}(+) \leqslant V_{CC}$，$V_{REF}(-) \geqslant$ GND。
- V_{CC} 为+5 V 电源接入端，GND 为接地端。一般把 $V_{REF}(+)$与 V_{CC} 连接在一起，$V_{REF}(-)$与 GND 连接在一起。

3．ADC0809 的时序及工作过程

ADC0809 的时序如图 11-13 所示。

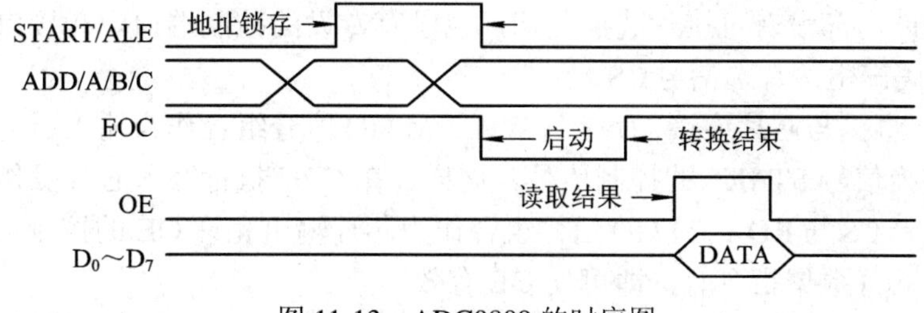

图 11-13　ADC0809 的时序图

ADC0809 芯片在和 CPU 接口时要求采用查询方式或中断方式。

ADC0809 的工作过程如下：

① CPU 执行写(OUT)指令，控制 ALE＝1，指令所指定的输入模拟信号开关的地址(A，B，C)存入地址锁存器。

② 给启动转换引脚 START 一个正脉冲，宽度为 T_{WS}。该脉冲的上升沿复位 ADC0809，下降沿启动 A/D 转换器开始转换，EOC 同时变为低电平。

③ A/D 转换结束时，EOC 立刻变为高电平，可作为 CPU 的中断请求信号；若 CPU 采用程序查询方式读取转换后的数据，EOC 可供 CPU 检测。

④ CPU 检测到 EOC＝1 后，发出控制命令使输出允许控制端 ENABLE＝1，ADC0809 输出此次转换的结果，CPU 即可在数据线 D_7～D_0 读取。

☞11.2.5　ADC0809 应用接口及编程

由于 ADC0809 输出端设有可控的三态输出门，因此它既能同 CPU 直接相连，也能通过并行接口芯片同 CPU 连接。多数情况下采用 ADC0809 直接与 CPU 连接的接口电路，图 11-14 所示的电路直接用 CPU 的数据线的低 3 位作为 ADC0809 的通道选择信号。接口电路中主要包括：地址译码产生片选信号 $\overline{CS}$、输入模拟通道选择、启动转换控制、转换结束及数字输出允许部分与 CPU 的连接等。

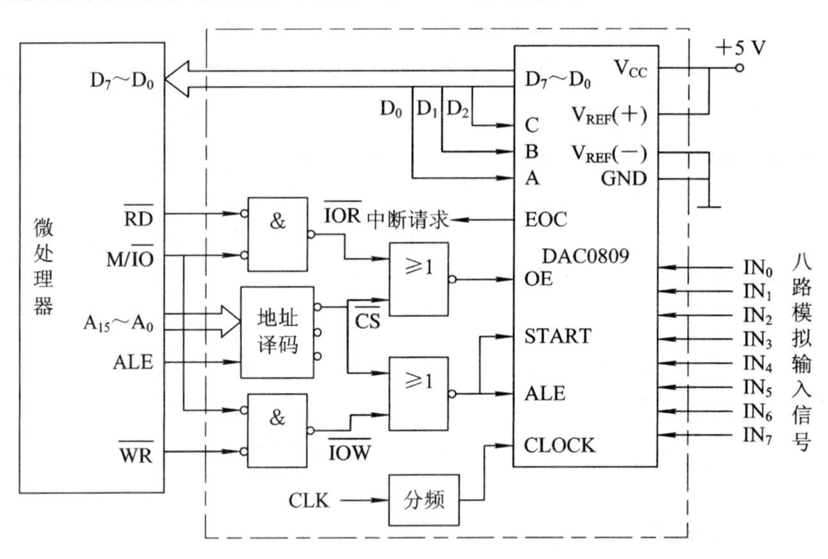

图 11-14　以数据线 D_2～D_0 作为通道选择线的连接图

- ADC0809 内部没有直接片选控制端，也没有专设的控制端口。在接口电路中，可设端口地址经译码产生一片选信号 $\overline{CS}$。
- $\overline{CS}$ 并不直接与芯片连接，而是与 $\overline{WR}$、M/$\overline{IO}$ 信号组合作为输入通道地址锁存信号 ALE 和启动转换信号 START 的控制信号。这样，在 CPU 执行写入芯片操作指令时，即可启动 A/D 转换；$\overline{CS}$ 与 $\overline{RD}$、M/$\overline{IO}$ 信号组合作为芯片输出允许 OE 的控制信号。这样，在 CPU 执行读取芯片数据指令时，即可使 OE 有效。
- ADC0809 输出端内含三态缓冲器，因此，输出信号 D_7～D_0 与数据总线的低 8 位可以直接连接。

• 8 路模拟输入通道信号分别接在 IN_0～IN_7 端，CPU 可以通过两种方法编程控制通道地址线 A、B、C 的不同组合，选择相应的输入信号。

① 数据总线选择方法：CPU 的低三位数据线 D_0～D_2 连接通道选择输入端 A、B、C，地址线 A_0～A_{15} 作为片选信号，如图 11-14 所示。这里，CPU 是通过数据线将通道地址编码写入通道地址选择线 A、B、C 的。

例如，设 ADC0809 芯片选择地址为 2000H，选通通道 IN_3 启动转换的指令为

```
MOV DX, 2000H
MOV AL, 03H
OUT DX, AL          ; 启动 IN3 开始 A/D 转换
```

② 地址总线选择方法：CPU 的低三位地址线 A_0～A_2 连接芯片选择输入端 A、B、C，地址线 A_3～A_{15} 作为片选信号，如图 11-15 所示。这里，CPU 是通过执行一条写指令，由指令中的地址线 A_0～A_2 来控制通道地址选择线 A、B、C 的。

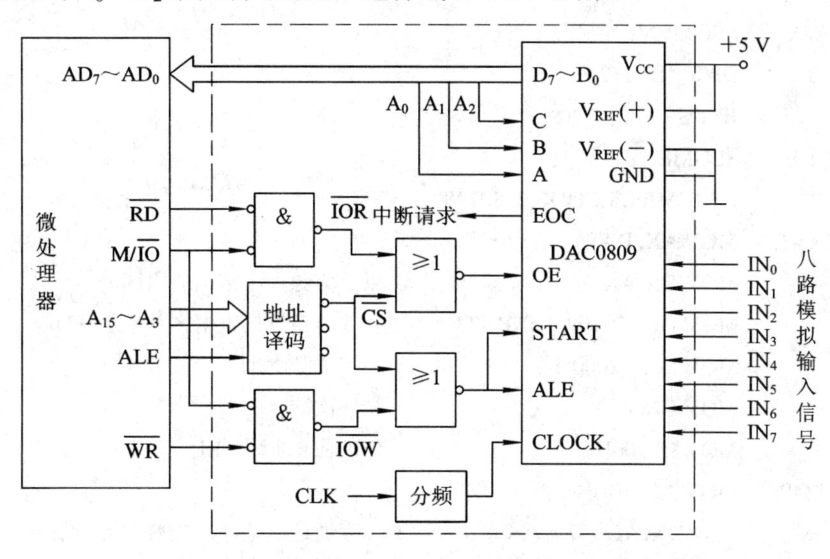

图 11-15 以地址线 A_2～A_0 作为通道选择线的连接图

例如，设 ADC0809 芯片通道 IN_3 选择地址为 2003H，选通通道 IN_3 启动转换的指令为

```
MOV DX, 2003H
OUT DX, AL          ; 启动 IN3 开始 A/D 转换，AL 可取为任意值
```

• 转换结束后，由 EOC 发出转换结束信号，CPU 可以执行输入操作，读取转换结果。根据 EOC 信号外接方式的不同，CPU 读取数据的方式可采用以下三种方式：

① 恒定延时方式：EOC 悬空，CPU 不需要 EOC 控制信号，而是通过在启动转换后执行一延时程序，但延时时间必须大于芯片的转换时间。延时结束，A/D 转换结束，CPU 即可读取数据。

② 程序查询方式：在启动转换开始后，CPU 通过指令不断的检测 EOC 是否为高电平(转换结束)，若 EOC＝1，则执行读指令读取数据；否则，继续检测，直至转换结束。该方式下，EOC 只有作为“位数据”通过数据总线的某一位，由 CPU 读取后进行检测。因此，需要为 EOC 状态设置一个端口，CPU 通过访问该端口来读取 EOC(参见图 11-16)。也可以通过并行

接口芯片 8255A 的 C 口的某一位与 EOC 连接，CPU 通过访问 8255A 的 C 口来检测 EOC。

③ 中断传送方式：该方式下，EOC 连接在中断控制器 8259 的请求输入端。转换结束后，由 EOC 发出中断请求信号，在 CPU 响应中断后，执行中断处理程序读取数据(参见图 11-14，图 11-15)。

- ADC0809 的时钟频率为 640 kHz，完成 A/D 转换的时间是 100 μs。由于芯片内部没有时钟产生电路，因此，需要由系统提供时钟信号。由于系统时钟频率都很高，所以需要经过分频后由引脚 CLOCK 输入给芯片。
- 一般情况下，基准电压 $V_{REF}(+)$与 Vcc 连接在一起、$V_{REF}(-)$与 GND 连接在一起。若要求转换精度高，则基准电压必须选用精确度高的标准电源来提供。

【例 11-4】 在图 11-14 接口电路中，设 EOC 悬空、采用恒定延时方式，ADC0809 的地址为 2000H。编写控制程序，实现将 8 路模拟信号 IN_0～IN_7 依次转换，其转换结果存放在数据段起始单元为 INDATA 的连续 8 个存储单元中。

参考程序如下：

```
DATA     SEGMENT
INDATA   DB 8   DUP(?)
DATA     ENDS
CODE     SEGMENT
         ASSUME CS:CODE, DS:DATA
START:   MOV AX, DATA
         MOV DS, AX                  ；以上为源程序结构通用部分
         MOV DI，OFFSET INDATA       ；存放转换结果数据区首地址→DI
         MOV DX，2000H               ；0809 片选地址
         MOV CX, 8                   ；循环次数
         MOV BL, 00H                 ；IN0 通道地址→BL
  LOP:   MOV AL，BLH
         OUT DX, AL                  ；锁存通道地址，产生启动转换信号
         CALL DELAY                  ；调用延时子程序
         IN AL, DX                   ；产生 OE＝1，读取转换结果
         MOV [DI], AL                ；数据存放在数据区
         INC BL                      ；下一通道地址→BL
         INC DI                      ；指向下一存储单元
         LOOP LOP                    ；循环 8 次
         MOV AH, 4CH
         INT 21H
DELAY    PROC                        ；延时子程序
         MOV BH，10H
LOP1:    NOP
         NOP
         DEC BH
```

```
            JNZ LOP1
            RET
DELAY       ENDP
CODE        ENDS
            END START
```

【例 11-5】 为 ADC0809 的 EOC 设置一端口地址，由 74LS138 译码器输出控制。编写控制程序，采用程序查询方式对通道 IN_1 输入的电压(0～5 V)进行 A/D 转换，每隔 50 ms 采样一次，连续采样 8 次并将其平均值存入数据段 AVEDATA 单元。硬件电路如图 11-16 所示。

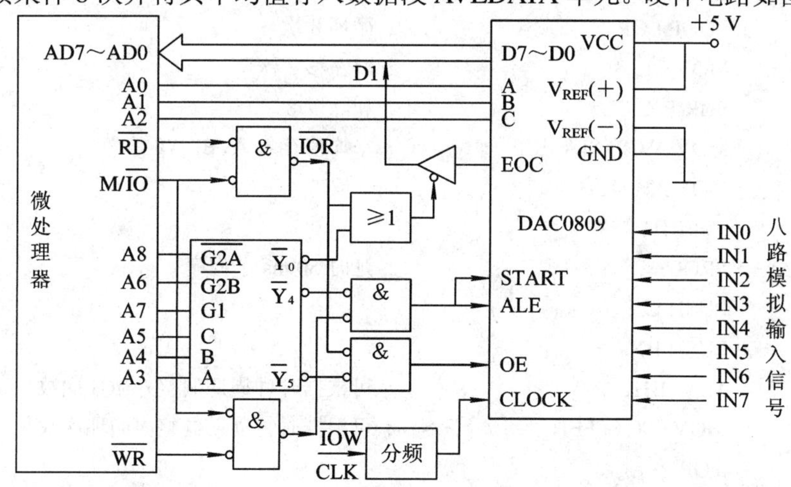

图 11-16　ADC0809 直接与微处理器连接接口电路

接口电路采用地址总线的 A_2～A_0 选择通道，EOC 作为端口的数据线与数据总线的 D_1 连接，各控制信号和状态由 74LS138 译码器按下列地址译码输出控制：

地址总线：	A_{15}～A_9	A_8	A_7	A_6	A_5	A_4	A_3	A_2	A_1	A_0	16 进制
启动 IN1 地址：	X～X	0	1	0	1	0	0	0	0	1	00A1H
读取数据地址：	X～X	0	1	0	1	0	1	0	0	0	00A8H
EOC 查询地址：	X～X	0	1	0	0	0	0	0	0	0	0080H

（X～X：任意值可为 0）

参考程序如下：

```
DATA        SEGMENT
AVEDATA DW ?
DATA        ENDS
CODE        SEGMENT
            ASSUME CS:CODE, DS:DATA
START:      MOV AX, DATA
            MOV DS, AX                  ；以上为源程序结构通用部分
            MOV CX, 8
            MOV BX, 0
  LOP:      MOV DX, 00A1H               ；选通 IN1 地址
            OUT DX, AL                  ；启动 A/D 转换
            MOV DX, 0080H               ；查询地址
```

```
WAIT:   IN AL，  DX          ; 读取 D1 位(EOC 状态)
        TEST AL, 02H         ; 测试 EOC = 1?
        JZ WAIT              ; D1 = 0，继续查询
        MOV DX, 00A8H        ; 转换完成，取输出允许地址
        IN AL, DX            ; 置 OE=1，读取转换结果
        ADD BL, AL           ; 求和
        ADC BH, 0            ; 有进位加入 BH 中
        CALL DELAY           ; 调用延时子程序
        LOOP LOP             ; 循环 8 次
        MOV CL, 3            ; 取左移 3 次
        SHR BX, CL           ; 和除以 8
        MOV AVEDATA, BX      ; 平均值存入 AVEDATA
        MOV AH, 4CH
        INT 21H
DELAY   PROC                 ; 延时 50 ms 子程序
        PUSH CX
        PUSH BX
        MOV BH，  100        ; 可根据时钟周期调整外循环次数
LOP1:   MOV CX, 8FFEH        ; 可根据时钟周期调整内循环次数
LOP2:   NOP
            ...              ; 可适当增删 NOP 指令调整延时时间
        NOP
        LOOP LOP2
        DEC BH
        JNZ LOP1
        POP BX
        POP CX
        RET
DELAY   ENDP
CODE    ENDS
        END START
```

11.3 本章要点

(1) 在计算机控制和检测系统中，需要将输入模拟量转换为数字量(称为模数转换或 A/D 转换)，然后输入给计算机；而计算机输出的数字量(控制信号)，需要转换为模拟量(称为数模转换或 D/A 转换)，以实现对外部执行部件的模拟量控制。

(2) D/A 转换器能够转换的二进制的位数越多，分辨率越高。分辨率为 $\frac{输出电压量程}{2^N}$。

(3) DAC0832 是 8 位双缓冲集成 D/A 转换芯片，有三种工作方式：直通方式、单缓冲方式和双缓冲方式。

(4) DAC0832 本身为电流输出型，当 D/A 转换结果需电压输出时，可在 DAC0832 的 I_{OUT1}、I_{OUT2} 输出端加接运算放大器，将电流信号转换成电压输出。输出电压可为单极性输出，也可为双极性输出。

(5) A/D 转换器芯片一般具有启动转换信号线(START)、转换结束信号线(EOC)片选信号线($\overline{CS}$)。

(6) ADC0809 的工作工作过程为：CPU 执行写(OUT)指令，将输入模拟信号开关的地址(A、B、C)存入地址锁存器；然后给启动转换引脚 START 输入一个正脉冲，启动 A/D 转换器转换；转换结束时，EOC 立刻变为高电平，供 CPU 检测读取转换后的数据。CPU 读取数据的方式可采用以下三种方式：恒定延时方式、程序查询方式及中断传送方式。

(7) ADC0809 输出端具有可控的三态输出门，所以它既能同 CPU 直接相连，也能通过并行接口芯片同 CPU 连接，一般情况下，可设端口地址经译码产生一片选信号 $\overline{CS}$，$\overline{CS}$ 与 $\overline{WR}$、$M/\overline{IO}$ 信号组合作为输入通道地址锁存信号 ALE 和启动转换信号 START 的控制信号；$\overline{CS}$ 与 $\overline{RD}$、$M/\overline{IO}$ 信号组合作为芯片输出允许 OE 的控制信号。

思考与练习

1．A/D 转换和 D/A 转换在什么环境下使用？在控制系统中需要计算机自动控制某一电动机的运行，在什么情况下需要 D/A 转换？在什么情况下不需要 D/A 转换？

2．A/D 转换器和 D/A 转换器的分辨率和精度的含义是什么？二者有什么区别？

3．某 8 位 D/A 转换器，若转换后的电压相应为 0～1 V，它能输出可分辨的最小电压是多少？采用 12 位 D/A 转换器其分辨率又是多少？

4．将存储器数据段 D_1 开始的连续 10 个字节单元的内容分别转换为 0～5 V 的电压，每隔 1 秒输出一个模拟电压，设分配给 DAC0832 的地址为 80H，DAC0832 为直通工作方式。

(1) 画出 CPU 与 DAC0832 接口电路。

(2) 编写控制程序。

5．ADC0809 8 通道地址的控制选择可利用数据总线或地址总线两种方法，这两种方法有什么区别？是如何实现的？

6．ADC0809 内部没有直接片选控制端，也没有专设的控制端口。在接口电路中，CPU 如何选中芯片并启动 A/D 转换的？CPU 如何读取转换结果的？

7．在图 11-15 接口电路中，设 EOC 悬空、采用恒定延时方式，ADC0809 的地址为 03FFH。编写控制程序，实现将 IN_0～IN_5 输入模拟信号依次转换，其转换结果存放在数据段起始单元为 DATA1 的连续 6 个字节单元中。

8．某工控现场使用图 11-14 接口电路，采用中断方式实现将 8 路经变送传感器处理后的模拟信号(0～5 V 电压)，分别送入 ADC0809 的 IN_0～IN_7 输入端依次进行转换，其转换结果存放在数据段起始单元为 DATA2 的连续 8 个字节单元中。EOC 接在 8259A 的引脚 IRQ_2 端、ADC0809 的地址为 38AH，编写控制程序。

参 考 文 献

[1] 赵全利. 微型计算机原理及接口技术[M]. 北京：机械工业出版社，2009.
[2] 周荷琴，吴秀清. 微型计算机原理与接口技术[M]. 4 版. 合肥：中国科学技术大学出版社，2008.
[3] 郑学坚，周斌. 微型计算机原理及其应用[M]. 3 版. 北京：清华大学出版社，2011.
[4] 李伯成，侯伯亨，张毅坤. 微型计算机原理及应用[M]. 2 版. 西安：西安电子科技大学出版社，2009.
[5] 彭虎，周佩玲，傅忠谦. 微机原理与接口技术[M]. 3 版. 北京：电子工业出版社，2011.
[6] Intel. The 8086 Family User's Manual[M]. 1979.
[7] Intel. Peripheral Design Handbook[M]. 1981.
[8] Barry B. Brey. The Intel Microprocessors 8086/8088, 80186/80188, 80286, 80386, 80486, Pentium, Pentium Pro and Pentium Ⅱ Processors Architecture, Programming, and Interfacing Fifth Edition[M]. 2000.
[9] 裘雪红，李伯成，刘凯. 微型计算机原理及接口技术[M]. 2 版. 西安：西安电子科技大学出版社，2011.
[10] 王永山，王博. 微型计算机原理与应用[M]. 3 版. 西安：西安电子科技大学出版社，2009.
[11] 沈美明，温冬婵. IBM-PC 汇编语言程序设计[M]. 2 版. 北京：清华大学出版社，2002.
[12] 孙洪程，李大字，翁维勤. 过程控制工程[M]. 北京：高等教育出版社，2006.
[13] 孙洪程，马昕，焦磊. 过程自动化工程[M]. 北京：机械工业出版社，2010.
[14] 艾德才. Pentium 系列微型计算机原理与接口技术[M]. 北京：高等教育出版社，2001.